普通高等教育"十二五"规划教材

热处理原理与工艺

主　编　赵乃勤
副主编　季根顺　权高峰　翟红雁
参　编　郭铁明　师春生　何　芳　贾建刚
主　审　阎殿然

U0255532

机　械　工　业　出　版　社

本书介绍了钢在加热过程中的奥氏体转变，冷却过程中的珠光体转变、贝氏体转变、马氏体转变，以及钢的回火转变。同时，对一些典型合金的时效相变进行了概要介绍；在热处理原理的基础上，介绍了常规热处理方法和工艺，以及表面热处理、化学热处理和一些新发展的相变与热处理技术，并对热处理设备进行了基本介绍。

本书可作为金属材料工程专业本科生教材，也可作为其他材料专业的本科生、研究生以及从事材料研究及热处理技术人员的参考书。

图书在版编目（CIP）数据

热处理原理与工艺/赵乃勤主编 . —北京：机械工业出版社，2011. 12
（2024. 9 重印）

普通高等教育"十二五"规划教材

ISBN 978-7-111-36090-2

Ⅰ. ①热… Ⅱ. ①赵… Ⅲ. ①热处理 – 高等学校 – 教材 Ⅳ. ①TG15

中国版本图书馆 CIP 数据核字（2011）第 207541 号

机械工业出版社（北京市百万庄大街 22 号 邮政编码 100037）
策划编辑：冯春生 责任编辑：冯春生 罗子超
版式设计：张世琴 责任校对：张 媛
封面设计：张 静 责任印制：郜 敏
北京富资园科技发展有限公司印刷
2024 年 9 月第 1 版第 11 次印刷
184mm×260mm · 20.75 印张 · 512 千字
标准书号：ISBN 978-7-111-36090-2
定价：53.80 元

电话服务 网络服务

客服电话：010-88361066 机 工 官 网：www.cmpbook.com
010-88379833 机 工 官 博：weibo. com/cmp1952
010-68326294 金 书 网：www.golden-book.com
封底无防伪标均为盗版 机工教育服务网：www.cmpedu.com

金属材料工程专业教材编委会

前　言

本书为普通高等教育"十二五"规划教材，是针对金属材料工程专业本科生的教学要求而编写的，也可作为其他材料专业的本科生、研究生以及从事新材料研究及热处理技术人员的参考书。

本书主要以金属热处理原理与工艺为主线，介绍了钢在加热过程中的奥氏体转变，冷却过程中的高温珠光体转变、中温贝氏体转变、低温马氏体转变，以及钢的回火转变。同时，针对有色金属及其合金的应用领域不断扩大的发展趋势，对一些典型合金的时效相变进行了概要介绍；在热处理原理的基础上，介绍了实现合金相变的手段——热处理方法和工艺，以及表面热处理、化学热处理和一些新发展的相变与热处理技术，并对热处理设备进行了基本介绍。

通过本书的学习，可以帮助读者掌握金属热处理方法、原理和工艺，并更深入地认识合金相变与成分-工艺的关系及对性能的影响，建立成分-工艺-组织-性能之间相互关联、相互影响的整体概念；了解钢中相变的一般规律，特别是学会掌握并运用基本理论和专业知识，掌握通过热处理方法提高金属材料性能的原理和工艺。

本书共12章。第1章和第5章由天津大学赵乃勤教授编写；第2章由天津大学师春生副教授编写；第3章和第4章由西南交通大学权高峰教授编写；第6章由兰州理工大学季根顺教授编写；第7章由天津大学何芳副教授编写；第8章由兰州理工大学贾建刚副教授编写；第9章和第10章由兰州理工大学郭铁明副教授编写；第11章和第12章由北华航天工业学院翟红雁教授编写。全书由赵乃勤担任主编，季根顺、权高峰、翟红雁担任副主编，河北工业大学阎殿然教授对全书进行了审阅。

本书力求保持热处理原理与工艺内容的基础性、系统性的特征，并将最新的研究成果以简单明了、适合本科生特点的方式献给读者。

由于水平有限，书中未能尽善尽美之处，恳请读者指正！

编　者

目　录

第 *1* 章 绪 论

1.1 引言

材料是人类赖以生存和发展的物质基础。20 世纪 70 年代，人们把信息、材料、能源作为社会文明的支柱。随着高技术的兴起，又把新材料与信息技术、生物技术并列作为新技术革命的重要标志。如今，材料已成为国民经济建设、国防建设和人民生活的重要组成部分。

在工程领域，金属材料一直是工程结构材料的主体。通常可将金属分为两大类，即黑色金属及有色金属。钢铁、铬、锰等为黑色金属，其它均为有色金属，也称为非铁金属。黑色金属是工程结构材料的主要材料，有色金属也占有越来越重要的地位，因为它不仅是制造各种优质合金钢及耐热钢所必需的合金元素，而且由于许多有色金属（如铝、镁、钛等）及其合金具有密度小，比强度高，导电性、导热性、弹性良好，以及一些特殊的物理性能，已成为现代工业，特别是国防工业中不可缺少的结构材料。

但是，随着材料科学与技术的不断发展，金属材料在工程领域的主体地位正面临着严峻的挑战。由于金属相比其它类别材料（如高分子材料、陶瓷材料）的密度较高，因此其比强度及比刚度较低（图1-1），在一些以质量作为主要考虑因素的应用领域，例如航空及运动器材等，金属逐步被其它轻质高强材料所替代。如何致力于发展高性能金属材料，克服其不足，是金属材料未来发展的一个重要方向[1]。

长期以来，研究者一直致力于提高金属材料的强度。通常，强化金属的途径是通过控制内部缺陷和界面来阻碍位错运动，

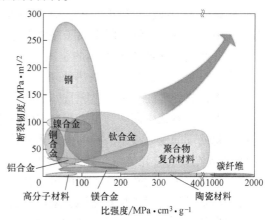

图 1-1　各类材料断裂韧度与比强度之间的关系[2]

如相变强化、固溶强化、弥散强化、细晶强化等。如何通过新的原理和技术进一步实现金属材料的强化，同时又能使其不损失或少损失塑性和韧性，是金属材料热处理原理和工艺研究的重要课题。

1.2 热处理发展简介及研究内容

1.2.1 热处理的发展历史

金属热处理是将金属工件放在一定的介质中加热到适宜的温度，并保温一定时间后，又以不同速度冷却的一种工艺。金属热处理是机械制造中的重要工艺之一，与其它加工工艺相比，热处理一般不改变工件的形状和整体的化学成分，而是通过改变工件内部的显微组织或工件表面的化学成分，赋予或改善其性能。

钢铁是机械工业中应用最广的材料，钢铁的显微组织复杂，可以通过热处理予以控制，因此，钢铁的热处理是金属热处理的主要内容。另外，铝、铜、镁、钛等及其合金也都可以通过热处理改变其力学、物理和化学性能，以获得不同的使用性能。人们从使用金属材料起，就开始采用热处理，其发展过程大致经历了三个阶段。

1. 民间技艺阶段

在从石器时代发展到铜器时代和铁器时代的过程中，热处理的作用逐渐被人们所认识。中国古代的许多发明和技术在世界热处理史上处于遥遥领先的地位，对世界热处理技术的进步起到了直接的促进作用。

退火工艺的发明应该说是人类对金属进行热处理的开端。研究表明，早期的铜及其合金不经过退火是不适宜进行大形变量加工的[3]。铜及其合金容易发生加工硬化，中间退火产生再结晶可使铜合金软化，以便进行进一步的加工，这一技术以后广泛应用于制造兵器和生活器具。国外采用锻造和退火的工艺对青铜进行加工处理很早就已经出现了[4]。退火还在陨石加工中被应用，陨铁实际上属于高铁镍合金，居住在两河流域的人类从公元前3000多年以前就开始使用这种"天赐"的金属。为了制造刀具或小件物品，他们采用了退火或锻造工艺[5]，这是人类最早的钢铁热处理。

我国古代热处理的一项举世瞩目的成就是发明了铸铁柔化术。大量的考古证实，我国铸铁的发明大约在春秋中期。为了克服白口铸铁的脆性，大约于公元前5世纪我国发明了适用于铸铁柔化处理的退火技术。在河南洛阳战国早期灰坑出土的铁锛，其内部组织为莱氏体，表面有1mm左右的珠光体带。珠光体层的存在，使白口铸铁具有韧性，很明显这是通过退火处理得到的组织。而欧洲同类型的可锻铸铁的出现是在1720年之后[6]。

公元前6世纪，钢铁兵器逐渐被采用，为了提高钢的硬度，淬火工艺得到迅速发展。我国河北省易县燕下都出土的两把剑和一把戟，其显微组织中都有马氏体存在，说明是经过淬火的。随着淬火技术的发展，人们逐渐发现淬火介质对淬火质量的影响。三国蜀人蒲元曾在今陕西斜谷为诸葛亮打制了3000把刀，相传是派人到成都取水淬火的。这说明我国在古代就注意到不同水质的冷却能力了。我国出土的西汉（公元前206～公元24年）中山靖王墓中的宝剑，其心部碳的质量分数为0.15%～0.40%，而表面却达到0.60%以上，说明已应用了渗碳工艺。但当时作为个人"手艺"的秘密，不肯外传，因而发展缓慢。

2. 实验科学阶段

从1665年至1895年，热处理随着显微技术的发展，开始向实验技术发展。

1863年，英国金相学家和地质学家展示了钢铁在显微镜下的六种不同的金相组织，证

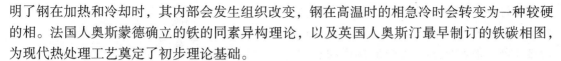

明了钢在加热和冷却时，其内部会发生组织改变，钢在高温时的相急冷时会转变为一种较硬的相。法国人奥斯蒙德确立的铁的同素异构理论，以及英国人奥斯汀最早制订的铁碳相图，为现代热处理工艺奠定了初步理论基础。

由下面这张时间表可以发现金相学对材料热处理研究的贡献：

1665 年，显示了 Ag-Pt 组织以及钢刀片的组织；1772 年，首次用显微镜检查了钢的断口；1808 年，首次显示了陨铁的组织，后称为魏氏组织；1831 年，应用显微镜研究了钢的组织和大马士革剑；1864 年，发展了索氏体；1868 年，发现了钢的临界点，建立了 Fe-C 相图；1871 年，英国学者 T. A. Blytb 著《金相学用独立的科学》在伦敦出版；1895 年，德国冶金学家 Martens 发现了马氏体。

与此同时，人们还研究了在金属热处理的加热过程中对金属的保护方法，以避免加热过程中金属的氧化和脱碳等。1850 ~ 1880 年，应用各种气体（如氢气、煤气、一氧化碳等）进行保护加热获得了一系列专利。1889 ~ 1890 年，英国人莱克获得了多种金属光亮热处理的专利。

3. 热处理理论科学研究阶段

1876 年，美国的 J. Willard Gibbs 提出了相平衡的热力学理论，奠定了相变研究的理论基础。1887 年，法国的 Osmond 利用刚问世的热电偶发现了钢在冷却过程中温度的异常变化（相变潜热释放所致），随后，Curie 等人用磁性、电阻和热膨胀等测量方法，进一步研究了相变潜热现象；1889 年，Arrhenius 提出了热激活过程的基本公式；1896 年，在相变研究的历程上发生了一件具有历史意义的重大事件，那就是 Austen 绘制的第一幅 Fe-C 相图。之后，通过对"S"曲线的研究、马氏体结构的确定及研究，以及 K-S 关系的发现，对马氏体的结构有了新的认识，建立了完整的热处理理论体系。

20 世纪以来，金属物理的发展和其它新技术的移植应用，使金属热处理工艺得到了更大发展。一个显著的进展是 1901 ~ 1925 年，在工业生产中应用转筒炉进行气体渗碳；20 世纪 60 年代，热处理技术运用了等离子场的作用，发展了离子渗氮、渗碳工艺；对激光及电子束技术的应用，又使金属获得了新的表面热处理和化学热处理方法。

金属热处理的发展历史是与热力学的发展密不可分的。热力学第一、第二、第三定律的发现，为固态相变研究提供了重要的理论基础，而现代实验技术的快速发展为热处理新工艺的发展提供了条件。

1.2.2　热处理的研究对象

材料的成分、工艺、组织结构及性能这四个基本因素是进行材料研究的基本对象和内容，因而称之为材料研究四要素。它们相互联系，相互影响，组成一个四面体，如图 1-2 所示。

不同化学成分的金属材料，经过各种热处理和加工工艺，获得不同的内部组织结构，可以在很大程度上改变材料的性能。即使同一成分的金属材料，如果采用不同的热处理工艺，其性能也会表现出截然不同的特征。例如，碳钢经过加热到一定温度缓慢冷却后，表现出良好的可加工变形性，而经过快速冷却工艺会表现出很高的强度和硬度。在一些情况下，基于经济性、可获得性、可靠性等方面的考虑，材料的选材范围有限。如何在材料成分基本固定的情况下有效地提高性能，是材料科学与工程研究的重要内容，其中一个重要的方法就是设法改变材料内部的组织结构从而改变其性能。而通过对金属材料在一定的条件下进行热处理，是实现这一目的最常用和有效的手段。通过热处理，控制材料中的相变过程，从而提高材料性能，是热处理原理与工艺课程的核心内容。

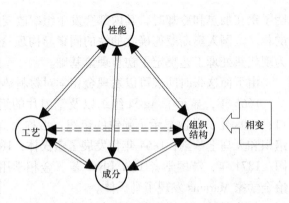

图1-2　材料研究的四要素组成的四面体

对金属材料进行热处理后会使材料的性能发生根本的变化，这个变化的实质是发生了固态相变。固态相变有三种基本变化：①化学成分的变化；②晶体结构的变化；③有序程度的变化。有些转变只包括一种基本变化，有些则同时包括两种甚至三种变化。如纯金属、固溶体或化合物发生同素异构转变时，只有晶体结构的变化；固溶体的调幅分解过程只有化学成分的变化；固溶体的有序无序转变只有有序程度的变化；而过饱和固溶体的脱溶沉淀及共析转变则既有化学成分的变化，又有晶体结构的变化。

固态相变是材料热处理的理论基础，材料的组织结构和性能在很大程度上是通过相的转变来进行调整的，能否热处理强化往往取决于是否存在固态相变。因此，金属热处理原理就是要阐明金属材料的化学成分-微观组织结构-热处理工艺-力学性能之间的相互关系。

迄今为止，对金属进行热处理从而使其发生相变，可以认为是改变金属材料性能的最重要的方法。以目前工业使用量最大的金属——钢铁材料为例，通过热处理改变其组织结构，可以使其强度提高或降低几倍。这样就可以根据需要使钢铁材料变软以便于冷热加工成形，而加工完成后再热处理使之变硬，以便于安全长期地使用。这种基于热处理的性能可变性，是钢铁材料在工业领域获得广泛应用的一个重要原因。图1-3反映了钢铁材料强度发展的过程。可见，通过热处理相变获得各种高强度的组织，以及通过形变提高其位错密度或者细化晶粒，是钢铁材料强度提高的主要手段。尽管目前钢铁材料的抗拉强度可以高达4000MPa

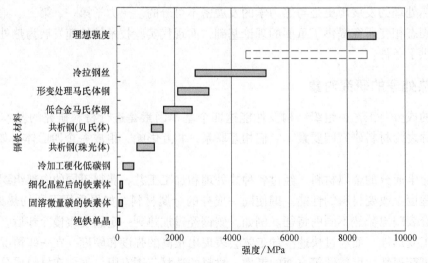

图1-3　钢铁材料强度与种类[7]

以上，比普通的低碳钢强度已经提高了一个数量级，但距离理想强度仍然有相当大的差距。进一步通过相变改变钢铁的组织结构，从而达到理想强度，是材料科学的一个重要和迫切的课题。

1.2.3 金属热处理方法及工艺

金属热处理工艺一般包括加热、保温、冷却三个过程。加热是热处理的重要工序之一，而加热温度是其重要工艺参数之一，选择和控制加热温度，是保证热处理质量的关键。加热温度随被处理的金属材料的热处理目的不同而异，但一般都是加热到相变温度以上，以获得高温组织。另外，转变需要一定的时间，因此当金属工件表面达到要求的加热温度时，还需在此温度保持一定时间，使内外温度一致，以便显微组织转变完全，这段时间称为保温时间。采用高能密度加热和表面热处理时，加热速度极快，一般就没有保温时间，而化学热处理的保温时间往往较长。冷却也是热处理工艺过程中不可缺少的步骤，冷却方法因工艺不同而不同，主要是控制冷却速度。

金属热处理大体可分为整体热处理、表面热处理和化学热处理三大类。根据加热介质、加热温度和冷却方法的不同，每一大类又可分为若干小类。同一种金属采用不同的热处理工艺，可获得不同的组织结构，从而具有不同的性能。钢铁是工业上应用最广的金属，而且钢铁显微组织也最为复杂，因此钢铁的热处理工艺种类繁多。

整体热处理是对工件整体加热，然后以适当的速度冷却，以改变其整体力学性能的金属热处理，大致有退火、正火、淬火和回火四种。一般退火的冷却速度最慢，正火的冷却速度较快，淬火的冷却速度更快。钢的退火和正火是常用的两种热处理，主要应用于各类铸、锻、焊工件的毛坯或半成品，以消除冶金及热加工过程中产生的缺陷，并为以后的机械加工及热处理准备良好的组织状态，因此，退火和正火通常又称为预备热处理。此外，通过正火可以细化组织，适当提高硬度，也可作为某些钢件的最终热处理。淬火的目的就是为了提高钢的强度、硬度、耐磨性等力学性能，从而满足各种零件或工具的不同使用要求。但淬火处理所获得的淬火马氏体组织很硬、很脆，并存在很大的内应力而易于突然开裂，因此，淬火工件必须经过回火处理后才能使用。这四种基本热处理方法随着加热温度和冷却方式的不同，又演变出不同的热处理。为了获得一定的强度和韧性，把淬火和高温回火结合起来的热处理，称为调质处理；某些合金淬火形成过饱和固溶体后，将其置于室温或稍高的适当温度下保持较长时间，以提高合金的硬度、强度或电性磁性等，称为时效处理；将压力加工形变与热处理有效而紧密地结合起来，使工件获得很好的强度、韧性配合的方法称为形变热处理。

表面热处理是只加热工件表层，以改变其表层力学性能的金属热处理。为了只加热工件表层而不使过多的热量传入工件内部，使用的热源须具有高的能量密度，即在单位面积的工件上给予较大的热能，使工件表层或局部能短时或瞬时达到高温。表面热处理的主要方法有火焰淬火和感应淬火，常用的热源有氧乙炔或氧丙烷等火焰，以及感应电流、激光和电子束等。

化学热处理是通过改变工件表层的化学成分从而改变材料组织结构和性能的金属热处理。化学热处理与表面热处理的不同之处是前者改变了工件表层的化学成分，它是将工件放在含碳、氮或其它合金元素的介质（气体、液体、固体）中加热，并保温较长时间，从而使工件表层渗入碳、氮、硼和铬等元素。渗入元素后，有时还要进行其它热处理，如淬火及回火。化学热处理的主要方法有渗碳、渗氮、渗金属。

1.3 热处理典型相变举例

合金在热处理时，由于材料种类、成分和工艺条件不同，会发生各种相变。加热或冷却条件不同时，可以发生平衡相变和非平衡相变。以下列出了金属或合金的一些典型的相变。

1.3.1 平衡相变

凡是在足够缓慢加热或者冷却过程中发生的相变，并符合相图中所描述的转变过程，都是平衡相变。

（1）同素异构转变（多形性转变）　金属在温度和压力改变时，由一种晶体结构转变为另一种晶体结构的过程称为同素异构转变。例如，纯铁加热到910℃，由体心立方相（α）转变为面心立方相（γ），即

$$\alpha\text{-Fe} \leftrightarrow \gamma\text{-Fe}$$

其它很多金属如钛、钴、锡等也可以发生同素异构转变。同素异构转变也称为多形性转变，不仅在纯金属中发生，在固溶体中也可以发生，是重新形核和晶核长大的过程。

（2）平衡脱溶沉淀　在缓慢冷却的条件下，由过饱和的固溶体（α）析出脱溶相（β）的过程，称为平衡脱溶沉淀。随着新相的不断析出，母相的成分也发生变化（α′），但母相的晶体结构不变，表示为

$$\alpha \rightarrow \alpha' + \beta$$

钢中二次渗碳体或者铁素体从奥氏体中的析出，还有铝合金中过饱和金属元素以化合物形式从固溶体中的析出，都属于脱溶沉淀。

（3）共析转变　在冷却时，一个固相（γ）完全分解为两个更稳定相（α、β）的过程称为共析转变。共析转变的两种产物的成分与结构都与母相完全不同，表示为

$$\gamma \rightarrow \alpha + \beta$$

共析钢（Fe-0.77%C，质量分数）在冷却过程中由奥氏体母相同时析出铁素体和渗碳体，得到珠光体组织的过程是共析转变。

（4）调幅分解　一个均匀的单相固溶体（α）分解为两种组织结构与母相相同，但成分有明显差别的两相（α_1、α_2）的转变过程称为调幅分解，表示为

$$\alpha \rightarrow \alpha_1 + \alpha_2$$

调幅分解的特点是溶质由低浓度区向高浓度区扩散的过程（称为上坡扩散），使均匀的单相固溶体变成两相不均匀的固溶体，属于非形核分解过程。

（5）有序转变　固溶体中各组元原子从无规则排列（α）到有规则排列（α′），但组织结构不发生变化的过程，称为有序转变，表示为

$$\alpha（无序） \rightarrow \alpha'（有序）$$

Cu-Zn、Au-Cu等很多合金系中都可以发生有序转变，其转变的产物常称为有序金属间化合物。

1.3.2　非平衡相变

由于加热或者冷却的速度过快，平衡相变受到抑制，从而发生非平衡相变，得到亚稳的组织结构。在合金（钢铁为主）中常见的非平衡相变主要有以下几种：

（1）马氏体转变　当钢中的高温奥氏体母相迅速过冷到很低的温度，原子来不及进行扩散而保留了含有过饱和碳的母相成分，晶体结构则由面心立方转变成体心正方，获得了马氏体组织，称为马氏体相变。除了钢以外，在很多合金（如 Cu-Zn、Ni-Al、Fe-Mn、Fe-Ni）以及陶瓷材料中，都能发生马氏体相变。

（2）块状转变　在一定的冷速（小于马氏体相变需要的冷速）下，母相通过界面的短程扩散，转变为成分相同但晶体结构不同的块状新相，称为块状转变。与马氏体相不同，块状新相不是过饱和相。在低碳钢中，奥氏体（γ）可以通过块状转变成为 α 相；Cu-Zn、Ag-Al、Ti-Al 等合金也可以发生块状转变。

（3）贝氏体转变　奥氏体快速冷却到低于先共析铁素体和珠光体相变温度、但高于马氏体形成温度的温区（对于中碳钢，例如 300～600℃）等温，可以得到一类特殊的组织，称为贝氏体。贝氏体由铁素体和碳化物组成，但其形态和分布与珠光体不同。

（4）伪共析转变　接近共析成分的钢，在快速冷却到一定温度时，和共析成分的钢一样，也可以发生共析转变，同时析出铁素体和渗碳体，但其转变产物中的铁素体和渗碳体的比例随奥氏体成分而变化，故称为伪共析转变。

（5）非平衡脱溶沉淀　由非平衡冷却得到的过饱和固溶体，在随后等温或加热时，由母相中析出成分与结构均与平衡沉淀相不同的新相的过程，称为非平衡脱溶沉淀。对于很多有色合金，非平衡脱溶是最主要的强化手段之一。

1.4　固态相变的分类

金属固态相变的种类很多，特征各异。按热力学参数在相变时变化的特点不同，可以分为一级相变和高级（二级以上）相变；按原子迁移方式的不同，可以分为扩散型相变和无扩散相变；按生长方式的不同，可以分为形核-长大型相变和连续型相变；按相变过程的控制因素不同，可以分为界面控制相变和扩散控制相变；按相变的程度和速度不同，可以分为平衡相变和非平衡相变等[8]。

1.4.1　按热力学分类

对所有的相变，在母相向新相转变的两相平衡温度，两相的吉布斯自由能（G）相等，组成元素在两相中的化学位（μ）亦相等，即

$$G_1 = G_2$$

$$\mu_1 = \mu_2$$

其中，吉布斯自由能由系统的焓（H）和熵（S）所决定，即

$$G = H - TS \tag{1-1}$$

原子的化学位定义为在一定温度（T）和压强（p）下，每摩尔原子数量（n_m）变化所引起的吉布斯自由能的变化，即

$$\mu_{\mathrm{m}} = \left(\frac{\partial G}{\partial n_{\mathrm{m}}}\right)_{T,p} \tag{1-2}$$

在相平衡条件下，两相自由能对温度和压强的一阶偏导数可以不相等，称为一级相变，即

$$\left(\frac{\partial G_1}{\partial T}\right)_p \neq \left(\frac{\partial G_2}{\partial T}\right)_p, \ \left(\frac{\partial G_1}{\partial p}\right)_T \neq \left(\frac{\partial G_2}{\partial p}\right)_T \tag{1-3}$$

应注意到

$$\left(\frac{\partial G}{\partial T}\right)_p = -S, \ \left(\frac{\partial G}{\partial p}\right)_T = V \tag{1-4}$$

显然，在相变温度，当两相的熵（S）和体积（V）不相等时，表现出熵和体积的突变。熵的突变就是相变潜热的吸收或者释放。一级相变具有热效应和体积效应，因此可以利用这两个效应，通过差热分析和热膨胀测试的方法确定一级相变的相变温度。除了部分有序化转变之外，金属中的固态相变绝大多数为一级相变。

如果相平衡时，两相自由能对温度和压强的一阶偏导数相等，但二阶偏导数不相等，称为二级相变，即

$$\left.\begin{array}{l} \left(\dfrac{\partial G_1}{\partial T}\right)_p = \left(\dfrac{\partial G_2}{\partial T}\right)_p, \ \left(\dfrac{\partial G_1}{\partial p}\right)_T = \left(\dfrac{\partial G_2}{\partial p}\right)_T \\[3mm] \left(\dfrac{\partial^2 G_1}{\partial T^2}\right)_p \neq \left(\dfrac{\partial^2 G_2}{\partial T^2}\right)_p, \ \left(\dfrac{\partial^2 G_1}{\partial p^2}\right)_T \neq \left(\dfrac{\partial^2 G_2}{\partial p^2}\right)_T, \ \left(\dfrac{\partial^2 G_1}{\partial p\,\partial T}\right) \neq \left(\dfrac{\partial^2 G_2}{\partial p\,\partial T}\right) \end{array}\right\} \tag{1-5}$$

应注意到

$$\left.\begin{array}{l} \left(\dfrac{\partial^2 G_1}{\partial T^2}\right)_p = \left(-\dfrac{\partial S}{\partial T}\right)_p = -\dfrac{c_p}{T} \\[3mm] \left(\dfrac{\partial^2 G}{\partial p^2}\right)_T = \dfrac{V}{V}\left(-\dfrac{\partial V}{\partial p}\right)_T = -\beta V \\[3mm] \left(\dfrac{\partial^2 G}{\partial p\,\partial T}\right) = \left(\dfrac{\partial V}{\partial T}\right)_p = \dfrac{V}{V}\left(\dfrac{\partial V}{\partial T}\right)_p = \alpha V \end{array}\right\} \tag{1-6}$$

式中，c_p 为材料的比定压热容；β 为材料的体积压缩系数；α 为材料的热膨胀系数。可见，在二级相变的相变温度，熵和体积均无突变，但是比定压热容、压缩系数和热膨胀系数均有突变（$\Delta c_p \neq 0$，$\Delta \alpha \neq 0$，$\Delta \beta \neq 0$）。

两相的自由能相等，其一阶、二阶偏导数连续，但三阶偏导数不连续的相变称为三级相变。

晶体的凝固、沉积、升华和熔化，以及金属中的大多数固态相变属于一级相变；超导态相变、磁性转变和部分有序化转变属于二级相变；量子统计爱因斯坦玻色凝结现象为三级相变。一级相变已经取得了系统的研究成果，但要注意有些从一级相变得出的规律不能应用到二级相变中。例如，根据相区接触法则，在一级相变的相图中，二元系的两个单相之间必须有一个双相区隔开，但在二级相变时两个单相区可以直接接触，也就是说相平衡时两相的成分可以完全相同。二级以上的高级相变并不常见，它主要影响材料的物理性能（电、磁、光性能等），目前对于二级相变的研究还有待深入。

1.4.2　按相变方式分类

按照相变的具体过程，相变可以分为形核-长大型相变（有核相变）和连续型相变（无核相变）。

形核-长大型相变是指在母相中形成新相的核，然后核不断长大，使相变过程得以完成。新相与母相之间有明显的界面分开。大部分金属中的固态相变属于形核-长大型相变。

连续型相变不需要新相的形核过程，它以母相固溶体中的成分起伏作为开端，通过成分起伏形成高浓度区和低浓度区，但两者之间没有明显的界线，由高浓度区到低浓度区成分连续变化，靠上坡扩散使浓度差越来越大，最后导致一个单相固溶体分解为成分不同而晶体结构相同的以共格界面相联系的两相。如调幅分解即为典型的连续型相变。

形核-长大型相变和连续型相变过程中新相和母相的成分变化示意图如图1-4所示。

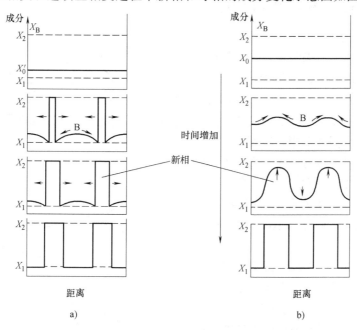

图1-4　相变过程中的新相成分变化示意图
a）形核-长大型相变　b）连续型相变（调幅分解）

1.4.3　按原子迁移方式分类

按照相变过程中原子的迁移情况可分为扩散型相变和无扩散相变。

相变需要靠原子或者离子的扩散来进行的称为扩散型相变。扩散型相变一般发生在温度足够高、原子的活动能力足够强时。温度越高、原子活动能力越强，扩散的距离也就越远，结果常导致新相成分的明显改变，如脱溶沉淀相变、共析转变等；但是如果相变温度不够高，原子只能在相界面附近作短距离的扩散时，也可以不导致成分的改变，如块状转变、多形性转变。

相变过程中原子不发生扩散，称为无扩散相变。无扩散相变时原子只作有规则的迁移而使点阵发生改组。原子的移动距离不超过原子间距，而且相邻原子的相对位置保持不变，类似于列队方阵整齐划一的队形改变，因此称为"队列式转变"。例如，马氏体相变就是典型的无扩散相变，它发生在较低的温度下，原子扩散来不及进行。

1.5　固态相变的一般特征

由于金属固态相变时的母相和新相都为固态晶体，原子的键合比较牢固，同时在母相中存在着位错、空位、晶界等晶体缺陷，因此，在这样的母相中产生固态的新相晶体，必然会具有许多特点。但金属中的固态相变总体上遵循着一般的相变理论，其相变驱动力是新相与母相的体积自由能的差。大多数金属中的固态相变为形核-长大型相变，冷却时其驱动力靠过冷度来获得。过冷度对于形核、长大机制和速度均具有重要影响。

1.5.1　固态相变的驱动力和阻力

1. 相变驱动力

固态相变的驱动力来源于新相与母相的体积自由能差 ΔG_V，如图 1-5 所示。在高温下母相能量低，新相能量高，母相为稳定相。随着温度的降低，母相自由能升高的速度比新相快。达到某一个临界温度 T_0 时，母相与新相之间的自由能相等，称为相平衡温度。低于 T_0 温度时，母相与新相自由能之间的关系发生了变化，母相能量高，新相能量低，新相为稳定相，所以要发生母相到新相的转变。

如果新相与母相成分完全一致，例如同素异构转变、马氏体相变等，则在低于 T_0 的某一温度，相变驱动力直接可以表示为同成分（c^0）的两相自由能差 ΔG_V，如图 1-6a 所示。

对于有成分变化的沉淀析出型固态相变，相变驱动力的计算则比较复杂，如图 1-6b 所示。相变前母相 α 的成分为 c^0，当发生相变，形成 β 相并且相变达到平衡状态时，母相成分变为 c^α，新相成分为 c^β，其相变驱动力为 ΔG_T，称为总相变驱动力。但在相变

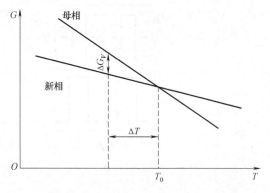

图 1-5　母相与新相的自由能随温度变化示意图

刚刚开始时，母相成分基本保持原始状态（c^0），新相成分为 c^β，其相变驱动力为 ΔG_N，称为形核驱动力。可见，相变的形核驱动力远远大于总相变驱动力，随着新相的长大和母相成分逐渐趋于平衡成分，相变的驱动力逐渐减小，最后达到平衡。

实际上，当温度 $T < T_0$ 时，母相并不能马上发生相变，因为固态相变必须克服一个相当大的阻力，往往需要低于 T_0 温度一定程度（图 1-5 中的 ΔT）才能发生，ΔT 称为过冷度。

2. 相变阻力

固态相变的阻力来自于新相与母相基体间形成界面所增加的界面能，以及两相体积差所导致的弹性应变能。因此，在相变过程中，总的自由能变化为

$$\Delta G = -V\Delta G_V + \sum_i A_i\sigma_i + V\Delta G_S \tag{1-7}$$

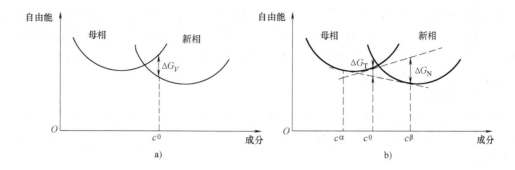

图 1-6　相变驱动力示意图

a) 无成分变化　b) 有成分变化的沉淀析出相变

式中，ΔG_V 为新相与母相的体积自由能差（驱动力）；A 为第 i 个界面的面积；σ 为相应的界面能；ΔG_S 为产生单位体积新相所引起的应变能。

界面能是指在恒温恒压条件下增加单位界面体系（或表面体系）内能的增量。界面能由化学能和结构能两部分组成，化学能是形成界面时由于界面上化学键的种类和数量的变化而引起的；结构能是由于界面原子晶体结构或者点阵常数不匹配，原子间距变化形成位错所引起的。在错配度较小时，可以把这两部分能量直接相加得到总界面能。由于在金属相界面上存在着位错、空位等晶体缺陷，因此会引起界面能的提高，界面上原子排列的不规则性也将导致界面能的升高。

体积应变能是由于新旧两相的比体积不同而产生的。在一级相变发生时，将伴随着体积的不连续变化，同时又受到固态母相的约束，因此，新相与母相之间必将产生弹性应变和应力，导致体积应变能的出现。

当热处理发生固态相变时，所产生的阻力较大，其中包括：①新相与母相基体形成界面所增加的界面能；②两相体积差产生弹性应变能。相比之下，母相为气相和液相时，由于不存在体积应变能，而且其界面能也比固相之间的界面能小得多，所以相变阻力比固态相变的阻力小得多。因此，固态相变发生时所需要的过冷度大。

1.5.2　相界面

对于一个单相体系，界面是指晶粒与晶粒之间的接触面；对于多相体系，界面既有同一相的晶粒界面，又有不同相的相界面。在研究固态相变时所说的界面，往往是指相界面。

新相与母相在晶体结构或者点阵常数上通常存在一定的差别，这种差别一般以错配度（$\delta = \Delta a/a$）表示。由于错配度的不同，新相与母相的界面原子的排列方式也往往不同，可以分为三种类型，即共格界面、半共格界面和非共格界面，如图 1-7 所示[9]。

1. 共格界面

共格界面上的原子完全可以同时位于两个相的晶格结点上，具有一一对应的关系（图1-7a）。一般认为，新相与母相的晶格错配度小于 5%，而且新相与母相的晶体结构和取向都相同时，可以形成完全共格的界面。一般共格界面并不多见，而且大多数共格界面只存在于新相形核的初期，当新相长大到一定程度后就很难维持了。

2. 半共格界面

半共格界面是指由于新相与母相的晶格错配度较大（超过 5% 时），界面原子不能维持一一对应的关系，在界面上只有部分原子能够依靠弹性畸变保持匹配，在不能匹配的位置将形成刃型位错（图 1-7b）。这些规则排列的位错可抵消晶格的错配，称为错配位错。大多数合金中的相界面属于半共格界面。

3. 非共格界面

非共格界面是指当新相与母相的晶格错配度超过 25% 时，界面两侧原子不再保持匹配关系。非共格界面两侧原子排列差别很大，不存在任何对应的关系，类似于大角度的晶界（图 1-7c）。

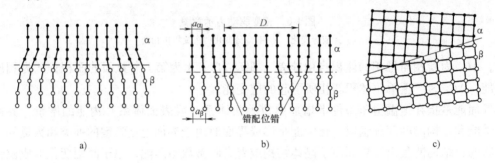

图 1-7　界面原子排列示意图
a）共格界面　b）半共格界面　c）非共格界面

以上三种界面中，共格界面能最低（$0.05 \sim 0.20 \mathrm{J/m^2}$），界面稳定，不容易移动；半共格界面能次之（$0.2 \sim 0.8 \mathrm{J/m^2}$）；非共格界面能最高（$0.8 \sim 2.5 \mathrm{J/m^2}$），界面不稳定，容易发生移动。

1.5.3　新相的形状

固态相变时，新相呈何种形状由相变阻力所决定，以尽量降低相变的阻力为前提。相变阻力包括界面能和体积应变能，两者共同起作用，决定了在不同条件下析出物的各种形状。

1. 应变能的影响

对于完全共格的情况，假设母相是弹性各向同性的，母相与新相弹性模量相等，泊松比为 1/3，则单位体积弹性应变能 ΔG_S 与剪切模量（μ）和错配度（$\delta = \Delta a/a$）的平方成正比，与新相的析出形状无关，写为

$$\Delta G_S = 4\mu\delta^2 \qquad (1\text{-}8)$$

对于非共格的情况，单位体积的弹性应变能 ΔG_S 不仅与剪切模量和体积错配度有关，还与新相的形状有关

$$\Delta G_S = \frac{2}{3}\mu\left(\frac{\Delta V}{V}\right)^2 f \qquad (1\text{-}9)$$

式中，形状因子 f 取值在 $0 \sim 1$ 之间，球状新相最高，盘片状最低，针状相介于二者之间。

图 1-8 所示为不同形状新相与体积应变能的关系，由图可见，在体积相同时，新相

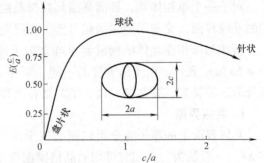

图 1-8　非共格沉淀相的弹性能 $E(c/a)$
与形状因子 c/a 的关系
（c 与 a 的关系如椭球体所示）

呈碟形（盘片状）体积应变能最小，针状次之，球状最大。

2. 界面能的影响

界面能的大小对新相的形核、长大以及转变后的组织形态有很大影响。与体积应变能和形状的关系相反，界面面积与形状的关系为：体积相同时球状面积最小，针状其次，盘片状最大，界面能也随着增加。

若新相具有和母相相同的点阵结构和近似的点阵常数，则新相可以与母相形成低能量的共格界面，此时，新相将呈针状，以保持共格界面，使界面能保持最低。如新相与母相的晶体结构不同，这时新相与母相可能只存在一个共格或半共格界面，而其它面则是高能的非共格界面。为了降低能量，新相的形态呈圆盘状。圆盘面为共格界面，而圆盘的边为非共格界面。对于非共格新相，所有的界面都是高能界面，因此其平衡形状大致为球状。

为了尽量降低相变的阻力，在新相长大过程中，界面能和应变能的综合作用（两者之和最小）决定了新相与母相界面的共格或者非共格状态。一般新相半径很小时，界面能起主要作用，新相趋向于与母相共格，以降低能量；当球状新相长大到一个临界半径 r^* 时，体积应变能起主要作用，界面将失去共格。r^* 可以写为

$$r^* = \frac{3\sigma_{结构}}{4\pi\delta^2} \tag{1-10}$$

如果错配度很小，则会形成半共格的界面，此时界面结构能大致与 δ 成正比，则 r^* 与错配度的倒数成正比。

1.5.4 新相与母相的位向关系和惯习面

（1）位向关系 新相与母相的原子取向排列一般不是无规则的任意取向，而是呈特定的相互关系。为了降低界面能量，新相与母相通常以低指数的、原子密度大的、匹配较好的晶面彼此平行，构成一定取向关系的界面。而且，两相的密排方向也尽量平行。例如，钢中的奥氏体 γ（面心立方）-铁素体 α（体心立方）界面通常具有这种特征（即 K-S 关系）

$$\{111\}_\gamma // \{110\}_\alpha；<110>_\gamma // <111>_\alpha \tag{1-11}$$

两相之间的这种晶体学上的对应关系，通常称为位向关系。当两相界面为共格或者半共格时，新相与母相必然具有一定的位向关系；但存在一定晶体学位向关系的新相和母相却不一定能保持共格或者半共格的界面。如果两相无位向关系，则界面常常为非共格界面。

（2）惯习面 为了维持界面上的尽量好的原子匹配，以降低界面能，减少形核和长大的阻力，新相往往在母相的一定晶面上形成，母相中的这个晶面称为惯习面。惯习面一般为母相中能量最低、原子排列最密的低指数晶面，例如，在低碳钢中，马氏体板条析出的惯习面是奥氏体的 $\{111\}$。

1.5.5 固态相变的其它特点

固态相变的特点除了上述的相变阻力大、存在不同类型的相界面、新相呈特定的形状等以外，还具有以下特点：

（1）原子迁移率低，多数相变受扩散控制 固态金属中原子扩散速率远远低于气态和液态，即使在熔点附近，固体原子的扩散系数也仅为液体原子扩散系数的万分之一左右（固态金属扩散系数为 $10^{-11} \sim 10^{-12} \mathrm{cm}^2/\mathrm{s}$，液态金属为 $10^{-7} \mathrm{cm}^2/\mathrm{s}$）。实际上，固态相变发生的

温度常常远低于熔点温度，所以扩散系数更小，因此原子的迁移率低，扩散型相变的速度较慢。

（2）相变时形成过渡相　过渡相也称为中间亚稳相，是指成分或结构，或者成分/结构处于新相与母相之间的一种亚稳状态的相。固态相变时，有时新相与母相在成分、结构上差别较大，因此相变阻力较大，故形成过渡相便成为减少相变阻力的重要途径之一。这是因为，过渡相在成分、结构上更接近于母相，两相间易于形成共格或半共格界面，以减少界面能，从而降低形核功，使形核易于进行。但是，过渡相的自由能高于平衡相，故在一定条件下仍有继续转变为平衡相的可能。例如，Al-4% Cu 合金的过饱和固溶体在时效时，先转变为过渡相 θ'' 和 θ'，最终才转变为稳定相 θ（$CuAl_2$）。

（3）非均匀形核　与液态金属不同，固态金属中存在各种晶体缺陷，如位错、空位、堆垛层错、晶界和亚晶界、夹杂物等，新相往往在这些缺陷处形核。因为在这些位置晶体点阵存在畸变，储存有畸变能，从而增大了母相局部的自由能。新相在这些缺陷处形核可以使缺陷消失，并释放一部分储存的畸变能，使激活能的势垒大大降低。因此，与完整的晶体结构相比较，这些缺陷都是有利的形核位置，在这些位置的形核称为非均匀形核。

1.6　固态相变的形核和长大

绝大多数固态相变都是通过形核与长大过程完成的。形核过程往往是先在母相基体的某些微小区域内形成新相的成分与结构，称为核胚。若这种核胚的尺寸超过某一临界尺寸，便能稳定存在并自发长大，即成为新相晶核。若晶核在母相基体中任意均匀分布，称为均匀形核；而若晶核在母相基体中某些区域择优地分布，则为非均匀形核[10]。在固态相变中均匀形核的可能性很小，但有关它的理论却是讨论非均匀形核的基础。

1.6.1　均匀形核

对于在母相完整晶格位置上的均匀形核，假设新相核心是半径为 r 的球，而且界面能和应变能是各向同性的，则式（1-7）中自由能 ΔG 可以写成

$$\Delta G_{均匀} = -\frac{4}{3}\pi r^3 \Delta G_V + 4\pi r^2 \sigma + \frac{4}{3}\pi r^3 \Delta G_S$$

（1-12）

临界晶核的半径 r^* 必须满足

$$\frac{\partial \Delta G_{均匀}}{\partial r} = 0$$

（1-13）

则可以得到

$$r^* = \frac{2\sigma}{\Delta G_V - \Delta G_S}$$

（1-14）

$$\Delta G_{均匀}^* = \frac{16\pi\sigma^3}{3(\Delta G_V - \Delta G_S)^2}$$

（1-15）

图 1-9 所示的均匀形核的自由能变化与新相晶核半径的关系曲线表明，新相核胚的原子团半径

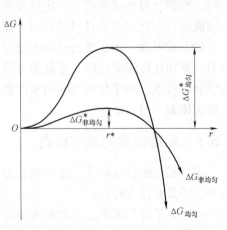

图 1-9　均匀形核与非均匀形核条件下自由能变化与新相核胚半径的关系

（r）必须大于临界半径（r^*），系统才能克服势垒（$\Delta G^*_{均匀}$）的阻碍，新相的核胚才能继续长大，完成形核过程。

1.6.2 非均匀形核

由于固体中各种缺陷的大量存在，非均匀形核是普遍存在的，形核的位置有空位、位错、界面等，从而可以使形核所要克服的势垒（$\Delta G^*_{非均匀}$）大大降低，如图1-9所示。

空位可通过加速扩散过程或释放自身能量提供形核驱动力而促进形核。

位错可通过多种形式促进形核：①新相在位错线上形核，可借形核处位错线消失时所释放出来的能量作为相变驱动力，以降低形核功；②新相形核时位错并不消失，而依附于新相界面上构成半共格界面上的位错部分，以补偿错配，从而降低应变能，使形核功降低；③溶质原子在位错线上偏聚（形成柯氏气氛），使溶质含量增高，便于满足新相形成时所需的成分条件，使新相晶核易于形成；④位错线可作为扩散的短路通道，降低扩散激活能，从而加速形核过程；⑤位错可分解形成由两个分位错与其间的层错组成的扩展位错，使其层错部分作为新相的核胚而有利于形核。

晶界具有高的界面能，在晶界形核时可使界面能释放出来作为相变驱动力，以降低形核功。因此，固态相变时晶界往往是形核的主要形核位置。晶界形核时，新相与母相的某一个晶粒有可能形成共格或半共格界面，以降低界面能，减少形核功。这时，共格的一侧往往呈平直界面，新相与母相间具有一定的取向关系。但大角晶界两侧的晶粒通常无对称关系，故晶核一般不可能同时与两侧晶界都保持共格关系，而是一侧为共格，另一侧为非共格。为了降低界面能，非共格一侧往往呈球冠状。晶界形核

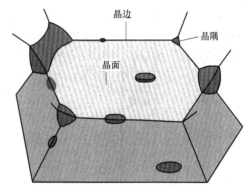

图1-10 晶面、晶边和晶隅形核示意图

可以进一步细分为晶面形核（两个晶粒的交面）、晶边形核（三个晶粒的交边）和晶隅形核（四个晶粒的交点）（图1-10）。从理论上分析，固态相变过程中的形核易难程度是按晶隅、晶边、晶面的顺序发生的。但同时也应该考虑到，三种非均匀形核位置在数量上有着显著差别[11]。

如果将各种可能的形核位置按照形核从难到易的程度排序，大体如下：均匀形核，空位形核，位错形核（刃型位错比螺型位错容易），堆垛层错，晶界形核（晶面、晶边、晶隅由难到易），相界形核（与相界面能和相界成分关系很大），自由表面。

1.6.3 晶核的长大

继新相形核之后，便开始晶核的长大过程。新相晶核的长大，实质上是界面向母相方向的迁移。依固态相变类型和晶核界面结构的不同，其晶核长大机理也不同。

有些固态相变，如共析转变、脱溶转变、贝氏体转变等，由于其新相与母相的成分不同，新相晶核的长大必须依赖于溶质原子在母相中作长程扩散，使相界面附近的成分符合新相的要求；而有些固态相变，如同素异构转变、块状转变和马氏体转变等，其新的原子只需

作短程扩散，甚至完全不需扩散亦可使新相晶核长大。

如前所述，界面结构有共格界面、半共格界面及非共格界面。在实际合金中，新相晶核的界面结构出现完全共格的情况极少，通常所见的大多是半共格和非共格两种界面。这两种界面有着不同的迁移机理。

1. 半共格界面的迁移

例如，马氏体转变的晶核长大是通过半共格界面上靠母相一侧的原子以切变的方式来完成的，其特点是大量的原子有规则地沿其一方向作小于一个原子间距的迁移，并保持各原子间原有的相邻关系不变，这种晶核长大过程也称为协同型长大或位移式长大[12]。由于该相变中原子的迁移距离都小于一个原子间距，故为无扩散型相变。

除了上述切变机理外，人们还对晶核长大过程提出了另一种设想，即认为通过半共格界面上界面位错的运动，可使界面作法向迁移，从而实现晶核长大。

半共格界面的可能结构如图 1-11 所示。图 1-11a 为平界面，即界面位错处于同一平面上，其刃型位错的柏氏矢量 **b** 平行于界面。在此情况下，若界面沿法线方向迁移，这些界面位错就必须攀移才能随界面移动，这在无外力作用或无足够高的温度下是难以实现的。但若呈图 1-11b 所示的阶梯界面时，其界面位错分布于各个阶梯状界面上，这就相当于刃型位错的柏氏矢量 **b** 与界面呈某一角度。这样，位错的滑移运动就可使台阶发生侧向迁移，从而造成界面沿其法向推进，如图 1-12 所示，这种晶核长大方式称为台阶式长大。

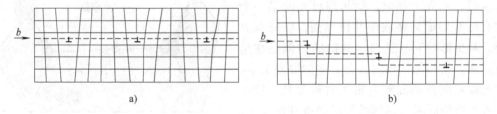

图 1-11　半共格界面的可能结构

a）平界面　b）阶梯界面

2. 非共格界面的迁移

在许多情况下，晶核与母相间呈非共格界面。这种界面处的原子排列紊乱，形成一个无规则排列的过渡薄层（图 1-13a），界面上原子移动的步调不是协同的，亦即原子的移动无一定的先后顺序，相对位移距离不等，其相邻关系也可能变化。随着母相原子不断地以非协同方式向新相中转移，界面便沿其法向推进，从而使新相逐渐长大，这就是非协同型长大。但是也有人认为，在非共格界面的微观区域中，也可能呈现台阶状结构（图 1-13b）。这种台阶平面是原子排列最密的晶面，台阶高度约相当于一个原子层，通过原子从母相台阶端部向新相台阶上转

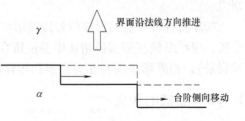

图 1-12　晶核按台阶式长大示意图

移，便使新相台阶发生侧向移动，从而引起界面推进，使新相长大。由于这种非共格界面的迁移是通过界面扩散进行的，因此，不论相变时新相与母相的成分是否相同，这种相变为扩散型相变。

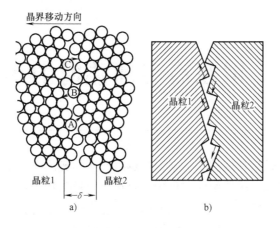

图 1-13 非共格界面的可能结构示意图[13]
a）原子不规则排列的过渡薄层 b）台阶状非共格界面

习 题

1. 金属材料面临的挑战是什么？应该从哪些方面开展研究提高其性能？
2. 简述相变的分类方法和相变的种类。
3. 什么是平衡相变和非平衡相变？试举出几种典型的固态平衡相变和非平衡相变例子。
4. 固态相变有哪些主要特征？哪些因素构成相变阻力？哪些因素为相变驱动力？
5. 为什么固态相变的阻力大？
6. 什么是固态相变的均匀形核和非均匀形核？试比较两者形核率的大小。
7. 固态相变时，形成新相的形状与过冷度大小有何关系？
8. 金属热处理与相变有何关系？
9. 材料研究四要素指哪些？如何理解它们之间的相互关系？举例说明。
10. 固态界面有哪些种类？各有何特点？
11. 固态相变时新相的形状由什么因素决定？如何影响？

参 考 文 献

[1] Lu K. The Future of Metals [J]. Science, 2010 (328)：319-320.

[2] Ashby M F. Materials Selection in Mechanical Design [M]. 3th ed. Elsevier：Oxford, 2005.

[3] Novikov I. Theory of Heat Treatment of Metals [M]. Moscow：Mir Pub, 1978.

[4] Tylecote R F. A History of Metallurgy [M]. London：The Metals Society, 1976.

[5] 苏荣誉, 华觉明, 李克敏, 等. 中国上古金属技术 [M]. 济南：山东科学技术出版社, 1995.

[6] Aitchison L. A History of Metals [M]. New York：Interscience Pub, 1960.

[7] 赵乃勤, 杨志刚, 冯运莉, 等. 合金固态相变 [M]. 长沙：中南大学出版社, 2008.

[8] 徐祖耀. 相变原理 [M]. 北京：科学出版社, 1988.

[9] 潘金生, 仝建民, 田民波. 材料科学基础 [M]. 北京：清华大学出版社, 1998.

[10] 胡赓祥, 钱苗根. 金属学原理 [M]. 上海：上海科学技术出版社, 1980.

[11] 蔡珣. 材料科学与工程基础 [M]. 上海：上海交通大学出版社, 2010.

[12] 刘宗昌, 袁泽喜, 刘永长. 固态相变 [M]. 北京：机械工业出版社, 2010.

[13] 陆兴. 热处理工程基础 [M]. 北京：机械工业出版社, 2006.

第2章 钢在高温加热时的奥氏体转变

钢在加热时的转变是钢热处理的基础,加热时形成的奥氏体的化学成分、均匀性、晶粒大小,以及加热后未溶入奥氏体中的碳化物、氮化物等过剩相的数量、分布状况等,都会对随后钢的冷却转变过程及转变产物的组织形态和性能产生重要的影响。因此,研究钢在加热时奥氏体的形成规律,以便控制奥氏体的组织形态和未溶相的状态,对相变理论的研究及实际应用都具有重要的意义。

2.1 奥氏体及其特点

2.1.1 奥氏体定义

奥氏体是碳原子溶于面心立方结构的铁(γ-Fe)中形成的间隙固溶体,以符号 A(或γ)表示。在 Fe-Fe$_3$C 相图(图 2-1)中,奥氏体存在于共析温度(727℃)以上,最大碳的质量分数为 2.11%(1148℃)。当加入合金元素时,奥氏体稳定存在的区域会扩大或缩小。如镍、锰使奥氏体存在的区域扩大,而铬、钒、钼、钨、钛、铝、硅等元素使奥氏体存在的

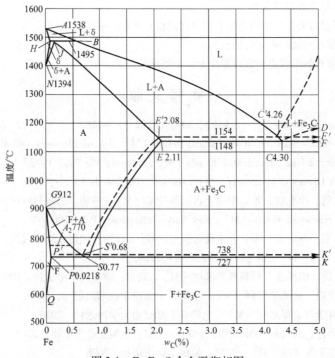

图 2-1 Fe-Fe$_3$C 合金平衡相图

区域缩小。由图 2-2a 可见，随着钢中铬含量的不断增加，奥氏体稳定存在的区域逐渐缩小；而在图 2-2b 中，随着钢中锰含量的增加，奥氏体稳定存在的温度范围逐渐增大。

　　奥氏体的组织形态与其原始组织形态、加热速度及加热转变的程度有关，通常情况下为多边形的等轴晶粒，如图 2-3 及图 2-4 所示，在晶粒内部往往存在孪晶。

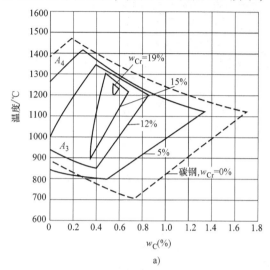 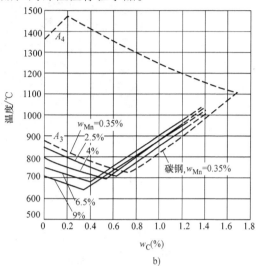

a)　　　　　　　　　　　　　　b)

图 2-2　合金元素对 Fe-Fe₃C 相图奥氏体区的影响[1]

a）铬的影响　b）锰的影响

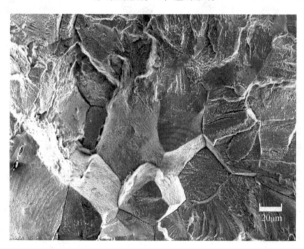

图 2-3　304 不锈钢在高溶解氧环境中的断裂表面，显示出奥氏体晶粒的形状[2]

2.1.2　奥氏体晶体结构

　　奥氏体中的碳原子处于 γ-Fe 晶格中的间隙位置，经 X 射线衍射证明，碳原子位于 γ-Fe 的八面体间隙中，即面心立方点阵晶胞的中心（1/2，1/2，1/2）或棱边的中心如（1/2，0，0）（图 2-5a），八面体间隙能容纳的最大球半径为 $r_B/r_A = 0.414$，约为 0.053nm（图 2-5b），而碳原子的半径为 0.077nm，碳原子进入间隙中会引起很大的晶格畸变，因此，碳原子在奥氏体中的溶解度较低。

图 2-4 奥氏体的光学显微组织（NF709 奥氏体不锈钢，10% 草酸
溶液电解抛光腐蚀，晶内存在退火孪晶）[3]

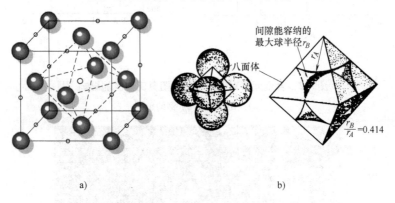

a)   b)

图 2-5 碳原子在 γ-Fe 中可能的间隙位置 a）和八面体间隙[4] b)

实际测得的奥氏体的最大碳的质量分数为
2. 11%（1148℃）。根据奥氏体中的最大碳含
量计算，每 2~3 个 γ-Fe 晶胞中才含有一个碳
原子。奥氏体中碳的溶解度极限远大于铁素体，
虽然 γ-Fe 的晶格致密度高于体心立方晶格的 α-
Fe，但由于其晶格间的最大空隙要比 α-Fe 大，
故溶碳能力也就大些。

γ-Fe 的点阵常数为 0. 364nm，随着碳含量
的增加奥氏体点阵常数增大，如图 2-6 所示。
合金元素如 Mn、Si、Cr、Ni 等能够置换 γ-Fe
中的铁原子而形成置换固溶体。置换原子的存
在也会引起点阵常数的改变，使晶格产生畸变。
点阵常数改变的大小和晶格畸变的程度，取决

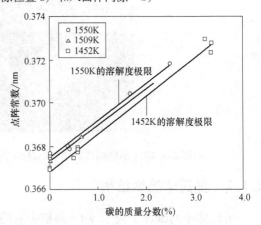

图 2-6 奥氏体的点阵常数与碳含量
（包括过饱和含量）的关系[5]

于碳原子的数量、合金元素的含量以及它们的原子半径与铁原子半径的差异。

2.1.3　奥氏体的性能

奥氏体是碳钢中的高温稳定相，当加入适量的合金元素时，可以使奥氏体在室温成为稳定相。因此，奥氏体可以是钢在使用时的一种组织状态，在奥氏体状态使用的钢称为奥氏体钢。

奥氏体的性能与其碳含量及晶粒大小有关，一般奥氏体的硬度为 170～220HBW，伸长率为 40%～50%。因此，奥氏体的硬度较低而塑性较高，易于进行塑性变形加工成形。所以，钢常常在奥氏体稳定存在的高温区域进行锻造加工。在奥氏体中加入镍、锰等元素，可得到在室温下具有奥氏体组织的奥氏体钢。如高锰钢和铬镍奥氏体不锈钢可在室温下以奥氏体状态稳定存在。奥氏体钢的再结晶温度高，有较好的热强性，可作为高温用钢。

奥氏体与钢中的其它组织相比，因其具有最密排的点阵结构，致密度高，因而比体积最小。例如，在 $w_C = 0.8\%$ 的钢中，奥氏体、铁素体和马氏体的比体积分别为 1.2399×10^{-4} m^3/kg、$1.2708 \times 10^{-4} m^3/kg$ 和 $1.2915 \times 10^{-4} m^3/kg$。因此，在奥氏体形成或由奥氏体转变成其它组织时，都会产生体积变化，引起内应力和一系列的相变特点[6]。

奥氏体的线胀系数比其它组织大，如在 $w_C = 0.8\%$ 的钢中，奥氏体的线胀系数为 $23.0 \times 10^{-6}/℃$，而铁素体、渗碳体和马氏体的线胀系数分别为 $14.5 \times 10^{-6}/℃$、$12.5 \times 10^{-6}/℃$ 和 $11.5 \times 10^{-6}/℃$。因此，奥氏体钢常用来制造热膨胀灵敏的仪表元件。奥氏体的导热性较差，在钢中除了渗碳体外，奥氏体的导热性最差。

此外，奥氏体是顺磁性的，而马氏体和铁素体具有很强的铁磁性，利用这一性质可以研究钢中与奥氏体有关的相变，如相变点和残留奥氏体的测定等。奥氏体钢是无磁钢，可用于变压器、电磁铁等的无磁结构材料。

2.2　钢的奥氏体等温转变

通常把钢加热到临界温度以上获得奥氏体的转变过程称为奥氏体化过程。钢经奥氏体化获得稳定的奥氏体相后，以不同方式（或速度）冷却，就可以获得不同的组织和性能。因此，奥氏体化过程是很多热处理的基本过程。钢奥氏体化之前的原始组织可以是平衡组织也可以是非平衡组织，加热方式可以是等温加热也可以是连续加热，本节着重介绍平衡组织在等温加热时奥氏体形成的规律。

2.2.1　奥氏体转变热力学

转变热力学主要研究相变发生的条件、相变驱动力的大小以及相变产物的相对稳定性。

共析钢在加热时会发生珠光体向奥氏体的转变，相变的驱动力是形成的奥氏体相与母相之间的体积自由能之差。按照相变形核理论，奥氏体形核时，系统的自由能变化为

$$\Delta G = \Delta G_V + S\sigma + \varepsilon V \tag{2-1}$$

式中，ΔG_V 为相变驱动力，即奥氏体与珠光体的自由能差；$S\sigma$ 为奥氏体形核时的界面能；εV 为奥氏体形核时增加的应变能。界面能和应变能是相变的阻力。奥氏体和珠光体的自由能均随温度的升高而降低，如图 2-7 所示。但是，由于它们的自由能随温度变化的速度不同，在某一温度时，两条曲线存在一个交点，该点即为 Fe-C 相图中的 A_1 温度（727℃）。当

加热温度高于 A_1 时，奥氏体的自由能低于珠光体的自由能，因此，珠光体将转变为奥氏体，自由能差即为相变的驱动力。

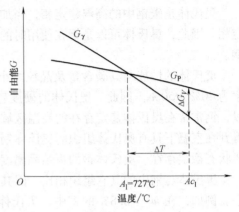

图 2-7 Fe-C 合金珠光体和奥氏体的自由能（G_P 和 G_γ）与温度的关系

在实际生产中总是以一定的速度加热和冷却的，因此，实际的转变开始温度偏离平衡转变温度 A_1，转变开始点一般随加热速度的增大而升高。习惯上将在一定加热速度下实际测定的临界点用 Ac_1 表示（c 为法文加热 chauffage 的第一个字母）。冷却时的临界点用 Ar_1 表示（r 为法文冷却 refroidissement 的第一个字母）。相应的 Fe-C 相图中的另外两条临界点曲线 A_3 线和 A_{cm} 线，在实际加热或冷却条件下分别写为 Ac_3、Ac_{cm} 和 Ar_3、Ar_{cm}（图 2-8）。实际转变温度与临界点 A_1 之差称为过热度 ΔT，过热度越大，驱动力就越大，转变就越快。

合金元素的存在对加热转变的临界点也有明显的影响。常见合金元素对 Ac_1 与 Ac_3 温度的影响可分别用式（2-2）和式（2-3）表示[7]，式中的元素符号代表该合金元素在钢中的质量分数。

$$Ac_1\ (℃) = 723 - 10.7Mn - 16.9Ni + 29.1Si + 16.9Cr + 290As + 6.38W \tag{2-2}$$

$$Ac_3\ (℃) = 910 - 203C^{0.5} - 15.2Ni + 44.7Si + 104V + 31.5Mo + 13.1W \tag{2-3}$$

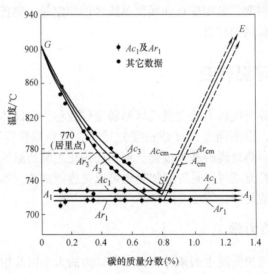

图 2-8 加热速度和冷却速度为 0.125℃/min 时
对奥氏体转变临界点的影响[6]

2.2.2 奥氏体转变机制

奥氏体的形成属于扩散型相变，其转变过程可以分为四个阶段，即奥氏体形核、奥氏体晶核长大、残留碳化物溶解、奥氏体成分均匀化。共析钢中珠光体向奥氏体的转变过程，可由图 2-9 示意性地描述。

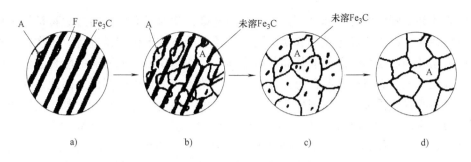

图 2-9　珠光体向奥氏体转变示意图[11]

a) 奥氏体形核　b) 奥氏体晶核长大　c) 残留碳化物溶解　d) 奥氏体成分均匀化

下面以共析钢为例，讨论平衡组织加热时奥氏体形成的机制。

1. 奥氏体形核

奥氏体的形成是通过形核和长大来完成的。关于奥氏体的形核方式，存在扩散和无扩散两种观点。这里主要讨论扩散控制的形核方式。

从 Fe-C 相图可知，共析钢具有完全的珠光体组织，即由片状的铁素体和渗碳体组成的混合组织，渗碳体与铁素体含量的比值约为 1:8。当加热到 A_1 温度时，由于相变驱动力的作用，珠光体将向奥氏体转变，其转变为共析转变的逆转变，即

$$P（\alpha + Fe_3C）\xrightarrow{A_1} \gamma \tag{2-4}$$

铁素体的含碳量极低，其质量分数约为 0.0218%；Fe_3C 碳的质量分数为 6.69%；而相对应的奥氏体碳的质量分数为 0.77%。三者的含碳量相差很大。同时，铁素体的晶体结构为体心立方，Fe_3C 的晶体结构为复杂正交晶系，而奥氏体的晶体结构为面心立方，三者的结构亦有很大差异。因此，奥氏体晶核的形成必须依靠系统内的能量起伏、浓度起伏和结构起伏来实现。

奥氏体的形核位置通常在铁素体和渗碳体的相界面处。此外，珠光体团的边界、铁素体镶嵌块边界都可以成为奥氏体的形核位置。图2-10 所示为共析钢在奥氏体化温度保温时，珠光体向奥氏体的转变过程。保温 4s 时，尚未出现明显的奥氏体晶核；保温 6s 时开始形成奥氏体晶核；保温 15s 时奥氏体晶核开始长大。

奥氏体晶核易于在铁素体和渗碳体的相界面处形成的原因可解释如下：

首先，在铁素体和渗碳体的相界面处，界面两侧的碳原子浓度相差较大，如铁素体碳的质量分数为 0.0218%，渗碳体碳的质量分数为6.69%，因此容易形成较大的浓度起伏，从而有利于获得形成奥氏体晶核所需的碳浓度。其

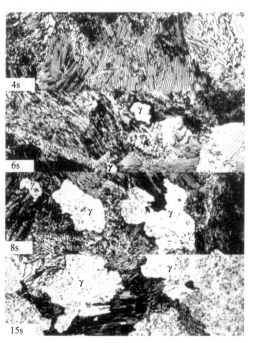

图 2-10　珠光体向奥氏体的转变过程
（1000×）[8]

次，在铁素体和渗碳体的相界面处，原子排列不规则，铁原子有可能通过短程扩散由母相向新相的点阵转移，即易于满足结构起伏的要求，使奥氏体的形核容易进行。再次，在相界面处，晶体缺陷及杂质较多，因此有较高的畸变能，易达到新相形成所需的能量起伏，同时新相在这些部位形核，有可能消除部分晶体缺陷，而使系统的自由能降低。因此，在两相界面处形核，容易满足奥氏体晶核形成所需的能量、浓度和结构条件，有利于晶核的形成。

图 2-11 所示为 0.95% C-2.61% Cr 钢加热到 800℃ 奥氏体形核的 TEM 照片。图 2-11a 表明奥氏体晶核在渗碳体和铁素体的界面处形成；图 2-11b 表明奥氏体晶核在珠光体团的交界处形成，M_1 和 M_2 表示奥氏体经淬火处理后得到的马氏体，它们可以反映出奥氏体形核的位置。

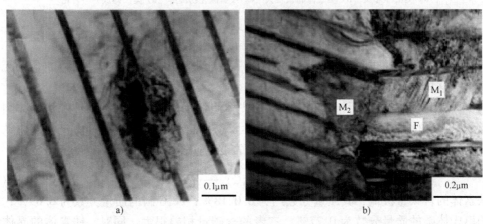

a)   b)

图 2-11　0.95% C-2.61% Cr 钢加热到 800℃ 奥氏体形核的 TEM 照片[9]

a）奥氏体在渗碳体/铁素体界面形核　b）奥氏体在珠光体团的边界形核

最近，更精细的研究表明，奥氏体优先在珠光体中铁素体的大角度晶界（HAB）处形核，一些奥氏体晶核与其一侧或两侧的珠光体和铁素体保持近似 K-S 的关系。如图 2-12 所示，奥氏体在大角度晶界处形核，并沿着渗碳体片生长，从而长入具有与生长方向平行的珠光体片的珠光体团[10]。

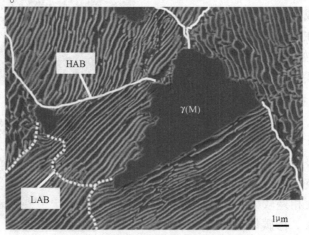

图 2-12　奥氏体 [γ（M）] 在大角度晶界（HAB）处形核

（LAB 为小角度晶界）[10]

2. 奥氏体晶核长大

下面以奥氏体在铁素体和渗碳体界面处形核为例，来讨论奥氏体晶核的长大过程。当奥氏体晶核在铁素体和渗碳体两相界面间形成以后，形成了 γ-α 和 γ-Fe₃C 两个新的相界面，奥氏体晶核的长大是通过这两个相界面向原有的铁素体和渗碳体中推移而进行的。如果奥氏体晶核在 Ac_1 以上某一温度 T_1 形成，它与渗碳体和铁素体相接触的相界面是平直的，则相界面处各相的碳浓度可以由 Fe-Fe₃C 相图确定，如图 2-13 所示。

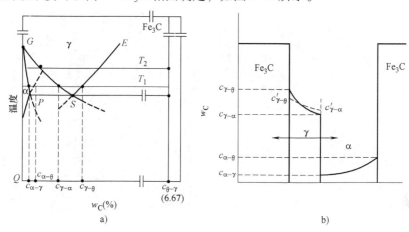

图 2-13　奥氏体晶核在珠光体中长大示意图

a）在 T_1 温度下奥氏体形核时各相的碳浓度　b）奥氏体相界面推移示意图

从图 2-13 可知，在形成的奥氏体晶核内部，碳原子的分布是不均匀的。奥氏体晶核与铁素体交界面处的碳含量为 $c_{\gamma-\alpha}$，而与渗碳体交界面处的碳含量为 $c_{\gamma-\theta}$。因为 $c_{\gamma-\theta} > c_{\gamma-\alpha}$，在奥氏体内部产生了浓度梯度，碳原子将由渗碳体一侧向铁素体一侧扩散（图 2-13b），从而改变了奥氏体中各个界面处的碳含量平衡状态，如奥氏体和铁素体交界处的碳含量升高为 $c'_{\gamma-\alpha}$，奥氏体与渗碳体交界处的碳含量下降为 $c'_{\gamma-\theta}$。为了恢复平衡，低碳的铁素体将转变为奥氏体而使界面碳含量降低以恢复到 $c_{\gamma-\alpha}$，同时渗碳体也溶入奥氏体，使界面碳含量增高以恢复到 $c_{\gamma-\theta}$，这样，奥氏体晶核分别向铁素体和渗碳体两个方向推移，完成晶核的长大过程。

另外，在铁素体内部也存在着碳含量差，导致碳原子从 α/Fe₃C 界面处向 α/γ 界面处扩散，这种扩散也促进奥氏体不断长大。

3. 残留碳化物溶解

在奥氏体晶核的长大过程中，随着相界面的扩展，珠光体中的铁素体首先完成转变。当铁素体消失时，渗碳体还未完全溶解，此时奥氏体的平均碳含量低于珠光体的平均碳含量（$w_C = 0.77\%$）。Fe-Fe₃C 相图中 ES 线的倾斜度大于 GS 线（图 2-13a），S 点不在 $c_{\gamma-\alpha}$ 与 $c_{\gamma-\theta}$ 的中点，而稍偏右。所以，奥氏体中的平均碳含量，即 $(c_{\gamma-\alpha} + c_{\gamma-\theta})/2$ 低于 S 点成分。另外，奥氏体与铁素体相界面处的碳含量差显著小于渗碳体和奥氏体相界面处的碳含量差，所以只需要溶解一小部分渗碳体就会使奥氏体达到饱和；而必须溶解大量的铁素体，才能使奥氏体的碳含量趋于平衡。因此，当铁素体全部转变为奥氏体后，多余的碳即以 Fe₃C 形式存在。

通过继续保温，使未溶渗碳体不断溶入奥氏体中，直到渗碳体完全溶解为止。

4. 奥氏体成分均匀化

渗碳体转变结束后，奥氏体中碳含量是不均匀的，原来为铁素体的区域碳含量较低，而原来是渗碳体的区域碳含量较高。这种碳原子分布的不均匀性随加热速度的增大而增加，因此，通过继续加热或保温，借助碳原子的扩散可使奥氏体成分均匀化。

以上的转变过程可由图2-14所示的TEM照片得到证实。奥氏体晶核首先在两相邻渗碳体片之间生长（图2-14a），奥氏体晶粒逐步吞并两侧的铁素体片长大，同时，溶解的渗碳体片提供奥氏体生长所需的碳原子（图2-14b）。图2-14c、d显示奥氏体中存在未完全溶解的渗碳体片。

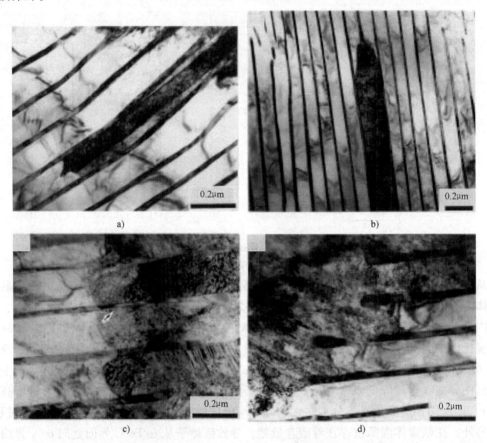

图2-14　0.95%C-2.61%Cr钢加热到800℃时奥氏体形成的TEM照片[9]

（在淬火过程中，奥氏体全部转变为马氏体）

a）8s　b）20s　c）10s　d）20s

2.2.3　奥氏体转变动力学

转变动力学主要涉及相变过程的发生和发展、相变进行的速度以及外界条件对相变过程的影响。钢的成分、原始组织、加热温度等均影响奥氏体形成的速度。这里首先讨论退火共析钢平衡组织的奥氏体等温形成动力学，然后讨论亚共析钢和过共析钢的等温形成动力学。

1. 共析钢奥氏体等温形成动力学图

奥氏体等温形成动力学曲线是在一定温度下等温时，奥氏体的形成量与等温时间的关系曲线。等温形成动力学曲线可以用金相法或物理分析方法来测定，比较常用的是金相法。一般采用厚度为1~2mm的薄片金相试样，在盐浴中迅速加热到Ac_1以上某一指定温度，保温不同时间后淬火，然后制取金相试样进行观察。因加热转变所得的奥氏体在淬火时转变为马氏体，故根据观察到的马氏体量的多少，即可了解奥氏体形成过程。

根据观察结果，做出在一定温度下等温时，奥氏体形成量与等温时间的关系曲线，称为奥氏体等温形成动力学曲线。图 2-15 所示为 $w_C = 0.86\%$ 钢（非共析钢）的等温奥氏体形成动力学曲线。可以发现，在等温温度下，珠光体到奥氏体的转变存在一个孕育期，即加热到转变温度时，经过一段时间转变才开始。等温形成动力学曲线呈 S 形，即在转变初期，转变速度随时间的延长而加快；当转变量达到 50% 时，转变速度达到最大；之后，转变速度又随时间的延长而下降。随着等温温度提高，奥氏体等温形成动力学曲线向左移动，即孕育期缩短，转变速度加快。如在 730℃ 时，孕育期约为 200s，而等温温度提高到 745℃ 时，孕育期缩短到 100s。

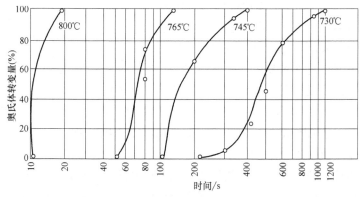

图 2-15　$w_C = 0.86\%$ 钢的等温奥氏体形成动力学曲线[12]

为了研究方便，将各加热温度下的奥氏体等温形成动力学曲线综合绘制在转变温度-时间坐标系中，即得到奥氏体等温形成动力学图，其绘制过程如图 2-16 所示。

图 2-17 所示为共析钢的奥氏体等温形成动力学图。其中的转变开始曲线 1 所表示的是形成一定量能够测定到的奥氏体所需的时间与温度的关系，该曲线的位置与所采用的测试方法的灵敏度有关，还与所规定的转变量有关，转变量越小，曲线越靠左；曲线 2 为转变终了曲线，表示的是铁素体完全消失时所需的时间与温度的关系；曲线 3 为渗碳体完全溶解的曲线，渗碳体完全消失时，奥氏体中碳的分布仍然是不均匀的，需要一段时间才能均匀化；曲线 4 为奥氏体均匀化曲线。

2. 奥氏体的形核与长大动力学

奥氏体形成速度取决于形核率 J 及线长大速度 v。奥氏体形核率和长大速度都随温度升高而增大，因此，奥氏体形成速度随温度升高而加快。

（1）奥氏体的形核率　先考虑均匀形核时的情况，奥氏体形核率 J 与温度之间的关系可描述为

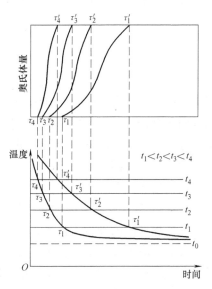

图 2-16　共析钢奥氏体等温形成动力学图的绘制[12]

$$J = c_{\mathrm{h}}\exp\left(-\frac{Q}{kT}\right)\exp\left(-\frac{W}{kT}\right) \qquad (2\text{-}5)$$

式中，c_{h} 为常数；Q 为扩散激活能；T 为热力学温度；k 为玻耳兹曼常数；W 为临界晶核的形核功。在忽略应变能时，临界形核功 W 可表示为

$$W = A\frac{\sigma^3}{\Delta G_V^2} \qquad (2\text{-}6)$$

式中，A 为常数；σ 为奥氏体与珠光体的界面能（或比界面能）；ΔG_V 为单位体积奥氏体与珠光体的自由能差。

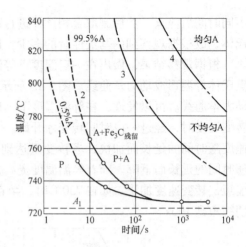

图 2-17 共析碳钢奥氏体等温形成动力学图

在式（2-5）中，右侧的 c_{h} 与奥氏体形核所需的碳含量有关。随着温度的升高，能稳定存在的奥氏体的最低碳含量降低，所以形核所需的碳含量起伏减小，形核变得更加容易。$\exp(-Q/kT)$ 反映原子的扩散能力，随着温度的升高，原子扩散能力增强，不仅有利于铁素体向奥氏体的点阵改组，而且也促进渗碳体溶解，从而加快奥氏体成核。$\exp(-W/kT)$ 反映相变自由能差 ΔG_V 对形核的作用，随着温度的升高，相变驱动力 ΔG_V 增大，而使形核功减小，$\exp(-W/kT)$ 将增大。因此，奥氏体形成温度升高，可以使奥氏体形核率急剧增加。

（2）奥氏体的长大速度　奥氏体的长大速度 v 与奥氏体生长机制有关。奥氏体位于铁素体和渗碳体之间时，奥氏体的长大受碳原子在奥氏体中的扩散所控制。此时，奥氏体两侧的界面将分别向铁素体与渗碳体推移。奥氏体长大的速度包括向两侧推移的速度，推移速度主要取决于碳原子在奥氏体中扩散的速度。

如果忽略铁素体中及渗碳体中碳的浓度梯度，根据扩散定律可以推导出奥氏体向铁素体和渗碳体推移的速度 $v_{\gamma\to\alpha}$ 和 $v_{\gamma\to\theta}$ 分别为

$$v_{\gamma\to\alpha} = -KD_{\mathrm{C}}^{\gamma}\frac{\mathrm{d}c}{\mathrm{d}x}\frac{1}{c_{\gamma-\alpha}^{\gamma} - c_{\gamma-\alpha}^{\alpha}} \qquad (2\text{-}7)$$

$$v_{\gamma\to\theta} = -KD_{\mathrm{C}}^{\gamma}\frac{\mathrm{d}c}{\mathrm{d}x}\frac{1}{6.67 - c_{\gamma-\theta}^{\gamma}} \qquad (2\text{-}8)$$

式中，K 为比例系数；D_{C}^{γ} 为碳在奥氏体中的扩散系数；$c_{\gamma-\alpha}^{\gamma}$ 为奥氏体与铁素体交界处奥氏体的界面碳含量；$c_{\gamma-\alpha}^{\alpha}$ 为奥氏体与铁素体交界处铁素体的界面碳含量；$c_{\gamma-\theta}^{\gamma}$ 为奥氏体与渗碳体交界处奥氏体的界面碳含量；$\mathrm{d}c/\mathrm{d}x$ 为界面处奥氏体中的碳浓度梯度；负号表示奥氏体界面的移动方向与其碳浓度梯度相反。

由上述式（2-7）和式（2-8）可知，奥氏体生长的线速度正比于碳原子在奥氏体中的扩散系数 D_{C}^{γ}，反比于相界面两侧的碳含量差。温度升高时，扩散系数 D_{C}^{γ} 呈指数增加，同时，奥氏体两界面间的碳含量差增大，增大了碳在奥氏体中的浓度梯度，因而增加了奥氏体的长大速度。随着温度升高，奥氏体与铁素体相界面碳含量差 $c_{\gamma-\alpha}^{\gamma} - c_{\gamma-\alpha}^{\alpha}$ 以及渗碳体与奥氏体相界面的碳含量差 $6.67 - c_{\gamma-\theta}^{\gamma}$ 均减小，因而加快了奥氏体晶粒长大。

奥氏体向珠光体总的推移速度为 $v_{\gamma\to\alpha}$ 与 $v_{\gamma\to\theta}$ 之和，但两个方向的推移速度相差很大。奥氏体相界面向铁素体推移的速度远大于向渗碳体推移的速度。因此，一般来说，奥氏体等温

形成时，总是铁素体先消失，当铁素体完全转变为奥氏体后，还剩下相当数量的渗碳体[13]。

3. 亚共析钢和过共析钢等温形成动力学

亚共析钢的原始组织为先共析铁素体加珠光体，其中，珠光体的含量随着钢的碳含量增加而增加。在发生等温转变时，原始组织中的珠光体首先转变为奥氏体，当珠光体全部转变为奥氏体后，先共析铁素体开始转变为奥氏体，因此，亚共析钢的奥氏体转变速度比共析钢慢。图 2-18a 所示为 $w_C = 0.45\%$ 的亚共析钢的等温奥氏体形成图，与共析钢的等温奥氏体形成图相比，亚共析钢多了一条先共析铁素体溶解终了线。当加热到 Ac_1 以上某一温度珠光体转变为奥氏体后，如果保温时间不太长，可能有部分铁素体和渗碳体残留下来。对于碳含量比较高的亚共析钢，在 Ac_3 以上，当铁素体完全转变为奥氏体后，有可能仍有部分碳化物残留。再继续保温，才能使残留碳化物溶解和使奥氏体成分均匀化。

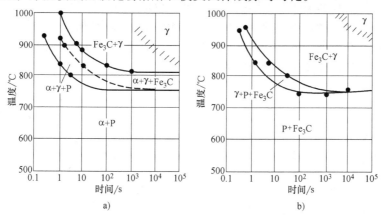

图 2-18　亚共析钢和过共析钢的奥氏体等温形成图[14]
a）$w_C = 0.45\%$ 的亚共析钢　b）$w_C = 1.2\%$ 的过共析钢

过共析钢的原始组织为珠光体加渗碳体。过共析钢中渗碳体的数量比共析钢中多，因此，当加热温度在 $Ac_1 \sim Ac_{cm}$ 之间，珠光体刚刚转变为奥氏体时，钢中仍有大量的渗碳体未溶解。只有当温度超过 Ac_{cm}，并经相当长的时间保温后，渗碳体才能完全溶解。同样，在渗碳体溶解后，需延长时间才能使碳在奥氏体中分布均匀，图 2-18b 所示为 $w_C = 1.2\%$ 的过共析钢的等温奥氏体形成图。

2.2.4　奥氏体转变的影响因素

影响奥氏体转变速度的因素包括温度、原始组织、化学成分（碳和合金元素）等。

1. 加热温度

温度对奥氏体形成速度的影响在前面已经有较多的论述。温度升高，奥氏体形成速度加快，其影响见表 2-1。而且随着温度的升高，奥氏体形核率增加的幅度高于长大速度增加的幅度，因此温度越高，奥氏体起始晶粒度越小。实验表明，在各种影响奥氏体形成的因素中，温度的作用最为强烈，因此，控制奥氏体的转变温度非常重要。

2. 碳含量

奥氏体形成的速度随钢中碳含量的增加而增加（图 2-19）。这是由于碳含量增高，碳化物的数量增多，增加了铁素铁和渗碳体的相界面面积，因而增加了奥氏体的形核位置，使形核率增大。同时，碳化物数量的增加使碳原子的扩散距离减小，碳和铁原子的扩散系数增大，这些因素都使奥氏体的形成速度增大。

表 2-1　加热温度对奥氏体等温形成速度的影响[15]

加热温度/℃	形核率/mm³·s⁻¹	晶核成长速度/mm·s⁻¹	转变 50% 的时间/s
740	2300	0.001	100
760	11000	0.010	9
780	52000	0.025	3
800	60000	0.040	1

3. 原始组织

原始组织中碳化物的形状、分散度对奥氏体形成速度都有影响。

片状珠光体较粒状珠光体形成奥氏体的速度快，如图 2-20 所示。原始组织越细、片层越薄，扩散距离越小，奥氏体中碳浓度梯度越大，越易于扩散转变，有利于奥氏体形成。非平衡组织较平衡组织形成奥氏体的速度快。

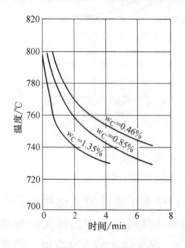

图 2-19　钢中碳含量对奥氏体等温转变 50%
（体积分数）时间的影响[16]

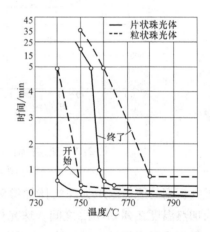

图 2-20　原始组织对 $w_C = 0.9\%$ 钢奥氏体等温
形成时间的影响[16]

4. 合金元素

合金元素的加入对奥氏体的形成机理没有影响，但合金元素的存在会改变碳化物的稳定性，影响碳在奥氏体中的扩散。而且，合金元素在碳化物与基体之间分布不均匀，在加热过程中会产生合金元素的重新分布，从而影响奥氏体的形成速度、碳化物的溶解以及奥氏体的均匀化。

合金元素对奥氏体形成速度的影响表现在以下几个方面：

（1）对碳在奥氏体中扩散系数的影响　强碳化物形成元素如 Cr、Mo、W、V 等，降低碳原子在奥氏体中的扩散系数，因而显著推迟珠光体转变为奥氏体的过程；非碳化物形成元素 Co、Ni 增大碳原子在奥氏体中的扩散系数，因而增大奥氏体的形成速度；Si、Al 对扩散系数的影响较小，对奥氏体形成速度没有太大的影响。

（2）对碳化物溶解度的影响　合金元素与碳形成的碳化物向奥氏体中溶解的难易程度不

同也会影响奥氏体的形成速度。如 W、Mo 等强碳化物形成元素形成的特殊碳化物不易溶解，将使奥氏体形成速度减慢。

（3）对相变临界点的影响　合金元素改变临界点 A_1、A_3、A_{cm} 的位置，并使它们成为一个温度范围。对一定的转变温度来说，改变临界点也就是改变了过热度，因而影响转变速度。

（4）对原始组织的影响　合金元素通过对原始组织的影响来影响奥氏体的形成速度。如合金元素 Ni、Mn 等使珠光体细化，有利于奥氏体的形成。

2.3　钢中奥氏体的连续加热转变

2.3.1　连续加热转变动力学图

在实际生产中，奥氏体绝大多数是在连续加热过程中形成的。与奥氏体等温转变不同，连续加热时，在奥氏体形成过程中，体系温度还将不断升高。这种情形下的奥氏体转变称为非等温或连续加热转变。连续加热转变与等温加热转变类似，奥氏体的形成也是通过形核、长大、碳化物的溶解以及奥氏体的均匀化完成的。但受加热速度的影响，相变临界点、转变速度、组织结构等与等温加热转变有较大的差别。图 2-21 所示为共析钢连续加热时的奥氏体形成动力学图，图中，粗实线表示转变开始曲线 Ac_1 和转变终了曲线 Ac_3，阴影线表示渗碳体完全溶解区域，细实线对应不同的加热速度。在不同的加热速度下，转变的动力学将发生较大的变化。

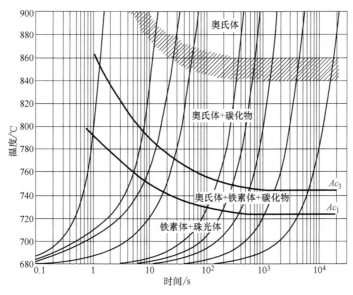

图 2-21　共析钢连续加热时的奥氏体形成动力学图（$w_C \approx 0.8\%$，含有少量先共析铁素体）[8]

2.3.2　连续加热转变特点

连续加热时奥氏体转变在相变动力学和相变机理上表现出一些与等温转变不同的特征。

（1）相变临界点随加热速度增大而升高　在一定的加热速度范围内，奥氏体形成的开始温度和终了温度均随加热速度的增大而升高，即相变临界点（Ac_1、Ac_3、Ac_{cm}）在快速加热条件下均向高温移动，加热速度越快，转变温度就越高。如图 2-22 所示，在每一根加热曲线上均有一个接近直线的平台，加热速度越快，平台所对应的温度越高。如将平台所对应的温度作为临界点，则临界点将随加热速度的提高而升高。

（2）转变在一个温度范围内进行　钢在连续加热时，奥氏体转变是在一个温度范围内完成的。加热速度越快，各阶段转变范围均向高温推移、扩大，同时，形成的温度范围越宽。因此，在连续加热速度很大时，难以用 Fe-Fe$_3$C 平衡相图来判断钢加热时的组织状态。

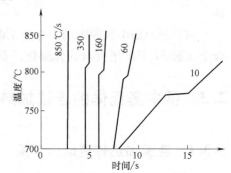

图 2-22　$w_C = 0.85\%$ 钢在不同加热速度下的加热曲线[17]

（3）奥氏体形成速度随加热速度增加而加快　从连续加热奥氏体形成图（图 2-21）可以看到，加热速度越快，转变开始和终了的温度就越高，转变所需的时间就越短，即奥氏体形成速度越快。如当加热速度达到 1000℃/s 时，通常的淬火加热温度可从 830～850℃提高到 950～1000℃，在加热到 1000℃时，仅需 1s 就可以完成奥氏体化过程[16]。

（4）奥氏体成分不均匀性随加热速度增大而增大　加热速度越快，奥氏体越不均匀。在加热速度快的情况下，转变被推向高温。根据 Fe-Fe$_3$C 相图，温度越高，$c_{\gamma-\alpha}$ 与 $c_{\gamma-\theta}$ 差别加大；同时，碳化物来不及充分溶解，碳和合金元素的原子来不及充分扩散，造成奥氏体中的碳、合金元素含量分布更加不均匀。图 2-23 所示为加热速度和温度对 $w_C = 0.4\%$ 的钢奥氏体中高碳区最高碳含量的影响。其中高碳区的碳含量远高于钢的平均碳含量，同时随着加热速度的增大，高碳区最高碳含量增大。如 $w_C = 0.4\%$ 的钢以 50℃/s 加热到 880℃时所形成的奥氏体中存在 $w_C = 1.48\%$ 的高碳区，以 230℃/s 加热到

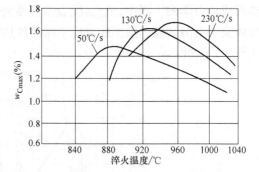

图 2-23　加热速度和温度对 $w_C = 0.4\%$ 钢奥氏体中高碳区最高碳含量的影响[16]

960℃时所形成的奥氏体中可存在 $w_C = 1.7\%$ 的高碳区，而原铁素体区的碳含量仍为 $w_C = 0.02\%$。

（5）奥氏体起始晶粒度随加热速度增大而细化　快速加热时，相变过热度增大，奥氏体形核率急剧增大。同时，加热时间短，奥氏体晶粒来不及长大，因此，可获得超细的奥氏体晶粒。

2.4　奥氏体晶粒长大及控制

2.4.1　奥氏体晶粒度

晶粒度是晶粒平均大小的度量。通常使用长度、面积、体积或晶粒度级别数来表示不同

方法评定或测定的晶粒大小[18]。对于钢而言，奥氏体晶粒度一般是指奥氏体化后的奥氏体实际晶粒大小。奥氏体晶粒度可以用奥氏体晶粒直径或单位面积中奥氏体晶粒的数目等方法来表示。生产上常用显微晶粒度级别数 G 表示奥氏体晶粒度，使用晶粒度级别数表示的晶粒度与测量方法和计量单位无关。在 100 倍下 645.16mm^2（1in^2）面积内包含的晶粒个数 N 与 G 有如下关系

$$N = 2^{G-1} \tag{2-9}$$

N 越大，G 就越大，奥氏体晶粒越细小。

图 2-24 所示为钢晶粒度标准评级图，通过与标准评级图进行比较，可对奥氏体晶粒度进行评级。奥氏体晶粒度通常分为 8 级标准评定，1 级最粗，8 级最细，超过 8 级以上称为超细晶粒。

加热转变终了时（奥氏体形核和长大刚刚完成时）所得奥氏体晶粒称为起始晶粒，其大小称为起始晶粒度。奥氏体起始晶粒度的大小取决于奥氏体的形核率 J 和长大速度 v，增大形核率或降低长大速度是获得细小奥氏体晶粒的重要途径。

奥氏体晶粒在高温停留期间将继续长大，长大到冷却开始时奥氏体的晶粒度称为实际晶粒度。实际晶粒度是加热温度和时间的函数，在一定的加热速度下，加热温度越高，保温时间越长，最后得到的奥氏体实际晶粒就越粗大。

除了奥氏体钢外，钢的奥氏体状态只在高温时出现，因此，在室温下测定奥氏体晶粒度实际上是测量奥氏体晶界曾经存在过的位置。室温下，奥氏体晶粒显示的一般原理是：在钢从奥氏体化温度冷却下来的过程中，沿着奥氏体晶界位置出现了呈现网状分布的、在室温下可以稳定存在的其它物相及组织组成物，或者成分的偏聚。

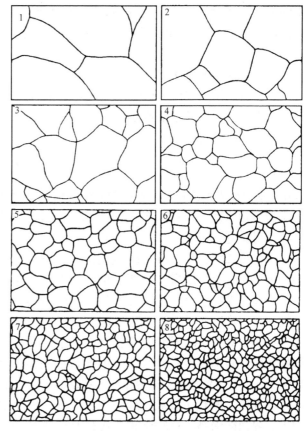

图 2-24　钢晶粒度标准评级图
（图中数字即为级别数）（100×）

在室温条件下，采用适当的方法，间接勾画出高温时稳定存在的奥氏体晶粒的形貌，据此即可测定奥氏体晶粒度[19]。常用的方法有渗碳法、网状铁素体法、氧化法、直接淬火法和网状渗碳体法等[19]。

2.4.2　奥氏体晶粒长大机理与控制方法

1. 奥氏体晶粒长大现象

奥氏体转变完成后，随着温度的进一步升高及保温时间的延长，奥氏体晶粒将不断长

大。因为减少总的晶界面积可使界面能降低，因此，奥氏体晶粒在一定条件下具有自发合并长大的趋势。

奥氏体晶粒长大方式可以分为两类，即正常长大与异常长大。随着保温温度的升高，奥氏体晶粒不断长大，称为正常长大，如图 2-25 中的曲线 1 所示。在加热转变中，保温时间一定时，随着保温温度的升高，奥氏体晶粒长大不明显，当温度超过某一定值后，晶粒才随温度的升高而急剧长大，称为异常长大，如图 2-25 中的曲线 2 所示，当加热温度高于 1100℃ 时，奥氏体晶粒的平均尺寸从 50μm 迅速增长到约 120μm。

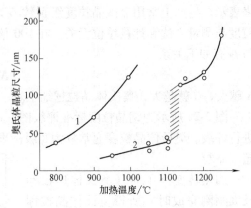

图 2-25　奥氏体晶粒尺寸与加热温度的关系

2. 奥氏体晶粒长大机理

（1）奥氏体晶粒长大驱动力　奥氏体晶粒的长大是通过晶界的迁移而进行的，晶界迁移的驱动力来自于奥氏体晶界迁移后体系总的自由能的降低，即界面能的降低。

奥氏体晶粒长大的驱动力 F 与晶粒大小和界面能大小有关，可表示为

$$F = \frac{2\gamma}{R} \tag{2-10}$$

式中，γ 为比界面能；R 为界面的曲率半径。界面能越大，晶粒尺寸越小，则奥氏体晶粒长大驱动力就越大，晶界易于迁移。当半径无穷大或为平直界面时，界面迁移的驱动力消失，晶界变得稳定。

（2）第二相颗粒对晶界的钉扎作用　在实际材料中，在晶界或晶内往往存在很多细小难溶的第二相沉淀析出颗粒。如在用 Al 脱氧或含 Nb、Ti、V 等元素的钢中，当奥氏体晶粒形成后，在晶界上会存在这些元素的碳氮化合物颗粒如 AlN、NbC、TiC、VC 等。这些颗粒的硬度很高，难以变形，能够阻碍奥氏体晶界的迁移，对晶界起钉扎作用。

如图 2-26 所示，假设在奥氏体晶界上存在一球形硬颗粒，其半径为 r，该颗粒可使奥氏体晶界的面积减少 πr^2。当晶界在驱动力作用下移动时，将使奥氏体晶界与这些粒子脱离，从而使奥氏体晶界面积增大，界面能增高，这将阻止奥氏体晶界移动，所以颗粒对晶界就有了钉扎作用。一个颗粒对晶界移动提供的最大阻力为

$$F_{max} = \pi r\gamma \tag{2-11}$$

式中，γ 为单位面积界面能。

设单位体积中有多个半径为 r 的颗粒，所占体积分数为 f，则作用于单位面积晶界上的最大阻力 F'_{max} 为

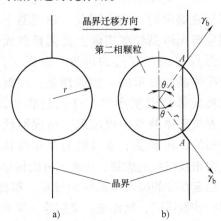

图 2-26　第二相颗粒对晶界的钉扎作用

$$F'_{max} = \frac{3f\gamma}{2r} \tag{2-12}$$

由式（2-12）可见：颗粒半径 r 越小，体积分数 f 越大，对晶界移动的阻力就越大。

图 2-27 表明氧化物颗粒对晶界的钉扎作用。细小的氧化物颗粒对晶界的移动起阻碍作用。

（3）正常长大　奥氏体晶粒正常长大时，晶界在驱动力 F 推动下匀速前进，则奥氏体晶粒长大速度 v 与晶界迁移率 m 及晶粒长大驱动力 F 成正比，即

$$v = mF = \frac{2m\gamma}{R} \qquad (2\text{-}13)$$

设 $\overline{D}$ 为长大中晶粒的平均直径，且 $\overline{D} = \alpha\overline{R}$，则平均长大速度 $\overline{v}$ 为

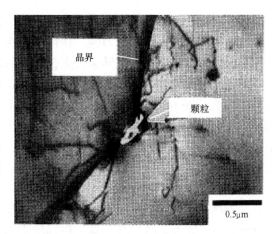

图 2-27　氧化物颗粒对晶界产生钉扎作用的 TEM 照片[20]

$$\frac{\mathrm{d}\overline{D}}{\mathrm{d}\tau} = \overline{v} = \overline{mF} = \frac{2\,\overline{m\gamma}}{\overline{R}} = \frac{2\,\overline{m\gamma}\alpha}{\overline{D}} = \frac{K}{\overline{D}} \qquad (2\text{-}14)$$

式中，m、α、K 均为系数；τ 为等温时间。

积分得

$$\overline{D}_\tau^2 - \overline{D}_0^2 = K'\tau \qquad (2\text{-}15)$$

式中，$\overline{D}_0$ 为起始晶粒的平均直径；$\overline{D}_\tau$ 为等温时间为 τ 时的平均晶粒直径；K' 为系数。

若起始晶粒 $\overline{D}_0$ 很小，可以忽略不计，则可得

$$\overline{D}_\tau = K''\tau^{\frac{1}{2}} \qquad (2\text{-}16)$$

式中，K'' 为系数。

式（2-16）即为奥氏体晶粒等温生长的公式。此式表明，在 F 的作用下，随着时间的延长，奥氏体晶粒不断长大，且与时间的平方根成正比。

奥氏体晶界的迁移为一扩散过程，温度越高，原子活动能力越强，扩散速度越快，晶界的迁移速度也越快。式（2-15）中的 K' 与温度的关系可以表示为

$$K' = K_0\exp\left(-\frac{Q}{kT}\right) \qquad (2\text{-}17)$$

式中，Q 为铁原子的自扩散激活能。

所以有

$$\overline{D}_\tau^2 = K_0\exp\left(-\frac{Q}{kT}\right)\tau \qquad (2\text{-}18)$$

式中，K_0 为常数；τ 为等温时间。可见，随着温度的升高，奥氏体晶粒将不断长大，温度越高，长大速度越快。

（4）异常长大　在有第二相颗粒存在的情况下，奥氏体的长大过程要受到弥散析出的第二相颗粒的阻碍作用。随着奥氏体长大过程的进行，奥氏体总的晶界面积逐渐减小，晶粒长大驱动力逐渐降低，直至晶粒长大驱动力和第二相弥散析出颗粒的阻力相平衡时，奥氏体晶粒便停止生长。但温度继续升高时，阻止晶粒长大的难溶第二相颗粒发生聚集长大或溶解于奥氏体中，失去了抑制晶粒生长的作用，奥氏体晶粒便急剧长大。

另外，由于沉淀析出颗粒的分布是不均匀的，所以晶粒长大的阻力也是不均匀的，往往可能在局部区域晶界迁移阻力很小，晶粒异常长大，出现晶粒大小极不均匀的现象，称为"混晶"（图 2-28）。混晶造成的晶粒大小不均匀，又导致晶粒长大驱动力的增大。当晶粒长大的驱动力超过晶界迁移的阻力时，其中较大的晶粒将吞并周围的较小晶粒而长大，形成更大的粗晶粒。

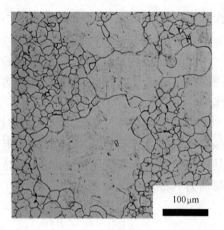

图 2-28　$w_{Nb} = 0.1\%$ 钢在 1100℃保温 60min 时形成的混晶组织[21]

3. 影响奥氏体晶粒长大的因素

粗大晶粒会使得钢材的力学性能，特别是韧性明显降低，所以在大多数情况下希望得到细小的奥氏体晶粒，这就要求对奥氏体的晶粒长大进行控制。凡是提高扩散速度的因素，如温度、时间等，均能加快奥氏体晶粒长大。第二相颗粒体积分数 f 增大，半径 r 减小，均能阻止奥氏体晶粒长大。提高起始晶粒度的均匀性与促使晶界平直化均能降低驱动力，减弱奥氏体晶粒的长大趋势。

（1）加热温度和保温时间　晶粒长大和原子的扩散密切相关，温度升高或保温时间延长，有助于扩散进行，因此奥氏体晶粒将变得更加粗大。图 2-29 所示为奥氏体晶粒大小与加热温度和保温时间的关系，其横坐标同时标明了加热时间和保温时间，0 点以左的部分表示加热时间，0 点以右表示保温时间。从图 2-29 中可以看出，在每一温度下都有一个加速长大期，当奥氏体晶粒长到一定尺寸后，长大过程将减慢直至停止生长。加热温度越高，奥氏体晶粒长大得越快。

（2）加热速度　奥氏体转变时的过热度与加热速度有关，加热速度越快，则过热度越大，即奥氏体实际形成的温度越高。由于高温下奥氏体晶核的形核率与长大速度之比增大，所以可以获得细小的起始晶粒度（图 2-30）。但由于起始晶粒细小，转变温度较高，奥氏体晶粒很容易长大，因此保温时间不宜过长，否则奥氏体晶粒会更加粗大。在保证奥氏体成分较为均匀的前提下，快速加热和短时间保温能够获得细小的奥氏体晶粒。

（3）碳含量　碳含量对奥氏体晶粒长大的影响比较复杂。如图 2-31 所示，当碳含量不足以形成过剩碳化物的钢加热时，奥氏体晶粒随着钢中碳含量的增加而增大。当碳含量超过一定限度时，在加热温度下，由于形成未溶解的二次碳化物，反而阻碍奥氏体晶粒的长大。这是因为，随着碳含量的增加，碳原子在奥氏体中的扩散速度及铁原子的自扩散速度均增大，故奥氏体晶粒长大的倾向增大。但当出现二次渗碳体时，未溶解的二次渗碳体对奥氏体晶界的迁移有钉扎作用，随着碳含量的增加，二次渗碳体的数量增加，奥氏体晶粒反而细化。

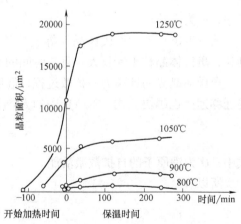

图 2-29　奥氏体晶粒大小与加热温度和保温时间的关系[17]

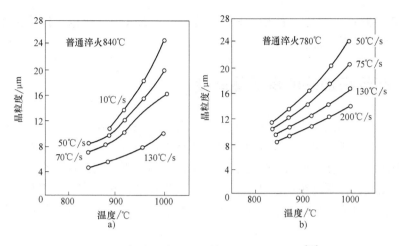

图 2-30　加热速度对奥氏体晶粒大小的影响[22]

a) 40 钢　b) T10 钢

（4）脱氧剂及合金元素　在实际生产中，钢用铝脱氧时，会生成大量的 AlN 颗粒，它们在奥氏体晶界上弥散析出，可以阻碍晶界的迁移，防止了晶粒长大。而采用硅、锰脱氧时，不能生成像 AlN 那样高度弥散的稳定化合物，因而没有阻止奥氏体晶粒长大的作用。

钢中含有特殊碳化物形成元素如 Ti、Nb、V 等时，会形成熔点高、稳定性强、不易聚集长大的碳化物，这些碳化物颗粒细小，弥散分布，可阻碍奥氏体晶粒长大。合金元素 W、Mo、Cr 的碳化物较易溶解，但也有阻碍奥氏体晶粒长大的作用。Mn、P 等元素有促进奥氏体晶粒长大的作用。

（5）钢的原始组织　原始组织只影响起

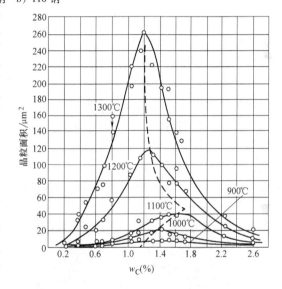

图 2-31　碳含量对奥氏体晶粒长大的影响

始晶粒度。通常，原始组织越细，碳化物分散度越大，所得的奥氏体晶粒度就越细小。原始组织为平衡组织时，珠光体越细，则越易于获得细小而均匀的奥氏体起始晶粒度。

4. 奥氏体晶粒大小的控制

晶粒尺寸对材料的性能有很大的影响，因此需要通过适当手段来控制奥氏体晶粒的大小。

根据上述对影响奥氏体晶粒长大因素的分析，可以归纳出控制奥氏体晶粒大小的措施如下：

1）添加合金元素。如利用铝脱氧，形成 AlN 质点，细化晶粒，得到细晶粒钢；利用易形成碳、氮化物的合金元素形成难溶碳化物、氮化物，对晶界的迁移产生"钉扎"作用，阻止奥氏体晶粒长大。

2）合理选择加热温度和保温时间。如采用快速加热、短时保温的办法来获得细小晶粒。

3）控制钢的热加工工艺和采用预备热处理工艺。如采用球化退火作为预备热处理，因为粒状珠光体组织不易过热。

2.5 非平衡组织加热的奥氏体转变

非平衡组织是指淬火组织或淬火后回火不充分的组织，包括马氏体、贝氏体、回火马氏体及魏氏组织等。由于非平衡组织在加热到奥氏体形成温度以前就会发生非平衡组织到平衡组织或准平衡组织的转变，而且奥氏体转变开始后，由非平衡组织向平衡或准平衡组织的转变仍在进行，因此，非平衡组织的加热转变比平衡组织的加热转变复杂得多。非平衡组织加热时的奥氏体转变过程不仅与原始组织有关，还与加热过程有关，这就使得非平衡组织的加热转变过程变得更加复杂。

2.5.1 针状奥氏体与颗粒状奥氏体

非平衡组织发生奥氏体转变时，根据钢的成分和加热条件不同，可能同时形成针状和颗粒状两种形态的奥氏体晶粒。

1. 针状奥氏体（A_a）的形成

针状奥氏体是非平衡组织在加热过程中，奥氏体化的初始阶段产生的一种过渡性组织形态，它也是通过形核与长大形成的。以板条马氏体为原始组织的低、中碳合金钢在 $Ac_1 \sim Ac_3$ 之间的低温区加热时，在马氏体板条间形成针状奥氏体。同时，还会在原奥氏体晶界、马氏体板条束间及其它位置产生颗粒状奥氏体（A_g）晶粒，如图 2-32 所示。针状奥氏体的晶核是在已经回火但仍保留板条特征的情况下在板条条界形成的。经过长时间高温回火，α 相已经发生了再结晶，板条特征已经消失，条界已不存在，则针状奥氏体不再形成。

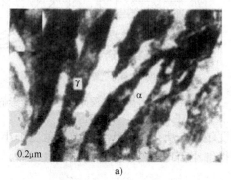
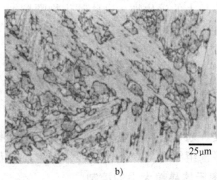

图 2-32 奥氏体的两种形态[23]

a）针状奥氏体 b）颗粒状奥氏体

2. 颗粒状奥氏体（A_g）的形成

非平衡态组织在加热时，在原始奥氏体晶界、板条马氏体束界及块界、夹杂物界面上形成细小的颗粒状奥氏体，同时伴随着渗碳体的溶解。颗粒状奥氏体是通过扩散机制形成的，新形成的晶核与相界面的一侧保持共格或半共格关系，而与另一侧无共格关系，通过碳的扩散向无共格关系的一侧长大，形成球冠状（颗粒状）晶粒（图 2-32b）。

颗粒状奥氏体的晶核是在淬火组织已经发生一定程度的分解之后形成的，但淬火后的回火越充分，颗粒状奥氏体的形核率越低。当温度略高于 Ac_1 时，颗粒状奥氏体的形核率很小。随着过热度增加，形核率升高。加热速度越快，加热转变越易被推向高温，过热度也就越大，这都会使颗粒状奥氏体的形核率增加。

2.5.2　非平衡组织加热转变的影响因素

非平衡组织与平衡组织存在较大的差异，具体表现在以下几个方面：①非平衡组织中可能存在残留奥氏体；②α 相的成分和状态与平衡组织不同（如碳及合金元素的含量及分布、缺陷密度及位错结构等）；③碳化物的种类、形态、大小、数量及分布等与平衡组织也有较大的差异。这些差异使得非平衡组织加热时的奥氏体转变过程有其自身的特点，这些特点与以下因素有关。

1. 化学成分

化学成分的不同，将影响非平衡组织在加热过程中所发生的转变，包括过饱和 α 相的分解过程以及 α 基体的再结晶过程。对于碳钢而言，再次加热时预淬火得到的马氏体极易分解，α 基体也极易再结晶。合金元素的加入将使 α 相的分解及 α 基体的再结晶过程变慢。这将影响加热转变开始时的组织状态，从而影响加热转变过程。

碳含量的不同还影响淬火后马氏体的形态，含碳量低时得到板条马氏体，含碳量高时得到片状马氏体，马氏体形态的不同也影响加热时的奥氏体转变过程。

2. 奥氏体化温度和奥氏体化后的停留温度

非平衡组织是通过淬火得到的，淬火加热时的奥氏体化温度越高，碳化物溶解得就越充分，碳及合金元素分布就越均匀，奥氏体晶粒越粗大，奥氏体晶界上的偏聚也就越少。奥氏体化后在高于 Ac_3 某一温度停留时，有可能析出某些特殊的碳氮化物，也可能在奥氏体晶界发生某些偏聚。这些都将影响快冷得到的非平衡组织，从而影响再次加热时的奥氏体转变过程。

3. 加热速度

加热速度一般分为慢速、中速和快速加热。以 1～2℃/min 的速度加热称为慢速加热；以大于 1000℃/s 的速度加热称为快速加热；加热速度介于慢速与快速之间的称为中速加热。

慢速加热时，板条马氏体在加热到临界点温度之前将充分分解。对碳钢而言，不仅 α 相中的过饱和碳原子已完全析出，而且 α 相可能已经发生再结晶而消除了板条特征，得到碳化物呈颗粒状分布的调质组织（如图 2-33 中以 v_5 速度加热），这种组织的加热转变过程与平衡组织转变类似。对合金结构钢而言，在慢速加热过程中，可能 α 相中的碳已经充分析出，但 α 相的再结晶并未发生，板条马氏体的特征依然存在。这种组织被加热到略高于临界点的温度时，首先在板条马氏体的条界上有碳化物的地方形成奥氏体晶核。晶核形成后，将沿条界长大成针状奥氏体 A_a，与尚未转变的 α 相组成层片状的类似珠光体的组织。随着加热温度的升高，加热时间延长，A_a 将不断长大。当同一板条内的 A_a 彼此相遇时，由于空间取向相同，将合并成一个粗大的与板条束尺寸相当的颗粒状奥氏体 A_g。由 A_a 合并而成的 A_g 的尺寸与原奥氏体晶粒的尺寸大致相当，即并未获得细晶粒的奥氏体组织，因此把这一现象称为组织遗传。预淬火后的回火对慢速加热时的加热转变没有影响，因为 1～2h 的回火可能达到的回火程度一般不会超过慢速加热时可能达到的程度。得到与预淬火相同的粗大奥氏体晶粒后，如进一步提高加热温度，奥氏体晶粒可能通过再结晶而变细，但细化效果不明显。

快速加热时，淬火态中碳钢的原始奥氏体晶粒会得到完全恢复。实验证实，奥氏体晶粒的大小、形状及取向等均得到恢复，而且加热后再次淬火所得的马氏体也与前次淬火得到的马氏体完全一样，这是又一种组织遗传现象（如图 2-33 中以 v_1 速度加热）。如果前次淬火后先进行一次回火，则再次快速加热时将不出现这种现象。快速加热所恢复的粗大奥氏体晶粒，也可通过进一步的加热发生再结晶而变细[15]。

淬火态中速加热时，加热转变将被推移到较高的、接近 Ac_3 的温度进行。此时，奥氏体晶核将在原奥氏体晶界及板条马氏体束界等处形成并长成细小的颗粒状奥氏体 A_g（如图 2-33 中以 v_3 速度加热）。

加热速度介于慢速与中速或中速与快速之间将出现过渡现象，此时将在原奥氏体晶界形成奥氏体晶核，长成细小奥氏体晶粒，而原奥氏体晶粒内部则按慢速或快速加热转变方式转变成粗大奥氏体晶粒（如图 2-33 中以 v_2 或 v_4 速度加热）。

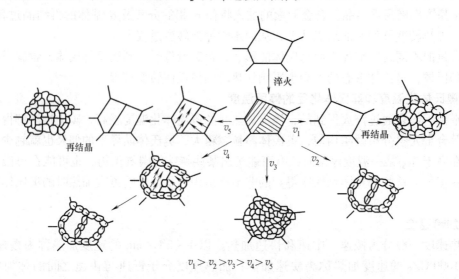

$$v_1 > v_2 > v_3 > v_4 > v_5$$

图 2-33　加热速度对非平衡组织加热所得组织的影响示意图[15]

4. 原始组织

原始非平衡组织包括马氏体、贝氏体等淬火组织和回火马氏体等不充分回火组织。这些不同的组织以相同的加热速度加热到转变开始温度时，由于加热过程中的转变程度不同，奥氏体转变开始时的组织状态也不同，形成的奥氏体组织有较大差异。

以 38CrMnSi 钢淬火态和不同程度回火组织为例：①淬火态组织板条马氏体在不同温度下加热转变时，既可以转变成颗粒状奥氏体 A_g，也可能转变成针状奥氏体 A_a；②淬火后经中间回火的组织在加热奥氏体化时，不仅使加热转变速度变慢，而且使颗粒状奥氏体的形核率明显下降；③回火较充分的组织在加热时，将不再形成颗粒状奥氏体，而只能形成针状奥氏体；④同一板条内的针状奥氏体长大到彼此接触时合并成粗大的颗粒奥氏体，引起组织遗传；⑤经更高温度或更长时间回火后，α 相充分再结晶，板条特征完全消失而变成平衡组织。

2.5.3　组织遗传现象及控制

合金钢构件在热处理时，常出现由于锻压、轧制、铸造、焊接等工艺而形成的原始有序粗晶组织。这些非平衡的粗晶有序组织（马氏体、贝氏体、魏氏组织等）在一定加热条件下所形成的奥氏体晶粒继承或恢复原始粗大晶粒的现象，称为组织遗传[24]。

发生组织遗传现象时，不仅不能使晶粒得到细化，而且在继续加热时或延长保温时间时，晶粒会异常长大，造成混晶现象，降低钢的韧性。因此，组织遗传现象有较大的危害性，应加以控制。

1. 组织遗传的影响因素

（1）原始组织　组织遗传现象的出现在很大程度上取决于钢的原始组织，原始组织为马氏体、贝氏体、魏氏组织等非平衡组织时，易于出现组织遗传性。而对碳素钢而言，实际上不会出现组织遗传性[24]。

原始组织为板条马氏体组织时，在慢速加热过程中，碳化物按一定位向关系定向析出，沿原马氏体条界上析出的碳化物起钉扎原马氏体板条的作用，将板条的形态固定下来，抑制 α 相的再结晶。当加热到临界温度以上时，未发生再结晶的 α 相转变为具有相同位向的针状奥氏体，随后它们相互合并，形成与原始粗晶组织相当的粗大晶粒（图 2-34），导致组织遗传。原始组织为贝氏体时，碳化物定向存在于铁素体条间或针内，已具备了碳化物定向析出条件，因此，贝氏体组织较马氏体更易产生组织遗传。

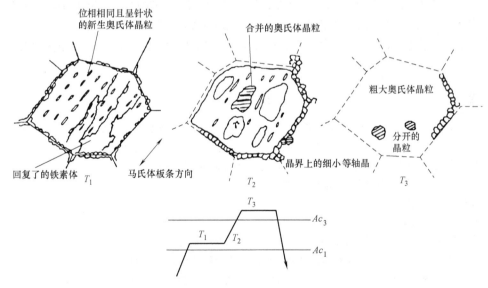

图 2-34　针状奥氏体（A_g）合并长大示意图[25]

（2）加热速度　实验表明，一般情况下，慢速或快速加热会导致组织遗传。

慢速加热时，钢中的碳和合金元素按一定方向进行充分扩散，在原马氏体条间和束界上富集，并与位错发生相互作用，巩固了原马氏体板条的位置，抑制 α 相的再结晶。当加热到临界温度以上时，奥氏体受到板条边界的限制而生成针状奥氏体，随后它们相互接触合并，形成与原始粗晶组织相当的粗大晶粒，导致组织遗传。

快速加热时，马氏体中的碳原子容易发生扩散，并在一定程度上发生分解，当加热超过临界点后，奥氏体优先在晶界上和马氏体束界或条间形核，然后沿马氏体条的方向形成针状奥氏体，它们具有相同的位向，并相互合并，组成粗大奥氏体晶粒，即发生组织遗传。已经确定，在快速加热条件下，不同钢种存在一个临界加热速度，见表2-2。加热速度高于此速度时，钢中将出现组织遗传。

表 2-2 不同钢种出现组织遗传的临界加热速度[26]

钢种	预备热处理	临界加热速度/$℃ \cdot s^{-1}$
50	1200℃ 30min 淬火	3000
T8A	1200℃ 30min 淬火	5000
37CrNi3A	1150℃ 30min 淬火	250
T8Co	1200℃ 30min 淬火	10000

（3）奥氏体形态　非平衡组织加热温度高于 Ac_1 后，形成的奥氏体主要有两种形态，即针状奥氏体和颗粒状奥氏体。针状奥氏体促进组织遗传，而颗粒状奥氏体将切断组织遗传。

2. 组织遗传的控制

一般情况下，导致组织遗传的主要因素是针状奥氏体的形成及其合并长大。在生产中可以采用以下措施加以控制：

1）采用较快速度或中等速度加热可以避免组织遗传现象发生。对于不同钢种，非平衡组织加热时不发生组织遗传的加热速度相差很大，需要通过试验确定。

2）采用退火或高温回火消除非平衡组织，实现 α 相的再结晶，获得细小的碳化物颗粒和铁素体组织，使针状奥氏体失去形成条件，可以避免组织遗传。

3）对于铁素体-珠光体的低合金钢，由于其组织遗传倾向较小，可采用正火来校正过热组织。

习　题

1. 如果 γ-Fe 晶胞的每一个八面体间隙容纳一个碳原子，试计算奥氏体的最大含碳量应为多少。而奥氏体的实际最大含碳量仅为 2.11%（质量分数），据此计算平均几个 γ-Fe 晶胞才容纳一个碳原子。

2. 根据金属学中的知识，说明奥氏体为何具有较高的塑性变形能力。

3. 采用哪些方法可以研究奥氏体的等温转变？

4. 发生奥氏体转变的热力学条件是什么？

5. 绘图说明共析钢奥氏体的形成过程。

6. 在共析钢的奥氏体化过程中，为什么铁素体会先消失，而渗碳体会残留下来？

7. 设在 780℃ 时，奥氏体中与铁素体平衡的界面处碳的质量分数为 0.41%，与渗碳体平衡的界面处碳的质量分数为 0.89%，铁素体中与奥氏体平衡界面处碳的质量分数为 0.02%，试计算该温度下奥氏体界面向铁素体的推移速度与奥氏体界面向渗碳体的推移速度之比。

8. 亚共析钢、过共析钢的奥氏体化过程与共析钢的奥氏体化过程有何区别？

9. 连续加热时的奥氏体转变有何特点？

10. 叙述测定奥氏体晶粒度的方法。

11. 奥氏体晶粒长大的驱动力是什么？

12. 说明奥氏体晶粒异常长大的原因。

13. 根据奥氏体形成规律讨论细化奥氏体晶粒的方法。

14. 讨论针状奥氏体和颗粒状奥氏体形成的条件。

15. 什么是组织遗传现象？如何防止？

16. 组织遗传产生的原因是什么？

参 考 文 献

[1] 赵乃勤. 合金固态相变 [M]. 长沙：中南大学出版社，2008.

[2] http：//commons. wikimedia. org/wiki/File：Stainless-steel-304-austenite-fracture. jpeg.

[3] http：//www. msm. cam. ac. uk/phasetrans/abstracts/annealing. twin. html.

[4] 靳正国，等. 材料科学基础（修订版）[M]. 天津：天津大学出版社，2008.

[5] Seki I, Nagata K. Lattice constant of iron and austenite including its supersaturation phase of carbon [J]. ISIJ International, 2005, 45 (12)：1789-1794.

[6] 胡光立，谢希文. 钢的热处理 [M]. 西安：西北工业大学出版社，1996.

[7] Park K T, Lee E G, Lee C S. Reverse austenite transformation behavior of equal channel angular pressed low carbon ferrite/pearlite steel [J]. ISIJ International, 2007, 47 (2)：294-298.

[8] Brooks C R. Principles of the Heat Treatment of Plain Carbon and Low Alloy Steel [J]. ASM International, 1996.

[9] Shtansky D V, Nakai K, Ohmori Y. Pearlite to austenite transformation in an Fe-2. 6Cr-1C alloy [J]. Acta mater, 1999, 47 (9)：2619-2632.

[10] Li Z D, Miyamoto G, Yang Z G, et al. Nucleation of austenite from pearlitic structure in an Fe-0. 6C-1Cr alloy [J]. Scripta materialia, 2009 (60)：485-488.

[11] 康煜平. 金属固态相变及应用 [M]. 北京：化学工业出版社，2007.

[12] 安正昆. 钢铁热处理 [M]. 北京：机械工业出版社，1985.

[13] 刘宗昌，等. 材料组织结构转变原理 [M]. 北京：冶金工业出版社，2006.

[14] 刘云旭. 金属热处理原理 [M]. 北京：机械工业出版社，1981.

[15] 戚正风. 金属热处理原理 [M]. 北京：机械工业出版社. 1987.

[16] 中国机械工程学会热处理专业分会《热处理手册》编委会. 热处理手册：第 1 卷 工艺基础 [M]. 北京：机械工业出版社，2001.

[17] 陆兴. 热处理工程基础 [M]. 北京：机械工业出版社，2007.

[18] 曾文涛，栾燕，谷强，等. GB/T 6394—2002 金属平均晶粒度测定方法 [S]. 中国标准出版社，2003.

[19] 宗斌，王二平，魏建忠. 关于 GB/T 6394—2002《金属平均晶粒度测定方法》中附录 C 的分析说明 [J]. 金属热处理，2008，33 (6)：117-119.

[20] 高野光司，中尾隆二，福元成雄，等. オーステナイト系ステンレス鋼の酸化物の分散を利用した結晶粒径調整 [J]. 鉄と鋼，2003，89 (5)：120-126.

[21] Alogab K A, Matlock D K, Speer J G, et al. The Effects of Heating Rate on Austenite Grain Growth in a Ti-modified SAE 8620 Steel with Controlled Niobium Additions [J]. ISIJ International, 2007, 47 (7)：1034-1041.

[22] 崔忠圻. 金属学与热处理 [M]. 北京：机械工业出版社，1989.

[23] Law N C, Edmonds D V. The formation of austenite in a low-alloy steel [J]. Metallurgical transactions A, 11A, 1980：33-46.

[24] 萨多夫斯基 В Д. 钢的组织遗传 [M]. 北京：机械工业出版社，1980.

[25] 渡辺征一，邦武立郎. マルテンサイト前組織からのオーステナイト粒形成過程について [J]. 鉄と鋼，1975，61 (1)：96-106.

[26] 周子年. 钢的加热转变及组织遗传性 [J]. 上海金属，1993，15 (2)：57-62.

第 *3* 章   钢的过冷奥氏体转变及热处理概述

钢在高温形成奥氏体以后，在随后的冷却过程中会发生转变。由于冷却总是以一定的冷却速度进行的，因此，奥氏体转变的完成需要一定的时间，当冷却较快时转变完成或结束需要的时间较短，反之则需要较长的时间。在 A_1 温度（Fe-Fe$_3$C 相图中的 *PSK* 线）以下未转变的奥氏体称为过冷奥氏体，奥氏体冷却时发生的转变均发生在这种过冷奥氏体中，称为过冷奥氏体转变。过冷奥氏体转变可以在 A_1 温度以下的某一个恒定温度下发生，称为过冷奥氏体的等温转变（Iso-thermal Transformation，IT）。过冷奥氏体也可以从 A_1 温度以下的某个温度以一定速度连续冷却发生转变，称为过冷奥氏体的连续冷却转变（Continuous Cooling Transformation，CCT）[1-3]。

钢的热处理是将钢置入一定的介质环境中加热、保温和冷却，通过改变材料内部或表面的组织结构，来改变其性能的一种综合工艺过程。

按照转变温度、冷却速度和冷却方式的不同，过冷奥氏体可以转变成为珠光体（高温转变产物）、贝氏体（中温转变产物）或马氏体（低温转变产物）。转变类型主要取决于温度，但又与时间相关。成分一定的过冷奥氏体的转变是一个与温度和时间（冷却速度）相关的过程。通常采用转变程度（转变完成量）、转变温度与转变时间之间的关系图——过冷奥氏体转变图进行表征。

本章讨论在低于 A_1 点的各种温度下等温保持或以不同速度冷却时过冷奥氏体的转变规律，并掌握这些规律在制订常规热处理工艺方面的具体应用。热处理工艺的详细内容见第 9 章。

3.1   过冷奥氏体的转变类型

按照钢的过冷奥氏体转变温度区间的不同和转变特点及转变产物的结构和力学性质，习惯上将过冷奥氏体转变分为珠光体转变、贝氏体转变和马氏体转变[4-7]。

3.1.1   珠光体转变

铁碳合金经奥氏体化后，在比较缓慢的冷却速度下，奥氏体将在略低于 A_1 的温度发生共析转变，分解为由铁素体相与渗碳体相组成的珠光体组织。这种转变是铁碳合金共析转变的一种基本类型，在过冷奥氏体转变的高温区进行，通常称为高温转变，属于扩散型相变。奥氏体可以被过冷到 A_1 以下宽达 200℃ 的温度区间发生珠光体转变。珠光体转变的产物为珠光体，按照渗碳体的形态可以分为层（片）状珠光体和粒状珠光体（或称为球状珠光体）两大类。由于在显微镜下层片状珠光体呈现珠母般的光泽而被称为珠光体（Pearlite）。随着转变温度的下降，层片状珠光体的层片间距会减小，并伴随着力学性能的变化。

钢铁材料在退火、正火的冷却过程中，都要发生珠光体转变；而在淬火或等温淬火时，则要避免发生珠光体转变。

3.1.2　贝氏体转变

在珠光体转变温度区间下方的较宽的温度区间里，过冷奥氏体按另一种机制进行转变。对于共析钢，这种转变发生在 550～250℃ 区间。由于这一转变在中间温度范围内发生，故被称为中温转变，其转变特点和转变产物的显微组织结构均不同于珠光体。为了纪念对贝氏体研究作出重要贡献的美国冶金学家 Bain，此转变被命名为"贝氏体转变"，转变所得产物则被称为"贝氏体（Bainite）"。

在贝氏体转变温度区间内，铁原子已难以扩散，而碳原子还能进行扩散，这就决定了这一转变不同于铁原子也能扩散的珠光体转变。贝氏体转变既具有珠光体转变的一些特征，又具有马氏体转变的某些特征，转变过程和机制比较复杂。研究发现，贝氏体具有多种不同的组织形态，主要有在贝氏体转变的高温区得到的产物"上贝氏体"，和在贝氏体转变的低温区得到的产物"下贝氏体"[2]。

3.1.3　马氏体转变

在过冷奥氏体转变的低温区域，即贝氏体转变温度区以下，将发生完全不同于珠光体转变和贝氏体转变的第三种类型的转变，即无扩散的共格切变式相变。这种转变被命名为马氏体转变（Martensite Transformation），转变产物称为马氏体（Martensite）。对于共析钢，马氏体转变发生在约 250℃ 以下。马氏体转变时，合金的晶格原子发生无扩散切变（原子沿相界面作切变式协同运动），转变成为新的晶格。

马氏体转变具有许多特点，如新-母相界面处切变共格性和表面浮凸现象、溶质和溶剂的无扩散性，以及新-母相之间具有特定的晶体学位相关系和惯习面等。对于铁基合金而言，马氏体组织通常具有最高的硬度和强度，这使得近百年来对马氏体转变和马氏体的研究和应用一直方兴未艾，异彩纷呈[3-5]。

通常为了实现马氏体转变，需要从奥氏体化温度进行较快的冷却，冷却速度要达到或超过一定的值，称为"临界冷却速度"。工业上将这种冷却方式称为"淬火"，是当代机械制造工业中钢铁材料最普遍的热处理方法。

3.2　过冷奥氏体等温转变

过冷奥氏体可以在恒温下发生转变，随着转变温度由高到低变化，转变的方式、机制、动力学和产物特征均随之发生改变。本节以最典型的 Fe-C 合金中的共析钢为对象，进行转变基本规律的讨论。

3.2.1　过冷奥氏体等温转变动力学图[8-12]

将奥氏体样品迅速冷却到临界温度以下的某一温度，并在此温度下等温（保温），使之发生等温转变。经过一系列等温温度的观察，可以得到转变温度、转变时间与转变量（转变程度）的定量关系规律。转变的规律可以绘制成为由转变温度-转变时间-转变量构成的平面图形，称为过冷奥氏体等温转变图。过冷奥氏体等温转变可综合反映过冷奥氏体在不同过冷度下的等温转变过程：转变开始和终了时间、转变产物的类型以及转变量与温度和时间的关系等。由于等温转变图通常呈字母"C"的形状，所以又称为 C 曲线，亦称为 TTT（Temperature Time Transformation）图或 IT（Isothermal Transformation）图。图 3-1 所示为共析钢的过冷奥氏体等温转变图。图中 A →P 表示珠光体转变，A 表示奥氏体（Austenite），P 表示珠光体（Pearlite）；A→B 表示贝氏体转变，B 表示贝氏体（Bainite）；Ms 表示马氏体转变开始温度，还有未标出的马氏体转变终了温度 Mf，因其低于室温而未反映在该图中。最上边的水平线即为 A_1 温度，即共析转变温度。靠左的 C 形曲线为转变开始线（实验室通常采用转变量为 1% 时的等值曲线作为转变开始线）；靠右的 C 形曲线为转变结束线（实验室通常采用转变量为 99% 时的等值曲线作为转变终了线）。在实际工程应用中，往往标出不同转变量曲线，如转变量为 5%、25%、50%、75%、95% 等的转变量线。虚线表示的是真实的珠光体、贝氏体组织变化边界线，即珠光体和贝氏体各自的转变开始线和转变终了线，但是实际检测到的是混合结果，以实线表示。

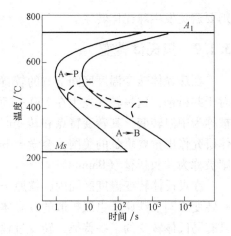

图 3-1　共析钢过冷奥氏体等温转变图
（重合 C 曲线）

　　通常人们采用金相法、热膨胀法、磁性法、电阻法和热分析法等方法测定过冷奥氏体等温转变图[1]。下面简要介绍用金相法测定等温转变图的方法。

　　将一定数目的钢试样（直径为 10 ~ 15mm，厚度为 1.5mm 左右）置入加热炉中加热并保温一定时间，在获得均匀的奥氏体组织后从炉内取出，迅速淬入恒温介质中（如盐浴、金属浴、油浴等），等温保持一定时间后（如 1s、5s、15s、2min 等）取出淬入室温或低于室温的盐水中，使等温时未完成转变的奥氏体迅速转变成马氏体。然后磨制成金相试样，采用光学显微镜对转变所得产物进行定量分析，得到转变产物类型和转变百分数等数据，再按照同一等温温度下、不同等温时间与转变量的关系，绘制该温度下转变量与时间的关系曲线，得到不同温度下系列等温转变动力学曲线，如图 3-2a 所示。由图可见，在任何温度下，转变前都有一定时间长度的孕育期，转变开始后转变速度逐渐加快，当转变量达到 50% 左右时转变速度最大，此后速度逐渐降低，直至转变终了。将不同温度下的等温转变开始时间和终了时间以及相同转变量（如 5%、25%、50%、75%、95% 等）的时间投影在温度-时间半对数坐标系中，并将不同温度下的具有相同意义的时间点，如转变开始点和转变终了点分别连接成曲线，则可得到如图 3-2b 所示的过冷奥氏体等温转变图。曲线中的两个凸出部分分别称为珠光体和贝氏体转变曲线的"鼻子"，其"鼻尖"分别对应着珠光体和贝氏体转变孕育期最短的温度。在等温转变图下方的低温区，出现了几乎无孕育期的马氏体转变，转变的上限温度即为马氏体转变的开始温度 Ms，而转变停止的温度称为马氏体转变的终了温度 Mf。用金相法确定 Ms 和 Mf 温度的方法十分繁杂而且误差较大，已很少采用。目前多采用膨胀或磁性等物理方法来测定 Ms 和 Mf 温度。

　　在过冷奥氏体等温转变图（图 3-2b）中，可以定量分析和判断在某一特定温度下，任意时刻该钢的转变产物的量和产物的组织特征。也就是说，等温转变图可以帮助工程师制订热处理工艺。在给定钢种和奥氏体化条件的情况下，从等温转变图中可以得到以下信息：

1）在不同温度区间，过冷奥氏体转变所需要的孕育期是不相同的。在等温转变图的"鼻尖"温度，孕育期最短，即过冷奥氏体最不稳定。随着等温温度升高，孕育期延长，在靠近 A_1 的温度下过冷奥氏体最稳定，转变需要很长的时间。在等温转变图"鼻尖"以下，随着温度下降，过冷奥氏体稳定性增加，在接近 Ms 温度时稳定性最大。

2）转变完成所需要的时间同样随等温温度而变化，其规律和孕育期基本相同。

3）在制定马氏体淬火的热处理工艺时，就要保证在从奥氏体化温度快速冷却到 Ms 以下的过程中，避免在过冷奥氏体最不稳定的温度区间停留而发生非马氏体类型的转变，即不能使实际冷却曲线穿过珠光体转变或贝氏体转变 C 曲线的鼻子。

4）在 Ms 和 Mf 之间发生马氏体转变。当温度低于 Mf 时，转变终止，但是并不意味着所有的钢在这个温度以下马氏体转变完成，而是说低于 Mf 马氏体转变就不能进行了。

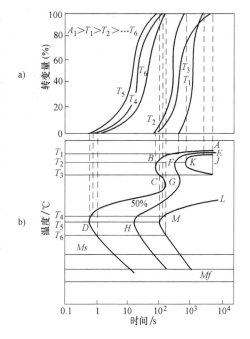

图 3-2 过冷奥氏体转变图的建立示意图
a）动力学曲线 b）TTT 图

3.2.2 过冷奥氏体等温转变动力学图的基本形式

实际上，在不同温度区间过冷奥氏体转变产物是不相同的。例如，高温区的珠光体转变和中温区的贝氏体转变是有差异的，图 3-1 实际上是将 A→P（珠光体转变过程）和 A→B（贝氏体转变过程）叠加在一起了。对于亚共析钢而言，在 A_3 线以下就会出现先共析铁素体，如图 3-3 所示；而对于过共析钢，则在 A_{cm} 以下会发生渗碳体的先共析转变，如图 3-4 所示[13]。由于先共析相的出现，造成了新相前沿的奥氏体中碳含量的变化，导致剩余奥氏体向珠光体的转变提前发生，表现为 C 曲线向左移动。

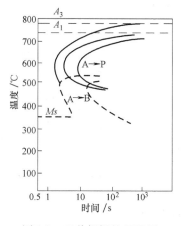

图 3-3 亚共析钢的 TTT 图

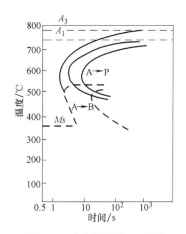

图 3-4 过共析钢的 TTT 图

随着钢的化学成分的不同，珠光体转变和贝氏体转变两个过程是不重合的。而且，化学成分也对低温区间的马氏体转变（可简化为 A→M）开始温度 Ms 和终止温度 Mf 起着决定性作用。按照钢化学成分的不同，等温转变图的形状和相对位置是多种多样的，这是由于各种合金元素对过冷奥氏体的三种冷却转变的温度范围及转变速度具有不同影响的结果。等温转变图的基本类型可分为六种典型特征，如图 3-5 所示[2]。

1）在第一种等温转变图（图 3-5a）中，珠光体区和贝氏体区重叠成为一个 C 曲线。

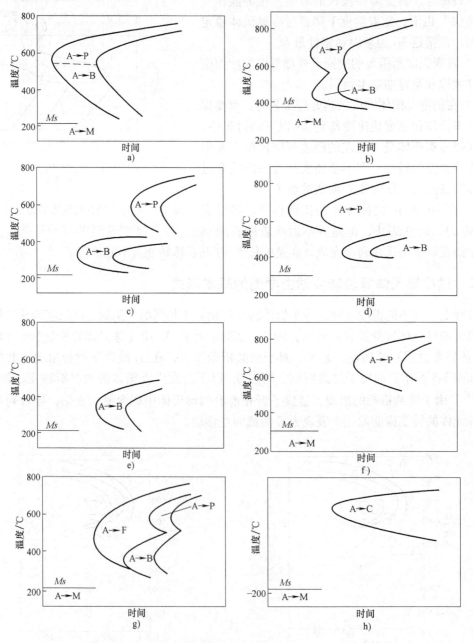

图 3-5　六种典型过冷奥氏体等温转变图的示意图
a）第一种　b）、c）、d）第二种　e）第三种　f）第四种　g）第五种　h）第六种

2）在第二种等温转变图（图 3-5b、c 和 d）中，珠光体和贝氏体转变区发生分离。其中，图 3-5b 表示两个 C 曲线部分重叠，有两个明显的"鼻子"；图 3-5c 表示珠光体转变区和贝氏体转变区明显分离，且珠光体转变区更靠右；图 3-5d 表示两个转变区分离，且贝氏体转变区更靠右。

3）在第三种等温转变图（图 3-5e）中，只出现贝氏体转变区，珠光体转变被抑制。

4）在第四种等温转变图（图 3-5f）中，仅出现珠光体转变区，贝氏体转变被抑制。

5）在第五种等温转变图（图 3-5g）中，转变后期发生珠光体转变和贝氏体转变分离的情形。

6）在第六种等温转变图（图 3-5h）中，仅有碳化物析出，奥氏体在室温以上不发生分解。

在许多中、高合金钢中，马氏体转变开始点 Ms 都低于室温。这类钢在室温就是稳定的奥氏体组织，称为奥氏体钢，其等温转变图具有上述第六种 C 曲线的特征。

3.2.3　影响过冷奥氏体等温转变的因素

上述六种类型的过冷奥氏体转变模式的出现，是由于下列几种因素的影响[14-20]。

1. 合金元素的影响

合金元素对过冷奥氏体转变的影响取决于它们各自的含量以及合金元素在奥氏体中的存在形态。这里仅讨论当合金元素全部均匀溶入奥氏体的情形。必须注意，钢中含有多个合金元素时，其影响并非单个元素影响的简单加和，而是协同作用的结果，影响效果比较复杂。

（1）碳的影响　在所有合金元素中，对等温转变图影响最大的是碳元素。通过图 3-3、图 3-4 可以看到碳含量对过冷奥氏体转变的影响。对于亚共析钢，随着碳含量增加，A→F 和 A→P 均向右移动。碳的质量分数为 0.3% ~ 0.8% 时，随着碳含量的增加，等温转变图右移幅度减小，即碳推迟转变的作用减小。共析钢的等温转变图最靠右。碳含量进一步增加时，将出现先共析渗碳体析出线，且等温转变图左移。对于 A→B 的转变，随着碳含量增加，贝氏体转变区向右移动。碳对降低 Ms 和 Mf 的作用最大。碳含量对合金钢的等温转变图影响比较复杂，与不同合金元素的搭配对等温转变图的影响差异很大。图 3-6 所示为碳和铬元素对等温转变图的影响对比。根据碳和合金元素之间作用的情况，可将合金元素分

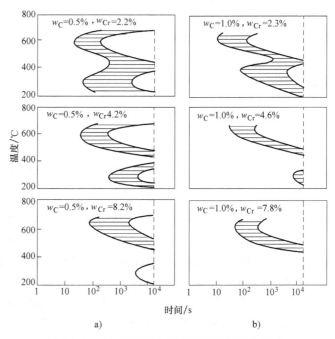

a)　　　　　　　　　b)

图 3-6　合金元素碳和铬对等温转变图的影响

为三类，即非碳化物形成元素、弱碳化物形成元素和强碳化物形成元素。

（2）非碳化物形成元素的影响 含这类合金元素（如 Si、Ni、Cu 等）的钢往往具有第一种类型的等温转变图，即单一的 C 曲线，具有代表性的如图 3-7 所示，其 C 曲线的鼻尖温度为 500～600℃。

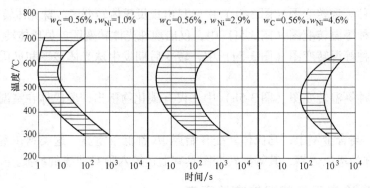

图 3-7 镍含量不同时中碳钢的等温转变图

（3）弱碳化物形成元素的影响 如锰，锰对奥氏体等温转变图的影响较为特殊。钢中加入少量锰时，只出现单一的 C 曲线，但锰的质量分数增加到 1.5% 以上时，却会在转变后期出现分离现象（图 3-8a）。继续增大锰的质量分数到 3% 以上时，也呈现双 C 形曲线（图 3-8b）。

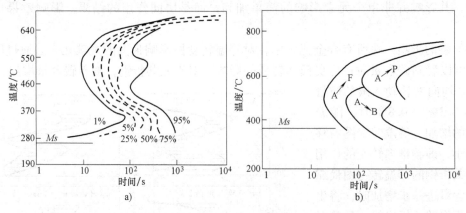

图 3-8 锰钢的等温转变图（转变后期出现分离的情形）

a）$w_C = 0.42\%$，$w_{Mn} = 1.8\%$ 钢的等温转变图

b）$w_C = 0.2\%$，$w_{Mn} = 3.2\%$ 钢的等温转变图

（4）强碳化物形成元素的影响 钢中加入强碳化物形成元素（如 Cr、Mo、W、V 等）能使贝氏体转变温度范围下降，或使珠光体转变温度范围上升，即第二种及第三种类型的等温转变图，其 TTT 图呈双"C"形曲线。随着合金元素含量的增加，珠光体转变 C 曲线与贝氏体转变 C 曲线逐渐分离（图 3-9）。合金元素含量足够高时两条 C 曲线将完全分开，在珠光体转变和贝氏体转变之间出现一个过冷奥氏体亚稳定区。

图 3-10～图 3-14 所示为碳及强碳化物形成元素、非碳化物形成元素和弱碳化物形成元素共同组成的工程常用钢的等温转变图。不同合金系列等温转变图的形状和位置变化可分别

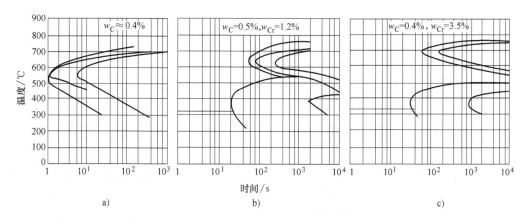

图 3-9　珠光体转变区和贝氏体转变区分离的等温转变图

讨论如下:

1) 造成珠光体转变区和贝氏体转变区分离。如果加入的合金元素不仅能使珠光体与贝氏体转变区间完全分离,而且能使珠光体转变孕育期增加,但却对贝氏体转变孕育期影响较小,则将得到如图 3-10 所示的等温转变图(第二种类型);反之,如加入的合金元素能使贝氏体转变孕育期增加,而对珠光体转变孕育期影响不大,则将得到如图 3-11 所示的等温转变图(第三种类型)。

2) 仅有贝氏体转变的等温转变图。在含碳量较低($w_C < 0.25\%$)而含 Mn、Cr、Ni、W、Mo 等合金元素量较高的钢中,扩散型的珠光体转变受到极大阻碍,而只出现贝氏体转变的等温转变图(图 3-12,第四种类型)。18Cr2Ni4WA、18Cr2Ni4MoA 钢均属此例。应该特别指出,质量分数高于 1.0% 的钨或高于 0.3% 的钼加入钢中,能强烈抑制过冷奥氏体珠光体型的转变,是贝氏体钢中的首选合金元素。

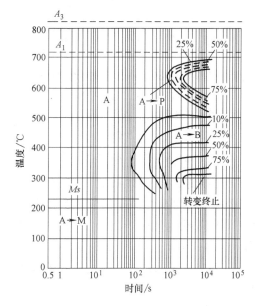

图 3-10　5CrNiMo 钢的等温转变图
(第二种,分离型)
(880℃奥氏体化,成分: $w_C = 0.55\%$、$w_{Si} = 0.30\%$、$w_{Mn} = 0.77\%$、$w_{Cr} = 0.87\%$、$w_{Ni} = 1.18\%$、$w_{Mo} = 0.23\%$)

3) 只有珠光体转变的等温转变图(第五种类型)。中碳高铬钢(如 30Cr13 和 40Cr13 等)就表现出这种类型的等温转变图(图 3-13)。

4) 在马氏体点(Ms)以上整个温度区内都不出现除了碳化物析出之外的奥氏体分解(第六种类型)。高含量的铬($w_{Cr} > 12\%$)和镍($w_{Ni} > 9\%$)会大大推迟珠光体和贝氏体转变,降低 Ms 点(低于室温),即奥氏体组织一直到室温以下也能保持稳定,工业上称这种钢为奥氏体钢,如图 3-14 所示。

(5) 硼、钴和铝的影响　这几种合金元素的影响规律比较特殊,简述如下:

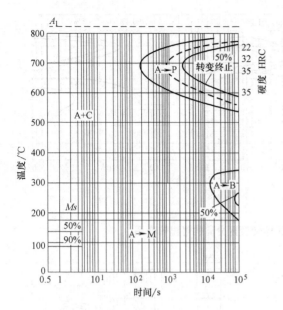

图 3-11　Cr12MoV 钢的等温转变图
（第三种，分离型）
（1000℃ 奥氏体化，成分：$w_C = 1.56\%$、
$w_{Cr} = 12.46\%$、$w_{Ni} = 0.26\%$、$w_{Mo} = 0.54\%$、
$w_W = 0.28\%$、$w_V = 0.65\%$）

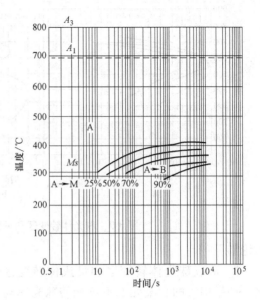

图 3-12　18Cr2Ni4WA 钢的等温转变图
（仅有贝氏体出现的等温转变图）
（900℃ 奥氏体化，成分：$w_C = 0.16\%$、
$w_{Si} = 0.19\%$、$w_{Cr} = 1.51\%$、
$w_{Ni} = 4.3\%$、$w_W = 0.88\%$）

1）硼的影响。微量硼（质量分数为 0.002%～0.005%）就足以使铁素体和珠光体转变显著推迟（图 3-15[9]）。在碳含量较低的钢中较为明显，但是对转变终了线影响较小。硼对贝氏体转变的影响比对铁素体和珠光体转变影响小。

2）钴和铝的影响。钴不影响钢的等温转变图的形状，但是降低过冷奥氏体的稳定性，使等温转变图的开始线和终了线均左移。而且钴提高了 Ms 点。钢中加入铝会使贝氏体转变区左移，即降低了过冷奥氏体的稳定性。同时会使珠光体转变 C 曲线上移。

上述各类元素对珠光体转变等温转变图的影响如图 3-16 所示。

合金元素影响过冷奥氏体转变机理的主要原因为：①通过影响碳在奥氏体中的扩散速度，影响转变动力学；②合金元素通过改变 $\gamma \rightarrow \alpha$ 同素异构转变的速度，影响转变动力学；③通过合金元素在奥氏体中的扩散和

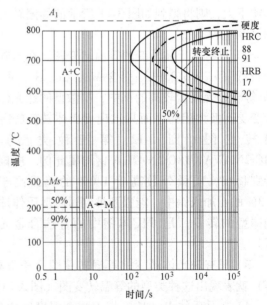

图 3-13　Cr13 型钢的等温转变图
（仅出现珠光体转变的等温转变图）
（30Cr13，1000℃ 奥氏体化，成分：$w_C = 0.29\%$、
$w_{Si} = 0.85\%$、$w_{Mn} = 0.40\%$、$w_{Cr} = 12.32\%$、
$w_{Ni} = 0.18\%$、$w_{Mo} < 0.1\%$）

再分配，影响转变动力学。

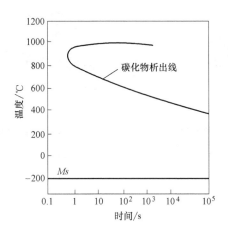

图 3-14　45Cr14Ni14W2Mo 钢的等温转变图
（只有碳化物析出的等温转变图）

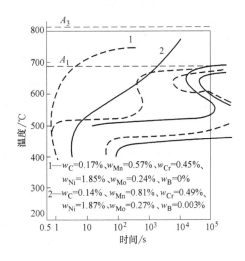

图 3-15　硼对两种钢等温转变图的影响

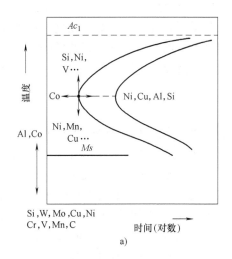

a)

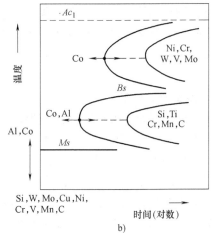

b)

图 3-16　各类合金元素对过冷奥氏体转变影响的示意图

2. 奥氏体晶粒尺寸的影响

细化奥氏体晶粒会加速过冷奥氏体向珠光体的转变。当原始组织相同时，提高奥氏体化温度或延长奥氏体化时间，将会促使碳化物溶解、成分均匀和奥氏体晶粒长大，导致等温转变图右移。粗大奥氏体晶粒显著推迟珠光体的转变，但对贝氏体仅稍有推迟作用。由于奥氏体晶界是珠光体转变时新相的形核位置，粗大的奥氏体晶粒会使晶界总面积减小，减少了形核位置，从而推迟了珠光体转变。贝氏体转变时并不一定在奥氏体晶界上形核，所以影响较小。图 3-17 所示为 8640 钢（美国牌号，含镍铬钼钢，$w_C = 0.8\%$）的晶粒尺寸对等温转变图的影响效果，可见，细晶粒促进了珠光体转变。

3. 原始组织、奥氏体化温度和保温时间的影响

钢的原始组织越细，越易于得到均匀的奥氏体，使等温转变图右移，Ms 点降低。当原

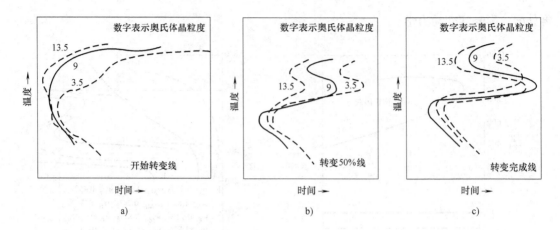

图 3-17 8640 钢奥氏体晶粒尺寸对 C 曲线的影响

a）转变开始线　b）转变 50% 线　c）转变完成线

始组织相同时，提高奥氏体化温度或延长保温时间，将会促使碳化物溶解、成分均匀化和奥氏体晶粒长大，也会使等温转变图右移，转变速度降低。

如果奥氏体化温度较低或保温时间较短，碳化物没有全部溶解，或碳化物虽已溶解，但尚未均匀化，则奥氏体中碳和合金元素的含量将低于钢的含量。未溶的碳化物可以作为珠光体转变的晶核。如果碳化物已溶解，但奥氏体成分仍不均匀，则高碳区和低碳区可为珠光体转变时渗碳体和铁素体的形核提供有利条件。所以，奥氏体化温度低、时间短，均将加速过冷奥氏体向珠光体的转变。

4. 奥氏体变形的影响

在奥氏体的高温或低温稳定区间变形，会显著影响过冷奥氏体转变动力学[15]。一般来说，形变量越大，珠光体转变孕育期越短，则加速珠光体转变。关于形变加速珠光体转变的原因，不能一概而论，应根据形变条件进行分析，可以分以下三种情况进行讨论：①形变奥氏体处于完全再结晶（动态再结晶、静态再结晶）状态，变形加速珠光体转变的原因是由于形变发生了再结晶，从而细化了奥氏体晶粒；②形变奥氏体处于动态硬化-回复状态，珠光体转变被加速的原因是形变促进了晶界与晶内（如滑移带、孪晶）形核；③形变奥氏体中析出大量细小的形变诱发碳化物，从而促进了珠光体的形核，加速了珠光体转变。

综上所述，奥氏体等温转变动力学图的形状和位置是许多因素综合作用的结果。在应用过冷奥氏体等温转变动力学图时，必须注意所用钢的化学成分、奥氏体化温度和晶粒度等，否则可能造成错误。

3.3　过冷奥氏体连续冷却转变

过冷奥氏体的等温转变动力学图反映了过冷奥氏体在等温条件下的转变规律，可以直接用来指导等温热处理工艺的制订。但是，实际热处理常常是在连续冷却条件下进行的，如淬火、正火和退火等。虽然可以利用等温转变图来对连续冷却时过冷奥氏体的转变过程进行分析，但是，这种分析只能是半定量的。连续冷却时，过冷奥氏体是在一个温度范围内转变的，几种转变往往互相重叠，得到的是不均匀的混合组织。

过冷奥氏体连续冷却转变（Continuous Cooling Transformation）动力学图，即 CCT 图或 CT（Continuous Transformation）图，是分析连续冷却过程中奥氏体的转变过程以及转变产物的组织和性能的依据，其重要性早已被人们所认识。但是，由于连续冷却转变比较复杂以及测试上的困难，到目前为止仍有许多钢的 CCT 图有待进一步测定。

3.3.1　过冷奥氏体连续冷却转变动力学图

1. 过冷奥氏体连续冷却转变图的建立[8-10]

过冷奥氏体的连续冷却转变图通常是综合应用膨胀法、金相法和热分析法来测定的。快速膨胀仪的问世为 CCT 图的测定提供了许多方便。金相法测定过冷奥氏体连续冷却转变图的原理如图 3-18 所示。

快速膨胀仪所用试样尺寸通常为 $\phi 3\text{mm} \times 10\text{mm}$。采用真空感应加热方法加热试样，程序控制冷却速度，在 $800 \sim 500\,℃$ 范围内平均冷却速度可从 $100000\,℃/\text{min}$ 变化到 $1\,℃/\text{min}$。从不同冷却速度的膨胀曲线上可确定出转变开始点（转变量为 1%）、各种中间转变量点和转变终了点（转变量为 99%）所对应的温度和时间。将数据记录在温度-时间半对数坐标系中，连接相应意义相同的点，便得到连续冷却转变图，如图 3-19 所示。为了提高测量精度，常用金相法或热分析法进行定点校核。应该指出，采用膨胀仪法测定 99% 转变量的温度和时间是不精确的。

利用带有摄像装置的高温显微镜研究冷却速度和合金元素对珠光体转变动力学和转变组织形态的影响，取得了良好的效果。在高温显微镜下，一旦发生贝氏体或马氏体转变，样品

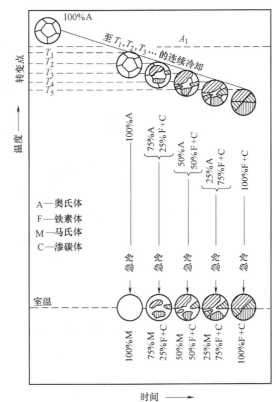

图 3-18　金相法测定钢的 CCT 曲线示意图

表面发生浮凸，可立即观察和记录下来，成为研究过冷奥氏体转变的新方法。对在特定条件下得到的转变产物，进行力学性能（一般是硬度）分析，将相应的结果标注在冷却曲线的下方，成为更加完整的工程 CCT 图。

工程上和实验室里更常用的评定钢过冷奥氏体转变特性的方法是端淬试验。图 3-20 所示为应用端淬试验进行过冷奥氏体连续冷却转变动力学分析、转变产物力学性能分析的原理示意图。将图 3-20a、b、c 联系起来可以得到：端淬试样上的点（距水淬端距离）对应着确定的冷却速度（不一定是恒定的）；不同冷却速度对应着相应的转变产物；转变产物的硬度和组织结构具有对应关系。图 3-21 所示为 GCr15 钢的端淬曲线。

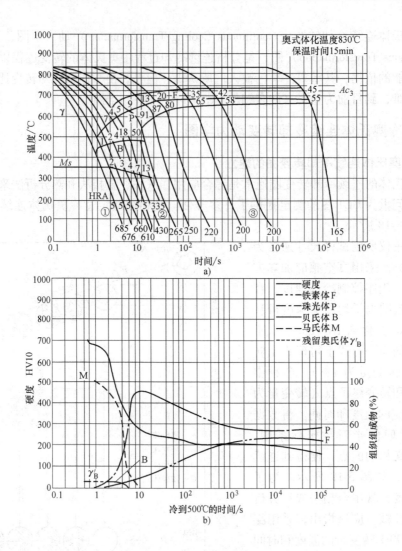

图 3-19　中碳钢的 CCT 图和硬度-冷却时间图

$(w_C = 0.46\%$、$w_{Si} = 0.26\%$、$w_{Mn} = 0.39\%$、$w_P = 0.012\%$、$w_S = 0.026\%$、

$w_{Al} = 0.003\%$、$w_{Cr} = 0.12\%$、$w_{Cu} = 0.215\%$、$w_N = 0.06\%$）

a）CCT 图　b）冷却到 500℃ 的时间与组织及硬度的关系

2. 冷却速度对转变产物的影响

图 3-19 所示的 CCT 图中标注的符号意义与 TTT 图相同。自左上方至右下方的各条曲线代表不同速度的冷却曲线，这些曲线依次与铁素体、珠光体和贝氏体转变终止线相交处所标注的数字，代表的是以该冷速冷至室温后的组织中铁素体、珠光体和贝氏体所占的体积分数。冷却曲线下端的数字代表以该速度冷却时获得的组织的室温维氏硬度（或洛氏硬度 HRA）。常在图的右上角注明奥氏体化温度和时间。从目前已公开的 CCT 图来看，可用下述几种方法来描述 CCT 图中的冷却速度。

（1）800～500℃ 范围内的平均冷却速度（℃/s 或 ℃/min）　如图 3-22 所示，在硬度值上方标注了 800～500℃ 范围内的平均冷却速度（℃/min）。

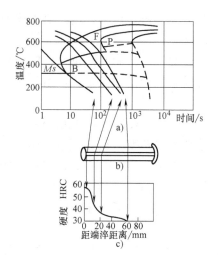

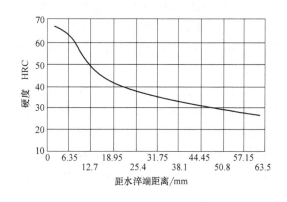

图 3-20　CCT 图中的冷却曲线与距端淬试样
水冷端距离的对应关系示意图

a) CCT 图　b) 端淬试样　c) 端淬曲线

图 3-21　GCr15 钢的端淬曲线

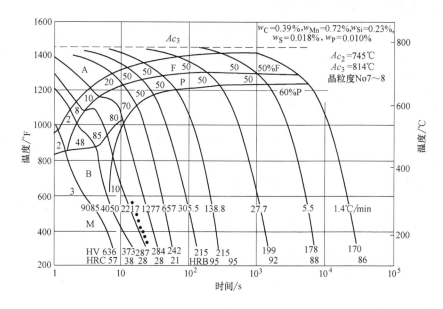

图 3-22　40 钢的 CCT 图

（2）距端淬试样水冷端的距离　在端淬试验规定的冷却条件下，试样的各点均相应于一定的冷却速度，而且冷却速度因距水冷端距离的增大而降低。因此，可使 CCT 图上的各条冷却曲线与端淬试样上某些点的冷却速度对应，参见图 3-20。用这种方法描述某些冷却曲线的优点是能把 CCT 图和端淬试样的数据联系起来，便于分析钢件在淬火后截面上的硬度分布和淬透层深度。

（3）冷却时间　这种方法是用从奥氏体化温度冷至 500℃ 所需的时间来描述冷却速度的。可用 CCT 图中各条冷却曲线与 500℃ 等温线的交点来确定冷却时间，所以比平均冷却速度法更方便。其实例如图 3-22 所示，在 500℃ 等温线上标出了用该法确定的冷却速度值。

现根据图 3-19 讨论在三种典型的冷却速度（图中①、②和③）下，过冷奥氏体的转变过程和产物组成，并说明冷却速度对转变产物的影响。

1）以速度①（冷却至 500℃需 0.7s）冷却时，直至 Ms 点（360℃）仍无扩散型相变发生。从 Ms 点开始发生马氏体转变，冷至室温后得到马氏体加少量残留奥氏体组织，硬度为 685HV。

2）以速度②（冷至 550℃需 5.5s）冷却时，约经 2s 在 630℃开始析出铁素体；经 3s 冷却至 600℃左右，析出铁素体 5%（体积分数）后开始珠光体转变；经 6s 冷至 480℃，珠光体达到 50%；然后进入贝氏体转变区，经 10s 冷至 305℃左右，有 13% 的过冷奥氏体转变成贝氏体；随后剩余过冷奥氏体发生马氏体转变，冷至室温后仍有奥氏体未转变而残留下来。室温组织由 5% 铁素体、50% 细片状珠光体、13% 贝氏体、30% 马氏体和 2% 残留奥氏体组成，硬度为 335HV。

3）以速度③（冷至 500℃需 260s）冷却时，经 80s 冷至 720℃时开始析出铁素体，经 105s 冷至 680℃左右，形成 35% 铁素体并开始珠光体转变，经 115s 冷至 655℃转变终了，获得 35% 铁素体和 65% 珠光体的混合组织，硬度为 200HV。

3.3.2 CCT 图与 TTT 图的比较

在连续冷却条件下，过冷奥氏体转变是在一个温度范围内发生的。可以把连续冷却转变看成为许多温度相差很小的等温转变过程的总和，因此可以认为，连续冷却转变组织是不同温度下等温转变组织的混合。

与等温转变相比，共析钢的过冷奥氏体连续冷却转变具有以下特点：

1）连续冷却转变一般不出现贝氏体转变区，偶尔也不出现珠光体转变区。共析碳钢的 CCT 图如图 3-23 所示，图中的细线为共析碳钢的 TTT 图。与 TTT 图比较可见，共析碳钢的 CCT 图只有高温的珠光体转变区和低温的马氏体转变区，而无中温的贝氏体转变区。CCT 图中存在珠光体转变截止线 A-A'。例如，以 90℃/s 的速度冷却时，到 a 点有 50% 的奥氏体转变为珠光体，余下的 50% 在 $a \sim b$ 点间不转变，从 b 点开始进行马氏体转变。通过 A 点的冷却速度（140℃/s）是使珠光体转变不能发生，可获得 100% 马氏体（包括残留奥氏体）的最小冷却速度，称为临界淬火速度。A 点与 TTT 图中的鼻尖点 N 并不是一个点。从图 3-23 中还可看到，CCT 图中的 Ps 曲线（珠光体开始转变线）和 Pf 曲线（珠光体终止转变线）向右下方移动。

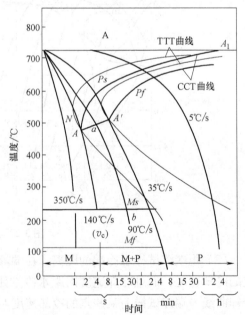

图 3-23 共析钢的 TTT 图与 CCT 图比较

2）连续冷却转变时往往不出现贝氏体转变区，或不出现珠光体转变区，甚至两者都不出现。合金钢连续冷却转变时可以有珠光体转变而无贝氏体转变，也可以有贝氏体转变而无珠光体转变，也可两者兼而有之，具体图形由加入钢中合金元素的种类和含量而定。合金元素对连续冷却转变图的影响规律与对等温转变图的影响相似。合金钢连续冷却转变图的基本类型如图 3-24 所示。

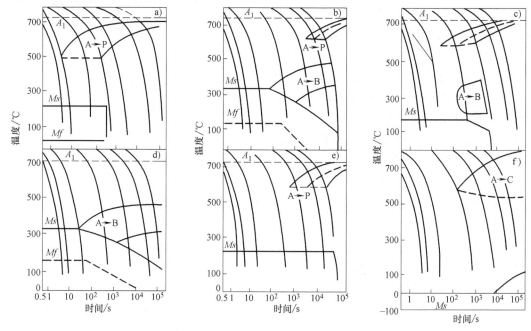

图 3-24　过冷奥氏体连续冷却转变图的基本类型

a）碳钢和低合金钢　b）合金结构钢　c）合金工具钢

d）高合金结构钢（较高含量的 Mn、Cr、Ni、Mo，如 18Cr2Ni4WA）

e）高铬钢（如 30Cr13）　f）具有过剩碳化物的奥氏体钢

3）合金钢与碳钢的连续冷却转变曲线都处于等温转变曲线的右下方，这是由于连续冷却时的转变温度较低、累积孕育期较长所致。

3.3.3　钢的临界冷却速度

连续冷却时，过冷奥氏体的转变过程和转变产物主要取决于钢的冷却速度[1,2,17]。

在连续冷却中，使过冷奥氏体避免出现高温转变或中温转变的最小冷却速度称为临界冷却速度。其中，不析出先共析铁素体（亚共析钢）或先共析碳化物（过共析钢高于 A_{cm} 奥氏体化）的冷却速度称为抑制先共析铁素体或先共析碳化物的临界冷却速度；不析出铁素体和碳化物，也不转变为珠光体的冷却速度称为抑制珠光体的临界冷却速度；不析出铁素体和碳化物，也不转变为珠光体和贝氏体的最低冷却速度称为马氏体的临界冷却速度。它们分别用 CCT 图中与先共析铁素体和先共析碳化物析出线，或与珠光体和贝氏体转变开始线相切的冷却曲线对应的冷却速度来表示。

为了使钢件在淬火后得到完全的马氏体组织，应使奥氏体在冷却过程中不发生任何分解。这时钢件的冷却速度应大于某一临界值。前面已经谈到，此临界值称为临界淬火速度，通常以 v_c 表示。v_c 是得到完全马氏体组织（包括残留奥氏体）的最低冷却速度，代表钢接受淬火的能力，是决定钢件淬透层深度的主要因素，也是合理选用钢材和正确制订热处理工艺的主要依据。

临界淬火速度与 CCT 曲线的形状和位置有关。图 3-25 所示为高碳高铬工具钢的 CCT 图，图中 Ac_{1e} 和 Ac_{1b} 分别表示该钢的高温铁素体上下界限温度。该图表明，珠光体转变区靠左，而贝氏体转变区靠右，即孕育期较长，因而 Cr12 钢的临界淬火速度取决于抑制珠光体转变的临界冷却速度。与此相反，中碳 Cr-Mn-V 钢珠光体转变孕育期比贝氏体长（图 3-26），这时，临界淬火速度将取决于抑制贝氏体转变的临界冷却速度。

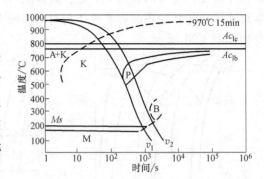

图 3-25　Cr12 钢的 CCT 图

（$w_C = 2.08\%$、$w_{Cr} = 11.46\%$、$w_{Si} = 0.28\%$、

$w_{Mn} = 0.39\%$、$w_P = 0.017\%$、

$w_S = 0.012\%$、$w_{Cu} = 0.15\%$）

（K 表示碳化物）

亚共析钢和低合金钢的临界淬火速度多取决于抑制先共析铁素体析出的临界冷却速度。而抑制先共析碳化物析出的临界冷却速度，可用来衡量过共析成分的奥氏体在连续冷却时析出碳化物的倾向性。从 Cr12 钢的 CCT 图（图 3-25）可知，抑制先共析碳化物析出的临界冷却速度较大，因而在淬火过程中容易析出碳化物。

临界淬火速度主要取决于 CCT 曲线的位置。使 CCT 曲线左移的各种因素，都将使临界淬火速度增大。而使 CCT 曲线右移的各种因素，都将降低临界淬火速度。

利用等温转变图可以估计临界冷却速度。由于连续冷却转变图在测试上存在很多困难，所以到目前为止还有许多钢的 CCT 图未被测定。而有关 TTT 图的资料却比较多，因此，研究 CCT 图与 TTT 图的关系，应用 TTT 图来估计 v_c 是有实际意义的。

可根据钢的 TTT 图粗略估计临界淬火速度，方法如下：从纵坐标上的 A_1 点作冷却曲线与 TTT 图的转变开始线相切（图 3-26），该冷却曲线所代表的冷却速度 v_c' 可用下式描述

$$v_c' = \frac{A_1 - T_R}{t_R} \tag{3-1}$$

式中，T_R 和 t_R 为冷却曲线和 TTT 图转变开始线的切点所对应的温度和时间。

考虑到 CCT 曲线总是在 TTT 曲线的右下方，将式（3-1）按照经验修正为

$$v_c = \frac{v_c'}{1.5} = \frac{A_1 - T_R}{1.5 t_R} \tag{3-2}$$

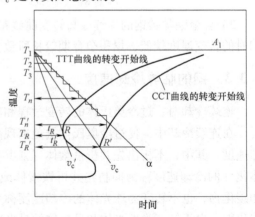

图 3-26　利用 TTT 图估计临界冷却速度示意图

采用上述方法进行估算，仅适合抑制珠光体转变的临界冷却速度的情况。

3.3.4　过冷奥氏体转变图的应用

1. TTT 图的应用

（1）分级淬火　利用 TTT 图，可以通过称为分级淬火（Martempering）的工艺对钢进行

淬火处理，以减小内应力，避免工件的变形开裂。分级淬火是将奥氏体化后的工件在稍高于或低于 *Ms* 点的热态淬火介质中保持适当时间，待钢件的内外层温度基本一致时取出空冷，以获得马氏体组织的淬火工艺（详见第 9 章，下同）。

（2）等温淬火　等温淬火（Austempering）是一种使过冷奥氏体转变为下贝氏体的热处理工艺。TTT 图可以较精确地给出过冷奥氏体等温转变为贝氏体的温度范围、完成这种转变所需要的时间以及贝氏体的硬度与等温温度的关系等。

（3）退火和等温退火　有些含 Cr、Mo 元素钢的 TTT 曲线，其珠光体转变和贝氏体转变曲线分离（图 3-10、图 3-11），退火加热保温后连续冷却时有贝氏体形成。如果在珠光体转变的较高温度进行等温，则只需很短时间转变即可完成，然后出炉空冷，这就是所谓的等温退火。等温退火时转变较易控制，能够获得预期的均匀组织。

（4）形变热处理　形变热处理（Ausforming 或 Thermomechanical Processing）是综合利用形变强化和相变强化最有效的金属材料强化技术之一，是将成形工艺和最终性能统一起来的工艺方法。通过形变热处理不但能够得到一般加工处理所达不到的高强度与高塑韧性的良好配合，而且还能有效简化金属材料或零件的生产流程，从而带来较高的经济和技术的综合效益，实现"短流程"生产。在制订形变热处理工艺时往往以 TTT 图为依据。例如，低温形变淬火和低温形变等温淬火中的形变都是在过冷奥氏体稳定区进行的，然后淬火或等温淬火。

2. CCT 图的应用

钢的热处理大多是在连续冷却条件下进行的，因此，CCT 图对热处理生产具有更为直接的指导意义。

（1）在预计热处理后的组织和性能以及在合理选用钢材上的应用　如果已知钢材截面上各点的冷却速度，则可根据其 CCT 图很方便地预先估计出热处理后钢件各部位的组织和硬度；也可以反过来，根据组织和硬度的要求来合理选择钢材。下面介绍确定连续冷却时钢件截面上各点冷却速度的方法。

1）端淬试验数据的利用。端淬试验是在固定的冷却条件下进行的，端淬试样上每一点对应于一定的冷却速度。同样，在一定冷却条件下，不同直径钢材截面上各点的冷却速度，也可以用距端淬试样水冷端的距离来表示。图 3-27 所示为在中等强度搅拌的油中冷却时，冷却速度和端淬距离之间的等效对应关系。同样也可测得在其它各种冷却条件下两者间的等效对应关系。根据图 3-27 可确定在一定冷却条件下，$\phi 12.5$ ~ 100mm 棒料不同位置的冷却速度与端淬试样的对应关系。例如，要确定 $\phi 75$mm 钢棒距表面 2mm 处的冷却速度，从纵坐标为 2mm 处作水平线与 $\phi 75$mm 曲线相交，交点的横坐标值为 14mm，也就是说，$\phi 75$mm 钢棒距表面 2mm 处的冷却速度与端淬试样

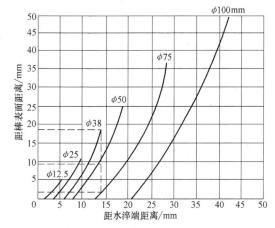

图 3-27　棒料中距棒表面各点的淬火
冷却速度与端淬试样水冷端距离的对应关系
（在中等搅拌强度的油中冷却，$\phi 12.5$ ~ 100mm 棒料）

距水冷端 14mm 处的冷却速度相同。而端淬试样各点的冷却速度是已知的，于是根据上述关系，可以预计在一定冷却条件下，不同直径钢件截面上各点的冷却速度，并结合钢的 CCT 曲线预计出钢件沿截面的硬度分布和组织变化。

2）不同直径钢料冷却曲线的应用。图 3-28 所示为不同直径棒料在水、油和空气中的冷却曲线。在一定冷却条件下，某一直径钢料的冷却曲线随奥氏体化温度而变化，但形状相

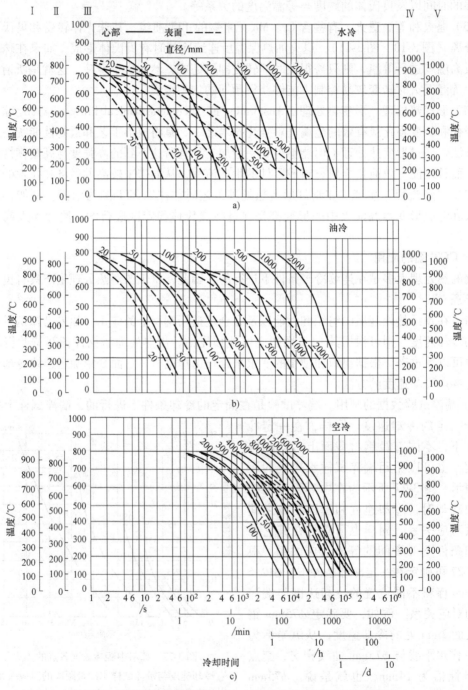

图 3-28　不同直径棒料分别在水、油和空气中冷却时的冷却曲线

同。若合理选用一组温度坐标，则同一组冷却曲线对常用奥氏体化温度都可适用。图 3-28 中五组温度坐标的奥氏体化温度分别为 Ⅰ—960℃、Ⅱ—860℃、Ⅲ—800℃、Ⅳ—1000℃ 和 Ⅴ—1050℃。据此，可以确定在水、油和空气中冷却时，不同直径钢件表面和心部的冷却曲线，并结合钢的 CCT 曲线预计出不同直径钢件在不同介质中冷却时硬度和组织沿截面的分布状况。也可以在直径确定的情况下，根据对钢件表面和心部的硬度和组织要求来确定材质或冷却介质。

若把不同直径钢料在某冷却介质中的心部冷却曲线与钢的 CCT 图中的 v_c 作比较，则可求得某一直径钢料的心部冷却曲线与 v_c 相当，这一直径就是这种钢在该介质中淬火时的临界淬火直径，从而为选用钢材提供了依据。

3）从奥氏体化温度到 500℃ 间的冷却时间的利用。有些 CCT 图是用从奥氏体化温度至 500℃ 的冷却时间来描述冷却速度的。同时图中还给出转变产物和硬度与冷却至 500℃ 所需时间的关系（图 3-19b）。因此如果能确定在一定冷却条件下钢件截面上各点从奥氏体化温度冷至 500℃ 的时间，则可根据相应的 CCT 图确定出组织和硬度沿截面的分布状况，从而判断钢材选用的合理性。

从奥氏体化温度至 500℃ 的冷却时间可从相应的手册中查到，也可根据冷却曲线（图 3-19）确定。

（2）CCT 图在选择冷却规范上的应用　由于 CCT 图反映了过冷奥氏体在连续冷却时转变的全过程，并给出对应于每一个冷却规范所得到的组织和性能，这样有可能按照工件的尺寸、形状以及性能要求，根据 CCT 图选择适当的冷却规范及冷却介质。其方法是根据工件所用钢种查出 CCT 图，然后分析在哪些冷却规范内能够满足组织转变与综合性能要求，再考虑到减少工件变形、开裂和提高生产效率等因素，最后选择出合适的冷却介质及冷却方法。

3.4　常规热处理方法

热处理是通过加热、保温和冷却以改变金属内部的组织结构（有时也包括改变表面化学成分），使金属获得所需性能的一种热加工技术。热处理原理揭示了金属在加热和冷却过程中的组织结构转变规律，为热处理提供了理论依据，而热处理工艺则是热处理的具体操作过程。

钢的热处理工艺种类很多，根据加热、冷却方式及获得的组织和性能的不同，可分为普通热处理（不改变化学成分，如退火、正火、淬火、回火）、化学热处理（改变化学成分，如渗碳、渗氮）及复合热处理（如渗碳淬火、形变热处理）等[28-31]。按照热处理在金属材料或机器零件整个生产工艺过程中位置和作用的不同，热处理工艺又可分为预备热处理和最终热处理。关于热处理工艺将在第 9 章作详细介绍，本节仅针对常规的退火、正火、淬火和回火作简要概述。

3.4.1　退火

退火是将钢加热到临界点以上（某些退火也可在临界点以下），保温一定时间，然后缓慢冷却（一般为随炉冷却），以获得接近平衡状态的热处理工艺。

钢的退火多数为预备热处理，通过退火可以达到以下目的：①消除钢锭的成分偏析，使成分均匀化；②消除铸、锻件中的魏氏组织或带状组织，细化晶粒，均匀组织；③降低硬度，改善组织，以便于切削加工；④改善高碳钢中碳化物的形态和分布，为淬火做好组织准备。

根据加热温度的不同，退火可分为在临界温度（Ac_1 或 Ac_3）以上或以下的退火。前者是将工件加热至相变温度以上，使其发生结构、组织变化从而改变性能的一种热处理工艺，其中包括完全退火、不完全退火、球化退火、均匀化退火等；后者是将工件加热到相变温度以下，以消除内应力、防止变形、降低硬度、恢复塑性和消除加工硬化，改善切削与冲压加工性能的热处理工艺，其中包括去应力退火和再结晶退火等。本节重点介绍球化退火。

球化退火是最常用的退火工艺，既可以作为最终热处理的准备工序，也可以作为最终热处理。其目的是将共析及过共析钢中的片状碳化物转变为球状碳化物，使之均匀分布于铁素体基体上。

球化退火主要用于碳的质量分数高于 0.6% 的高碳工模具钢及轴承钢等，目的是改善切削加工性，并为最终热处理做好组织准备。有时为了改善低中碳钢的冷成形性，也可采用球化退火。

获得球状碳化物的途径主要有以下三种：①片状珠光体的球化；②马氏体在低于 A_1 温度的分解即调质处理；③由奥氏体转变为球状组织。通常所说的球化退火主要是指由奥氏体转变为球状组织的退火。

由奥氏体转变为球状组织的退火工艺有以下三种：①加热到 Ac_1 以上 20℃ 左右，然后以 3 ~ 5℃/h 的速度冷却到 Ar_1 以下一定温度，即一般的球化退火；②加热到 Ac_1 以上 20℃ 左右，然后在略低于 Ar_1 的温度等温，又称为等温球化退火；③在 Ac_1 以上 20℃ 和 Ar_1 以下 20℃ 左右交替保温，又称为周期球化退火。

球化退火后，碳化物的形态、大小及分布对钢材的工艺性能和使用性能影响很大，如滚动轴承钢球化退火后的组织对成品的接触疲劳寿命有显著影响。生产上要求对球化退火组织按标准进行检查和评级。

实践表明，加热时奥氏体成分越不均匀，退火后越容易得到球化组织。将过共析钢伪片状珠光体加热到略高于 Ac_1 温度短时间保温后，得到奥氏体加未溶渗碳体。此时，渗碳体已不是完整的片状，而是厚薄不均、凹凸不平，有些地方已经溶解断开。延长保温时间，这些未溶渗碳体将逐渐趋向于球化。将钢从加热温度缓慢冷却至 Ar_1 以下，奥氏体将同时析出碳化物及铁素体（即珠光体转变）。加热时形成的球状碳化物质点以及奥氏体中含碳较高的部位将成为碳化物核心，长大成球状碳化物，最终得到在铁素体基体上均匀分布着球状碳化物的球状珠光体。图 3-29 所示为 T8 钢（共析钢）在不同温度下退火后的显微组织形貌。

3.4.2 正火

正火是将钢加热到 Ac_3 或 Ac_{cm} 以上 30 ~ 50℃，保温一定时间，然后出炉在空气中冷却的热处理工艺。与完全退火相比，二者的加热温度及保温时间相同，但正火冷却速度较快，转变温度较低，发生伪共析转变。当钢中碳的质量分数为 0.6% ~ 1.4% 时，正火组织中不出现先共析相，全部是伪共析珠光体。因此，正火后获得的组织比相同钢材退火的要细，强度、硬度也较高。

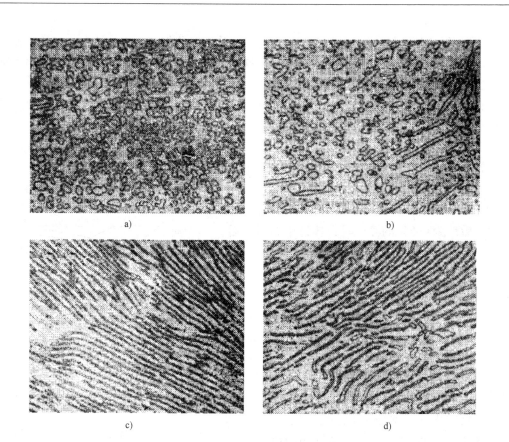

图 3-29　T8 钢在不同温度下退火后的显微组织形貌（1000×）

a) 750℃　b) 790℃　c) 875℃　d) 950℃

根据钢种和截面尺寸的不同，通过正火可分别达到以下目的：①对于大型铸、锻件和钢材，正火可以细化晶粒、消除魏氏组织或带状组织，为下一步热处理做好组织准备，相当于退火的效果；②低碳钢退火后硬度太低，在切削加工中易"粘刀"，切削性能差，正火处理可减少先共析铁素体，获得细片状珠光体，使硬度提高到 140～190HBW，改善钢的切削加工性；③对于过共析钢，正火可消除网状碳化物，便于球化退火；④正火也可以作为某些中碳钢或中碳合金结构钢工件的最终热处理，代替调质处理，使工件具有一定的综合力学性能。

一般正火加热温度为 Ac_3 或 Ac_{cm} 以上 30～50℃。对于含有强碳化物形成元素钒、钛、铌等的合金钢，常采用更高的加热温度，如 20CrMnTi 钢的正火加热温度为 Ac_3 以上 120～150℃，原则是在不引起晶粒粗化的前提下，尽量采用高的加热温度，以加速合金碳化物的溶解和奥氏体的均匀化。

根据钢的成分和工件尺寸大小，正火冷却可在静止空气中冷却，也可采用吹风冷却、喷雾冷却等，以获得细珠光体组织。

对于奥氏体稳定性较高的钢，正火后还需进行一次高温回火使奥氏体充分分解。

3.4.3　淬火

钢的淬火与回火是热处理工艺中最重要，也是用途最广的工序。淬火可以大幅度提高钢的强度与硬度；淬火后，为了消除淬火钢的残余内应力，得到不同强度、硬度和韧性的配合，需要配以不同温度的回火。所以，淬火与回火是不可分割、紧密衔接在一起的两种热处理工艺。淬火与回火作为各种机器零件及工模具的最终热处理是赋予钢件最终性能的关键性工序，也是钢件热处理强化的重要手段之一。

淬火是将钢加热至临界点（Ac_1 或 Ac_3）以上，保温一定时间后快速冷却，使过冷奥氏体转变为马氏体或贝氏体组织的工艺方法。

图 3-30 所示为共析碳钢淬火冷却工艺曲线示意图，其中 v_c、v_c' 分别为上临界冷却速度（即淬火临界冷却速度）和下临界冷却速度。以 $v > v_c$ 的速度快速冷却，可得到马氏体组织；以 $v_c > v > v_c'$ 的速度冷却，可得到马氏体 + 珠光体混合组织；以 $v < v_c'$ 冷却，则得到珠光体组织。

钢淬火后，强度、硬度和耐磨性大大提高。碳的质量分数约为 0.5% 的淬火马氏体经中温回火后，可以具有很高的弹性极限。中碳钢经淬火和高温回火（调质处理）后，可以有良好的强度、塑性及韧性的配合。

奥氏体高锰钢的水韧处理与奥氏体不锈钢、马氏体时效钢及铝合金的高温固溶处理，都是通过加热、保温和急冷而获得亚稳态的过饱和固溶体，虽然习惯上也称为淬火，但这是广义的淬火概念，它们的直接目的并不是强化合金，而是抑制第二相析出。高锰钢的水韧处理是为了达到韧化的目的，奥氏体不锈钢固溶处理是为了提高抗晶间腐蚀能力，

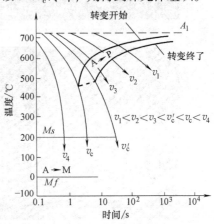

图 3-30 共析碳钢的淬火工艺曲线示意图

铝合金和马氏体时效钢的固溶处理则是时效硬化前的预处理过程。而本节介绍的是钢的一般淬火强化问题，其淬火工艺分类见表 3-1。

表 3-1 钢的淬火工艺分类

分类原则	淬火工艺方法
按加热温度	完全淬火、不完全淬火
按加热速度	普通淬火、快速加热淬火、超快速加热淬火
按加热介质及热源条件	光亮淬火、真空淬火、流态床加热淬火、火焰淬火、（高频、中频、工频）感应淬火、高频脉冲淬火、接触电阻加热淬火、电解液淬火、电子束淬火、激光淬火、锻热淬火、盐浴淬火
按淬火部位	整体淬火、局部淬火、表面淬火
按冷却方式	直接淬火、预冷淬火（延迟淬火）、双重淬火、双液淬火、喷雾淬火、喷液淬火、分级淬火、冷处理 等温淬火（贝氏体等温淬火、马氏体等温淬火）、形变等温淬火（高温形变等温淬火、中温形变等温淬火）

3.4.4 回火

回火是将淬火后的钢在 A_1 以下温度加热，使其转变为稳定的回火组织，并以适当方式冷却的工艺过程。回火的主要目的是减少或消除淬火应力，保证相应的组织转变，提高钢的塑性和韧性，获得硬度、强度、塑性和韧性的适当配合，稳定工件尺寸，以满足各种用途工

件的性能要求。

制订回火工艺就是根据对工件性能的要求，依据钢的化学成分、淬火条件、淬火后的组织和性能，正确选择回火温度、保温时间和冷却方法。钢件回火后一般采用空冷，但对回火脆性敏感的钢在高温回火后需要油冷或水冷。回火时间从保证组织转变、消除内应力及提高生产效率两方面考虑，一般均为 1~2h。因此，回火工艺的制订主要是回火温度的选择。在生产中通常按所采用的温度将回火分成三类，即低温回火（150~250℃）、中温回火（350~500℃）和高温回火（>500℃）。

对要求具有高的强度、硬度、耐磨性及一定韧性的淬火零件，通常要进行低温回火，获得以回火马氏体为主的组织，使淬火内应力得到部分消除，淬火时产生的微裂纹也大部分得到愈合。

钢在 350~500℃范围内的中温回火可获得回火托氏体组织，并使钢中的第二类内应力大大降低，从而使钢在具有很高的弹性极限的同时，也具有足够的强度、塑性和韧性[29-31]。

淬火后进行高温回火又称为调质处理，主要用于中碳结构钢制造的机械结构零部件。钢经调质处理后，可得到由铁素体基体和弥散分布于其上的细粒状渗碳体组成的回火索氏体组织，使钢的强度、塑性、韧性配合恰当，具有良好的综合力学性能。

习　题

1. 奥氏体等温转变有哪些基本类型？受哪些因素影响？
2. 试述过冷奥氏体等温转变图和连续冷却转变图的建立方法。
3. 试述可用来描述 CCT 图中冷却速度的各种方法。
4. 试比较同一种钢的 CCT 图和 TTT 图。
5. 何谓临界冷却速度？如何根据 CCT 图确定临界冷却速度？
6. 如何利用 TTT 图估计临界淬火速度？
7. 试讨论在连续冷却过程中冷却速度发生变化时可能对临界淬火速度带来的影响。
8. 试述 TTT 图在制订热处理规范中的应用。
9. 试讨论确定连续冷却时钢件截面上各点冷却速度的方法。

参考文献

[1] 《热处理手册》编委会. 热处理手册：第四分册 [M]. 北京：机械工业出版社，1978.

[2] 桂立丰. 机械工程材料测试手册：物理金相卷 [M]. 沈阳：辽宁科学技术出版社，2001.

[3] 鞠颂东，邱之静，王晓慧，等. 稀土轨钢过冷奥氏体转变机理及 CCT 曲线的预测方法 [J]. 北方交通大学学报，1999，23（3）：40-43.

[4] 肖福仁，乔桂英. 86CrMoV7 钢的过冷奥氏体转变 [J]. 特殊钢，1999（4）：4-9.

[5] 李红英，林武，宾杰，等. 低碳微合金管线钢过冷奥氏体连续冷却转变 [J]. 中南大学学报：自然科学版，2000，41（3）：43-45.

[6] 李顺杰，杨弋涛，彭坤，等. Cr5 钢过冷奥氏体转变研究 [J]. 上海金属，2010（4）：1-4.

[7] 张同俊，胡镇华. 含铌基体钢过冷奥氏体等温转变的研究 [J]. 华中理工大学学报，1991，19（2）：89-93.

[8] Cota A B, Modenesi P J, Barbosa R and Santos D B. Determination of CCT diagrams by thermal analysis of an HSLA bainitic steel submitted to thermomechanical treatment [J]. Scripta Materialia, 1998, 40 (2): 165-169.

[9] Guang Xu, Lun Wan, Shengfu Yu, et al. A new method for accurate plotting continuous cooling transformation curves [J]. Materials Letters, 2008, 62 (24): 3978-3980.

[10] 孟力平, 张宇航, 李红英, 等. 35K 钢过冷奥氏体连续冷却转变曲线研究 [J]. 包头钢铁学院学报, 2003 (4): 331-334.

[11] 朱起凡, 易际明. 过冷奥氏体等温转变曲线的矢量化处理 [J]. 金属热处理, 2005 (5): 38-39.

[12] 董恒, 丛铁声. MC5 钢过冷奥氏体组织转变研究 [J]. 黑龙江冶金, 2000 (1): 13-15.

[13] Shibata A, Morito S, Furuhara T, et al. Characterization of Substructure Evolution in Ferrous Lenticular Martensite [J]. Materials Science Forum, 2010, 654-656: 1-6.

[14] 张同俊, 胡镇华. Si 对高耐磨模具钢 9Cr6W3Mo2V2 过冷奥氏体转变动力学的影响 [J]. 华中理工大学学报, 1992 (A00): 27-31.

[15] 黄原定, 杨玉月. 形变条件下过冷奥氏体组织转变特征 [J]. 金属热处理学报, 2000, 21 (4): 29-34.

[16] 吴承建, 张保良. 铈对锰钒钢过冷奥氏体转变的影响 [J]. 中国稀土学报, 1992 (1): 48-51.

[17] 宁保群, 刘永长, 乔志霞, 等. T91 铁素体耐热钢过冷奥氏体转变过程中临界冷却速度的研究 [J]. 材料工程, 2007 (9): 9-13.

[18] 杨常春, 康永林, 张寿禄, 等. HB360 级耐磨板的过冷奥氏体连续冷却转变曲线研究 [J]. 武汉科技大学学报, 2010 (3): 289-292.

[19] Ahrens U, Maier H J, Maksoud A EL M. Stress affected transformation in low alloy steels-factors limiting prediction of plastic strains [J]. J. Phys. IV France, 2004, 120: 615-623.

[20] YOU Wei, XU Wei-hong, LIU Ya-xiu, et al. Effect of Chromium on CCT Diagrams of Novel Air-Cooled Bainite Steels Analyzed by Neural Network [J]. Journal of Iron and Steel Research, International, 2007, 14 (4): 39-42.

[21] 张明奇. 计算机绘制钢的过冷奥氏体等温转变 (TTT) 曲线 [D]. 上海: 中国科学院上海冶金研究所, 2000.

[22] Dobrzański L A, Malara S, Trzaska J. Project of neural network for steel grade selection with the assumed CCT diagram [J]. Journal of Achievements in Materials and Manufacturing Engineering, 2008, 27 (2): 155-161.

[23] Ruan Dong, Pan Jiansheng, Hu Mingjuan. Database of Supercooled Austenite Isothermal Transformation Diagram [J]. Heat Treatment of Metals, 1997 (08): 356-359.

[24] Leszek A Dobrzański, Jacek Trzaska. Application of neural networks for the prediction of continuous cooling transformation diagrams [J]. Computational Materials Science, 2004, 30 (3-4): 251-259.

[25] Trzaska J, Dobrzański L A. Modeling of CCT diagrams for engineering and constructional steels [J]. Journal of Materials Processing Technology, 2007, 192-193 (10): 504-510.

[26] Trzaska J, Dobrzański L A, Jagietto A. Computer program for prediction steel parameters after heat treatment [J]. Journal of Achievements in Materials and Manufacturing Engineering, 2007, 10 (01): 171-174.

[27] Xin WANG, Yong-lin KANG, Hao YU, et al. Dynamic CCT Diagram of Automobile Beam Steel With High Strength Produced by FTSR Technology [J]. Journal of Iron and Steel Research, International, 2008, 15 (2): 60-64.

[28] 郭守信. 金相学史话 (1): 金相学的兴起 [J]. 材料科学与工程, 2000 (8): 2-9.

[29] Portella P D. Adolf Martens and his contributions to materials engineering [J]. ESOMAT 2006: 1-18.

[30] 胡光立, 谢希文. 钢的热处理 [M]. 西安: 西北工业大学出版社, 1996.

[31] 徐祖耀. 淬火-碳分配-回火 (Q-P-T) 工艺浅介 [J]. 金属热处理, 2009, 34 (6): 1-8.

第 **4** 章　珠光体与钢的退火

珠光体转变是铁碳合金的一种共析转变，发生在过冷奥氏体转变的高温区，故又称为高温转变，属于扩散型相变。钢铁材料在退火、正火时，都要发生珠光体转变。铁碳合金经奥氏体化后，如果以慢速冷却，具有共析成分的奥氏体将在略低于 A_1 的温度通过共析转变，分解为铁素体与渗碳体的双相组织，即珠光体，这种转变称为珠光体转变。如冷却速度较快，奥氏体可以被过冷到 A_1 以下宽达 200℃ 左右的高温区内发生珠光体转变。

本章主要讨论珠光体的组织形态、转变机制、伪共析和先共析转变、转变动力学以及珠光体组织的性能等。此外，相间沉淀也将在本章中进行讨论。

4.1　珠光体组织

珠光体是共析钢奥氏体在 $A_1 \sim 550℃$ 温度区间发生转变所得到的产物。在光学显微镜下，珠光体呈现珍珠母般的光泽，故称为珠光体。按渗碳体形态的不同，珠光体可分为片状珠光体和粒状珠光体两种。

4.1.1　珠光体的定义

珠光体是奥氏体发生共析转变所形成的铁素体与渗碳体的整合组织，其形态一般为铁素体薄层和渗碳体薄层交替排列的层状双相组织，也称为片状珠光体[1-8]，用符号 P 表示，其含碳量为 $w_C = 0.77\%$。在珠光体中铁素体占 88%，渗碳体占 12%，由于铁素体的数量显著多于渗碳体，所以铁素体层片要比渗碳体厚得多。在球化退火条件下，珠光体中的渗碳体也可呈粒状，这样的珠光体称为粒状珠光体。渗碳体是铁与碳形成的金属化合物，其化学式为 Fe_3C。渗碳体的含碳量为 $w_C = 6.69\%$。

4.1.2　珠光体的组织形态

1. 片状珠光体

渗碳体为片状的珠光体，称为片状珠光体。片状珠光体由相间的铁素体和渗碳体片组成，如图 4-1 所示。若干大致平行的铁素体与渗碳体片组成一个珠光体领域（Pearlite Colony），或称为珠光体团（Pearlite Group）。在一个奥氏体晶粒内，可以形成几个珠光体团（图4-2）。

珠光体中渗碳体 Fe_3C 与铁素体 α 的片厚之和称为珠光体的片层间距，用 S_0 表示（图4-2）。片层间距是用来衡量片状珠光体组织粗细程度的主要指标。片层间距的大小主要取决于转变时的过冷度，过冷度越大，即转变温度越低，珠光体的片层间距越小。这是因为，转变温度越低，碳的扩散速度越慢，碳原子难以作较长距离的迁移，故只能形成片层间距较小

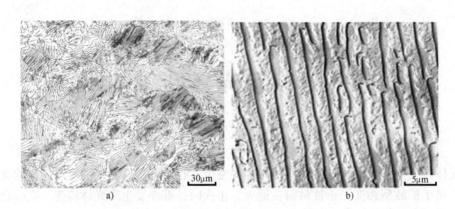

图 4-1　共析钢中的典型珠光体组织图[3]

a）300×（光学显微镜照片）　b）2000×（电子显微镜照片）

的珠光体。另一方面，珠光体形成时，由于新的铁素体和渗碳体界面的形成，将使界面能增加。片层间距越小，增加的界面能越多。这部分界面能是由奥氏体与珠光体的自由能差提供的。过冷度越大，所能提供的自由能越大，能够增加的界面能也就越多，故片层间距有可能越小。

图 4-2　珠光体团和珠光体片层间距

共析碳钢珠光体片层间距 S_0 与过冷度 ΔT 之间的关系可用下面的经验公式表达

$$S_0 = \frac{C}{\Delta T} \qquad (4-1)$$

式中，C 为与碳含量有关的常数。

进一步研究证明[9-14]，只有当过冷度 ΔT 较小时，S_0 才与 ΔT 的倒数存在线性关系。当过冷度较大时，数据较为分散。应该注意，珠光体的片层间距指的是实际的片层间距，而不是一般从金相照片上直接测量的值，因为后者显示的珠光体层片往往和实际的层片不相垂直，因此测量值往往大于实际值。

按照片层间距的大小，生产实践中将片状珠光体分为珠光体（Pearlite）、索氏体（Sorbite）和托氏体（Troostite）。在光学显微镜下能明显分辨出片层组织的珠光体称为珠光体。珠光体的形成温度较高时，如 $A_1 \sim 650$℃，片层间距较大，约为 $150 \sim 450$nm。如果形成温度较低，在 $600 \sim 650$℃范围内，珠光体的片层间距小到 $80 \sim 150$nm，光学显微镜已难以分辨出片层形态，这种细片状珠光体称为索氏体。如果形成温度更低，在 $550 \sim 600$℃范围内，片层间距为 $30 \sim 80$nm，称为托氏体。只有在电子显微镜下，才能分辨出托氏体组织中渗碳体与铁素体的片层形态。

2. 粒状珠光体

在铁素体基体中分布着颗粒状渗碳体的组织称为粒状珠光体（图 4-3）或球状珠光体。粒状珠光体一般是通过球化退火等一些特定的热处理获得的。对于高碳钢中的粒状珠光体，常按渗碳体颗粒的大小，分为粗粒状珠光体、粒状珠光体、细粒状珠光体和点状珠光体。渗碳体颗粒的大小、形状与分布均与所采用的热处理工艺有关，渗碳体的多少则取决于钢中的碳含量。

3. 特殊形态的珠光体[15-20]

当钢中含有合金元素时，碳化物形成元素的原子 M 可能取代渗碳体中的部分铁原子，形成（Fe,M)$_3$C 合金渗碳体，也可能形成 MC、M$_2$C、M$_6$C、M$_7$C$_3$、M$_{23}$C$_6$ 等合金碳化物，又称为特殊碳化物。当钢中存在合金渗碳体或合金碳化物时，珠光体的组织形态仍然主要是片状珠光体和粒状珠光体两种，但是还有一些特殊形态的珠光体，如碳化物呈针状或纤维状的珠光体。

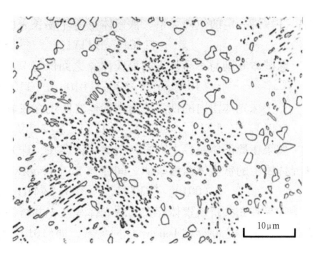

图 4-3　共析钢中的粒状珠光体

碳化物呈纤维状的珠光体其实是纤维状碳化物与铁素体的整合组织。这种组织的形态变化较多，有的像珠光体那样有球团组织；有的直接从奥氏体长出具有大体平行的边界；有的像鱼骨状，其纤维对称排列在一个中轴的两侧，如图 4-4 所示。这种纤维的直径为 20～50nm，其间距至少比普通珠光体组织小一个数量级，而且在碳的质量分数低于 0.77% 时，就能使钢获得全部的共析组织。因此，这种组织具有很好的力学性能，例如，w_C = 0.2%、w_{Mo} = 4% 的钢在 600～650℃ 转变后，其屈服强度可达 770MPa。已经在许多钢中（主要是在直接等温处理或控制冷却处理的钢中）发现了这种纤维状组织。就目前所知，以这种形态存在的特殊碳化物可以是 Mo$_2$C、W$_2$C、VC、Cr$_7$C$_3$ 和 TiC。

图 4-4　$w_C \leqslant 2\%$、$w_{Mo} = 4\%$ 的钢在 650℃ 转变 2h 后的组织（复型）

4.1.3　珠光体晶体学[17-24]

虽然珠光体有多种形态，但是本质上都是铁素体（F 或 α）和渗碳体（Fe$_3$C，即 θ 相）的整合组织。TEM 研究表明，珠光体中铁素体的位错密度较小，渗碳体的位错密度更小，而在两相交界处位错密度很高。在同一个珠光体领域中，存在许多亚晶粒。

片状珠光体一般在两个奥氏体 γ$_1$ 和 γ$_2$ 的晶界上形核，然后向与其没有特定取向关系的奥氏体 γ$_2$ 晶粒内长大，形成珠光体团。如图 4-5 所示，珠光体团中的铁素体和渗碳体与被长入的奥氏体晶粒之间不存在位向关系，形成可动的非共格界面，但与另一侧的不易长入的奥氏体 γ$_1$ 晶粒之间则形成不易移动的共格界

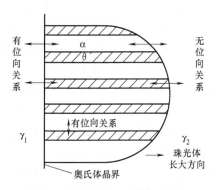

图 4-5　珠光体相变时同一区域内各相间的取向关系示意图

面，并保持一定的位向关系。铁素体 α 与不易长入的奥氏体 γ_1 之间保持 K-S 关系[11, 24]，即

$$\{110\}_\alpha /\!/ \{111\}_\gamma; \quad [111]_\alpha /\!/ [110]_\gamma$$

渗碳体 θ 则与不易长入的奥氏体 γ 之间保持 Pitsch 关系，该关系接近于

$$(100)_\theta /\!/ (1\bar{1}1)_\gamma; \quad [010]_\theta /\!/ [110]_\gamma; \quad [001]_\theta /\!/ [\bar{1}12]_\gamma$$

一个珠光体团内的铁素体与渗碳体之间也存在着一定的位向关系，即 Pitsch-Petch 关系

$$(001)_\theta /\!/ (5\bar{2}1)_\alpha; \quad [010]_\theta /\!/ [113]_\alpha (\text{差 } 2°36'); \quad [100]_\theta /\!/ [13\bar{1}]_\alpha (\text{差 } 2°36')$$

如果在奥氏体晶界上有先共析渗碳体存在，珠光体是在先共析渗碳体上形核长成的，则珠光体团中的铁素体与渗碳体之间存在 Богарячкий 位向关系，即

$$(001)_\theta /\!/ (2\bar{1}1)_\alpha; \quad [100]_\theta /\!/ [01\bar{1}]_\alpha; \quad [010]_\theta /\!/ [111]_\alpha$$

如果有先共析铁素体存在，珠光体是在先共析铁素体上形核长成的，则珠光体团中的铁素体与渗碳体之间存在 Isaichv 位向关系，即 $(101)_\theta /\!/ (112)_\alpha$。

4.2 珠光体转变过程

奥氏体过冷至 A_1 点以下，将发生珠光体转变。珠光体转变的驱动力是珠光体与奥氏体的自由能差。由于珠光体转变温度较高，原子能够长距离扩散，珠光体又是在晶界形核，形核所需的驱动力较小，所以在较小的过冷度下即可发生珠光体转变。

4.2.1 珠光体转变热力学

图 4-6 所示为铁碳合金的奥氏体、铁素体和渗碳体三个相在 T_1、T_2 温度的自由能-成分曲线图。在 T_1（即 A_1）温度，三个相的自由能-成分曲线有一条公切线，说明铁素体和渗碳体双相组织（即珠光体）的化学位与共析成分的奥氏体的化学位相等，自由能差为零，没有相变驱动力（图 4-6a），即在 T_1 温度，共析成分的奥氏体不能转变为铁素体和渗碳体的双相组织（珠光体）。

当温度下降到 T_2 时，奥氏体、铁素体和渗碳体的自由能曲线的相对位置发生了变化，如图 4-6b 所示。由图可见，在三个相的自由能曲线间，可以作出三条公切线。这三条公切线分别代表三个相之间的两两平衡状态，即 b 成分的奥氏体与渗碳体；c 成分的奥氏体与 a 成分的铁素体；a′ 成分的铁素体与渗碳体等三组混合相。共析成分的奥氏体的自由能在三条公切线之上，所以，共析成分的奥氏体有可能分解为 b 成分的奥氏体与渗碳体、a 成分的铁素体与 c 成分的奥氏体以及 a′ 成分的铁素体与渗碳体（图 4-6c）。由于后者的公切线位置最低，所以由共析成分的奥氏体转变为 a′ 成分的铁素体与渗碳体（珠光体），即在低于 T_1 的温度

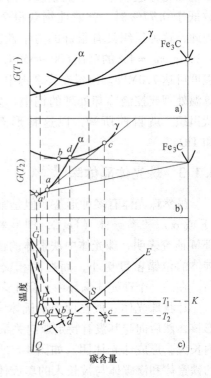

图 4-6　Fe-C 合金各相在 T_1、T_2 温度的自由能-成分曲线

下，珠光体在热力学上存在的可能性最大。

当共析成分的奥氏体同时转变为 b 成分的奥氏体与渗碳体、a 成分的铁素体与 c 成分的奥氏体时，奥氏体的成分是不均匀的，与铁素体接壤处为含碳量较高的 c 成分，与渗碳体接壤处为含碳量较低的 b 成分。因此，在奥氏体内部将出现碳的浓度梯度，碳将从高碳区向低碳区扩散，使奥氏体的上述转变过程得以继续进行，直至奥氏体消失，全部转变为自由能最低的、成分为 a' 的铁素体与渗碳体组成的两相整合组织，即珠光体。

4.2.2 片状珠光体的形成机制

下面以共析碳钢为例，讨论片状珠光体的形成过程。

珠光体转变时，共析成分的奥氏体将转变为铁素体和渗碳体的双相组织，这一反应可用下式表示

$$\gamma(w_C = 0.77\%) \rightarrow \alpha(w_C = 0.02\%) + \theta(w_C = 6.69\%) \tag{4-2}$$

可见，珠光体的形成包含着两个不同的过程，一个是点阵的重构，即由面心立方的奥氏体转变为体心立方的铁素体和正交点阵的渗碳体；另一个则是通过碳的扩散使成分发生改变，即由共析成分的奥氏体转变为高碳的渗碳体和低碳的铁素体。

珠光体转变也是通过形核和长大进行的。有研究认为珠光体转变具有领先相，而也有研究认为珠光体转变不存在领先相，是共析共生的过程[25]。亚共析钢的领先相通常是铁素体，过共析钢的领先相通常是渗碳体。过冷度小时，渗碳体为领先相；过冷度大时，铁素体为领先相。如果共析钢的领先相是渗碳体，珠光体形成时，则渗碳体的晶核通常优先在奥氏体晶界上形成，如图 4-7 所示。这是因为，晶界在晶体结构、化学成分以及能量等方面均不同于晶粒内部，缺陷较多，能量较高，原子易于扩散，故易于满足形核的需要。因为薄片状晶核的应

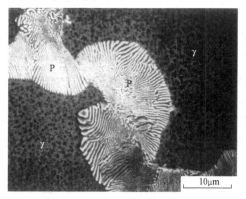

图 4-7　Fe-12% Mn-0.8% C 钢珠光体
优先在奥氏体晶界形核

变能小，且由于表面积大，容易接受到碳原子，所以渗碳体核初形成时为一小薄片，如图 4-8a 所示。

渗碳体核形成后长大时，将从周围奥氏体中吸取碳原子而使周围出现贫碳奥氏体区。在贫碳奥氏体区中将形成铁素体核，同样，铁素体核也最易在渗碳体两侧的奥氏体晶界上形成（图 4-8b）。在渗碳体两侧形成铁素体核以后，已经形成的渗碳体片就不可能再向两侧长大，而只能向纵深发展，长成片状。新形成的铁素体除了随渗碳体片向纵深方向长大外，也将向侧面长大。长大的结果是在铁素体外侧又将出现奥氏体的富碳区，在富碳区的奥氏体中又可以形成新的渗碳体核（图 4-8c）。如此沿着奥氏体晶界不断交替地形成渗碳体与铁素体晶核，并不断平行地向奥氏体晶粒纵深方向长大，这样就得到了片层大致平行的珠光体团（或珠光体领域），如图 4-8d 所示。

在第一个珠光体团形成的过程中，有可能在奥氏体晶界的另一个地点，或是在已经形成的珠光体团的边缘上形成新的另一取向的渗碳体核，并由此而形成一个新的珠光体团（图

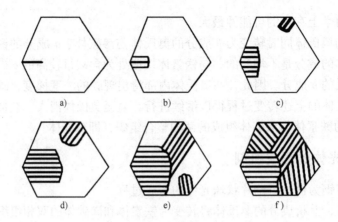

图 4-8　片状珠光体形成过程示意图

4-8e）。当各个珠光体团相互完全接触时（图 4-8f），珠光体转变结束，全部得到片状珠光体组织。

图 4-9 表明，片状珠光体的长大过程受碳原子扩散控制。转变在 T_2 温度进行，由图 4-9a 得出，与铁素体接壤的奥氏体的含碳为 $c_\gamma^{\gamma/\alpha}$，高于与渗碳体接壤的奥氏体的含碳量 $c_\gamma^{\gamma/\theta}$。因此，在奥氏体中形成了碳的浓度梯度，从而引起碳的扩散。扩散的结果使与铁素体接壤的奥氏体中含碳量下降，与渗碳体接壤的奥氏体的含碳量升高，破坏了相界面上碳的平衡。为了恢复平衡，与铁素体接壤的奥氏体将转变为含碳量低的铁素体，使 α/γ 界面向奥氏体一侧推移，并使界面处奥氏体的含碳量升高；与渗碳体接壤的奥氏体将转变为含碳量高的渗碳体，使 θ/γ 界面向奥氏体一侧推移，并使界面处奥氏体的含碳量下降。其结果就是渗碳体与铁素体均随着碳原子的扩散同时往奥氏体晶粒纵深长大，从而形成片状珠光体。此外，由图 4-9 还可见，由于 $c_\alpha^{\alpha/\gamma} > c_\alpha^{\alpha/\theta}$，故 α 相中的碳将从 α/γ 界面向 α/θ 界面扩散，结果将导致渗碳体向两侧长大。

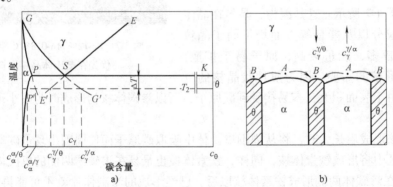

图 4-9　片状珠光体形成时碳的扩散原理示意图

a）Fe-C 相图珠光体转变一角，显示 T_2 温度时各相成分关系　b）相变前沿的碳原子扩散示意图

渗碳体片在向前长大的过程中，有可能不断分枝，而铁素体则协调地在渗碳体枝间形成，如图 4-10 所示。这样形成的珠光体团中的渗碳体是一个单晶体，渗碳体间的铁素体也是一个单晶体，即一个珠光体团是由一个渗碳体晶粒和一个铁素体晶粒互相穿插起来而形成的。渗碳体主干分枝长大的原因之一，很可能是由前沿奥氏体中塞积位错引起的。由于上述珠光体形成机制仅涉及碳原子在奥氏体内的扩散，所以又被称为体扩散机制。按照体扩散模

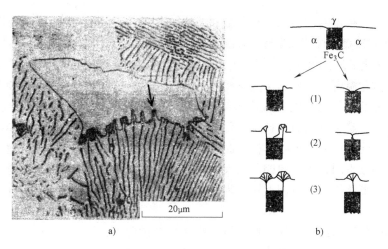

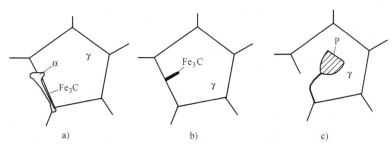

图 4-10　片状珠光体中渗碳体的分枝长大

a）金相照片　b）渗碳体分枝示意图

型计算共析钢中铁素体的长大速度为 $0.16\mu m/s$，渗碳体的长大速度为 $0.06\mu m/s$，都远小于实测的珠光体长大速度 $50\mu m/s$。因此，有人又提出了界面扩散机制，并且认为在 650℃ 以下珠光体相变主要是通过母相与珠光体的界面扩散进行的。实际上，在珠光体转变的过程中同时存在着体扩散和界面扩散，过冷度小时很可能以体扩散为主，过冷度大时很可能以界面扩散为主。对于合金钢来说，考虑到合金元素原子的空位扩散，其珠光体相变很可能也以界面扩散为主。

图 4-11　过共析钢中的几种反常组织[10-13]

由于钢中局部区域的具体成分和组织状态、转变条件等因素错综复杂，在过共析钢或在渗碳钢的渗层中常常会出现一些反常组织，如图 4-11 所示。图 4-11a 表示在晶界渗碳体网的一侧长出一片铁素体，此后却不再配合成核长大；图 4-11b 表示从晶界上形成的渗碳体中长出一个分枝伸向晶粒内部，但无铁素体与之配合，因此形成一片孤立的渗碳体；图 4-11c 表示由晶界长出的渗碳体片伸向晶内后，在分枝的端部长出一个珠光体团。图 4-11a 和图 4-11b 称为离异共析组织。

4.2.3　粒状珠光体的形成机制

在奥氏体晶界形成的渗碳体核向晶内长大，将长成片状珠光体；在奥氏体晶粒内形成的渗碳体核向四周长大，将形成粒状珠光体。因此，形成粒状珠光体的条件是保证渗碳体的核能在奥氏体晶内形成；而要达到形成粒状珠光体的转变条件，则需要特定的奥氏体化工艺条件或特定的冷却工艺条件。所谓特定的奥氏体化工艺条件，是指奥氏体化温度很低（一般仅比

Ac_1 高 10~20℃），保温时间较短；而特定的冷却工艺条件，是指冷却速度极慢（一般小于 20℃/h），或者过冷奥氏体等温温度足够高（一般仅比 Ac_1 低 20~30℃），等温时间足够长。上述特定的奥氏体化工艺和特定的冷却工艺，分别对应普通球化退火和等温球化退火工艺。

由于奥氏体化温度低，加热保温时间短，所以加热转变不能充分进行，得到的组织为奥氏体和许多未溶的残留碳化物，或许多微小的碳的富集区。这时的残留碳化物已经不是片状，而是断开的、趋于球状的颗粒状碳化物。当慢速冷却至 Ar_1 以下附近等温时，未溶解的残留粒状渗碳体便是现成的渗碳体核，此外，在富碳区也将形成渗碳体核。这样的核与在奥氏体晶界形成的核不同，可以向四周长大，长成粒状渗碳体。而在粒状渗碳体四周则出现低碳奥氏体，通过形核长大，协调地转变为铁素体，最终形成颗粒状渗碳体分布在铁素体基体中的粒状珠光体。

如果加热前的原始组织为片状珠光体，则在加热过程中，片状渗碳体有可能自发地发生破裂和球化。这是因为，片状渗碳体的表面积大于同样体积的粒状渗碳体，因此从能量考虑，渗碳体的球化是一个自发的过程。根据吉布斯-汤姆斯（Gibbs-Thomson）定律，第二相粒子的溶解度与粒子的曲率半径有关，曲率半径越小，溶解度越高。片状渗碳体尖角处的溶解度高于平面处的溶解度，这就使得周围的基体（铁素体或奥氏体）与渗碳体尖角接壤处的碳含量大于与平面接壤处的碳含量，从而在基体（铁素体或奥氏体）内形成碳的浓度梯度，引起碳的扩散。扩散的结果破坏了界面上碳含量的平衡。为了恢复平衡，渗碳体尖角处将进一步溶解，渗碳体平面将向外长大。如此不断进行，最后形成了各处曲率半径相近的粒状渗碳体（图 4-12）。在 Ac_1 上下加热、保温、冷却

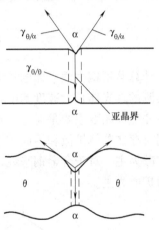

图 4-12　片状渗碳体断裂球化机制示意图

或等温过程中，上述渗碳体球化过程一直都在自发地进行。粒状珠光体之所以还可通过低温球化退火获得，就是按照上述片状渗碳体自发球化机理进行的。低温球化退火并不经过奥氏体化和珠光体转变过程，而是在 Ar_1 以下附近长时间等温加热，使片状珠光体直接自发地转变为粒状珠光体的。

片状渗碳体的断裂还与渗碳体片内的晶体缺陷有关。图 4-12 表明由于渗碳体片内存在亚晶界而引起渗碳体的断裂。亚晶界的存在将在渗碳体内产生一界面张力，从而使片状渗碳体在亚晶界处出现沟槽，沟槽两侧将成为曲面而逐渐球化。同理，这种片状渗碳体的断裂现象，在渗碳体中位错密度高的区域也会发生。

由此可见，如图 4-13 所示，在 Ac_1 以下片状渗碳体的球化是通过渗碳体片的破裂、断开而逐渐成为粒状的。

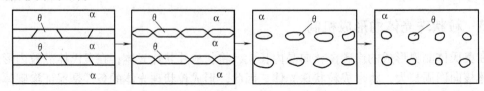

图 4-13　片状渗碳体在 Ac_1 以下球化过程示意图

除了上述球化退火工艺外，通过调质处理也可获得粒状珠光体。钢淬成马氏体后，通过高温回火，自马氏体析出的碳化物经聚集、长大，成为颗粒状碳化物，均匀分布在铁素体基体中，成为粒状珠光体。

对组织为片状珠光体的钢进行塑性变形，会使渗碳体片断开、碎裂、溶解，增加珠光体中铁素体和渗碳体的位错密度和亚晶界数量，故有促进渗碳体球化的作用。如高碳钢的高温形变球化退火（锻后余热球化退火），可使球化速度加快。

有网状碳化物的过共析钢在 $Ac_1 \sim Ac_{cm}$ 之间加热时，网状碳化物也会发生断裂和球化，但所得碳化物颗粒较大，且往往呈多角形、"一"字形或"人"字形。由于网状碳化物为先共析相，尺寸较大，使其断裂、球化所需的加热温度高于正常球化退火温度，所以采用正常的球化退火无法消除网状碳化物。因此，对有网状碳化物的过共析钢，一般应先进行正火以消除网状碳化物，然后再进行球化退火。

以上分析可简单归纳如下：当原始组织为层片状珠光体或层片状珠光体 + 铁素体时，在 Ar_1 以下温度充分保温即可实现渗碳体的球化；当原始组织中存在较多网状渗碳体时，需要先进行正火处理，消除网状渗碳体之后再按上述方法进行球化处理。

上面讨论的是珠光体的等温转变机制，连续冷却时发生的珠光体转变与等温中发生的基本相同，只是连续冷却时，珠光体是在不断降温的过程中形成的，故片层间距不断减小。而等温转变所得片状珠光体的片层间距则基本一样，粒状珠光体中的碳化物直径也大致相同。

4.2.4 亚（过）共析钢珠光体转变

非共析钢（亚共析钢和过共析钢）的珠光体转变与共析钢基本相似，只不过在珠光体转变之前会发生先共析相的析出，冷却速度大时还会发生伪共析转变。因此，在了解了共析钢的珠光体转变后，有必要进一步弄清先共析析出和伪共析转变等问题。

图 4-14 所示为 Fe-Fe$_3$C 相图的左下角，图中 SG' 为 GS 的延长线，SE' 为 ES 的延长线。GSG' 和 ESE' 两线将相图左下角划分为四个区域，GSE 为熟知的奥氏体单相区；$G'SE'$ 为伪共析转变区；GSE' 为先共析铁素体析出区；ESG' 为先共析渗碳体析出区。

1. 先共析转变

非共析钢完全奥氏体化后冷至 GSE' 或 ESG' 区域，将析出先共析相，待奥氏体进入 $E'SG'$ 区时将发生珠光体转变，从奥氏体中同时析出铁素体和渗碳体。非共析成分的奥氏体在珠光体转变之前析出先共析相的转变称为先共析转变。

（1）亚共析钢先共析铁素体的析出亚共析钢完全奥氏体化后如被冷却到 GSE' 区，将有先共析铁素体析出，如图 4-14 中的合金 I。随着温度的降低，铁素体的析出量逐渐增多，当温度降至 T_2 时，先共析相停止析出。

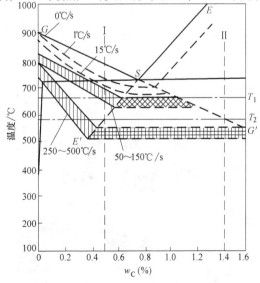

图 4-14 先共析相与伪共析组织的形成范围

析出的先共析铁素体的量取决于奥氏体的碳含量和冷却速度。碳含量越高，冷却速度越快，析出的先共析铁素体量越少。先共析铁素体的析出也是一个形核、长大的过程，并受碳在奥氏体中的扩散所控制。先共析铁素体的核大都在奥氏体晶界上形成，晶核与一侧的奥氏体晶粒（图4-15a中的γ_1）存在K-S关系，两者之间为共格界面，但与另一侧的奥氏体晶粒（图4-15a中的γ_2）无位向关系，两者之间是非共格界面。当然，在同一个奥氏体晶界上形成的另一个铁素体晶核，可能与奥氏体晶粒γ_1无位向关系，而与奥氏体晶粒γ_2存在K-S关系。核形成后，与其接壤的奥氏体的碳含量将增加，在奥氏体内形成浓度梯度，从而引起碳的扩散，结果导致界面上碳平衡被破坏。为了恢复平衡，必须从奥氏体中继续析出低碳铁素体，从而使铁素体不断长大。

先共析铁素体的形态有三种，即块状（又称为等轴状，图4-16）、网状（图4-17）和片状（图4-20）。一般认为，块状铁素体和网状铁素体都是由铁素体晶核的非共格界面推移而长成的。片状铁素体则是由铁素体晶核的共格界面推移而长成的。钢的化学成分、奥氏体晶粒的大小以及冷却速度的不同，使先共析铁素体的长大方式也各不相同，因而表现出各种不同的形态。

块状铁素体的形貌趋于等轴状，它可以在奥氏体晶界也可以在奥氏体晶内形成。当亚共析钢奥氏体含碳量较低时，在一般情况下，先共析铁素体大都呈等轴块状。这种形态的铁素体往往是在温度较高、冷却速度较慢的情况下形成的，此时，非共格界面迁移比较容易，故铁素体将向奥氏体晶粒γ_2（此晶粒与铁素体无位向关系）一侧长大成球冠状（图4-15 b、c），最后长成等轴状。

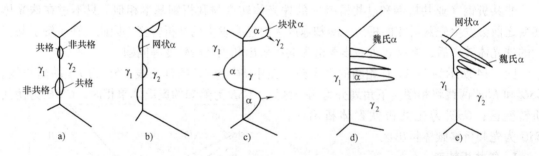

图4-15 先共析铁素体形成示意图

图4-16 块状铁素体与珠光体（20钢）

图4-17 网状铁素体与珠光体（70钢）

网状铁素体是由铁素体沿奥氏体晶界择优长大而成的，这种铁素体可以是连续的网状，也可以是不连续的网状。如果亚共析钢的奥氏体含碳量较高，当奥氏体晶界上的铁素体长大并连成网时，剩余奥氏体的碳含量可能已经增加到接近共析成分，进入 $E'SG'$ 区，奥氏体将转变为珠光体。于是就形成了铁素体呈网状分布的形态。

片状铁素体一般为平行分布的针状或锯齿状，这种铁素体常被称为魏氏组织铁素体（图 4-15d、e），是通过共格界面的推移而形成的。

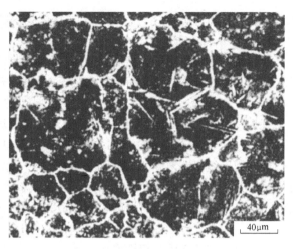

图 4-18　过共析钢（T12A 钢）的网状碳化物及细片状珠光体

（2）过共析钢先共析渗碳体的析出

过共析钢加热到 Ac_{cm} 以上完全奥氏体化后，过冷到 ESG' 区域时将析出先共析渗碳体。先共析渗碳体的组织形态可以是粒状（图 4-2）、网状（图 4-18）或针状（图 4-19）。但在奥氏体晶粒粗大、成分均匀的情况下，先共析渗碳体的形态呈粒状的可能性很小，一般均呈针状（立体形状实际为片状，下同）或网状。

先共析针状渗碳体与奥氏体之间具有 Pitsch 关系[25]，即

$$[100]_\theta /\!/ [5\,\overline{5}4]_\gamma;\ [010]_\theta /\!/ [110]_\gamma;\ (001)_\theta /\!/ (\overline{2}25)_\gamma$$

2. 魏氏组织

（1）魏氏组织的形态和分布特征[17,18,20]　魏氏组织是一种沿母相特定晶面析出的针状组织，由奥地利矿物学家 A. J. Widmanstatten 于 1808 年在铁-镍陨石中发现的。

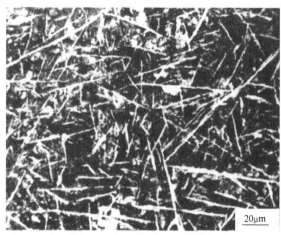

图 4-19　过共析钢中的魏氏组织渗碳体

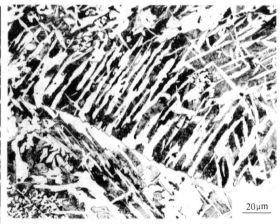

图 4-20　亚共析钢 ZG270—500 中的魏氏组织铁素铁

钢中的魏氏组织是由针状先共析铁素体或渗碳体及其间的珠光体组成的复相组织。魏氏组织中的先共析渗碳体，被称为魏氏组织渗碳体（图 4-19）；魏氏组织中的先共析铁素体，被称为魏氏组织铁素体（图 4-20）。从奥氏体中直接析出的针状先共析铁素体，被称为一次

魏氏组织铁素体（图4-15d）；从网状铁素体长出的针状铁素体，被称为二次魏氏组织铁素体（图4-15e）。

魏氏组织薄片依附于母相形核的晶面，被称为惯习面。

魏氏组织铁素体的惯习面为 $(111)_\gamma$，与母相奥氏体的位相关系为 K-S 关系

$$(110)_\alpha /\!/ (111)_\gamma ; \quad [111]_\alpha /\!/ [110]_\gamma$$

魏氏组织渗碳体的惯习面为 $\{227\}_\gamma$，与母相奥氏体的位相关系为

$$\{001\}_\theta /\!/ \{311\}_\gamma ; \quad \langle 111 \rangle_\theta /\!/ \langle 112 \rangle_\gamma$$

因为魏氏组织铁素体的惯习面是 $(111)_\gamma$，而同一奥氏体晶粒内的 $\{111\}$ 晶面或是相互平行，或是相交成一定角度，因此，针状铁素体常常呈现为彼此平行，或互呈60°或90°。有时可能是由于析出开始时温度较高，最先析出的铁素体沿奥氏体晶界呈网状，随后温度降低，再由网状铁素体的一侧以针状向晶粒内长大，呈现为二次魏氏组织铁素体形态。

亚共析钢中的魏氏组织铁素体，其单个形貌是针状的，而从分布状态来看，则有羽毛状的、三角形的，也有的是几种形态混合型的。在对20CrMo等亚共析钢进行组织观察时，应注意不要把魏氏组织与上贝氏体混淆起来。虽然这两种组织的形貌很相似，但分布状况却不同，上贝氏体成束分布，魏氏组织铁素体则彼此分离，而且片之间常常有较大的夹角。

魏氏组织形成时，在抛光的试样表面也会出现表面浮凸。

（2）魏氏组织的形成条件　魏氏组织的形成条件与钢的化学成分、过冷度及奥氏体晶粒度有关。对碳钢而言，形成魏氏组织的条件如图4-21所示。

由图4-21可以看出，只有当钢中碳的质量分数为0.2%～0.4%时，并在适当的过冷度下，才能形成魏氏组织铁素体W。魏氏组织的形成有一个上限温度 Ws 点，在这个温度以上，魏氏组织不能形成。钢的碳含量对 Ws 点的影响规律与对 GS 线及 ES 线的影响相似，奥氏体晶粒越细，Ws 点越低。当碳的质量分数大于0.4%时主要形成网状铁素体，低于0.2%时，主要形成块状铁素体M。

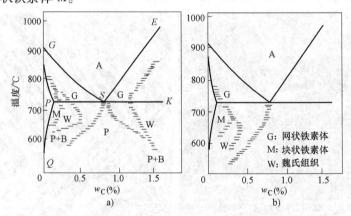

图4-21　先共析铁素体（渗碳体）的形态与转变温度及含碳量的关系

a) 奥氏体晶粒度为0～1级的粗晶粒　b) 奥氏体晶粒度为7～8级的细晶粒

钢中加入锰时，会促进魏氏组织铁素体的形成，而加入钼、铬、硅等则会阻碍魏氏组织的形成。

魏氏组织铁素体的形成还与原奥氏体晶粒的大小有关，奥氏体晶粒越粗大，越容易形成魏氏组织。这是因为，晶粒越大，晶界越少，使晶界铁素体的数量减少，剩余的奥氏体所富

集的碳也较少，有利于魏氏组织铁素体的形成，如图 4-21a 所示。另一方面，奥氏体晶粒越粗大，网状铁素体析出后剩余的空间也越大，给魏氏组织铁素体的形成创造了条件。因此，魏氏组织常常出现在过热的钢中。当奥氏体晶粒较细小（如 7~8 级）时，则形成魏氏组织的可能性减少，如图 4-21b 所示。

连续冷却时，只有当钢的含碳量和过冷度都在适当的范围内才会形成魏氏组织。当奥氏体晶粒大小适中时，只有在 $w_C = 0.15\% \sim 0.32\%$ 的较窄范围内，且冷却速度大于 140℃/s 时，才会形成魏氏组织。当奥氏体化温度较高且晶粒较粗大时，$w_C = 0.15\% \sim 0.50\%$（特别是 0.3%~0.5%）的亚共析钢，在较慢的冷速下，就会形成魏氏组织。含碳量在共析成分附近的钢，一般不容易形成魏氏组织，如 $w_C > 0.6\%$ 的亚共析钢就难以形成魏氏组织铁素体。含碳量较高的过共析钢，只有当其奥氏体晶粒较粗大，且在适当的冷却速度下才会形成魏氏组织。

在实际生产中，如果铸件在铸造后砂冷或空冷，锻件（或热轧件）在锻造（或热轧）后砂冷或空冷，焊接件的焊缝（或热影响区）在焊后空冷，热处理件加热温度过高继而以一定速度冷却时，都极易出现魏氏组织。

（3）魏氏组织的形成机制　魏氏组织铁素体也是通过成核、长大形成的。

与网状或块状先共析铁素体的形成不同，魏氏组织铁素体在形成时有浮凸现象，因此柯俊认为，魏氏组织铁素体是通过类似马氏体相变的切变机制形成的。铁素体核在奥氏体晶界上形成后，如果温度较低，铁原子扩散变得困难，非共格界面不易迁移，而共格界面仍能迁移。因此，铁素体晶核只能向与其有位向关系的奥氏体晶粒内通过共格切变机制长大成针状，魏氏组织铁素体针片宽度和长度受碳原子在奥氏体中的扩散所控制。随着铁素体的不断长大和增多，原来位置的碳原子进入未转变的奥氏体中，使奥氏体的碳含量不断增高，当整体碳浓度达到该转变温度下与铁素体接界处的平衡浓度 $c_\gamma^{\gamma\alpha}$ 值时，铁素体长大即告停止。未转变的高碳奥氏体，在继续等温保持或随后连续冷却时，将转变为珠光体，最终形成针状铁素体加珠光体的组织。

奥氏体晶粒越细小，网状铁素体越易形成。且由于碳原子扩散距离短，奥氏体富碳快，使 Ws 点下降到处理温度以下，故细晶粒奥氏体不易形成魏氏组织。

（4）魏氏组织的力学性能　魏氏组织以及经常与之伴生的粗晶组织，会使钢的强度，尤其是塑性和冲击韧性显著降低，还会使钢的韧脆转变温度升高。如 $w_C = 0.2\%$、$w_{Mn} = 0.6\%$ 的造船钢板，当终轧温度为 950℃ 时，韧脆转变温度为 -50℃；而当终轧温度为 1050℃ 时，由于形成魏氏组织和粗晶组织，结果使韧脆转变温度升高到 -35℃。此时，应采用退火、正火或锻造等方法细化晶粒，消除魏氏组织以恢复性能。

魏氏组织对 45 钢力学性能的影响见表 4-1。

表 4-1　魏氏组织对 45 钢力学性能的影响

组织状态	σ_b/MPa	σ_s/MPa	δ_5（%）	ψ（%）	α_K/J·cm^{-2}
有严重魏氏组织	524	337	9.5	17.5	12.74
经细化晶粒处理	669	442	26.1	51.5	51.94

3. 伪共析转变

非共析成分的奥氏体经快冷而进入 $E'SG'$ 区后将发生共析转变，即分解为铁素体与渗碳体的整合组织。这种共析转变称为伪共析转变，其转变产物称为伪共析组织。伪共析组织仍属于珠光体类型的组织。如图 4-14 中的合金 I 和 II，当奥氏体被过冷到 T_2 温度时，合金 I 不再析出铁素体，合金 II 不再析出渗碳体，而是全部转变为珠光体类型的组织。其分解机制和分解产物的组织特征与珠光体转变完全相同，但其中的铁素体和渗碳体的量则与共析成分的珠光体不同，随奥氏体的碳含量而变。碳含量越高，渗碳体量越多。

发生伪共析转变的条件与奥氏体的含碳量及过冷度有关。含碳量越接近于共析成分，过冷度越大，越易发生伪共析转变。总之，只有当非共析成分的奥氏体被过冷到 $E'SG'$ 区后，才可能发生伪共析转变。

4.3　珠光体转变动力学

珠光体转变与其它转变一样，也是通过形核和长大进行的，因此，其转变动力学也取决于晶核的形核率及晶体的线长大速度。

4.3.1　珠光体的形核率及长大速度

1. 珠光体的形核率、长大速度与温度的关系

珠光体转变的形核率及线长大速度与转变温度之间的关系曲线均具有极大值。$w_C = 0.78\%$、$w_{Mn} = 0.63\%$、奥氏体晶粒为 5.25 级的共析钢的珠光体转变的形核率 I 及线长大速度 v 与转变温度之间的关系曲线如图 4-22 所示。由图可见，I 及 v 均随过冷度的增加先增后减，在 550℃附近有一极大值。这是因为，随着过冷度的增加（转变温度降低），将同时存在使 I 及 v 增长和减小的两个方面的因素。一方面，随着过冷度的增加及转变温度的降低，奥氏体与珠光体的自由能差将增加，使转变驱动力增加，从而将使 I 及 v 都增加；此外，随着过冷度的增加及转变温度的降低，将使 $c_\gamma^{\gamma-\alpha}$ 增加、$c_\gamma^{\gamma-\theta}$ 降低（图 4-9），珠光体片层间距减小，使得奥氏体中的碳浓度梯度增大，碳原子的扩散速度加快，扩散距离减小，导致 v 增加。但是另一方面，随着过冷度的增加、转变温度的降低，原子活动能力减弱，原子扩散速度变慢，使 I 及 v 减小。当转变温度高于 550℃时，前一因素起主导作用，使得 I 及 v 均随过冷度的增加而增加；当转变温度低于 550℃时，后一因素起主导作用，导致 I 及 v 均随过冷度的增加而减少。以上两方面因素综合作用的结果，使得珠光体转变的形核率曲线和线长大速度曲线均随转变温度的降低先增后减，出现极大值。

还应指出，由于共析钢在 550℃以下存在贝氏体转变，而用现有的试验方法难以单独测出珠光体转变的 I 及 v，故图 4-22 中 550℃以下的曲线都画为虚线。

2. 珠光体转变的 I 及 v 与时间的关系

当转变温度一定时，形核率 I 与等温时间的关系曲线呈 S 形，如图 4-23 所示。开始时，随着转变时间的延长，形核率逐渐增大。但是

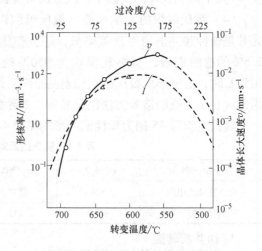

图 4-22　共析钢珠光体转变的形核率 I
及线长大速度 v 与过冷度的关系

由于珠光体转变一般都在晶界形核，其中界隅形核优于界棱，界棱又优于界面，故随着时间的推移，适于珠光体形核的位置越来越少，最后很快达到饱和，称为位置饱和（Site Saturation），使形核率 I 急剧下降。

线长大速度 v 则与等温时间无关。温度一定时，线长大速度 v 为定值。

珠光体的长大速度为碳原子在奥氏体中的扩散所控制。过去认为，珠光体的长大速度为碳原子在奥氏体中的体扩散所控制。现在的实验研究结果证明[22]，珠光体长大时，碳在奥氏体中的重新分配，一部分是通过体扩散完成的，另一部分是通过界面扩散完成的。有的研究结果表明，珠光体片层间距大于 70nm 时，其长大速度基本上受体扩散控制；片层间距小于 70nm 时，其长大速度基本上受界面扩散所控制。还有的文献认为，珠光体长大速度的主导扩散机制，可能与合金的成分有关：在 Fe-C 合金中，珠光体的生长可能以体扩散机制为主；而在 Fe-C-M（M 为合金元素）合金中，珠光体的生长可能以界面扩散机

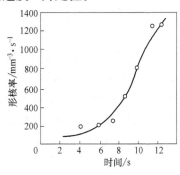

图 4-23　共析钢在 680℃时珠光体转变形核率与等温时间的关系

制为主。实验与计算结果表明，在合金钢或非铁合金的共析分解中，界面扩散在控制其长大速度上起着较为主要的作用。

4.3.2　珠光体等温转变动力学图

将奥氏体过冷到某一温度，使之在该温度下进行等温转变。假设珠光体转变为均匀形核，形核率 I 不随时间而变，线长大速度 v 不随时间和珠光体团的大小而变，则转变量 f 与等温时间 τ 之间的关系可以用 Johnson-Mehl 方程式表达，即

$$f = 1 - \exp\left(-\frac{\pi}{3}Iv^3\tau^4\right) \tag{4-3}$$

但是，实际上珠光体转变为不均匀形核，形核率 I 不是常数，而是随等温时间而变，且很快达到位置饱和。此后，转变将完全由线长大速度 v 所控制，而与形核率无关。所以，用 Johnson-Mehl 方程计算珠光体转变动力学有一定困难。

如设珠光体转变为非均匀形核，形核率 I 随时间 τ 呈指数变化，且有位置饱和，假定线长大速度仍为常数，则转变量 f 可用 Avrami 方程表示，即

$$f = 1 - \exp\left(-K\tau^n\right) \tag{4-4}$$

式中，K、n 均为常数。在位置饱和的情况下，对于不同的形核位置，K、n 的值见表 4-2。表中，A 为单位体积中的晶界面积；L 为单位体积中的界棱长度；v 为线长大速度。由于该方程推导前的假设更接近于实际情况，所以 Avrami 方程较适合于珠光体转变动力学的计算。

表 4-2　不同形核位置的 K、n 值[4]

形核位置	K	n
界面	$2Av$	1
界棱	πLv^2	2
界隅	$(4/3)\,\pi\,\eta\,v^2$	3

将珠光体转变量 f 与等温时间 τ 之间的关系绘成曲线，则如图 4-24 所示。由图可见，f

与 τ 之间呈 S 形曲线，称为等温转变动力学曲线。转变开始前有一段孕育期，转变刚开始时速度较慢，随着时间的延长转变速度增加。当转变量达到 50% 时，转变速度达最大值，随后，转变速度又随着时间的延长逐渐降低，直到转变结束。

珠光体等温转变动力学图一般都是用实验方法来测定的，常用的方法有金相法、硬度法、膨胀法、磁性法和电阻法等。图 4-25a 所示为用实验方法测得的共析成分奥氏体在不同温度下的等温转变曲线。一般可以取转变量为 5% 时所需的时间为转变开始时间，取转变量为 95% 时所需的时间为转变终了时间，则可得出各个转变温度下的转变开始及终了时间。然后仍以时间为横坐标，等温转变温度为纵坐标，将各个温度下的珠光体转变开始和终了的时间绘入图中，并将各温度下的珠光体转变开始时间连接成一曲线，转变终了时间连接成另一曲线，即得珠光体转变动力学图（图 4-25b）。它将珠光体转变温度、时间和转变量三者结合在一起，一目了然，可供制订热处理工艺参考。

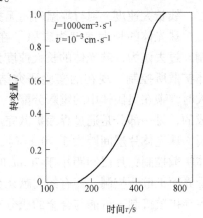

图 4-24　珠光体转变的等温
动力学曲线示意图

由图 4-25b 可以看出，珠光体等温转变动力学图具有以下一些特点：

1）各温度下的珠光体等温转变开始前，都有一段孕育期。

2）当等温温度从 A_1 点逐渐降低（即过冷度增大）时，珠光体转变的孕育期开始逐渐缩短；降低到某一温度时（如 t_2，共析钢一般为 550℃），孕育期达到最短；然后随着温度的降低，孕育期又逐渐增长。孕育期最短处，通常被称为 C 曲线的鼻尖。

3）转变温度一定时，转变速度随时间的延长逐渐增大；当转变量为 50% 时，转变速度达到极大值；其后，转变速度又逐渐降低，直至转变结束。

4）在亚共析钢珠光体等温转变动力学图的左上方，有一条先共析铁素体析出线，如图 4-26 所示。这条析出线随着钢中碳含量的增加，逐渐向右下方移动，直至消失。

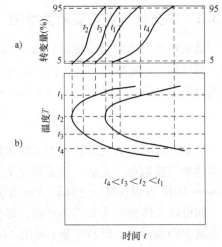

图 4-25　共析钢珠光体转变动力学图

5）过共析钢如果奥氏体化温度在 A_{cm} 以上，则在珠光体转变的等温转变图的左上方，有一条先共析渗碳体析出线，如图 4-27 所示。这条析出线随着钢中碳含量的增加，逐渐向左上方移动。

4.3.3　CCT 图中的珠光体转变

过冷奥氏体的等温转变图反映了过冷奥氏体在等温条件下的转变规律，可以用来指导等温热处理工艺的制订。但是，实际热处理中的冷却常常是以一定的冷却速度（或冷却规律）连续进行的，如淬火、正火和退火等。虽然可以利用等温转变图来对连续冷却时过冷奥氏体的转变过程进行分析，但是这种分析只能是半定量的。连续冷却时，过冷奥氏体是在一个温度范围内转变的，几种转变往往互相重叠，得到的往往是不均匀的混合组织。

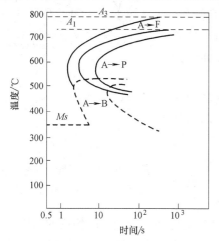

图 4-26　亚共析钢珠光体等温转变动力学图

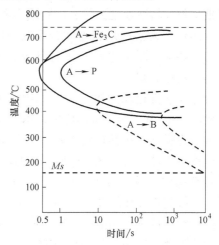

图 4-27　过共析钢珠光体等温转变动力学图

过冷奥氏体连续冷却转变 CCT 图，是分析连续冷却过程中奥氏体的转变过程以及转变产物的组织和性能的依据，具有重要的工程应用价值。图 4-28 所示为共析钢的 CCT 图，由图中的冷却速度线 v_1 可知，这个冷却条件下发生的是珠光体转变，而且珠光体转变是在一个很宽的温度区间完成的，在图中 T_1 所示的高温区间和在较低的 T_2 温度区间转变得到的珠光体的组织会有较大的差异：T_1 区间形成的珠光体团的尺寸较大、珠光体片层间距较大，而 T_2 区间得到的组织中，上述尺寸都要小，因为 T_2 区间的过冷度较大、转变驱动力较大、生长速度也较快。

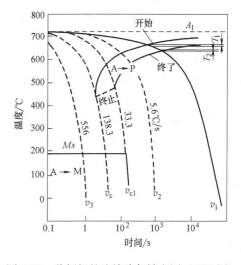

图 4-28　共析钢的连续冷却转变图（CCT 图）

4.3.4　珠光体转变的影响因素

因为珠光体转变速度取决于形核率和长大速度，所以影响形核率和长大速度的因素，都是影响珠光体转变动力学的因素。这些影响因素可以分为两类：一类属于材料的内在因素，如化学成分、原始组织等；另一类属于材料的外在因素，如加热温度、保温时间等。

1. 化学成分的影响

（1）碳的影响　碳含量的影响最大，对于亚共析成分的奥氏体，珠光体转变速度将随着碳含量的增加而减慢，C 曲线逐渐右移；对于过共析成分的奥氏体，珠光体转变速度将随着碳含量的增加而加快，C 曲线逐渐左移。因此，共析成分的过冷奥氏体最稳定，C 曲线位置最靠右。

（2）合金元素的影响　溶入奥氏体中的合金元素能显著影响珠光体转变动力学。在钢中的合金元素充分溶入奥氏体的情况下，除了钴和质量分数大于 2.5% 的铝外，所有常用合金元素都使珠光体转变的孕育期加长，转变速度减慢，C 曲线右移；除了镍和锰外，所有常用合金元素都使珠光体转变的温度范围升高，C 曲线向上方移动。图 4-29 综合了各种合金元素对珠光体转变动力学的定性影响。

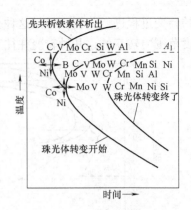

图 4-29　合金元素对珠光体转变动力学的影响示意图

合金元素推迟珠光体转变的作用，按大小排列的顺序为：Mo、Mn、W、Ni、Si。其中，钼对珠光体转变动力学的影响最为强烈，在共析钢中加入质量分数为 0.8% 的钼，可使过冷奥氏体分解为珠光体所需的时间增长 2800 倍。

强碳化物形成元素 V、Ti、Zr、Nb、Ta 等，溶入奥氏体后也会推迟珠光体转变；但是在一般奥氏体化的情况下，这类元素形成的碳化物极难溶解，而未溶碳化物则会促进珠光体转变，起相反的作用。

微量的硼（质量分数为 0.001% ~ 0.0035%）可以显著降低亚共析成分的过冷奥氏体析出先共析铁素体的速度和珠光体的形成速度。但随着钢中碳含量的增加，硼的作用逐渐减小，碳的质量分数超过 0.9% 后，硼几乎不起作用。因此，硼只用于亚共析钢中。

合金元素钴则相反，使珠光体转变的孕育期缩短、转变速度加快、C 曲线左移。

合金元素对珠光体转变动力学图的影响是很复杂的，特别是钢中同时含有几种合金元素时，其作用并不是单一合金元素作用的简单叠加。

合金元素对珠光体转变动力学产生的上述影响可通过以下几个途径实现：

1）合金元素通过影响碳在奥氏体中的扩散速度，影响珠光体转变动力学。

除了钴和质量分数小于 3% 的镍以外，所有合金元素都可提高碳在奥氏体中的扩散激活能，降低碳的扩散系数和扩散速度，所以使珠光体转变速度下降。相反，钴可提高碳在奥氏体中的扩散速度，故使珠光体转变速度加快。

2）合金元素通过改变 $\gamma \rightarrow \alpha$ 同素异构转变的速度，影响珠光体转变动力学。

非碳化物形成元素镍主要是由于降低了 $\gamma \rightarrow \alpha$ 同素异构转变的速度，特别是增大了 $\alpha\text{-Fe}$ 的形核功，从而降低了珠光体转变速度。而钴由于提高了 $\gamma \rightarrow \alpha$ 同素异构转变的速度，从而提高了珠光体转变速度。

3）通过合金元素在奥氏体中的扩散和再分配，影响珠光体转变动力学。

珠光体转变时，除了要求碳的扩散和再分配之外，还要求合金元素的扩散和再分配。而合金元素，特别是碳化物形成元素的扩散系数又远远小于碳的扩散系数，仅为碳扩散系数的 $10^{-2} \sim 10^{-4}$，故使珠光体的转变速度大大减慢。

4）合金元素通过改变临界点，影响珠光体转变动力学。

转变温度相同时，由于临界点的改变将改变转变的过冷度。例如，镍和锰可降低 A_1 点，故减小了过冷度，而使转变速度降低，而钴可提高 A_1 点，则增加了过冷度，从而加快了转变速度。

5）合金元素通过影响珠光体的形核率及长大速度，影响珠光体转变动力学。

钴可增加珠光体的形核率，所以可提高珠光体的转变速度。其它合金元素可降低珠光体的形核率及长大速度，所以可降低珠光体的转变速度。

6）合金元素通过改变界面的表面能，影响珠光体转变动力学。

例如，硼为内表面活性元素，有富集于晶界的强烈倾向。它在晶界的富集可使晶界处的表面能大大降低，使先共析铁素体（从而使珠光体）在晶界的形核非常困难，故大大降低了珠光体转变速度。当奥氏体化温度较高时，硼可能向晶内扩散，降低了硼的作用，故硼钢淬火温度不宜太高。

2. 奥氏体组织状态的影响

奥氏体的晶粒大小、成分均匀性和奥氏体中的过剩相均影响珠光体的转变。奥氏体晶粒越细小，单位体积内的晶界面积就越大，珠光体的形核部位就越多，所以将加快珠光体转变速度。

奥氏体成分的不均匀，将有利于在高碳区形成渗碳体，在贫碳区形成铁素体，并加速碳在奥氏体中的扩散，所以将加快先共析相和珠光体的形成速度。

当奥氏体中存在过剩相渗碳体时，未溶渗碳体既可作为先共析渗碳体的非均质晶核，也可作为珠光体领先相的晶核，因而可加速珠光体转变的速度。

3. 原始组织的影响

原始组织越粗大，奥氏体化时碳化物溶解速度越慢，奥氏体均匀化速度也就越慢，珠光体的形成速度就可能越快。原始组织越细，则珠光体形成的速度可能越慢。

4. 加热温度和保温时间的影响

提高奥氏体化温度和延长保温时间，可提高奥氏体中碳和合金元素的含量并使之均匀化，故可使珠光体转变的孕育期增长，转变速度降低。

如果奥氏体化温度较低，或保温时间较短，碳化物没有全部溶解，或碳化物虽已溶解，但还未均匀化，奥氏体中碳和合金元素的含量将低于钢的含量。未溶的碳化物可以作为珠光体转变的晶核。如果碳化物已溶解，但奥氏体成分仍不均匀，则高碳区和低碳区可为珠光体转变时渗碳体和铁素体的形核准备有利条件。所以，奥氏体化温度低和时间短，均将加速过冷奥氏体的珠光体转变。

5. 应力的影响

拉应力将使珠光体转变加速，而压应力则使珠光体转变推迟。例如，压力由 $29 \times 10^8 \mathrm{Pa}$ 增加到 $38.5 \times 10^8 \mathrm{Pa}$ 时，可使铁碳合金及合金钢中珠光体转变的孕育期增加大约 5 倍，并使珠光体形成的温度降低，共析成分移向低碳。这是由于珠光体转变时比体积将增加，故拉应力促进转变，压应力抑制转变。

6. 塑性变形的影响

在奥氏体状态下进行塑性变形，有加速珠光体转变的作用，且形变量越大，形变温度越低，珠光体转变速度就越快。这是因为形变增加了奥氏体晶内缺陷密度，故增加了形核部位，提高了形核率。晶内缺陷密度的增加也提高了原子扩散速度，故使转变速度加快。

4.4　珠光体的力学性能

珠光体转变的产物与钢的化学成分及热处理工艺有关。共析钢珠光体转变产物为珠光体，亚共析钢珠光体转变产物为先共析铁素体加珠光体，过共析钢珠光体转变产物为先共析渗碳体加珠光体。同样化学成分的钢，由于热处理工艺不同，其转变产物既可以是片状珠光体，也可以是粒状珠光体；同样是片状珠光体，其珠光体团的大小、珠光体片层间距以及珠光体的成分也不相同。对同一成分的非共析钢，由于热处理工艺不同，转变产物中先共析相所占的体积分数就不相同，珠光体中渗碳体的量也不相同。既然珠光体转变的产物不同，则其力学性能也必然不同。

通常，珠光体的强度、硬度高于铁素体，而低于贝氏体和马氏体，塑性和韧性则高于贝氏体和马氏体，见表4-3。因此，一般珠光体组织适合于切削加工或冷成形加工。

表 4-3   0.84%C-0.29%Mn 钢经不同温度等温处理后的组织和硬度

等温温度/℃	组织	硬度 HBW
720 ~ 680	珠光体	170 ~ 250
680 ~ 600	索氏体	250 ~ 320
600 ~ 550	托氏体	320 ~ 400
550 ~ 400	上贝氏体	400 ~ 460
400 ~ 240	下贝氏体	460 ~ 560
240 ~ 室温	马氏体	580 ~ 650①

① 由 58 ~ 62HRC 换算而得。

4.4.1 共析成分珠光体的力学性能

1. 层片状珠光体的力学性能

普通片状珠光体的硬度一般为 160 ~ 280 HBW，抗拉强度为 784 ~ 882MPa，断后伸长率为 20% ~ 25%。

片状珠光体的力学性能与珠光体的片层间距、珠光体团的直径以及珠光体中铁素体片的亚晶粒尺寸等有关。珠光体的片层间距主要取决于珠光体的形成温度，随形成温度降低而变小。而珠光体团直径不仅与珠光体形成温度有关，还与奥氏体晶粒大小有关，随形成温度的降低以及奥氏体晶粒的细化而变小。故可以认为，共析成分片状珠光体的性能主要取决于奥氏体化温度以及珠光体形成温度。由于在实际情况下，奥氏体化温度不可能太高，奥氏体晶粒不可能太大，故珠光体团的直径变化也不会很大，而珠光体转变温度则有可能在较大范围内调整，故片层间距可以有较大的变动。因此，从生产角度来看，片层间距对珠光体力学性能的影响就更具有生产实际意义。

随着珠光体团直径以及片层间距的减小，珠光体的强度、硬度以及塑性均将升高。共析钢珠光体片层间距与抗拉强度、断面收缩率的关系如图4-30所示。由图可见，抗拉强度和断面收缩率随片层间距的减小而增加。这与表4-3中的珠光体、索氏体（细珠光体）、托氏体（极细珠光体）硬度的变化规律是一致的。例如，粗片状珠光体的硬度可达 200HBW，细片状珠光体的硬度可达 300HBW，极细珠光体的硬度可达 450HBW。有的文献还给出了根据珠光体片层间距计算屈服强度的经验公式[22]，即

$$\sigma_s = 139 + 46.4 S_0^{-1} \tag{4-5}$$

式中，σ_s 为屈服强度（MPa）；S_0 为片层间距（μm）。

强度与硬度随片层间距的减小而升高，是因为片层间距减小时铁素体与渗碳体变薄，相界面增多，铁素体中位错不易滑动，故使塑变抗力升高。在外力足够大时，位于铁素体中心

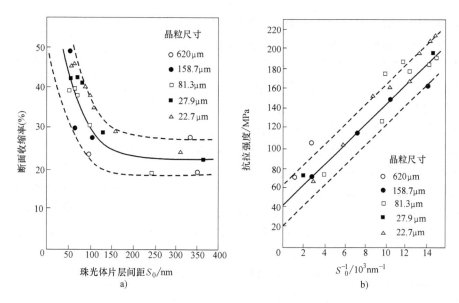

图 4-30 珠光体片层间距对共析钢力学性能的影响

a）对断面收缩率的影响 b）对抗拉强度的影响

的位错源被开动后，滑动的位错将受阻于渗碳体片，渗碳体及铁素体片越厚，因受阻而塞积的位错也就越多，塞积的位错将在渗碳体薄片中造成正应力，而使渗碳体片产生断裂。片层越薄，塞积的位错越少，正应力也越小，越不易引起开裂。只有提高外加作用力，才能使更多的位错塞积在相界面一侧，造成足够的正应力，使渗碳体片产生断裂。当每一个渗碳体片发生断裂并且裂纹连接在一起时，便引起整体脆断。由此可见，片层间距的减小可以提高断裂抗力。

片层间距的减小能提高塑性，这是因为渗碳体片很薄时，在外力作用下，塞积的位错可以切过渗碳体薄片，引起滑移，产生塑性变形而不使之发生正断，也可以使渗碳体薄片产生弯曲，致使塑性提高。

片层间距对冲击韧性的影响比较复杂，因为片层间距的减小将使冲击韧性下降，而渗碳体片变薄又有利于提高冲击韧性。前者是由于强度提高而使冲击韧性下降，后者则是由于薄的渗碳体片可以弯曲、形变而使断裂成为韧性断裂，从而提高冲击韧性。这两个相互矛盾的因

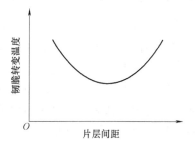

图 4-31 珠光体片层间距对韧脆转变温度的影响

素使得韧脆转变温度与片层间距之间的关系出现一极小值（图 4-31），即韧脆转变温度随片层间距的减小先降后增。

如果片状珠光体是在连续冷却过程中在一定的温度范围内形成的，先形成的珠光体由于形成温度较高，片层间距较大，强度较低；后形成的珠光体片层间距较小，则强度较高。因此，在外力的作用下，将引起不均匀的塑性变形，并导致应力集中，从而使得强度和塑性都下降。因此，为了提高强度和塑性，应采用等温处理以获得片层厚度均匀的珠光体。

2. 粒状珠光体的力学性能

经球化退火或调质处理，可以得到粒状珠光体。

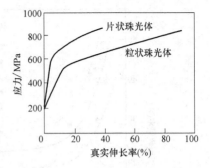

在成分相同的情况下，与片状珠光体相比，粒状珠光体的强度、硬度稍低，但塑性较好，如图 4-32 所示。粒状珠光体的疲劳强度也比片状珠光体高，见表 4-4。另外，粒状珠光体的可加工性及冷挤压时的成形性好，加热淬火时的变形、开裂倾向小。所以，粒状珠光体常常是高碳工具钢在切削加工前要求预先得到的组织形态。碳钢和合金钢的冷挤压成形加工，也要求具有粒状珠光体组织。GCr15 轴承钢在淬火前也要求具有细粒状珠光体组织，以保证轴承的疲劳寿命。

图 4-32　片状珠光体与粒状珠光体的应力应变图

粒状珠光体的硬度、强度比片状珠光体稍低，其原因是铁素体与渗碳体的界面比片状珠光体少。粒状珠光体塑性较好是因为铁素体呈连续分布，而渗碳体呈颗粒状分散在铁素体基底上，对位错运动的阻碍较小。

表 4-4　珠光体的组织形态对疲劳强度的影响

钢　　种	显微组织	σ_b/MPa	σ_{-1}/MPa
共析钢	片状珠光体	676	235
共析钢	粒状珠光体	676	286
$w_C = 0.7\%$ 钢	细珠光体片状	926	371
$w_C = 0.7\%$ 钢	回火索氏体（粒状渗碳体 + 铁素体）	942	411

粒状珠光体的性能还取决于碳化物颗粒的大小、形态与分布。一般来说，碳化物颗粒越细、形态越接近球状、分布越均匀，韧性越好。

4.4.2　亚（过）共析钢的珠光体转变产物的力学性能

与共析钢、过共析钢相比，亚共析钢的碳含量低，退火态的显微组织中除了有珠光体外还有先共析铁素体，所以亚共析钢的强度、硬度低，塑性、韧性高。

亚共析钢珠光体转变产物的力学性能主要取决于 C、Mn、Si、N 等固溶强化元素的含量，以及显微组织中铁素体和珠光体的相对量、铁素体晶粒的直径和珠光体的片层间距。这些元素的含量越多，铁素体晶粒越细、珠光体相对量越多、片层间距越小，其强度和硬度也就越高。亚共析钢的抗拉强度和屈服强度（单位均为 MPa）可由下列经验公式估算[21-24]

$$\sigma_s = 15.4 \{ f_\alpha^{\frac{1}{3}} [2.3 + 3.8(Mn) + 1.13 d^{-\frac{1}{2}}] +$$

$$(1 - f_\alpha^{\frac{1}{3}})(11.6 + 0.25 S_0^{-\frac{1}{2}}) + 4.1(Si) + 27.6(N)^{\frac{1}{2}} \} \tag{4-6}$$

$$\sigma_b = 15.4 \{ f_\alpha^{\frac{1}{3}} [16 + 74.2(N)^{\frac{1}{2}} + 1.18 d^{-\frac{1}{2}}] +$$

$$(1 - f_\alpha^{\frac{1}{3}})(46.7 + 0.23 S_0^{-\frac{1}{2}}) + 6.3(Si) \} \tag{4-7}$$

式中，f_α 为铁素体的体积分数（%）；d 为铁素体晶粒的平均直径（mm）；S_0 为珠光体片的平均间距（mm）；各元素符号表示其含量。

式（4-6）、式（4-7）不仅适用于亚共析钢，也适用于共析钢。由关系式可见，当珠光体量少时，珠光体对强度的贡献不占主要地位，此时强度的提高主要依靠铁素体晶粒尺寸的减小。而当珠光体的量趋近 100% 时，珠光体对强度的贡献就成为主要的，此时强度的提高主要依靠珠光体片层间距的减小。

这类钢的塑性则随珠光体量的增多而降低，随铁素体晶粒的细化而升高。

亚共析钢珠光体转变产物的韧脆转变温度与铁素体体积分数 f_α、铁素体晶粒直径 d、珠光体团直径 D、珠光体片层间距 S_0、渗碳体片厚度 t 以及 Si、N 元素的含量等有关。韧脆转变温度可用断口形貌转变温度 FATT$_{50}$ 表示（Fracture Appearance Transition Temperature，FATT），FATT$_{50}$（℃）是指出现面积比为 50% 的解理断口和 50% 纤维断口时的温度。中高碳钢与共析钢的韧脆转变温度可由下列经验公式估算

$$\text{FATT}_{50} = f_\alpha(-46 - 11.5d^{-\frac{1}{2}}) + (1 - f_\alpha)(-335 + 5.6S_0^{-\frac{1}{2}} - 13.3D^{-\frac{1}{2}} +$$
$$3.48 \times 10^8 t) + 48.7(\text{Si}) + 762(\text{N})_f^{\frac{1}{2}} \tag{4-8}$$

式中，D 为珠光体团尺寸（mm）；t 为渗碳体片厚度（mm）；N_f 为固溶状态的氮含量。

式（4-8）清楚地表明，亚共析钢的碳、氮、硅含量越高，珠光体量越多，珠光体团和铁素体晶粒直径越大，片层间距越大，渗碳体片越厚，韧脆转变温度也就越高。这一关系还可从图 4-33 中看出，随着亚共析钢碳含量的增加，珠光体量增多，冲击韧性下降，韧脆转变温度升高。

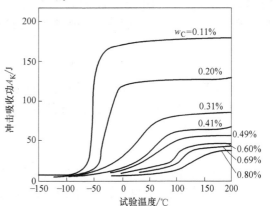

图 4-33　碳含量（珠光体体积分数）对正火钢韧脆转变温度和冲击韧性的影响

但是，对于含碳量一定的亚共析钢来说，增加珠光体的相对量，使珠光体的平均含碳量降低，将有助于改善韧性。

为了获得最大的冲击韧性，应使用细晶粒以及硅、碳含量低的钢。因为细化铁素体晶粒及珠光体团对韧性是有益的，而固溶强化对韧性是有害的。

4.5　珠光体的应用

4.5.1　派登处理

在工程实践中，人们发现索氏体经塑性变形可以大幅度提高强韧性。将高碳钢或中碳钢经奥氏体化后，先在 Ar_1 以下适当温度（500℃左右）的铅浴中等温，获得索氏体（或主要是索氏体）组织。这种组织适于深度冷拔，经冷拔后可获得优异的强韧性配合。这种工艺被称为派登处理（Patenting），或称为铅浴处理。

高碳钢经派登处理后所达到的强度水平，是钢在目前生产条件下能够达到的最高水平。例如，$w_C = 0.9\%$、直径为 1mm 的钢丝，预先经 845~855℃ 奥氏体化，经 516℃ 等温索氏体化处理，再经面缩率为 80% 以上的冷拔变形，抗拉强度可接近 4000MPa，如图 4-34 所示。这种处理加工方式是工业上生产琴弦、钢丝绳等高性能线状产品的主要手段。

以碳的质量分数为 0.78% 的 15mm 厚的共析钢钢板为例[26]，经 850℃ ×30min 奥氏体化

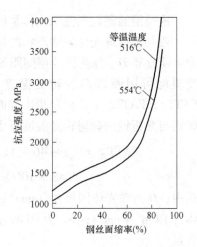

后于 600℃ 等温 10min 空冷，得到平均片层间距为 260nm 的片状珠光体（图 4-35a）。经压下率为 40% 的冷轧，珠光体片层发生变形和不规则弯曲，渗碳体片层向轧制方向倾斜，有些渗碳体发生溶解并断开，片层间距减为 160～230nm（图 4-35b）。经压下率为 90% 的冷轧，珠光体片层严重变形，渗碳体片发生细化、溶解及碎化，珠光体变为极细片形，与轧制方向基本趋于平行排列，片层间距仅为 20～30nm（图 4-35c）。XRD 谱分析结果表明，铁素体的点阵常数增大为 2.8718nm，碳的质量分数为 0.14%，呈现过饱和状态，抗拉强度由原来的 1220MPa 提高到 2220MPa。

图 4-34　索氏体化等温温度和冷拔变形率对钢丝抗拉强度的影响（钢丝 $w_c = 0.9\%$，直径 1mm，预先经 845～855℃ 奥氏体化处理）

索氏体具有良好的冷拔性能是因为索氏体的片层间距很小，使位错自由程大大减小，滑移和增殖阻力增大；同时，由于渗碳体片很薄，在进行较强烈塑性变形时它能够产生弹性弯曲和塑性变形。正是由于这两种因素，使得索氏体的塑性增高。

综上所述，深度冷变形可以使索氏体产生显著强化的原因在于铁素体内的位错密度大大增加，使由位错缠结所组成的胞块即铁素体的亚晶粒明显细化，而且点阵畸变明显增大，渗碳体部分溶解碎化，使铁素体含碳量过饱和，产生更大的固溶强化。冷变形率越大，铁素体内位错密度增加的幅度也就越大，亚晶粒细化越明显，铁素体含碳量过饱和度越大，强化效果越显著。

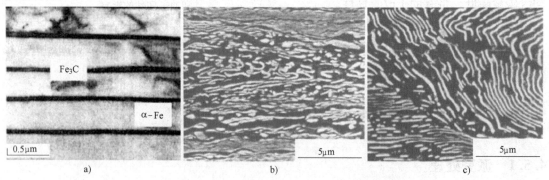

图 4-35　共析钢片状珠光体冷变形前后的组织形貌

a）原始组织（TEM）　b）压下率 40%（SEM）　c）压下率 90%（SEM）

4.5.2　钢中碳化物的相间沉淀[25-29]

含有强碳（氮）化物形成元素的亚共析钢过冷奥氏体，在珠光体转变之前或转变过程中可能发生纳米碳（氮）化物的析出，因为析出是在 γ/α 相界面上发生的，所以称为相间析出，又称为相间沉淀（Interphase Precipitation）。相间沉淀首先在含 Nb、V 等强碳化物形成元素的钢中发现，后来被广泛接受和大量研究、应用，特别是被应用于控制轧制生产高强度微合金化的钢中。

1. 相间沉淀组织

利用强碳化物形成元素产生的相间沉淀反应可发生在铁素体、珠光体或贝氏体内。现今使用的低碳或中碳微合金钢，均是添加少量的强碳化物形成元素，使之发生相间沉淀，得到由相间沉淀碳化物与铁素体组成的相间沉淀组织以及珠光体组织。在电子显微镜下可以看到在铁素体中有极细小的颗粒状碳化物，或呈互相平行的点列状分布（图4-36a），或呈不规则分布（图4-36b）。这些极细小的颗粒状碳化物分布在有一定间距的平行平面上。

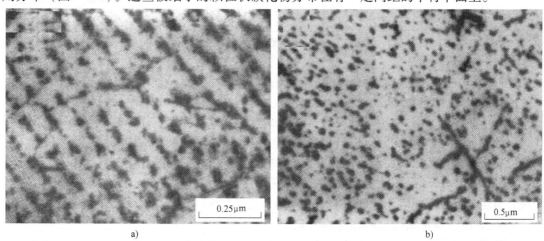

a)　　　　　　　　　　　　　　　　　　b)

图4-36　铌微合金化钢的相间沉淀组织 NbC 的分布（$w_C = 0.02\%$，$w_{Nb} = 0.032\%$，600℃等温40min）

a）垂直于 γ/α 界面　b）平行于 γ/α 界面

相间沉淀组织也称为"变态珠光体"或"退化珠光体"（Degenerated Pearlite）。

相间沉淀碳化物是纳米级的颗粒状碳化物。碳化物的直径随钢的成分和等温温度的不同而发生变化，有的小于10nm，甚至小于5nm，有的达到35nm，一般平均直径为 10~20nm。相邻平面之间的距离称为面间距或层间距。面间距一般在 5~230nm 之间。几乎所有熟知的特殊碳化物，如 VC、NbC、TiC、Mo_2C、Cr_7C_3、$Cr_{23}C_6$、W_2C、M_6C 等在适当条件下都可以成为相间沉淀碳化物，其中以 VC、NbC、TiC 最为常见。与 NbC、TiC 相比，VC 在奥氏体中的溶解度最大，因此能获得最大的强化效果。钢中加入氮，可促进形成 V（C，N）相间沉淀，进一步提高强化效果。

2. 相间沉淀机理

低、中碳微合金钢经奥氏体化后过冷到 A_1 以下、贝氏体转变开始温度 Bs 以上的某一温度等温，或以一定的冷却速度连续冷却经过 $A_1 \sim Bs$ 区间时均可发生相间沉淀。如图4-37a 所示，成分为 c_0 的奥氏体在 T_1 温度将在奥氏体晶界形成铁素体，出现 γ/α 界面。由于铁素体的形成，在 γ/α 界面的奥氏体一侧碳的含量增高至 $c_\gamma^{\gamma/\alpha}$。图4-37b 左边的剖面线代表已析出的铁素体，右边部分代表奥氏体，曲线表示奥氏体中碳含量的变化。由于 γ/α 界面处奥氏体的碳含量增高，使铁素体的长大受到抑制。由于此时温度较低，碳原子很难向奥氏体内部作长距离扩散，只能在界面的奥氏体一侧富集起来。当碳含量超过碳化物在奥氏体中的溶解度 $c_\gamma^{\gamma/\theta}$ 时，将通过碳化物析出消耗富集的碳原子。在 γ/α 界面析出碳化物后，如图4-37c 所示，在碳化物和奥氏体交界处的奥氏体一侧，碳含量下降至 $c_\gamma^{\gamma/\theta}$，已析出的碳化物（图中用 θ 表示）不能继续长大，但给铁素体的继续长大创造了条件。铁素体将越过碳化物进一

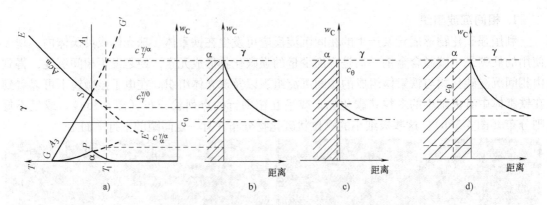

图 4-37　铁素体长大过程中的相间沉淀示意图

a）t_1 温度相变时，各相界面上的平衡浓度　b）铁素体成核后长大时，界面处奥氏体中碳浓度的分布

c）γ/α 界面上碳化物沉淀后，界面处奥氏体中碳浓度的分布　d）铁素体长大时，界面处奥氏体中碳浓度的分布

步长大，亦即 γ/α 界面向奥氏体方向推移，如图 4-37d 所示，图中的虚线代表析出的碳化物颗粒。铁素体向前长大后，又提高了 γ/α 界面奥氏体一侧的碳含量，恢复到图 4-37b 的状态，因此又将在 γ/α 界面上析出碳化物。转变如此往复，铁素体与细粒状特殊碳化物交替形成，直至过冷奥氏体完全分解，形成一系列平行排列的细小碳化物[27-32]。

图 4-38 所示为相间析出的碳化物空间分布示意图。从图中 A 方向观察，可以看到析出的碳化物颗粒呈点列状排列（图 4-38c），而从 B 方向观察，看到的析出物颗粒则呈不规则分布（图 4-38b）。

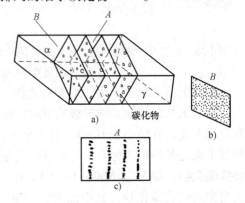

图 4-38　相间析出物空间分布图

相间沉淀也是一个形核和长大过程，受碳及合金元素的扩散所控制。相间沉淀碳化物与铁素体呈一定的晶体学位向关系。对于等温沉淀的 VC，其位向关系为[32]

$$\{100\}_{VC} \ /\!/ \ \{100\}_\alpha; \quad [110]_{VC} \ /\!/ \ [100]_\alpha$$

对于 V_4C_3，与铁素体的位向关系符合 Beker-Nutting 关系，即

$$(100)_{V_4C_3} \ /\!/ \ (100)_\alpha; \quad [010]_{V_4C_3} \ /\!/ \ [011]_\alpha$$

这说明相间沉淀碳化物与铁素体之间为共格界面。

Honeycombe 提出了相间沉淀的台阶机制，其模型如图 4-39 所示。铁素体的长大依赖于台阶端面沿细箭头方向的迁移，导致台阶宽面沿粗箭头方向推进。台阶端面为非共格界面，界面能高，可动性大，易于迁移。它的迁移必伴有碳原子与碳化物形成元素原子的扩散，使端面 γ/α 界面一侧的奥氏体中溶质原子浓度升高。由于端面可动性高，碳化物不易在其上成核，所以在端面迁移

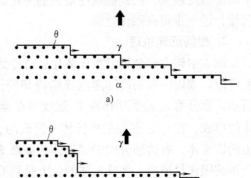

图 4-39　相间沉淀的台阶机制模型

a）高度小而均匀的台阶　b）高度大而不均匀的台阶

的同时该处的溶质原子向台阶宽面上扩散。台阶宽面为共格或半共格界面，界面能低，可动性也低，从台阶端面扩散来的溶质原子便在其上沉淀出合金碳化物。有时台阶高度（即面间距）小且均匀（图4-39a），而有时台阶高度大而不均匀（图4-39b）。

3. 相间沉淀条件

能否产生细小弥散相间沉淀碳化物，取决于钢的化学成分、奥氏体化温度和等温温度（连续冷却速度）。

首先，要求奥氏体中必须溶有足够的碳（氮）元素和碳化物形成元素；其次，必须采用足够高的奥氏体化温度，使碳（氮）化物能够溶解到奥氏体中。碳（氮）化物能否溶入奥氏体中，与钢的化学成分、碳（氮）化物的类型及奥氏体化温度下的极限溶解度有关。

碳（氮）化物在奥氏体中的极限溶解度与温度有关。例如，当V_4C_3溶入奥氏体时，其反应可写成

$$VC_{3/4} \rightarrow [V] + \frac{3}{4}[C] \tag{4-9}$$

式中，$[V]$、$[C]$分别表示奥氏体中 V 与 C 的质量分数，在恒温、恒压条件下此反应的平衡常数 K_S 为

$$K_S = \frac{a_V a_C^{\frac{3}{4}}}{a_{V_4C_3}} \tag{4-10}$$

式中，a_V、a_C、$a_{V_4C_3}$分别为 V、C 及 V_4C_3 的活度，其中 V_4C_3 的活度为 1。在稀固溶体中，可近似地认为活度等于浓度。因此，式（4-10）可写成

$$K_S = [V][C]^{\frac{3}{4}} \tag{4-11}$$

此时的平衡常数 K_S 又称为 V_4C_3 的溶解度积。V_4C_3 的溶解度积 K_S 与温度的关系为

$$\lg K_S = \lg[V][C]^{\frac{3}{4}} = -\frac{10800}{T} + 7.06 \tag{4-12}$$

K_S 值可作为碳（氮）化物相能否溶解或沉淀的判据。当钢中碳（或氮）和碳（氮）化物形成元素实际浓度的乘积小于由式（4-12）计算出的 K_S 时，便会发生碳（氮）化物的溶解；当乘积大于 K_S 时，便会发生相间沉淀。显然，在钢的化学成分一定时，碳（氮）化物能否溶解或沉淀，主要取决于温度。钢中常见碳、氮化合物在奥氏体中溶解度积与温度的关系式见表4-5。

表4-5 钢中常见的碳、氮化合物在奥氏体中溶解度积与温度的关系

化合物	溶解度极限方程
V_4C_3	$\lg[V][C]^{3/4} = -10800/T + 7.06$
TiC	$\lg[Ti][C] = -7000/T + 2.75$
NbC	$\lg[Nb][C]^{0.87} = -7530/T + 3.11$
VN	$\lg[V][N] = -7733/T + 2.99$
AlN	$\lg[Al][N] = -6770/T + 1.03$
NbN	$\lg[Nb][N] = -10230/T + 4.04$
Nb[C、N]	$\lg[Nb][C]^{0.24}[N]^{0.55} = -10400/T + 4.09$

图4-40 所示为溶解度与 $1/T$ 的关系图。这样的图表可供选择奥氏体化温度、等温温度

及冷却速度时参考。

不同碳含量的钢的相间析出温度范围不同，含碳量低时范围较宽，为 700 ~ 450℃；含碳量较高时范围较窄，如碳的质量分数高达 0.8% 时为 320 ~ 450℃。

4. 相间沉淀钢的强化机制及应用

相间沉淀钢的强度主要由三种强化机制提供，即细晶强化、沉淀强化和固溶强化，并以沉淀强化与细晶强化为主。假定各强化机制的作用可以相互叠加，则有

$$\sigma_s = \sigma_0 + \sigma_{sss} + \sigma_{disp} + K_y d^{-\frac{1}{2}} \quad (4\text{-}13)$$

式中，σ_0 为纯铁的屈服强度；σ_{sss} 为固溶强化项，对于低碳微合金钢而言 σ_{sss} 值很小，可以忽略；σ_{disp} 为沉淀强化项；$K_y d^{-1/2}$ 为细晶强化项。其中 σ_{disp} 项可按 Kocks 模型计算，即

$$\tau = \frac{1}{1.18} \left(\frac{1.2\mu b}{2\pi\lambda} \right) \ln\left(\frac{\bar{x}}{2b} \right) \quad (4\text{-}14)$$

式中，τ 为临界切应力；μ 为基体相的切变模量；b 为柏氏矢量；$\bar{x}$ 为在观察平面上截取的粒子平均直径；λ 为相邻粒子的表面间距，它是以 $(1/\sqrt{n_s}) - \bar{x}$ 来定义的（n_s 是单位滑移面积上的粒子数目）。估算时可取 $\sigma_{disp} \approx \tau$。

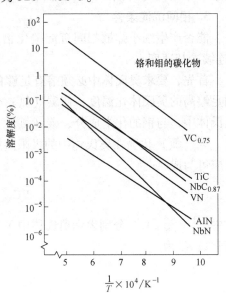

图 4-40 几种特殊碳化物、氮化物在奥氏体中溶解度与奥氏体化温度的关系

按式（4-13）计算所得结果与实验值符合得很好，可见，增加沉淀粒子的体积分数，减小粒子尺寸及其间距，可有效地提高相间沉淀的强化效果。钒、碳含量和等温温度对三种强化机制所提供的强度值的影响见表 4-6。由表 4-6 可以看出，在三种强化机制所提供的强度中，以沉淀强化的效果为最大，固溶强化的效果最低。

表 4-6　钒、碳含量和等温温度对三种强化机制所提供的强度值的影响

合金成分	碳化物的体积分数（%）	等温温度/℃	屈服强度/MPa	固溶强化/MPa	晶粒细化强化/MPa	沉淀强化/MPa
1.0% V-0.2% C	1.23	725	843	19.6	238	587
1.0% V-0.2% C	1.23	750	843	19.6	215	608
1.0% V-0.2% C	1.23	775	667	19.6	194	453
1.0% V-0.2% C	1.23	899	549	19.6	168	362
1.0% V-0.2% C	1.23	825	442	24.5	136	280
0.48% V-0.09% C	0.56	725	647	19.6	236	391
0.48% V-0.09% C	0.56	756	559	19.6	215	324
0.48% V-0.09% C	0.56	775	441	19.6	228	228
0.48% V-0.09% C	0.56	800	363	2.5	168	171
0.48% V-0.09% C	0.56	825	284	3.0	136	119

世界各国研制开发的中碳微合金非调质钢均采用钒进行微合金化，我国也成功地开发出

YF35MnV、YF40MnV、YF45MnV、F35MnV、F35MnVN 等中碳微合金非调质钢。由于中碳微合金非调质钢不需要加入提高淬透性的铬、钼等贵重合金元素，取消了调质工序，故可大幅度节约能源，降低成本，目前已经在机械、汽车等行业获得了广泛的应用[30-32]。

习 题

1. 手绘图形描述片状珠光体和粒状珠光体的组织形态。

2. 片状珠光体片层间距与过冷度之间是何关系？退火共析钢的抗拉强度与珠光体片层间距有何关系？

3. 以共析钢为例，试述片状珠光体的形成机制，并根据铁碳相图用图解法说明片状珠光体形成时碳的扩散行为。

4. 试述等温球化退火时粒状珠光体的形成机制，并与低温球化退火时粒状珠光体的形成机制进行比较。

5. 何谓伪共析转变？45 钢的共析组织与伪共析组织有何不同？分别具有这两种组织的 45 钢的力学性能有何区别？

6. 亚共析成分的奥氏体进行珠光体转变时，其先共析铁素体的形态可能有哪几种？它们各自的形成条件如何？

7. 过共析钢奥氏体化后进行珠光体转变时，其先共析渗碳体的形态可能有几种？它们各自的形成条件如何？

8. 试述珠光体等温转变动力学图的一些特点。影响珠光体转变动力学的因素有哪些？

9. 在共析钢、亚共析钢和过共析钢中，哪种钢 C 曲线的位置最靠右？

10. 高碳钢丝进行派登处理（Patenting）的目的是什么？试分析高碳钢丝经派登处理后具有高强度的原因。

11. 在化学成分相同的情况下，试比较片状珠光体与粒状珠光体在性能上的差别。

12. 何谓魏氏组织？魏氏组织铁素体的形成条件是什么？具有魏氏组织的钢的力学性能有何特点？

13. 何谓相间沉淀？相间沉淀钢的强度由哪几种基本强化机制提供？其中哪种强化机制贡献最大？

14. 相间沉淀的条件是什么？相间沉淀在生产中有何应用？

参 考 文 献

[1] Marder A R, et al. The martensite transformation in Fe-Ni-C alloys [J]. Metal. Trans. , 1976, 7A: 1801.

[2] Poter D A, Easterling K E. Phase Transformations in Metals and Alloys [M]. Ohio: Van Nostrand Reinhold Co. , 1981.

[3] Honeycombe R W K. Steel——Microstructure and Properties [M]. London: Edward Arnold Ltd, 1981.

[4] 陆兴. 热处理工程基础 [M]. 北京: 机械工业出版社, 2007.

[5] 李松瑞, 周善初. 金属热处理 [M]. 长沙: 中南大学出版社, 2003.

[6] 刘宗昌, 任慧平, 宋义全. 金属固态相变教程 [M]. 北京: 冶金工业出版社, 2003.

[7] Hillert M. The Formation of Pearlite [M]. New York: Ed. V. F. Zackay & Aaronson, 1962.

[8] 徐祖耀. 材料热处理的进展与展望 [J]. 材料热处理学报, 2003, 23 (1): 1-13.

[9] 戚正风. 固态金属中的扩散与相变 [M]. 北京: 机械工业出版社, 1998.

[10] Dippenaar R J, Honeycombe R W K. The Crystallography of Pearlite [J]. Proceedings of the Royal Society of London, 1973, A333: 455-467.

[11] 崔忠圻, 刘北兴. 金属学与热处理原理 [M]. 哈尔滨: 哈尔滨工业大学出版社, 1998.

[12] 郭正洪. 钢中珠光体相变机制的研究进展 [J]. 材料热处理学报, 2003, 24 (9): 1-7.

[13] 王海滨, 宗斌, 宋晓艳, 等. T12 钢中珠光体片层间距的概率分布测量法 [J]. 物理测试. 2009,

27（2）：33-36，42.

[14] Pickering F B. Physical Metallurgy and the Design of Steel［M］. Alibris：Applied Science Publishers LTD，1978.

[15] 金属热处理标准化技术委员会. 金属热处理标准应用手册［M］. 北京：机械工业出版社，1997.

[16] 中国机械工程学会热处理学会《热处理手册》编委会. 热处理手册：第1卷［M］. 3版. 北京：机械工业出版社，2005.

[17] 任颂赞，张静江，陈质如，等. 钢铁金相图谱［M］. 上海：上海科学技术文献出版社，2003.

[18] 金属热处理标准化技术委员会. 中国机械工业标准汇编：金属热处理卷［M］. 2版. 北京：中国标准出版社，2002.

[19] 中国机械工程学会热处理学会《热处理手册》编委会. 热处理手册：第4卷［M］. 3版. 北京：机械工业出版社，2005.

[20] Guo Z，Kimura N，Tagashira S，et al. Kinetics and Crystallography of Intragranular Pearlite Transformation Nucleated at（MnS+VC）Complex Precipitates in Hypereutectoid Fe-Mn-C Alloys［J］. ISIJ International，2002，42（9）：1033-1041.

[21] 刘宗昌，任慧平. 过冷奥氏体扩散型相变［M］. 北京：科学出版社，2007.

[22] Marder A R，et al. Metal. Trans. ，1976，7A：365.

[23] Honeycombe R W K. Transformation from austenite in alloy steels［J］. Metal Trans. ，1976，7A：915.

[24] Batte A D，Honeycombe R W K. Strengthening of Ferrite by Vanadium Carbide Precipitation［J］. J. Inst. Metals，1973，211：284.

[25] Mangan M A，Shiflet G J. The pitsch-petch orientation relationship in ferrous pearlite at small undercooling［J］. Metallurgical and Materials Transactions A，1999，30（11）：2767-2781.

[26] Tagashira S，Sakai K，Furuhara T，et al. Deformation Microstructure and Tensile Strength of Cold Rolled Pearlitic Steel Sheets［J］. ISIJ International，2000，40（11）：1149-1155.

[27] 石德柯，孟庆奎，刘军海. 相间沉淀钢的组织与性能［J］. 钢铁，1994，29（4）：50-55.

[28] Davenport A T，Berry F G，Honeycombe R W K. Interphase precipitation in iron alloys［J］. Metal Science J，1968，V2：104.

[29] Yazawa Y，Furuhara T，Maki T. Effect of matrix recrystallization on morphology，crystallography and coarsening behavior of vanadium carbide in austenite［J］. Acta Materialia，2004，52：3727-3736.

[30] 李漫云，孙本荣. 钢的控制轧制和控制冷却技术手册［M］. 北京：冶金工业出版社，1990.

[31] 孙淑华，熊毅，傅万堂，等. 共析珠光体钢在冷轧过程中的组织变化［J］. 金属学报，2005，41（3）：267-270.

[32] Näfe H. Thermodynamics of cementite layer formation［J］. Acta Materialia，2009，57（14）：4074-4080.

第 **5** 章　马氏体与钢的淬火

钢在加热到奥氏体化温度以上保温一定时间以后，当以很快的速度冷却（即非平衡冷却）到室温或更低温度时，其组织结构将发生与平衡转变，即缓慢冷却完全不同的变化。这种冷却方式一般称为淬火，由淬火得到的组织一般为马氏体。具有马氏体组织的材料性能与珠光体完全不同，具有很高的强度和硬度，但塑性和韧性变差。

在 2000 多年前的古代，人们就已经知道了淬火会使钢变硬。我国最早在西汉时期就已进行了钢的淬火。根据《史记》等文献记载，古人早就了解了"水与火合为淬"，"巧冶铸干将之补，清水淬其锋"的规律。但对淬火使其硬化的原因直到 19 世纪后期才被揭开——由于钢在淬火时发生相变获得了一种新的组织。为了纪念德国金相先驱者 Adolph Martens，1895 年法国学者 Osmond 提议，将钢经淬火冷却后的组织命名为马氏体（Martensite）[1]。

由于工业生产中大量使用钢铁材料，所以钢中的马氏体相变研究得到广泛重视，形成了比较完整的马氏体相变理论。1924 年，美国学者 Edgar Bain 对马氏体的本质进行了初步的揭示，成为相变晶体学的重要基础。之后，马氏体相变的晶体学、热力学、动力学、形态学等理论研究不断深入。迄今为止，关于马氏体形成的特征，各类马氏体形态、性质和用途的研究和开发已获得很大进展，但仍还有不少问题尚待深入了解。随着研究手段的不断更新，使人们所研究的材料范围越来越广，涉及马氏体相变材料的开发应用也越来越多。人们不仅在钢中，还在其它金属以及无机和有机材料中发现了这种马氏体相变，包括纯金属、铁合金、有色金属和金属间化合物、ZrO_2 及含 ZrO_2 的陶瓷、电介质、铁电材料、半导体、超导体，甚至高压氦及蛋白质等[2]。以马氏体命名的对象，已从钢的淬火组织扩展到多种材料中。不同材料中的马氏体显示出不同的形态、特性和应用价值。

在实际应用方面，马氏体转变是钢件热处理强化的主要手段，几乎所有要求高强度的钢都是通过淬火来实现强化的。因此，了解马氏体相变特点、相变过程及其相变后材料的性能变化，对利用相变来控制材料的组织、获得所要求的性能具有重要的理论和实际意义。

5.1　马氏体的晶体学

对马氏体相变晶体学的了解和认识可有助于研究相变时晶体结构的变化过程，从而揭示相变的物理本质。反映晶体学特征的有关信息包括：晶体结构的变化、惯习面、晶体学取向关系、马氏体相的亚结构等。

5.1.1　马氏体的晶体结构

1. 马氏体与马氏体相变的定义
对于钢而言，可将马氏体定义为：马氏体是碳在 α-Fe 中的过饱和固溶体。但这个定义也不完全适用于钢，因为有时钢中的马氏体不含碳，有时马氏体不仅是体心立方晶格，还有密排六方（如 ε′ 马氏体）等。在 1995 年的国际马氏体相变会议上，徐祖耀将马氏体定义为："马氏体是冷却时马氏体相变的产物"[2]。

为了理解这个定义，就要阐明什么是马氏体相变。学者们按相变特征的不同方面，提出过不同的定义。诸家对马氏体相变较早期的定义侧重无扩散、原子协作迁移和形状改变（致使表面倾动），如 Hull[3] 定义马氏体相变为"点阵变化时原子作规则运动，使发生相变的区域形成形状改变、原子不需要扩散的一种相变"；1953 ~ 1954 年，马氏体相变晶体学的表象（唯象）理论问世，阐述了"不变平面应变"的概念，即相变中相界面（惯习面）不产生应变、不转动；此后，Lieberman（1969）和 Wayman（1970）等以晶体学特征来定义马氏体，如 Cohen、Olson 和 Clapp 的定义[4] 为"马氏体相变为点阵发生畸变，实际上为无扩散的结构相变，它以切变为主，并具有形状改变"；之后，徐祖耀将马氏体相变定义为[5] "替换原子经无扩散位移（均匀和不均匀形变）、由此产生形状改变和表面浮突、呈不变平面应变特征的一级、形核长大型的相变。"为使初学者易于了解，可简单地称马氏体相变为：替换原子经无扩散切变（原子沿相界面作协作运动）、使其形状改变的相变。原子协作运动使形状改变包含了不变平面应变的含义，其中"相变"泛指一级、形核长大型相变。这里强调替换原子无扩散，意味着间隙原子（离子）在相变中可能具有扩散行为，如钢中碳原子就可能具有扩散行为，而铁原子作为替换原子是不扩散的。这个定义包含了各家定义的精髓，是一个较完整的论述。

2. 马氏体的晶体结构

前面已经了解，钢中常见马氏体是碳在 α-Fe 中的过饱和固溶体，所以其晶体结构与 α-Fe 结构不同，但有相似之处。已知 α-Fe 的晶体结构为体心立方，而马氏体的晶体结构为体心立方或体心正方结构，其点阵常数接近 α-Fe，碳原子分布于 α-Fe 体心立方单胞的各棱边中央和面心位置，如图 5-1a 所示。马氏体正方结构中 c 轴与

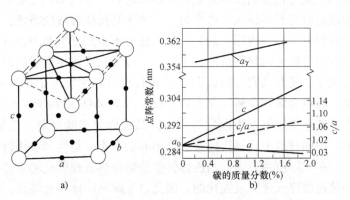

图 5-1 马氏体的晶体结构及与正方度的关系
a）马氏体的点阵结构 b）马氏体中碳含量与点阵常数的关系

a 轴的比值称为正方度，$c/a = 1$ 时，即为体心立方，通常马氏体的正方度 $c/a > 1$，且随钢中含碳量的变化而变化，含碳量越高，c/a 越大。正方度与含碳量的关系如图 5-1b 所示。因此，钢中马氏体的晶体结构被认为是碳在 α-Fe 中的过饱和固溶体。1929 年库氏等[6] 建立了室温时马氏体的点阵常数 c、a 以及 c/a 与钢中含碳量的线性关系，即

$$c = a_0 + \alpha w_C, \quad 其中 \alpha = 0.116 \pm 0.002$$
$$a = a_0 - \beta w_C, \quad 其中 \beta = 0.013 \pm 0.002 \tag{5-1}$$
$$c/a = 1 + \gamma w_C, \quad 其中 \gamma = 0.046 \pm 0.001$$

式中，$a_0 = 0.2861nm$，为 α-Fe 的点阵常数；w_C 为 α-Fe 中碳的质量分数。

式（5-1）所示的马氏体点阵常数与碳含量的关系已被大量研究所证实，正方度 c/a 已

被作为马氏体碳含量定量分析的依据。

但是应该指出，对于许多钢中"新形成的马氏体"，其正方度与碳含量的关系并不符合式（5-1），有的偏低，有的则偏高，称为"异常正方度"。例如，开始发生马氏体转变的温度 Ms 点低于 0℃ 的锰钢（$w_C = 0.6\% \sim 0.8\%$、$w_{Mn} = 6\% \sim 7\%$），制成奥氏体单晶淬入液氮，在液氮温度下测得新形成马氏体的正方度与式（5-1）相比很低，属于异常低正方度，而含铝钢和高镍钢中新形成的马氏体其正方度会高于正常值，属于异常高正方度。将这些在低温形成的马氏体温度升高到室温时，其正方度趋于正常值。

5.1.2　马氏体的取向关系和惯习面

了解马氏体与母相的位向关系，对于研究马氏体相变热力学和动力学，从而揭示马氏体相变的机理，进行马氏体相鉴别及含量分析等具有重要意义。马氏体与母相奥氏体并非呈任意取向，和珠光体转变时一样，马氏体与母相也有一定的位向关系，并且与合金成分有关。

较多被人们了解的马氏体与母相的位向关系有 K-S 关系、N-W 关系和 G-T 关系。

20 世纪 30 年代初期，Kurdjumov 和 Sachs 确定了 $w_C = 1.4\%$ 钢中母相（γ）和马氏体（α'）之间存在的位向关系（称为 K-S 关系）[7]

$$\{110\}_{\alpha'} // \{111\}_{\gamma}; \langle 11\bar{1} \rangle_{\alpha'} // \langle 110 \rangle_{\gamma} \tag{5-2}$$

即新相马氏体的 $\{110\}$ 晶面族平行于母相奥氏体的 $\{111\}$ 晶面族；同时，马氏体的 $\langle 111 \rangle$ 晶向族平行于奥氏体的 $\langle 110 \rangle$ 晶向族。

K-S 关系在晶胞中的示意图如图 5-2a 所示，图中 $(111)_{\gamma} // (011)_{\alpha'}$，$[10\bar{1}]_{\gamma} // [11\bar{1}]_{\alpha'}$。在高分辨透射电子显微镜下（反映原子点阵的结构像），可直观地看到 Fe-Cr-C 合金母相奥氏体与马氏体之间的位向关系，如图 5-2b 所示[8]。

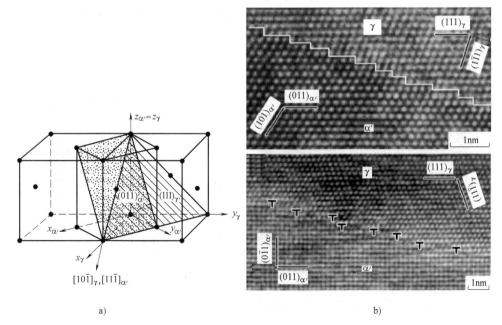

图 5-2　K-S 关系 $(111)_{\gamma} // (011)_{\alpha'}$；$[10\bar{1}]_{\gamma} // [111]_{\alpha'}$

a) K-S 关系示意图　b) 实际观察到的 K-S 关系

Nishiyama（西山）和 Wassermann 在研究 Fe-30% Ni 合金单晶时发现，该合金在室温以上具有 K-S 关系，而在 –70℃ 以下形成的马氏体具有以下关系[9]

$$\{110\}_{\alpha'} // \{111\}_{\gamma};\langle110\rangle_{\alpha'} //\langle211\rangle_{\gamma} \tag{5-3}$$

这个关系称为 N-W 关系（或西山关系）。N-W 关系与 K-S 关系相比，其平行晶面关系相同，而平行方向发生了变化，相差了 5°16′。

Greniger 和 Troiano 对 Fe-0.8% C-22% Ni 合金奥氏体单晶中的马氏体位向测定后发现：在 K-S 关系中平行的晶面、晶向实际上还略有偏差[10]

$$\{111\}_{\gamma} // \{110\}_{\alpha'},差 1°;\langle110\rangle_{\gamma} //\langle111\rangle_{\alpha'},差 2° \tag{5-4}$$

这个关系称为 G-T 关系。

马氏体转变时，不仅新相和母相有一定的位向关系，而且存在惯习面，即马氏体的晶面或界面与母相点阵的某一晶面接近平行，其差值在几度之内。惯习面以平行母相晶面指数来表示。因为马氏体转变是以"共格切变"的方式进行的，所以惯习面近似为"不畸变平面"，即上述的不变平面。

钢中马氏体的惯习面随碳含量的变化而异，常见的有三种，即 $(111)_{\gamma}$、$(225)_{\gamma}$、$(259)_{\gamma}$。含碳量低时（质量分数小于 0.6%），惯习面为低指数晶面 $(111)_{\gamma}$；含碳量高时，惯习面为高指数晶面。

5.2 马氏体的类型及组织形态

钢中马氏体根据成分（如含碳量）和冷却条件的不同呈现不同的微观结构和形态，从而决定了马氏体的性能各具特点。根据马氏体亚结构的类型可分为位错型马氏体和孪晶型马氏体；根据其形态可分为板条状马氏体、针状马氏体、蝶状马氏体、薄板状马氏体及密排六方马氏体等。

5.2.1 板条状马氏体

板条状（Lath）马氏体，或称为板条马氏体，通常是在低、中碳钢及不锈钢中形成，是

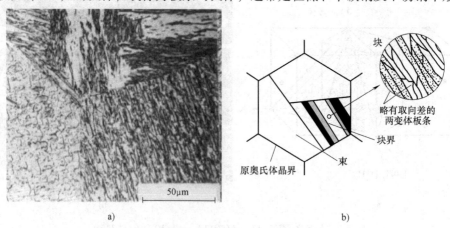

a)   b)

图 5-3　板条马氏体组织

a）板条马氏体的金相组织照片　b）板条结构示意图

由许多马氏体板条集合而成的，如图 5-3 所示。由图 5-3b 示意图可以了解到马氏体的精细结构：一个原奥氏体晶粒由几个马氏体"束"构成，一个束内有几个不同取向的"块"；每个块则由相互平行的"板"或"条"组成，板或条是板条马氏体的基本单元。板条界的取向差较小，约为 10°，属于小角度晶界；而块界和束界的取向差较大，属于大角度晶界。马氏体板条的立体形态可以是扁条或薄板状。板条马氏体的板条内存在大量位错（图 5-4a），即亚结构为位错，其密度可达 $(0.3 \sim 0.9) \times 10^{12} cm^{-2}$，所以也称为位错马氏体。板条马氏体的惯习面为 $\{111\}_\gamma$，其位向关系符合 K-S 关系。

a)   b)

图 5-4 马氏体中的亚结构

a）AISI440C 不锈钢的板条马氏体的位错亚结构[13]

b）Fe-27%Ni-20%Co 针状马氏体中的孪晶区亚结构[11]

5.2.2 针状（透镜片状）马氏体

针状（透镜片状 Lenticular）马氏体存在于中、高碳钢及 Fe-Ni 合金中，其立体形态呈双凸透镜状（故亦称为透镜片状马氏体），平面形态（金相试样磨面）呈针状或竹叶状，中间有呈直线状的中脊面。典型针状马氏体的组织如图 5-5 所示。针状马氏体的形态与其形成过程有关，第一片马氏体贯穿整个奥氏体晶粒，后面形成的马氏体片越来越小。一般认为中脊面是最先形成的，因此成为转变的惯习面。针状马氏体的惯习面与形成温度有关，温度较

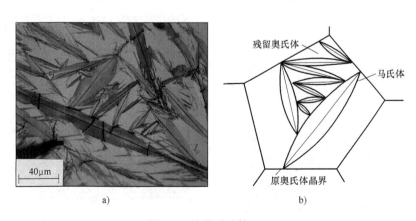

a)   b)

图 5-5 针状马氏体组织

a）Fe-1.86%C 针状马氏体的金相组织[12]   b）针状马氏体结构示意图

高时为 $\{225\}_\gamma$，晶体取向符合 K-S 关系；温度较低时为 $\{259\}_\gamma$，晶体取向符合西山关系，可爆发形成。针状马氏体的亚结构以孪晶为主，所以也称为孪晶马氏体，孪晶面为 $\{112\}_{\alpha'}$（图 5-4b）。观察表明，中脊面附近的孪晶密度最高，在马氏体的边缘则存在高密度的位错，而中脊则为完全孪晶，如图 5-6 所示。

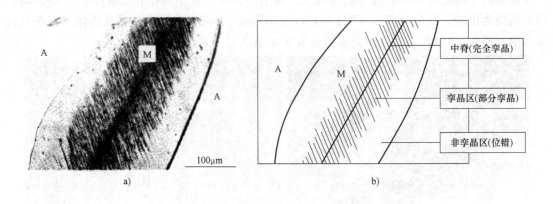

a)   b)

图 5-6　针状马氏体的亚结构[13]

a) Fe-31%Ni-0.28%C 的针状马氏体　b) 亚结构示意图

5.2.3　蝶状马氏体

在 Fe-Ni 合金或 Fe-Ni-C 合金中，当马氏体在某一温度范围内形成时，会出现具有蝴蝶形状特征的马氏体，称为蝶状（Butterfly）马氏体，其典型形貌如图 5-7 所示。蝴蝶的两翼为 $\{225\}_\gamma$，相交 136°，两翼的结合面为 $\{100\}_\gamma$，但在 Fe-30%Ni 合金中也发现了夹角明显小于 136° 的蝶状马氏体，其位相关系与位置有关，在蝶形外侧符合 K-S 关系，而内侧符合 G-T 关系，如图 5-8 所示。亚结构以位错为主，有少量孪晶，其惯习面为 $\{259\}_\gamma$。

蝶状马氏体的形成温度在板条和针状马氏体的形成温度之间。Fe-16.24%Ni-0.46%Cr 合金在 0 ~ -25℃ 形成蝶状马氏体，而在 -50℃ 则与针状马氏体共存，如图 5-9 所示。

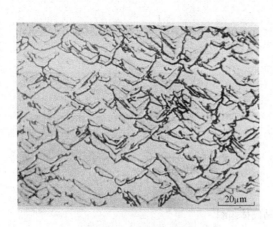

图 5-7　蝶状马氏体组织

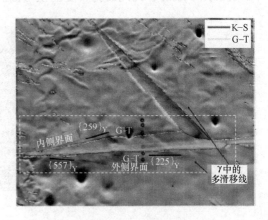

图 5-8　Fe-30%Ni 钢蝶状马氏体场
发射扫描电镜 EBSD 图像[14]

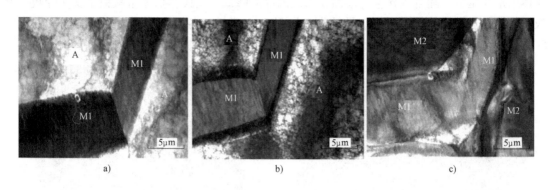

图 5-9　由透射电镜原位观察不同温度 Fe-16. 24% Ni-0. 46% Cr 钢形成的马氏体

（M1 为蝶状马氏体，A 为奥氏体，M2 为低温下新形成的马氏体）[15]

a）室温　b）－25℃　c）－50℃

5.2.4　薄板状马氏体

薄板状（Plate）马氏体一般出现在 Ms 点为 －100℃以下的 Fe-Ni-C 合金中，其主要形态为薄板状，厚度为 3 ~ 10μm。一般金相表面呈现宽窄一致的平直带，没有中脊，内部亚结构为孪晶，惯习面为 $\{259\}_\gamma$，位向关系为 K-S 关系。图 5-10 所示为薄板状马氏体组织。

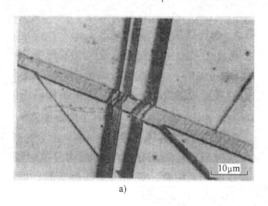
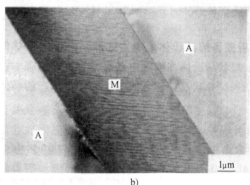

图 5-10　Fe-Ni-C 合金薄板状马氏体组织

a）马氏体金相照片　b）马氏体内的完全孪晶（TEM）

5.2.5　密排六方马氏体

密排六方马氏体［hcp Martensite，也称为 ε' 马氏体（ε' Martensite）］出现在层错能较低的 Fe-Mn、Fe-Mn-C、Fe-Cr-Ni 合金中，晶体结构为密排六方点阵，惯习面为 $\{111\}_\gamma$，位向关系为 $\{111\}_\gamma // \{0001\}_{\varepsilon'}$，$\langle 110 \rangle_\gamma // \langle 11\bar{2}0 \rangle_{\varepsilon'}$，亚结构为大量的层错，其微观组织和亚结构分别如图 5-11 及图 5-12 所示。

综上所述，马氏体因成分和转变温度不同而形态各异，钢中最常出现的是板条马氏体和针状马氏体。钢中奥氏体通过马氏体转变所得的马氏体可以有多种不同的形态及亚结构。影响马氏体形态及亚结构的因素有很多，其中最主要的因素是奥氏体的碳含量、合金元素及马氏体的形成温度。随着碳含量的增加及形成温度的降低，马氏体形态将从板条状向针状、薄板状转化，亚结构将从位错向孪晶转化，如图 5-13 所示。各因素对马氏体形态的影响见表 5-1。

图 5-11　Fe-26% Mn-0.14% C ε' 马氏体[16]

图 5-12　Fe-12.5% Cr-20.5% Mn 合金中 ε' 马氏体的层错亚结构[17]

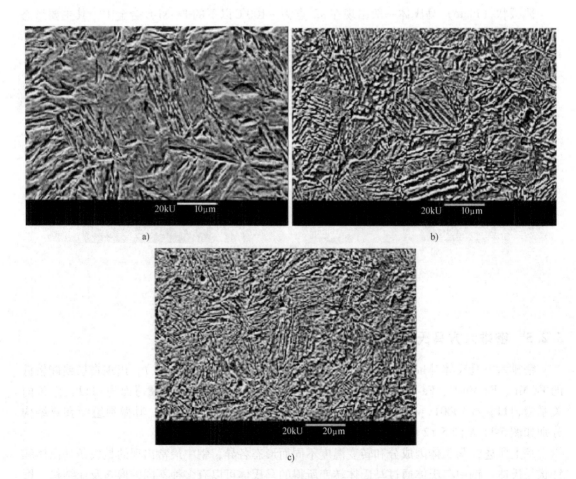

a)

b)

c)

图 5-13　Fe-C-Ni 装甲钢的背散射电子显微照片[18]

a) $Ms = 309℃$，板条马氏体　b) $Ms = 271℃$，板条 + 针状马氏体　c) $Ms = 210℃$，针状马氏体

表 5-1　几种马氏体的特征[19]

马氏体类型	薄板状	针状	蝶状	板条状
形态示意图	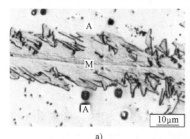			
碳含量 或 Fe-Ni 合金镍含量	高 ←——————————————————————→ 低			
形成温度	低 ←——————————————————————→ 高			
亚结构	孪晶	孪晶 + 位错	孪晶 + 位错	位错
晶体取向关系	G-T	G-T、N-W 或 K-S	K-S 或 N-W	K-S
惯习面	$\{259\}_\gamma$	$\{259\}_\gamma$	$\{225\}_\gamma$	$\{111\}_\gamma$

5.3　马氏体转变的主要特点

由于马氏体转变在低温下发生，以共格切变方式进行，所以它与高温时的扩散型转变有很大不同，主要表现为：①表面浮凸效应与界面共格；②基体（替换）原子的无扩散性；③转变的非恒温性与不完全性；④转变的可逆性等。

5.3.1　表面浮凸与界面共格

马氏体转变时能在预先磨光的表面上形成有规则的表面浮凸（图 5-14），这个现象说明马氏体是通过奥氏体的均匀切变方式进行的。奥氏体中已转变为马氏体的部分发生了宏观切变而使点阵发生改组，且带动靠近界面的还未转变的奥氏体发生了弹塑性应变，故在磨光表面出现部分凸起的浮凸现象。若相变前在试样磨面上刻一直线划痕 STR，则相变后直线变成了折线 S′T′TR，如图 5-15b 所示。原来的虚线 FG 和 EH 代表的平面，则变成了由折线 FBCG 和 EADH 表示的曲面，形成凹陷或凸起。但是，应注意到其中 abcd 组成的平面在切变过程中既未发生转动也未发生移动，该面即为针状马氏体的中脊面，称为不变平面。

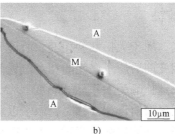 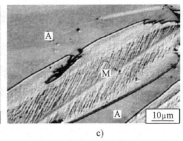

图 5-14　在 Fe-Ni-Co 合金中的针状马氏体光学照片[11]
a）Fe-31%Ni　b）Fe-30%Ni-10%Co　c）Fe-33%Ni

表面浮凸现象表明，马氏体相变是在不变平面上产生的均匀应变。所谓不变平面应变，是指任一点的位移与该点距不变平面的距离成正比的应变。图 5-16 所示为三种类型的不变平面应变，图 a 为只发生了膨胀（膨胀量为 δ）或收缩的不变平面应变；图 b 为发生了切

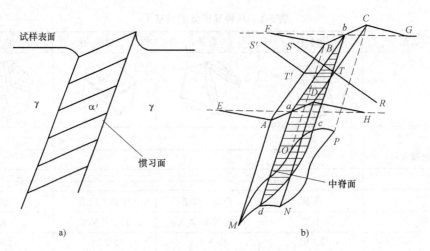

图 5-15　马氏体形成时引起的表面浮凸示意图

变；图 c 为膨胀的同时伴随着切变。三种应变下的不变平面为 Z_1 所表示的底面。

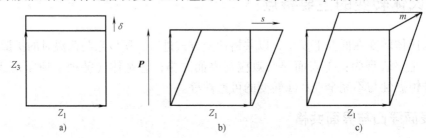

图 5-16　三种不变平面的应变示意图

（P 为单位矢量；δ、s、m 分别为膨胀量、切变量和膨胀 + 切变量；δ 平行于 Z_3，s 平行于 Z_1）

a）膨胀或收缩　b）切变　c）切变加膨胀

　　不变平面可以是相界面（李晶面）或非相界面（中脊面）。界面上的原子排列既属于马氏体又属于奥氏体，是两相共有的界面，所以为共格界面。这种共格界面是以母相的切变来维持共格关系的，故称为第二类共格界面。

5.3.2　马氏体转变的无扩散性

　　马氏体转变是低温下的转变，属于无扩散型相变。所谓无扩散型相变，是指母相以均匀切变方式转变为新相。因此，相变前后原子之间的相对位置并没有发生改变，而是整体进行了一定的位移。这种转变被形象地比喻为"军队式转变"（Military）。

　　相反，扩散型相变则是指相界面向母相推移时，原子以散乱方式由母相转移到新相，每个原子移动方向任意，原子相邻关系被破坏。相对于无扩散型转变的有序性，扩散型相变则被形象地比喻为"平民式转变"（Civilian）。前几章所述的奥氏体相变和珠光体转变均属于扩散型相变。

　　扩散型相变和无扩散型相变机制示意图如图 5-17 所示。

　　马氏体转变的无扩散性特点可由以下实验证据得到证明：

　　1）碳钢中马氏体转变前后碳的含量无变化，奥氏体和马氏体的成分一致，仅发生晶格改组，并发生均匀切变，即由面心立方奥氏体 γ 转变为体心正方马氏体 α′。由于高温时碳在 γ-Fe 中的溶解度远远高于室温下碳在 α-Fe 中的溶解度，所以这时的固溶体呈过饱和态。

2）马氏体转变可在相当低的温度范围内进行，并且转变速度极快。例如，在 $-20 \sim -196℃$，每片马氏体的形成时间为 $5 \times (10^{-5} \sim 10^{-7})$ s，其转变速度远远超过扩散速度。

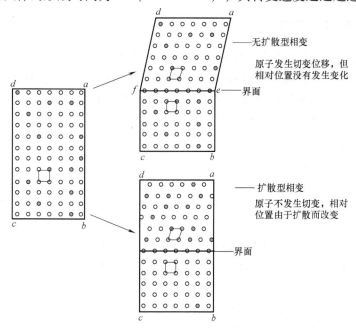

图 5-17　扩散型相变和无扩散型相变机制示意图[20]

5.3.3　非恒温转变与转变的不完全性

通常情况下，马氏体转变开始后必须不断降低温度，转变才能继续进行。所以，马氏体转变具有非恒温性，主要表现在以下两个方面：

1）马氏体转变有转变开始和转变终了温度。转变开始温度用 Ms 表示，转变终了温度用 Mf 表示（图 5-18a）。随着温度不断下降马氏体转变量增加，转变量是温度的函数。通常冷却到 Mf 温度后，仍不能得到 100% 马氏体，而保留有一定数量的未转变奥氏体。

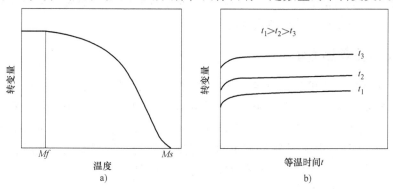

图 5-18　马氏体转变量与温度和等温时间的关系

a）马氏体转变量与温度的关系　b）马氏体转变量与等温保持时间的关系

2）马氏体转变无孕育期（除等温马氏体外），在一定温度下转变不能进行完全。马氏体转变与珠光体转变不同，它不需要孕育期，一旦温度达到 Ms，立即发生相变，但在一定的温度下不能全部转变为马氏体。马氏体转变有时也出现等温转变的情况，但都不能使马氏体转变进行到底，如图 5-18b 所示。

5.3.4 马氏体转变的可逆性

冷却时，高温相可以通过马氏体相变机制而转变为马氏体，开始点为 Ms，终了点为 Mf；加热时，马氏体也可通过逆向马氏体相变机制而转变为高温相，开始点为 As，终了点为 Af，如图 5-19 所示。图中 T_0 为奥氏体与马氏体自由能相同时的温度。对于钢来说，高温相为奥氏体，因此，马氏体转变具有可逆性。通常 As 比 Ms 高，两者之差由合金成分决定，有的只相差几十摄氏度，有的则相差几百摄氏度。例如，Au-Cd、Ag-Cd 等合金的 $As - Ms$ 为 $20 \sim 50\,^{\circ}\!C$，而 Fe-Ni 合金的相差大于 $400\,^{\circ}\!C$。

在 Fe-C 合金中难以观察到马氏体的逆转变。这是由于含碳马氏体是碳在 α-Fe 中的过饱和固溶体，加热时极易分解，因此在尚未加热到 As 点时，马氏体就已经分解了，所以得不到马氏体的逆转变。所以可以推想，如果以极快的速度加热，使马氏体在加热到 As 点以前来不及分解，则可能出现逆转变。当然，该推测还有待进一步的实验验证。

综上所述，马氏体相变有许多不同于其它相变的特点，但应该说明，马氏体相变区别于其它相变的最基本的两个特点是：①相变以共格切变的方式进行；②相变的无扩散性。所有其它特点均可由这两个基本特点派生出来。

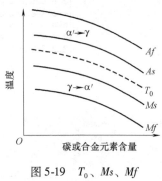

图 5-19 T_0、Ms、Mf 与合金成分的关系

5.4 马氏体转变机理

马氏体转变是在无扩散条件下，晶体由一种结构通过切变转变为另一种结构的变化过程。马氏体转变也是形核和长大的过程。在相变过程中，涉及相变的热力学条件、动力学过程（转变速度）、马氏体形核以及切变过程等。对于这些问题的深入认识，有助于揭示马氏体相变的本质和开拓更多的马氏体实际应用。

5.4.1 马氏体转变热力学

马氏体转变符合一般相变的规律，也遵循相变的热力学条件，其相变驱动力是新相与母相的化学自由能差。通过对马氏体相变热力学的研究，可以定量地求出相变驱动力及马氏体转变温度 Ms。20 世纪 40 年代，Morris Cohen 等试图以热力学计算 Fe-C 的 Ms 温度，结果未获成功。直到 1979 年，徐祖耀对 Fe-C 相变的热力学计算才取得突破。此后，对铁基合金和钢的马氏体相变提出了一些模型，求得的 Ms 与实验相吻合[21]。

1. 马氏体转变的热力学条件

钢中奥氏体冷却时，只有当温度达到 Ms 点以下才能发生马氏体转变。从合金热力学可知，成分相同的奥氏体与马氏体的化学自由能随着温度的升高而下降，如图 5-20 所示。由于两者随温度的变化速率不同，在 T_0 处相交，即 T_0 为任一成分的 Fe-C 合金奥氏体与马氏体的自由能相同的温度。在 T_0 以下马氏体的自由能低于奥氏体的自由能，所以应由面心立方的奥氏体转变为成分相同的体心立（正）方的马氏体。但实际上并不是温度在 T_0 以下就能发生这一转变，而是只有当温度低于某一特定值（Ms）时，这一转变才能发生。即转变需要一个过冷度，用 ΔT 来表示

$$\Delta T = T_0 - Ms \tag{5-5}$$

ΔT 也称为热滞，其大小视合金成分而定，几十摄氏度到几百摄氏度不等。

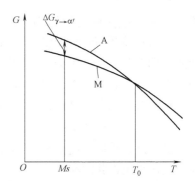

图 5-20 马氏体与奥氏体自由能随温度的变化曲线

为什么马氏体转变需要这么大的过冷度才能进行呢？

从热力学分析，相变需要驱动力，以克服新相形成过程中必然遇到的阻力，因此只有当驱动力大于阻力时，相变才能发生。

马氏体相变的驱动力 $\Delta G_{\gamma\rightarrow\alpha'}$ 包括：①马氏体与奥氏体的自由能差 ΔG_V，过冷度越大，ΔG_V 越大；②奥氏体晶体缺陷中所储存的畸变能量 ΔG_D。

马氏体相变阻力包括：①马氏体转变产生新界面，即界面能 $S\sigma$；②马氏体转变时比体积变化产生的弹性能 ΔG_S；③马氏体转变时克服切变抗力要消耗的功；④形成马氏体时造成的大量位错、孪晶而升高的能量；⑤邻近马氏体的奥氏体中产生的协调塑性变形所消耗的能量。

因此，马氏体转变时自由能的变化 ΔG 为

$$\Delta G = -(\Delta G_V + \Delta G_D) + S\sigma + \Delta G_S + \Sigma \Gamma \tag{5-6}$$

式中，$\Sigma \Gamma$ 为除了相变界面能和弹性能以外的其它相变阻力的和。当温度达到 Ms 时，（$\Delta G_V + \Delta G_D$）等于马氏体转变的阻力（$S\sigma + \Delta G_S + \Sigma \Gamma$），系统自由能等于零，所以，（$\Delta G_V + \Delta G_D$）即为马氏体转变所需的驱动力 $\Delta G_{\gamma\rightarrow\alpha'}$。

综上所述，由于马氏体转变时需要增加的能量较多，故阻力较大，使转变必须在较大过冷度下才能进行。

2. Ms 点的物理意义

Ms 点是奥氏体和马氏体的两相自由能之差达到相变（$\gamma\rightarrow\alpha'$）所需的最小驱动力值时的温度。显然，相对于一定的 T_0 点，若 Ms 越低，则热滞（$T_0 - Ms$）值越大，相变所需的驱动力也越大。所以，马氏体相变驱动力与热滞成比例，即

$$\Delta G_{\gamma\rightarrow\alpha'} = \Delta S(T_0 - Ms) \tag{5-7}$$

式中，ΔS 为 $\gamma\rightarrow\alpha'$ 转变时的熵变。

Ms 点处马氏体相变驱动力的大小对马氏体相变的特点会产生很大的影响。在相变驱动力很大时，马氏体相变易表现出快速长大、降温形成或爆发式形成等特点，钢和铁合金均属此例。而在相变驱动力很小时，往往会形成热弹性马氏体（见 5.4.2）。

对于马氏体的逆转变，As 点的物理意义与 Ms 点相似，并且逆转变（$\alpha'\rightarrow\gamma$）驱动力的大小亦和（$As - T_0$）成比例。

3. 影响 Ms 点的因素

（1）奥氏体的化学成分　奥氏体中的碳含量是影响 Ms 点的最主要因素，随着碳含量的

增加，Ms、Mf 下降，且 Mf 比 Ms 下降得快（图 5-21），所以能扩大马氏体的转变温度范围。氮也是强烈降低 Ms 点的元素，而铝、钴则是提高 Ms 点的元素，其余合金元素一般使 Ms 点降低（图 5-22）。有很多研究者根据实验结果总结了估算 Ms 点的经验公式，例如对于含有 Mn、V、Cr、Ni、Cu、Mo、W、Co、Al 等合金元素的钢，有

$$Ms（℃）=550-361×（C\%）-39×（Mn\%）-35×（V\%）-20×（Cr\%）-17×（Ni\%）-$$
$$10×（Cu\%）-5×（Mo\%+W\%）+15×（Co\%）+30×（Al\%） \tag{5-8}$$

以上公式是把合金元素对马氏体点的影响看成为各个元素作用的简单的加权线性叠加，实际上这些元素共同存在时是有相互作用的，所以经验公式只是近似值，工程实际中还是采用实验方法来测定 Ms 点。

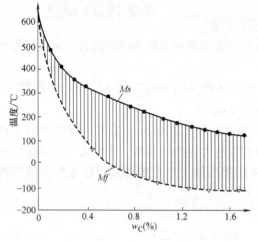 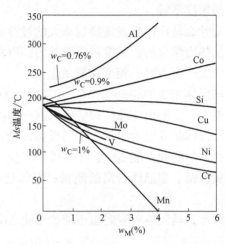

图 5-21　马氏体转变温度与含碳量的关系　　图 5-22　合金元素及其含量对马氏体转变温度的影响

（2）加热规程的影响　提高奥氏体区内加热温度或延长加热时间可提高 Ms 点，其原因可能与奥氏体晶粒长大、奥氏体成分均匀化或与奥氏体内部缺陷的减少有关。如图 5-23a 所示，随着母相晶粒尺寸的增大，Ms 点升高。研究认为，其根本原因是奥氏体的屈服强度大小决定了马氏体相变时的切变阻力。奥氏体晶粒越粗大、奥氏体内部缺陷越少，奥氏体的屈服强度越低，母相切变时需要克服的阻力越小，所以导致 Ms 点越高。

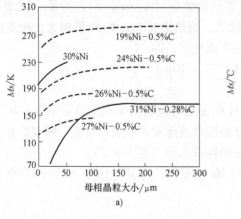 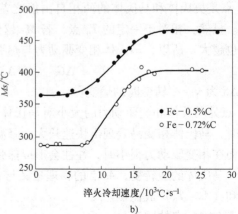

a)　　　　　　　b)

图 5-23　母相晶粒尺寸和冷却速度对 Ms 点的影响

（3）冷却速度的影响 当冷却速度大于临界冷却速度时，奥氏体才能过冷到 Ms 点以下转变为马氏体。在淬火速度较低时，观察不到 Ms 点随淬火速度的变化，这时形成一个较低的台阶，即一般所说的 Ms 温度，或名义 Ms；如果进一步提高冷却速度，则 Ms 点会升高。如图5-23b所示，Fe-0.5%C合金当冷却速度增加到6600℃/s时，Ms 点将上升；在很高的淬火速度下，出现 Ms 温度保持不变的另一个台阶，大约比第一个台阶高80～135℃。但一般工业用淬火冷却介质能达到的冷却速度对 Ms 点基本没有影响。

（4）塑性变形的影响 奥氏体状态下的塑性变形方式和变形量对马氏体相变 Ms 点有显著影响。韩宝军等[22]研究了Fe-32%Ni合金在形变温度550℃下（奥氏体区），经过多道多向锻压变形后奥氏体的马氏体相变过程。研究结果表明，随着累积应变量的增大，由于发生了动态回复再结晶，奥氏体组织得到细化（图5-24），深冷处理后马氏体转变量逐渐减少，Ms 点逐渐降低，最终趋于恒定（图5-25）。其原因是奥氏体的细晶强化以及形变位错的引入导致母相加工硬化，抑制了马氏体形核，随着形变的累积，奥氏体的晶粒细化效果逐渐减弱，使得马氏体生成量减少的趋势也逐渐减弱，最终趋于恒定。

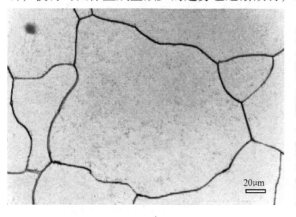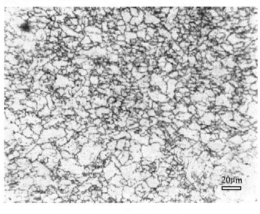

a)   b)

图5-24 奥氏体变形量对晶粒大小的影响

a）$\Sigma\varepsilon=0$ b）$\Sigma\varepsilon=1.6$

但是，已有大量研究发现，当在 Ms 点以上一定温度范围内（$T_0\sim Ms$）对过冷奥氏体进行塑性变形时，会出现马氏体转变，这样的马氏体称为形变诱发马氏体。由此可见，在较低温度下的塑性变形对 Ms 点的影响与在高温下变形的结果相反，即较低温度下的变形可提高 Ms 点。

4. 形变诱发马氏体

如上所述，形变诱发马氏体是指在 T_0 与 Ms 之间，由于奥氏体发生塑性变形而形成的马氏体。马氏体量与形变温度有关，温度越高，形变能诱发的马氏体量越少。高于某一温度时，形变不再能诱发马氏体，该温度称为形变马氏体转变开始

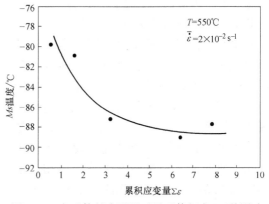

图5-25 奥氏体的变形量对马氏体相变 Ms 的影响

点，用 Md 表示。

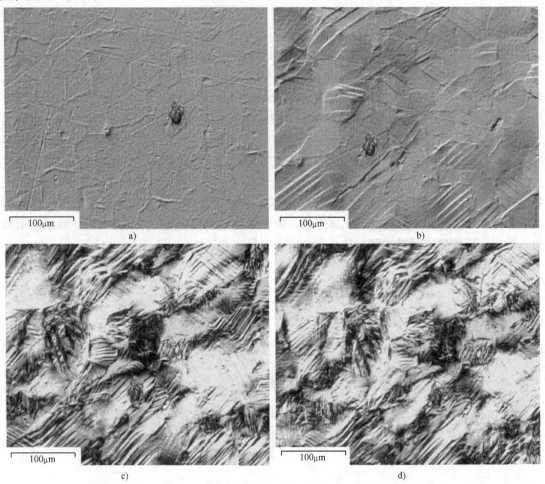

图 5-26 Ni-Ti 合金中的形变诱发马氏体相变[23]

a）变形量 =0% b）变形量 =2% c）变形量 =4% d）变形量 =10%

图 5-26 所示为对 Ni-Ti（$w_{Ni} =55.6\%$）合金在室温下进行不同量变形时，马氏体转变量随变形量变化的金相照片。可见，在室温下未实施变形时为奥氏体，变形后产生马氏体，并随着变形量的增加马氏体量增多。

发生形变诱发马氏体的原因是由于塑性变形提供了机械驱动力，使马氏体转变点升高的缘故。图 5-27 所示为施加一定塑性变形后自由能变化的示意图。由图可见，塑性变形相当于提高了系统自由能，在 T_1 处，由塑性变形提供的机械驱动力补充了化学驱动力的不足，使两者之和达到发生马氏体相变所需的驱动力 $\Delta G_{\gamma \to \alpha'}$，因此当温度为 T_1 时就可发生马氏体转变，这里 T_1 对应的温度即为形

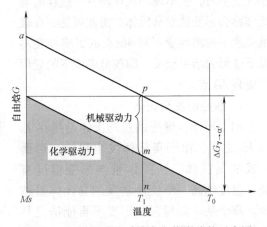

图 5-27 塑性变形对系统自由能影响的示意图

变马氏体点 Md。塑性变形同样也能使马氏体向奥氏体的逆转变在 T_0 与 As 之间发生，其转变开始温度用 Ad 表示。

塑性变形可以促进马氏体的转变，提高马氏体转变温度，同时，形变诱发马氏体转变也可以进一步提高塑性，称为马氏体相变诱发塑性。其原因是由于形变诱发马氏体的产生，提高了加工硬化率，使已发生塑性变形的区域难以继续发生形变，阻抑了缩颈，即提高了均匀塑性变形的极限；由于塑性形变而引起的应力集中处产生了形变诱发马氏体，使该处的应力集中得到松弛，从而有利于防止微裂纹的形成和扩展，表现为使韧性增强。

5.4.2 马氏体转变动力学特点

一般相变的转变速度取决于形核率与长大速度，马氏体转变也是通过形核和长大过程进行的。Kurdjumov 首先提出马氏体相变是形核和长大过程[24]，师昌绪等[25]对等温马氏体相变的研究也确认马氏体相变呈明显的形核长大特征。所以，马氏体转变速度也取决于形核率和长大速度。但马氏体转变动力学较复杂，长大速度很快，所以形核率是控制马氏体长大的主要因素。

徐祖耀按相变驱动力大小和形成方式不同，把马氏体相变分为变温、等温、爆发式和热弹性相变[26]。下面介绍这几类马氏体转变的动力学特点。

1. 变温马氏体转变（变温瞬时形核）

变温马氏体转变是指在降温过程中随着温度降低，转变量增大的马氏体转变。大多数钢具有变温马氏体相变特点，如图 5-28 所示，即：①Ms 点以下必须不断降温，马氏体核才能不断形成，而且形核速度极快，瞬时形成；②长大速率极快，甚至在 $-196℃$ 低温下，仍能以 10^5 cm/s 的线速度长大；③单个马氏体晶粒长大到一定大小后不再长大，要继续发生马氏体转变必须进一步降低温度，以形成新的马氏体核并长成新的马氏体。因此称为变温马氏体转变。根据这些特点可以看出，马氏体转变速度取决于形核率，而与长大速度无关。

研究表明，马氏体转变的体积分数 (f) 与 $(Ms\text{-}T_q)$ 呈指数关系[27]，即

$$1-f = \exp[\alpha(Ms\text{-}T_q)] \tag{5-9}$$

式中，T_q 为淬火介质的温度；$\alpha = -0.011$（$w_C < 1.1\%$ 的 Fe-C 合金）[28]。

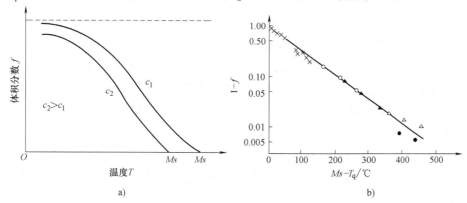

图 5-28 Fe-C 合金变温马氏体相变动力学曲线
a）不同碳含量钢的 T-f 曲线 b）指数方程曲线

由式（5-9）可见，降温形成的马氏体转变量主要取决于冷却所能到达的温度 T_q，即取

决于 *Ms* 点以下的深冷程度。等温保持时，转变一般不再进行。图 5-29 所示为 18CrNiWA 钢的马氏体变温形成时在高温金相显微镜下原位观察的照片。可见，随着淬火温度的降低，马氏体的转变量增加，当冷至 240℃时（达 *Mf* 点），转变完成。

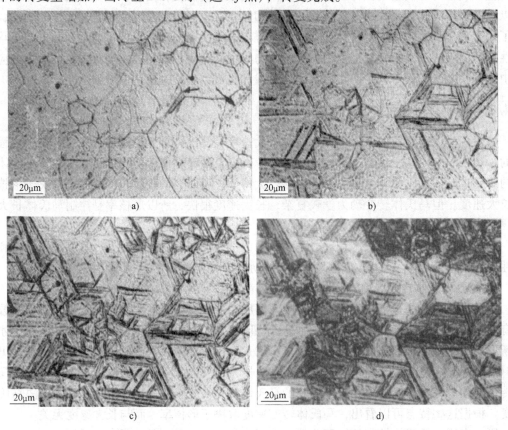

图 5-29　18CrNiWA 钢的马氏体降温形态的动态观察[29]

a) 冷至 375℃，M = 1%　b) 冷至 345℃，M = 30%　c) 冷至 310℃，M = 95%　d) 冷至 240℃，M = 100%

2. 爆发式转变（自触发形核）

一些 *Ms* 温度低于 0℃的合金冷至一定温度 M_B（$M_B \leq Ms$）时，可瞬间（几分之一秒）剧烈地形成大量马氏体，这种马氏体形成的方式称为爆发式转变[30]。

图 5-30 所示为 Fe-Ni-C 合金马氏体转变的情况，其中直线部分的转变就是爆发式。经爆发式转变后随温度下降呈正常的变温转变。当第一片马氏体形成后，会激发出大量的马氏体而引起爆发式转变，其形状常呈"Z"形，马氏体片呈现如图 5-31 所示的中脊面。Fe-Ni-C 马氏体在 0℃以上形成时，惯习面为 $\{225\}_\gamma$，当大量爆发出现时，惯习面接近 $\{259\}_\gamma$。可以推想，这种马氏体形成时，一片马氏体尖端的应力促使另一片惯习面为 $\{259\}_\gamma$ 的马氏体的形核和长大，因而呈连锁反应式转变。爆发转变停止后，为使马氏体转变继续进行，必须继续降低温度。

在爆发式转变时伴有声音并释放出大量相变热，在适当条件下爆发量达到 70% 时使试样温度上升约 30℃，使后续的正常转变"稳定化"，甚至被抑制。因此，经爆发式转变以后，温度下降对马氏体形成量的影响并不反映其动力学性质。

爆发式相变和等温相变常常交叉或相伴出现。例如，将试样淬至近 M_B 时使产生少量等温转变，随后则会产生大的爆发式转变[31]。在 Fe-Ni（$w_{Ni} > 7\%$）合金中加入锰或铬则会由爆发式相变变为等温相变[32]。

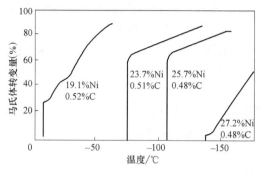

图 5-30　Fe-Ni-C 合金马氏体
转变曲线[33]

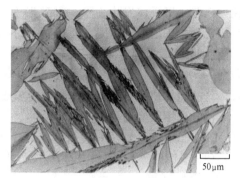

图 5-31　Fe-30% Ni-0.31% C 合金中发生的
爆发式马氏体转变产物形貌[34]

3. 等温马氏体转变（等温形核）

有些合金的马氏体完全由等温形成，其转变的动力学曲线也呈"C"形特征，这样的转变称为等温马氏体转变。

图 5-32 所示为 Fe-25.7% Ni-2.95% Cr 合金的等温马氏体转变动力学曲线，图中曲线由电阻率测量获得。由图可见，这种曲线的典型形式是转变缓慢地开始，然后加速，在转变完成百分之几以后达到最大速率，然后再减速、缓慢停止。随着等温温度的降低，等温转变速度增大。当转变速度经过一个极大值（大多数合金约在 −135℃）以后，等温转变速度和转变量又随等温温度的下降而逐渐降低。因此，这种等温转变的全部动力学行为也可以用时间-温度-转变量（TTT）曲线表示，如图 5-33 所示。可见，开始转变速率较小，以后因温度降低而加快，当降到 −135℃附近达到最大速率，即所谓鼻尖部，然后又减慢下来，呈"C"形曲线的特征。

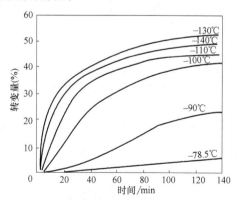

图 5-32　Fe-25.7% Ni-2.95% Cr 合金的等温
马氏体转变动力学曲线[35]

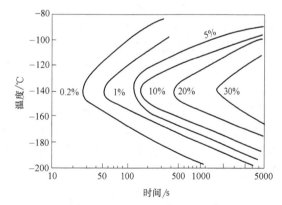

图 5-33　Fe-Ni-Mn 合金马氏体
等温转变"C"曲线[25]

等温马氏体转变的特点是：①马氏体核可以等温形成，形核需要孕育期，但长大速率仍然极快；②马氏体转变的形核率与转变速率均随过冷度的增加，呈先增加而后减小的趋势。马氏体形核是典型的热激活过程，因此可以说等温转变受热激活控制。

应当指出，马氏体等温转变一般都不能进行到底，仅部分奥氏体可以等温转变为马氏体，完成一定的转变量后即停止，只有在更低的等温温度下才能继续发生马氏体等温转变。这一现象与马氏体转变的热力学特点有关，随着等温转变的进行，由马氏体转变产生的体积变化使未转变奥氏体发生变形，导致形变强化，从而使奥氏体向马氏体转变的切变阻力增大。因此，必须增加过冷度，使相变驱动力增大，才能使转变继续进行。

图 5-34 所示为奥氏体 Fe-31% Ni-0.4% Cr 合金在液氮温度下等温时，等温马氏体生长的背散射 SEM 照片。从图中可以看到，马氏体在原奥氏体晶内形核并长大，在晶界长大终止。马氏体量的增加依赖于在奥氏体晶粒内形成新的马氏体晶核。

有些合金钢以变温马氏体相变为主，但也兼具等温马氏体相变的特征。例如，18% W-4% Cr-1% V 高速钢在冷处理发生变温马氏体相变中，在 -30℃停留 1h，会形成少量等温马氏体；GCr15 钢经淬火后，其残留奥氏体内会发生等温马氏体相变。

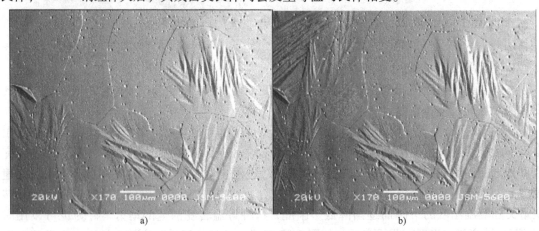

图 5-34　奥氏体 Fe-31% Ni-0.4% Cr 合金等温马氏体生长的背散射 SEM 照片 （-196℃等温）[36]

a) 等温 3min　b) 等温 6min

概括以上三种马氏体转变的特点，其主要差别是形核及形核率不同，而形核后三种马氏体的长大速度在不同转变温度下均非常大。

4. 热弹性马氏体转变

在前面所述的三类马氏体相变中，一个共同特征是形核以后以极快速度长大到一极限尺寸即停止，如要继续发生马氏体相变，必须继续降温以形成新的晶核，长成新的马氏体片，才能继续转变。这是因为，马氏体形成时引起的形状变化在初期可依靠相邻母相的弹性变形来协调，但随着马氏体片的长大，其弹性变形程度不断增大，当变形超过一定限度时，便发生塑性变形，使共格界面遭到破坏，长大需要额外的能量，故马氏体片即停止长大。这个过程是不可逆的。

与此不同，在某些合金中马氏体形成时，产生的形状变化始终依靠相邻母相的弹性变形来协调，保持着界面的共格性。这样，马氏体片可随温度降低而长大，随温度升高而缩小，亦即随温度的升降发生马氏体片的消长。具有这种特性的马氏体称为热弹性马氏体。

出现热弹性马氏体的必要条件是：①马氏体与母相的界面必须维持共格关系，为此，马氏体与母相的比体积差要小，以便使界面上的应变始终处于弹性范围内；②母相应具有有序点阵结构，因为有序化程度越高，原子排列规律性越强，在正、逆转变中有利于使母相与马氏体之间维持原有不变的晶体学取向关系，以实现转变的完全可逆性[37]。

热弹性马氏体相变的判据为：①临界相变驱动力小，热滞小；②相界面可发生可逆运动；③形状应变为弹性协作，马氏体内的弹性储存能对逆相变驱动力作出贡献。当满足这三个条件时为完全的热弹性形变；当部分满足这三个条件时为近似（半）热弹性相变；当完全不符合这些条件时为非热弹性相变，即一般的变温相变，也包括爆发式相变[38]。

某些有色合金，如 Ni-Ti、Au-Cd、Cu-Al-Ni、Cu-Zn-Al、In-Tl 等，它们的马氏体相变的临界驱动力很小，可比铁基合金低两个数量级。如 Cu-26% Zn-4% Al 合金的临界驱动力约为 10.5J/mol，相变热滞小，As 与 Ms 仅相差 10℃左右，相界面随温度改变而伸缩，形状应变全部由弹性协作，马氏体内的储存能供作逆相变的驱动力。因此，这些合金的马氏体相变属于完全的热弹性相变。图 5-35 所示为 Cu-Al-Zn 合金的热弹性马氏体相变组织演变过程，从图中可以看到由马氏体状态加热时发生奥氏体逆转变的过程以及降温时的马氏体转变。

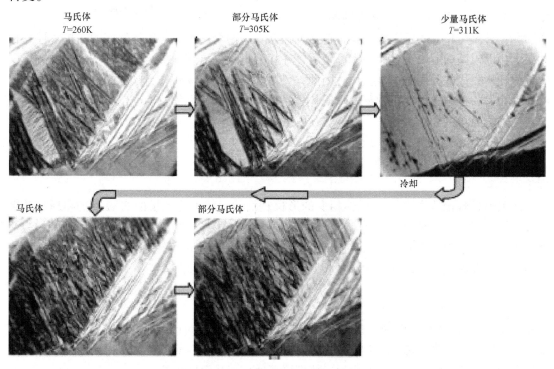

图 5-35　Cu-Al-Zn 合金的热弹性马氏体相变组织演变过程照片[39]

Fe-30% Ni 合金中 $\gamma \rightarrow \alpha'$ 的相变临界驱动力很大（> 1000J/mol），As 比 Ms 约高了 400℃，形成的变温马氏体瞬间长大至最终形状，相界面为不可动界面，并形成位错来协调相变所产生的形状应变，其逆相变驱动力完全由化学驱动力来提供，因此属于非热弹性相变。多数工业用钢的马氏体相变属于此类相变。

图 5-36 比较了 Fe-Ni 和 Au-Cd 两类合金的相变热滞。可见，Fe-Ni 合金马氏体相变的热滞大，冷却到 $Ms = -30℃$ 才发生马氏体相变；加热时，温度升到 $As = 390℃$，马氏体逆转变为奥氏体。而 Au-Cd 合金马氏体相变的热滞小得多，属于热弹性马氏体相变。

对比以上几种马氏体转变的动力学特征可以发现，变温相变主要受相变驱动力的控制，等温相变主要受热激活因素控制，两者呈现不同的动力学特征。需要相变驱动力很大的合金一般会呈现等温相变；相变驱动力大小一般的则呈现变温相变，相变驱动力很小时往往呈现热弹性相变[40]。相变驱动力较大的变温相变往往呈现爆发式的动力学特征，爆发式相变和等温相变会在同一材料中发生。

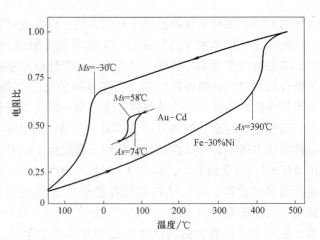

图 5-36　Fe-Ni 合金和 Ag-Cd 合金
马氏体相变的热滞比较

5.4.3　马氏体的形核与长大

马氏体的相变过程是固态相变领域长期受到普遍关注的一个重要的学术问题。马氏体相变属于一级相变，包括形核与长大两个过程。马氏体转变的无扩散性及在低温下仍以很高的速度进行等事实都说明，在相变过程中点阵的重组是由原子集体的有规律的近程迁移完成的，而无成分变化。因此，可以把马氏体转变看作为晶体由一种结构通过切变转变为另一种结构的变化过程。马氏体核是怎样形成和长大的？切变又是如何进行的？下面对此进行简单的介绍。

1. 马氏体的形核

有关马氏体的形核有几种不同的学说，即经典形核理论、非均匀形核理论和核胚冻结理论。

经典形核理论认为[41]，马氏体相变的形核是均匀形核。但大量的实验事实和理论计算已经证明，经典形核理论对马氏体的形核是不适用的。形核取决于形成临界尺寸核胚的激活能，即原子从母相转入新相所需克服的能垒（临界形核势垒）。图 5-37a 所示为马氏体均匀形核的自由能曲线，形成临界大小的核胚所需要的激活能 Q 为

$$Q = \Delta G = \frac{32}{3}\pi \times \frac{A^2\sigma^3}{(\Delta g)^4} \tag{5-10}$$

式中，ΔG 为系统的自由能变化；Δg 为单位体积新相与母相的自由能差；σ 为单位体积表面能；A 为弹性能常数，它正比于奥氏体剪切模量。按照式（5-10）计算所得到的形核激活能比实际值要大 10^5 数量级，所以均匀形核理论不适用于马氏体形核。

非均匀形核理论认为，形核位置与母相中存在的缺陷有关。早已得知，母相晶粒界面和第二相相界面对马氏体形核并无促进作用，因而可以推想，马氏体非均匀形核的促发因素应与晶体缺陷有关。这些缺陷可能是位错、层错等晶粒内部的缺陷，而很少是晶界或相界面。所以，马氏体形核一般在晶粒内部发生，如钢中的马氏体在奥氏体晶粒内形核并长大，这已被实验观察所证明。如果在缺陷处形核，则形核势垒 ΔG^* 以及晶胚的临界尺寸（r^*、c^*）都可能减小（图 5-37b），这里晶胚形状假设为透镜片状，其中片厚为 $2c$，直径为 $2r$。所以，不均匀形核可以减小转变所需的驱动力，因此形核是不均匀形核。

如果形核是非均匀的，那么，这些晶核是在什么阶段形成的呢？

核胚冻结假说认为，在奥氏体中已经存在具有马氏体结构的微区，这些微区是在高温下

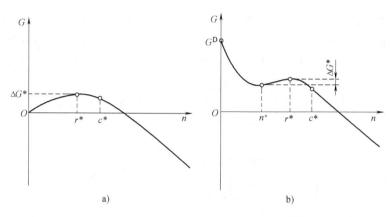

图 5-37 马氏体形核自由能曲线示意图[42]

a) 均匀形核 b) 不均匀形核

母相奥氏体中的某些与晶体缺陷有关的有利位置,通过能量起伏及结构起伏形成的。它们随温度降低而被冻结到低温,可称为核胚。当核胚的尺寸达到临界晶核尺寸时,该核胚就成为马氏体的晶核。根据形核理论,临界晶核尺寸与过冷度有关,温度越低,即过冷度越大,临界晶核尺寸越小。由于存在于母相奥氏体中的核胚尺寸不一,所以那些较大的核胚就可以在较高的马氏体转变温度时成为马氏体的晶核;而较小尺寸的核胚,则在较低温度时成为马氏体的晶核。当大于临界尺寸的核胚消耗殆尽时,相变就停止,只有进一步降低温度,才能使更小的核胚成为晶核而长成马氏体。这一理论很好地解释了变温马氏体的瞬时形核。而在等温过程中,某些尺寸小于该温度下临界晶核尺寸的核胚有可能通过热激活而长大到临界尺寸。由于是从已有核胚增大到临界尺寸,故所需形核功不大,在低温下是可能的。核胚随等温时间延长通过热激活而成为晶核,这就解释了马氏体相变的等温形核。这种预先存在马氏体核胚的设想,后来从电子显微分析中获得了一些间接的证明[43]。

2. 马氏体的切变

马氏体核形成后,通过切变长成马氏体片或条。马氏体相变晶体学研究对于解释马氏体如何进行切变发挥了重要作用。研究经历了三个阶段:第一阶段是贝茵(1924 年)应变模型的提出,但由于该应变模型不能说明惯习面的形成机制,故并未引起人们多大的注意;第二阶段是从 K-S 模型(1930 年)开始到 20 世纪 50 年代初,在这个阶段提出了几种切变模型,这些模型都是对某一具体事例设计一种切变晶体学模型,来说明位向关系、惯习面和外形变化的形成原因,各个切变模型之间缺乏统一的理论体系;第三阶段是 20 世纪 50 年代初形成的马氏体相变晶体学唯象理论,它吸收了贝茵应变和切变模型研究中的合理部分,从不变平面应变这一基本观点出发,设计了一套可以定量处理的应变模型,包括改变点阵结构的和不改变点阵结构的两类模型,全面说明母相及新相的点阵结构、对应性、位向关系、惯习面(指数)、外形变化及马氏体中亚结构参数(如孪晶面、孪晶片厚度、密度)之间的关系。

下面介绍几种有代表性的马氏体相变模型。

(1)贝茵(Bain)模型 1924 年,贝茵提出了一种马氏体相变机制,称为贝茵(Bain)模型。贝茵模型把 fcc 点阵看成是 bct(体心正方)点阵,其轴比为 1.414(即$\sqrt{2}/1$),如图 5-38a、b 所示。按照这一模型,高碳钢中面心立方的奥氏体转变为体心正方的马氏体时只需沿一个立方体轴进行均匀压缩，以调整到马氏体的点阵常数，如 $w_C = 1\%$ 钢的马氏体轴比为 1.05，则沿体心立方的 c 轴方向（图 c 中 b_3 方向）压缩 20%，沿 a 轴方向（图 c 中 b_1、b_2 方向）伸长 12%，使轴比由 1.414 变为 1.05，就成为马氏体晶胞，如图 5-38c、d 所示。

Bain 机制只使原子移动最小距离就可完成转变，并指明在转变前后，新、旧相晶体结构中存在共同的面和方向的晶体学特性，但未能说明相变时出现的表面浮凸及惯习面和亚结构等的存在，因此不能完整地说明马氏体转变的特征。

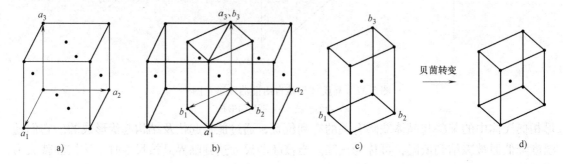

图 5-38　Bain 模型示意图[34]

a）相变前奥氏体的面心立方单胞　b）相变前两个单胞中间的体心正方单胞
c）相变前的体心正方单胞（相变前）　d）相变后的体心正方马氏体

（2）K-S（Kurdjumov-Sachs）模型　20 世纪 30 年代初期，Kurdjumov 和 Sachs 确定了 $w_C = 1.4\%$ 钢中马氏体（α'）和母相（γ）之间存在的位向关系为

$$\{110\}_{\alpha'} // \{111\}_{\gamma}; \quad <111>_{\alpha'} // <110>_{\gamma} \tag{5-11}$$

式（5-11）称为 K-S 关系。根据 K-S 模型，马氏体相变过程发生的切变如图 5-39 所示。图 5-39a 为面心立方点阵示意图，图中阴影部分为 $(111)_{\gamma}$ 面的排列情况。如果以该阴影部分 $(111)_{\gamma}$ 为基面（图 5-39b），则相变经历了两次切变过程。

1）第一次切变：令 γ-Fe 点阵中各层 $(111)_{\gamma}$ 晶面上的原子相对于其相邻下层沿 $[\bar{2}11]_{\gamma}$ 方向先发生第一次切变（原子移动小于一个原子间距，使第一、三层原子的投影位置重叠起来，如图 5-39c 所示），切变角为 19°28′。图中 B 层原子移动了 $\frac{1}{12}\gamma_{[\bar{2}11]}$（0.057nm），C 层原子移动了 $\frac{1}{6}\gamma_{[\bar{2}11]}$（0.114nm），往上各层原子移动距离按比例增加，但相邻两层原子移动距

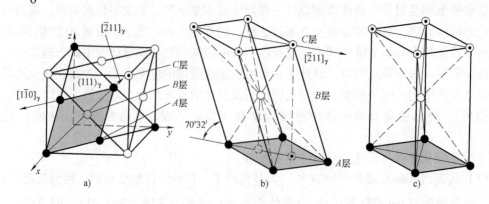

图 5-39　K-S 模型示意图

离均为 $\frac{1}{12}\gamma_{[\bar{2}11]}$。这样，$B$ 层原子移动到了菱形底面的中心，C 层原子移动到了与 A 层原子重合的位置，使 C 层原子与 A 层原子的连线正好垂直于底面（图 5-39c）。第一次切变前后在 $(111)_\gamma$ 基面上的投影分别如图 5-40a 和 b 所示。

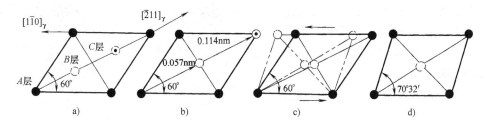

图 5-40　K-S 模型平面投影图

2）第二次切变：由图 5-40c 和 d 可见，在 $(\bar{2}11)_\gamma$ 晶面［垂直于 $(111)_\gamma$ 晶面］上沿 $[1\bar{1}0]$ 方向发生 10°32′ 的第二次切变，使底面的夹角由 60° 增加到 70°32′。

3）线性调整：使菱形面的尺寸作膨胀或收缩，$\gamma \rightarrow \alpha'$ 转变完成。

可见，马氏体转变不是靠原子的扩散，而是靠与孪生变形相似的方式，即母相中某个晶面上的全部原子相对相邻晶面作协同的、有规律的、小于一个原子间距的位移的切变过程来实现的。

K-S 模型清晰地展示了面心立方奥氏体改建为体心正方马氏体的切变过程，并能很好地反映出新相和母相的晶体取向关系，但是按此模型，马氏体的惯习面似乎应为 $\{111\}_\gamma$，这样可以解释低碳钢中位错型马氏体的特征，却不能解释高碳钢惯习面是 $\{225\}_\gamma$ 和 $\{259\}_\gamma$ 的切变过程。

（3）G-T（Greninger-Troiano）模型　1949 年，Greninger 和 Troiano[44] 对 Fe-22% Ni-0.8% C 合金进行了惯习面和位向关系的测定，同时以表面浮凸效应测得平均切变位移为 10°45′，认为切变是在非简单指数的惯习面上发生的；提出了既符合浮凸效应又符合位向关系的双切变模型，称为 G-T 模型。该模型提出，马氏体相变的切变过程经历了一次宏观均匀切变和一次宏观非均匀切变（即系统内各部分应变量不同），其示意图如图 5-41、图 5-42 所示。

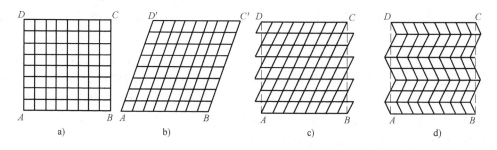

图 5-41　G-T 模型切变过程示意图

a）切变前　b）均匀切变（宏观切变）　c）滑移切变　d）孪生切变

1）在接近 $\{259\}_\gamma$ 晶面上发生第一次切变，产生整体宏观变形，均匀切变使表面发生浮凸，如图 5-41b 所示。

2）在（112）$_\alpha$ 晶面的 $[111]_\alpha$ 方向发生 12°～13° 的第二次切变，使之变为马氏体的体心正方点阵，产生宏观不均匀切变，即它只是在微观的有限范围内保持均匀切变，以完成点阵改建，而在宏观上则形成沿平行晶面的滑移（图 5-41c）或孪生（图 5-41d）。其切变立体示意图如图 5-42 所示。

3）最后作微小调整，使晶面间距符合实验结果。

G-T 模型较好地解释了马氏体转变的点阵改组、浮凸效应、惯习面及取向关系，特别是较好地解释了马氏体内的两种主要的亚结构——位错和孪晶，但尚不能解释 $w_C < 1.4\%$ 的取向关系。

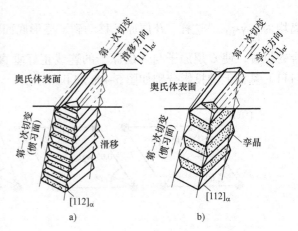

图 5-42　G-T 模型立体示意图
a）二次切变为滑移　b）二次切变为孪生

5.5　淬火时的奥氏体稳定化

过冷奥氏体在淬火过程中发生马氏体转变时，如果因淬火中断（在一定温度下停留）或对奥氏体进行一定塑性变形后，会使随后的马氏体转变出现迟滞或使马氏体转变量减少，这种现象称为奥氏体的稳定化。奥氏体稳定化将引起残留奥氏体量升高，使硬度降低，零件尺寸稳定性降低，但抗接触疲劳能力升高。

奥氏体的稳定化分为热稳定化、力学稳定化、化学稳定化与相致稳定化。

5.5.1　热稳定化

1. 热稳定化现象

淬火冷却时，由于冷却缓慢，或冷却暂时中断，或在转变过程中在一定温度下时效（低于或高于 Ms），会引起奥氏体稳定性提高，导致 Ms 点下降，残留奥氏体量增加，这一现象称为热稳定化。最早是 1937 年在 $w_C = 1.17\%$ 的钢经冷处理时发现的，以后在碳钢、铬钢、镍钢和一些其它合金钢以及 Fe-Ni（含碳）合金里都发现了奥氏体的热稳定化现象。

图 5-43 所示为钢经淬火至不同温度停留一定时间后，继续冷却时奥氏体转变为马氏体的规律。可见，经不同温度停留后继续冷却时，比不停留连续冷却所得的马氏体数量要少；停留温度越低，最终所得的马氏体量越少。在继续冷却时，马氏体转变要滞后一定的温度间隔 θ 后才能继续进行。冷却到室温时，残留奥氏体量增加，增量为 δ。热稳定化程度用滞后温度 θ 和残留奥氏体增量 δ 表示，如图 5-44 所示。

2. 影响热稳定化的因素

（1）钢的化学成分　在钢中的研究发现，奥氏体稳定化的必要条件是必须有 C、N 元素存在。另外，合金元素对稳定化有以下影响：碳化物形成元素（如 Cr、Mo、V 等）能促进热稳定化，非碳化物形成元素（如 Si、Ni 等）影响不大。

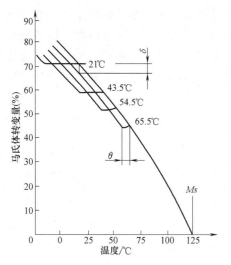

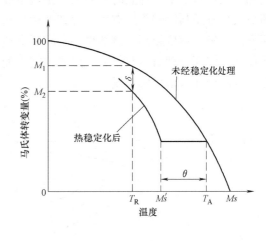

图 5-43 稳定化程度与温度的关系　　　　图 5-44 奥氏体稳定化程度的表示方法

（2）保温温度 稳定化程度与等温温度有关，在 Ms 点以下等温或在 Ms 点以上等温都会出现奥氏体稳定化现象。在 Ms 点以下等温时，等温温度越高，热稳定化速度越快，最大稳定化程度越低[45]；而在 Ms 点以上等温时，等温温度越高，稳定化程度越高，残留奥氏体量越多。

（3）等温时间 稳定化程度也与等温时间有关，随等温时间先增后减，后达到稳定（图 5-45）。

（4）马氏体量 稳定化程度与已形成的马氏体数量有关。预先形成的马氏体量越多，最大稳定化程度越高（图 5-46）。

（5）淬火介质 淬火介质的冷却速度越慢，稳定化程度越高。

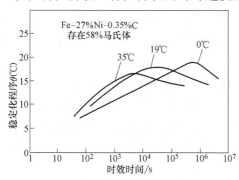

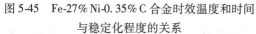

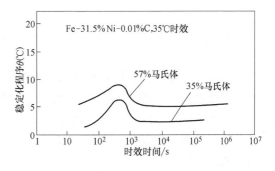

图 5-45 Fe-27% Ni-0.35% C 合金时效温度和时间　　图 5-46 Fe-31.5% Ni-0.01% C 合金中马氏体含量
　　　　与稳定化程度的关系　　　　　　　　　　　　对稳定化程度的影响

康沫狂[46]等研究了 Cr12 钢在马氏体和贝氏体两相温度区等温淬火后的奥氏体稳定化。根据 Cr12 钢的 TTT 图（图 5-47），970℃ 奥氏体化，在 Ms（200℃）两侧温度等温 3min 或 25min（均未发生贝氏体相变）后分别淬入温度均为 22℃ 的空气、油和水中，测得残留奥氏体量和等温温度间的关系曲线如图 5-48a、b 所示。奥氏体稳定化程度均呈马鞍形特征，在马鞍形曲线上有谷底值，该值低于用同样冷却介质但直接淬火组织中的残留奥氏体量，表明等温温度选择适当，并不引起残留奥氏体量增多。残留奥氏体量与等温时间有关，在相同温度和介质的情况下，等温时间越长，则残留奥氏体量越多，表明奥氏体稳定化程度越高；残留奥氏体量还与冷却介质有关，冷却速度越慢（在空气介质中），则残留奥氏体量越多，表明奥氏体稳定程度越高。该结果的实际意义在于，可以利用马鞍形曲线调整残留奥氏体与马氏体的比值到合理值，获得无变形或强韧性配合最佳的等温淬火工艺。若选择合理的淬火工艺，并不增加残留奥氏体量。

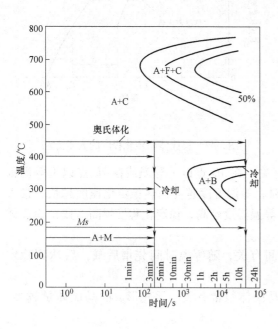

图 5-47　Cr12 钢 970℃奥氏体化的 TTT 图

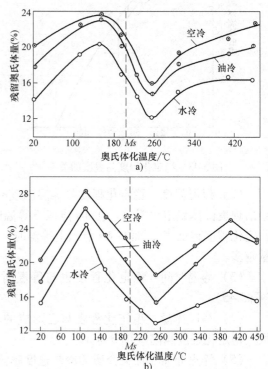

图 5-48　Cr12 钢 970℃奥氏体化并经不同温度等温后淬入水、油、空气中冷却到室温的残留奥氏体量

a）3min　b）25min

目前对奥氏体热稳定化的形成原因尚无统一见解。早在 20 世纪 40、50 年代，人们就提出用应力松弛[47]、有效核胚消耗[48]和柯氏（Cottrell）气团形成[49]等来解释热稳定化现象。最后一种理论广为人们关注，文献［50］用 Mossbauer 谱仪证实等温过程中有碳原子向位错或马氏体晶界偏聚的现象；文献［51］已确定位错能吸收大量杂质原子（C、N），而形成柯氏气团。

一般认为，这是由于在一定温度停留时，奥氏体中固溶的碳（也可能还有氮）原子与位错相互作用，形成了钉扎位错，即柯氏气团，因而强化了奥氏体，使马氏体转变的切变阻力增大所致。也有人认为，在适当温度停留时，碳（也包括氮）等间隙原子将向位错界面（即马氏体核胚与奥氏体的界面）偏聚，形成柯氏气团，阻碍了晶胚的长大，从而引起稳定化。不论上述哪一种观点，它们都是建立在原子热运动规律的基础上的。显然，根据这一模型不难想象，随着温度的升高，由于碳原子热运动的增强，这种柯氏气团的数量将会增多，因而热稳定化倾向也越大；反之，如停留温度越低（包括在 Ms 点以下），热稳定化倾向就越小。但若停留温度过高，由于碳原子扩散能力显著增大，足以使之脱离位错而逸去，使柯氏气团破坏，以致造成稳定化倾向降低，甚至消失，此即所谓的反稳定化。

5.5.2　力学（机械）稳定化

在 Md 点以上对奥氏体进行塑性变形，形变量足够大时，可以引起奥氏体稳定性提高，使冷却时的马氏体转变难以进行，Ms 点下降，残留奥氏体量增多，这种现象称为力学（机械）稳定化。Md 点以下变形可诱发马氏体转变，但也使未转变奥氏体产生稳定化。

但是，少量的塑性变形不仅不产生稳定化，反而对马氏体转变有促进作用，如图 5-49 所示。少量塑性变形之所以会出现和力学稳定化相反的效应，可以认为是由于内应力集中所造成的，这种集中的内应力有助于马氏体核胚的形成，或者促进已存在的核胚长大。从图 5-49 中还可以看出，形变温度越高，对奥氏体的稳定性的影响越小。

出现力学稳定化的原因是由于塑性变形使奥氏体晶体产生了各种缺陷，奥氏体得到强化，使相变应变能（相变阻力）增加所致。Fe-C、Fe-M 和 Fe-M-C（M 表示合金元素）马

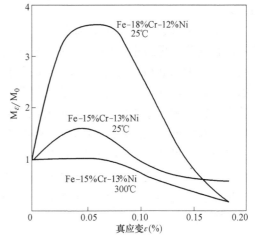

图 5-49　塑性变形对 Fe-Ni-Cr 合金马氏体转变量的影响

（M_ε：形变奥氏体在液氮中冷处理后的马氏体量；
M_0：未形变奥氏体经相同处理后的马氏体量）

氏体相变热力学都表明：Ms 因奥氏体强化呈线性下降趋势，即呈现力学稳定化[52]。

5.5.3　化学稳定化

人们早已注意到马氏体相变的同时，碳原子能扩散进入奥氏体中使其富碳，从而使 Ms 点降低，引起奥氏体的化学稳定化[53]。Thomas 等测定了低碳马氏体板条间残留奥氏体膜中的平均碳量可由 0.3% 上升到 0.7%（质量分数）；康沫狂和朱明[54]测定淬油马氏体中残留奥氏体的平均碳量由 0.4% 上升到 0.6%；徐祖耀计算碳原子从马氏体扩散到奥氏体中的时间为 10^{-7}s 数量级。该结果表明马氏体和富碳的奥氏体几乎可以同时形成。氮与碳有相似的作用，其它置换型合金元素在马氏体和贝氏体相变中在一定时间内几乎不发生扩散，故不引起奥氏体化学稳定化。

5.5.4　相致稳定化

马氏体相变时形成一定数量高硬度的马氏体，由于马氏体的比体积大于奥氏体，所以使体积增大，这就使得嵌在中间的软的奥氏体受到了类似于静水压力的作用，可以引起奥氏体变形硬化，使马氏体相变的切变阻力增大，从而导致奥氏体稳定化，称为马氏体相致稳定化[55,26]。

5.5.5　奥氏体稳定化的工程应用

奥氏体的稳定化现象，在工业生产中具有广泛的应用，可以实现减少零件变形、提高尺

寸稳定性的作用。工业中更多地利用热稳定化来改善淬火钢的性能。

利用奥氏体稳定化原理，可以制订合适的热处理工艺，如对工具钢的等温淬火，能缩短工时，进一步减小工件变形。一般将高碳钢及合金工具钢淬火至 Ms 温度附近等温停留 30 ~ 60min，使工件减少变形，并改善工件的力学性能，这实质上就是为使奥氏体热稳定化的等温淬火。

例如，钢件经淬火后常引起变形（热应力及相变应力所致），利用马氏体相变中的奥氏体稳定化现象，可减小钢件的变形。9CrSi 钢丝锥经 870℃ 油淬后，其刃部前端和后端的节径胀大量分别为 0.080mm 和 0.084 mm；而淬火到 160℃ 停留 1min 再经稳定化处理（240℃等温 10min，空冷），其前、后端胀大量分别为 0.015mm 和 0.001mm。这是由于在淬火过程中等温停留后发生了奥氏体稳定化现象，减少了马氏体数量。

轴承钢构件要求既有良好的接触疲劳寿命，又能保持尺寸的稳定性。GCr15 钢（$w_{Cr} = 1\% \sim 1.5\%$）约含 10% 的残留奥氏体时具有最高的接触疲劳寿命，但如此大量的残留奥氏体会使尺寸稳定性变差（在一定条件下转变为马氏体）。将淬火后的 GCr15 钢进行等温处理，使很少量的残留奥氏体等温形成马氏体后，会使剩余的奥氏体稳定性大为提高，从而提高 GCr15 钢件的尺寸稳定性。

5.6 淬火马氏体的性能及其应用

5.6.1 马氏体的硬度、强度与钢的强化

1. 马氏体的硬度与强度

钢中马氏体最主要的特点是高硬度和高强度。硬度取决于马氏体的含碳量。图 5-50 所示为不同研究者获得的碳钢和低合金钢马氏体的硬度与含碳量的关系。由图可见，随着含碳量的升高，硬度显著提高，但数值上也有所差别。当 $w_C = 0.8\%$ 左右时，硬度变化随淬火条件的不同发生了变化，或继续增加，或基本保持不变甚至下降。不同研究者获得的不同硬度值与以下几个因素有关，即原始奥氏体的晶粒大小、残留奥氏体量及未溶碳化物的数量等，而这些因素是由热处理条件所决定的。

图 5-51 对比了不同热处理条件下钢的硬度变化。由图可见，当采用完全淬火时（曲线1，亚共析钢 Ac_3 以上，过共析钢 Ac_{cm} 以上），随着含碳量的增加硬度先升高，当达到共析成分后下降，这是由于完全淬火导致残留奥氏体量（A_R）的增加，碳化物含量减少所致；当采用不完全淬火时（曲线2，亚共析钢 Ac_3 以上，过共析钢 $Ac_1 \sim Ac_{cm}$ 之间），淬火后的硬度基本不变，这是由于对过共析钢采用不完全淬火，保留了一定数量的碳化物，同时使奥氏体中的碳含量低于钢的名义碳含量，残留奥氏体量减少的缘故；当采用完全淬火并深冷处理（曲线3），使残留奥氏体全部转变为马氏体时，硬度会进一步提高。合金元素对马氏体硬度的影响不大。

马氏体之所以具有很高的强度与硬度，是由其组织结构所决定的。其主要强化机理有以下几种：

（1）相变强化　马氏体相变时发生了不均匀切变，产生了大量位错、孪晶、空位等缺陷。板条马氏体的亚结构为位错，其强化主要是靠碳原子钉扎位错引起的固溶强化。当钢的

含碳量升高时，马氏体的亚结构多为孪晶，孪晶亚结构能有效地阻止位错运动，从而产生强化。

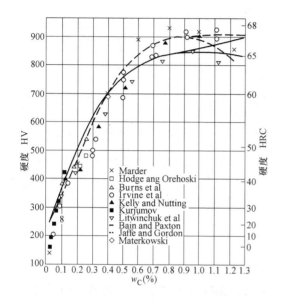

图 5-50 马氏体硬度与钢中含碳量的关系

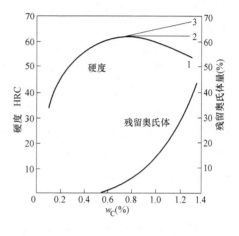

图 5-51 热处理对钢性能的影响
1—高于 Ac_3 及 Ac_{cm} 淬火（完全淬火）
2—高于 Ac_3 或 Ac_1 淬火（不完全淬火）
3—完全淬火后深冷得到完全马氏体

（2）固溶强化 碳原子溶入形成过饱和固溶体，使晶格产生严重畸变。对比碳在奥氏体中的固溶强化效果和在马氏体中的固溶强化效果，发现后者比前者要大得多。为什么马氏体中的碳原子有如此强烈的固溶强化效应，而奥氏体中溶解碳的固溶强化效应则不大呢？因为奥氏体和马氏体中的碳原子都处于铁原子组成的八面体间隙中心，但是奥氏体中的碳原子处于正八面体的中心，碳原子溶入时，引起对称畸变，即沿着三个对角线方向的伸长是相等的；而马氏体中的八面体是扁八面体，碳原子的溶入使点阵发生不对称畸变，即短轴伸长，两个长轴稍有缩短，形成畸变偶极，造成一个强烈的应力场，阻碍位错运动，从而使得马氏体的强度和硬度显著提高。

（3）时效强化（第二相弥散强化） 通常淬火后要经过回火，有些合金的 Ms 点较高（远高于室温），在淬火后的继续冷却过程中马氏体会发生自回火，这个过程将形成碳原子偏聚区或析出碳化物，产生碳化物弥散强化。碳含量越高，强化的程度越大。

除了以上三种强化方式外，晶粒细化也是有效的强化因素，因为无论是板条马氏体，还是针状马氏体，马氏体的晶粒尺寸均远小于母相奥氏体的晶粒尺寸。马氏体的形态和大小、原始奥氏体晶粒尺寸等对强化也有影响。马氏体束尺寸越细小，强度越高；孪晶马氏体的强化作用高于位错马氏体；原始奥氏体晶粒越细，强度越高。

2. 马氏体相变强化应用

利用马氏体的高强度特性，可以通过马氏体相变实现钢的强化。多数结构钢件是以淬火得到马氏体并进行回火，产生马氏体的目的就是为了强化。一般钢通过淬火转变为马氏体后，其屈服强度较正火态提高数倍。

Edmonds 等发明了一种新的马氏体热处理工艺，该工艺改变了传统的淬火-回火的工艺路线，而是淬火后迅速在一定温度下保持，这种工艺简称为淬火-分配处理，即 Q-P（Quenching-Partitioning）处理[56]。其工艺曲线如图 5-52 所示，图中 AT、QT 和 PT 分别表示奥氏体化温度、淬火温度和碳分配温度。

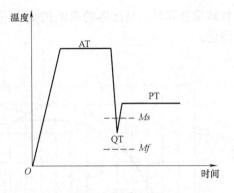

图 5-52　Q-P 处理工艺曲线

由图 5-52 可见，中碳高硅钢（0.35% C-1.3% Mn-0.74% Si）先经淬火至 $Ms \sim Mf$ 间一定的温度（QT），形成一定数量的马氏体和残留奥氏体，再在 $Ms \sim Mf$ 间或在 Ms 以上一定的温度（PT）停留，使碳由马氏体向奥氏体分配，形成富碳的残留奥氏体，以稳定残留奥氏体，提高钢的塑性和韧性。经 Q-P 处理后，钢的强韧性比相变诱发塑性钢（Transformation Induced Plasticity，TRIP 钢）、双相钢和一般的淬火钢优越。关于 Q-P 处理详见 10.3.2。

5.6.2　马氏体的塑性、韧性与钢的韧化

马氏体的韧性受碳含量和亚结构的影响，所以在相当大的范围内变化。对于结构钢，当 $w_C < 0.4\%$ 时，钢具有较高的韧性，当 $w_C > 0.4\%$ 时，钢则变得硬而脆，如图 5-53 和表 5-2 所示。当强度相同时，位错马氏体的断裂韧度显著高于孪晶马氏体，如图 5-54 所示。由此可见，从保证韧性考虑，马氏体中碳的质量分数不宜大于 0.4%。

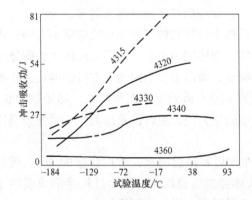

图 5-53　NiCrMo 钢含碳量对冲击韧性的影响
（AISI 4315：$w_C = 0.15\%$，4320：$w_C = 0.2\%$ ……4360：$w_C = 0.6\%$）

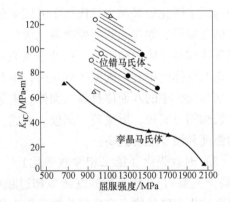

图 5-54　碳的质量分数为 0.17% 及 0.35% 铬钢的强度和断裂韧度的关系

表 5-2　含碳量对 Fe-C 合金塑性、韧性的影响

碳的质量分数（%）	伸长率 δ（%）	断面收缩率 ψ（%）	冲击韧度 $a_K/J \cdot cm^{-2}$
0.15	≈15	30 ~ 40	778.4
0.25	5 ~ 8	10 ~ 20	19.6 ~ 39.2
0.35	2 ~ 4	7 ~ 12	14.7 ~ 29.4
0.45	1 ~ 2	2 ~ 4	4.9 ~ 14.7

一般来讲，位错型（板条）马氏体具有较高的强度、硬度和良好的塑性、韧性；孪晶型（针状）马氏体则强度、硬度很高，但塑性、韧性很低。

利用马氏体相变可以使材料韧化。例如 TRIP 钢，其典型成分为（质量分数）：Fe-9% Cr-8% Ni-4% Mo-2% Mn-2% Si-0.3% C，这类钢综合利用马氏体相变产生的塑性，以及形变热处理提供的强化，比一般超高强度钢具有更为优越的强韧性。它的 Ms 温度在 $-196℃$ 以下，由于形变使 Ms（以及 Md）温度升高，形变又使碳化物弥散析出并增加位错密度，经冷却后得到部分马氏体。在拉伸试验时，一方面由于马氏体较高的加工硬化率，同时由于相变塑性，使伸长率增加，因此缩颈开始较晚。这样，这类钢比常用的 $w_C = 0.4\%$ 的镍铬钼钢具有更高的强度和塑性，如图 5-55 所示。由于这种钢具有较好的塑性，例如在屈服强度为 1550MPa 时，伸长率达 41%，因此也具有较高的断裂韧度，如图 5-56 所示。

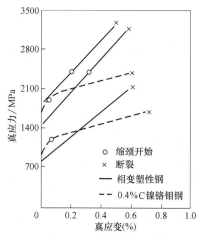

图 5-55　相变塑性钢和 $w_C = 0.4\%$
镍铬钼钢的应力-应变图

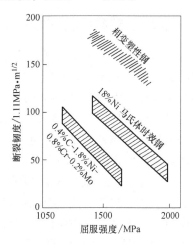

图 5-56　几种超高强度钢的断裂韧度

5.6.3　马氏体中的显微裂纹

高碳钢在淬火形成针状马氏体时，经常在马氏体的边缘以及马氏体片内出现显微裂纹，如图 5-57 所示。这种显微裂纹是引起淬火钢开裂的重要原因之一。当淬火钢回火不及时或不充分时，在淬火宏观应力的作用下，可以发展成为穿晶的宏观开裂或沿晶界开裂。目前发现，这种显微裂纹只在针状马氏体内产生。裂纹形成的原因是由于针状马氏体形成时的互相碰撞所致。因为马氏体形成速度极快，相互碰撞时形成很大的应力场，而高碳马氏体又很脆，不能通过相应的形变来消除应力，所以当应力足够大时就形成了显微裂纹。

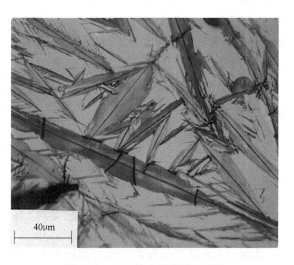

图 5-57　马氏体中的微裂纹照片

如果淬火过程中已经产生了显微裂纹，则可采取及时回火以使部分显微裂纹通过弥合自愈而消失。研究表明，马氏体的显微裂纹经200℃回火大部分可以弥合。但进一步提高回火温度并不能使剩余的裂纹弥合，只有当回火温度高于600℃时，碳化物在裂纹处析出才能使裂纹消失。

显微裂纹的形成与钢中碳含量、奥氏体晶粒大小、淬火冷却温度以及马氏体转变量有关。其中，奥氏体晶粒大小具有非常重要的影响。这是因为奥氏体晶粒越大，初期形成的马氏体片越大，其长度约等于该奥氏体晶粒直径，产生的内应力越高，被其它马氏体片撞击的机会越多。淬火温度越低，冷却速度越快，马氏体形成数量越多，越易形成显微裂纹。根据这些特点，在实际生产中可通过采用较低的淬火加热温度或缩短加热保温时间以及等温淬火或淬火后及时回火等，来降低或避免高碳马氏体中显微裂纹的产生。

5.6.4 超弹性与形状记忆效应

具有热弹性马氏体相变特征的合金在性能上表现出两个重要的特点：一是具有超弹性（伪弹性）；二是具有形状记忆效应。

具有热弹性马氏体相变特征的合金，如果在 $Ms \sim Md$ 温度范围内对其施加应力，也可诱发马氏体转变，并且随应力的增减可引起马氏体片的消长。由于借应力促发形成的马氏体片往往具有近似相同的空间取向（又称为变体），而马氏体转变是一个切变过程，故当这种马氏体长大或增多时，必然伴随着宏观形状的改变。图5-58所示为Ag-Cd合金在恒温下的拉伸应力-应变曲线。图中曲线表明，加载时先发生弹性变形（$0a$），随后因发生了应力诱发马氏体转变使试样产生了宏观变形（ab）；卸载时首先发生弹性恢复（bc），继之便发生逆转变使宏观变形得到恢复（cd），最后再发生弹性恢复（$d0$）。这种由应力变化引起的非线性弹性行为，称为伪弹性；又因其弹性应变范围较大（可达百分之十几），也称为超弹

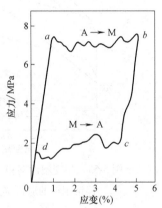

图5-58 Ag-Cd合金在恒温下的拉伸应力-应变曲线

性。与热弹性行为相比，其致变因素是应力，而不是温度。图5-59所示为Ni-Ti合金的应力-应变曲线和随应变增大马氏体量的增加。

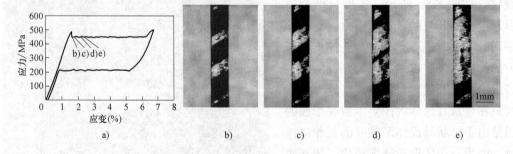

图5-59 Ni-Ti合金的应力-应变曲线及马氏体带随应变量增大变化的金相照片
（每张照片中间部分是暗场像）[57]

某些合金在马氏体状态下进行塑性变形，赋予一定形状后，再将其加热到 Af 温度以上，

便会自动恢复到母相原来的形状，这表明对母相形状具有记忆功能；如将合金再次冷却到 Mf 温度以下，它又会自动恢复到原来塑性变形后马氏体的形状，这表明对马氏体状态的形状也具有记忆功能。上述现象称为形状记忆效应（Shape Memory Effect，SME），前者称为单程记忆效应；而同时兼有前、后两者时称为双程记忆效应。具有这种形状记忆效应的合金称为形状记忆合金（Shape Memory Alloy，SMA）。图 5-60a、b 分别为表示单程和双程记忆效应的示意图。图 5-60a 表明，合金棒在 T_1 温度下被弯曲变形后，将其加热到 T_2 温度，棒便自动恢复变直；但以后再次冷却时，棒的形状不再变化。图 5-60b 表明，合金棒在 T_1 温度被弯曲变形后，将其加热到 T_2 温度，棒便会自动恢复变直；而当再次冷到 T_1 温度时，棒又会自动弯曲，亦即在随后的冷热循环中，合金棒可相应地自动伸直和弯曲。不过，双程形状记忆效应往往是不完全的，并且随着冷热循环次数的增加，其效应会逐渐衰减。

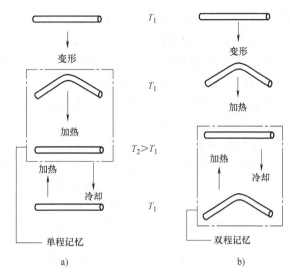

图 5-60 形状记忆效应示意图

图 5-61 所示为以单晶体为例说明形状记忆效应的基本原理。当母相冷却时，产生若干马氏体变体，各变体的分布是自协调的，变体之间尽可能抵消各自的应力场，使弹性应变能最小，此时宏观形变不明显。但若在低温相变时施加应力，则相对于外应力有利的变体将择优长大，通过变体重新取向造成了形状的改变。若外应力足够大，将成为单晶马氏体。当外力去除后，试样除了回复微小的弹性变形外，其形状基本不变。只有将其加热到 Af 以上，由于热弹性马氏体在晶体学上的可逆性，也就是在相变中形成的各个马氏体变体和母相的特定位向的点阵存在严格的对应关系，因此只可以转变为原始位向的母相，即回复原有形状。由此可见，马氏体相变中晶体学的可逆性及马氏体的自协调性是产生形状记忆效应的条件[58]。

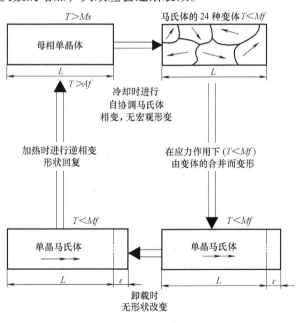

图 5-61 单程形状记忆效应原理

具有实用价值的形状记忆合金有三大类，即 Ti-Ni 基、Cu 基及 Fe-Mn-Si 系列。其中以近等原子比成分的 Ti-Ni 合金的记忆性能最佳（SMA 可回复应变达 8%），它的稳定性好，并具有良好的生物相容性，所以在工业、仪表、医疗设备（近年来采用 Ni-Ti 丝制作微血管支架）等方面有广泛应用。对环境或材料自身能传感并能自驱动的材料称为机敏材料或智能材料，形状记忆材料往往是智能材料的一个重要组元。利用马氏体相变及其逆相变可使智能材料自行减振，预报险情，甚至自修复缺陷。这种材料在工业上，尤其是在航天航空工业上将大有发展前途。在工业中可用于连接件（如管接头）、控温器件、报警器以及机器人的某些动作件等，而在医学上的应用比其它类型的合金且有更大优势。但是，有些研究表明，该类合金如作为生物医用材料，其中镍元素对人体是有害的，所以，目前的研究致力于通过表面处理来减少或消除镍的溶出[59]，或是用其它元素来替代镍。

在马氏体相变过程中，新、旧相之间具有对称联系。在 Cu-Zn-Al 形状记忆合金中马氏体呈自协作，每组自协作组织之间也具有对称联系。K. Bhattacharya 等人运用数学理论和数值模拟，对马氏体相变中的对称性和可逆性的关系进行了研究，取得了重要的研究结果[60]。

5.6.5　马氏体的物理性能与功能应用

钢中马氏体具有铁磁性和高的矫顽力，因此，马氏体钢可用作永磁材料，其磁饱和强度随马氏体中碳含量和合金元素含量的增加而下降。马氏体的电阻率也较奥氏体和珠光体高。

在钢的各种组织中，马氏体与奥氏体的比体积差最大，因此易造成淬火零件的变形和开裂。但也可以利用这一效应，只在表面形成马氏体，心部保持非马氏体组织，这样在淬火钢件表面造成压应力，提高零件的疲劳强度。

一些材料的马氏体（如 Cu-Al-Ni、Ni-Ti 等）具有很高的阻尼，可供作减小振动和噪声的阻尼材料。

超导体往往经马氏体相变后呈超导态，一些铁电材料、铁弹材料及压电材料往往与马氏体相变有关，而呈现其功能特性。

习　题

1. 什么是马氏体的正方度？正方度取决于什么因素？
2. 简述钢中板条状马氏体和针状马氏体的形貌特征、晶体学特点、亚结构及力学性能的差异。
3. 什么是 Ms 点？影响 Ms 点的因素有哪些？
4. 试分析马氏体转变与珠光体转变的异同点。
5. Md 点的物理意义是什么？形变诱发马氏体在什么条件下发生？在 Md 点以上对马氏体进行塑性变形对随后冷却时的马氏体转变有何影响？
6. 当碳含量很高时，由于高碳马氏体很硬很脆，而且又是在很快的速度下形成马氏体，切变形成马氏体会产生很大的内应力，从而会对组织产生什么影响？改善途径是什么？
7. 马氏体相变中的位向关系有哪些？
8. 什么是马氏体？什么是马氏体相变？举例说明马氏体相变在实际生产和生活中的应用。
9. 试说明 K-S 模型和 G-T 模型的切变过程，这两个模型各有什么优点和不足。
10. 试述马氏体转变的动力学特点。
11. 试绘出 K-S 关系示意图。
12. 马氏体强度、硬度高的本质是什么？

参 考 文 献

[1]　Osmond F，Bull Soc. Encour. Ind. Nat.，1895，10：480.

[2]　徐祖耀. 马氏体——一百年 [J]. 上海金属, 1995, 17 (6): 1-17.

[3]　Hull D. Bull, Inst Met. , 1954, 2, 134.

[4]　Cohen M, Olson G B, Clapp P C. Proc ICOMAT-79, Cambridge MA, MIT, 1979, 1.

[5]　徐祖耀. 马氏体相变的定义 [J]. 金属热处理学报, 1996, Vol. 17 增刊, 27-30.

[6]　Kurdjumov G, Kaminsky E. Nature, 1928, 122: 475.

[7]　Kurdjumov G, Sachs G, Z. Physik. , 1930, 64: 325.

[8]　Moritani T, Miyajima N, Furuhara T, et al. Scripta Mater. , 2002, 47: 193.

[9]　Nishiyama Z. Sci. Rep. Tohoku Univ. , First Ser. , 1934-1935, 23: 638.

[10]　刘云旭. 金属热处理原理 [M]. 北京: 机械工业出版社, 1981.

[11]　Shibata A, et al. Materials Science and Engineering A, 2006, 438-440: 241-245.

[12]　Krauss G. Materials Science and Engineering A, 1999, 273-275: 40-57.

[13]　陆兴. 热处理工程基础 [M]. 北京: 机械工业出版社, 2006.

[14]　Hisashi Sato, Stefan Zaefferer. Acta Materialia, 2009, 57: 1931-1937.

[15]　Akturk S, Durlu T N. Materials Science and Engineering A, 2006, 438-440: 292-295.

[16]　Sahu P, Hamada A S, Chowdhury S Ghosh, et al. J. Appl. Cryst. , 2007, 40: 354-361.

[17]　Kim G, Nishimura Y, Watanabe Y, et al. Materials Science and Engineering A, 2009, 521-522: 368-371.

[18]　Maweja K, et al. Materials Science and Engineering A, 2009, 519: 121-127.

[19]　Sato H, Zaefferer S. Acta Materialia, 2009, 57: 1931-1937.

[20]　Bhadeshia H K D H. Worked examples in the geometry of crystals [M]. Fellow of Darwin College, Cambridge, 1987.

[21]　徐祖耀. 马氏体相变研究进展 [J]. 上海金属, 2005, 25 (3): 1-7.

[22]　韩宝军, 徐洲. 低温强变形奥氏体的马氏体相变 [J]. 钢铁研究学报, 2007, 19 (5): 80-83.

[23]　Brinson L Catherine, Ina Schmidt, Rolf Lammering, Journal of the Mechanics and Physics of Solids, 2004, 52: 1549-1571.

[24]　孟庆平, 戎咏华, 徐祖耀. 马氏体相变的形核问题 [J]. 金属学报, 2004, 4 (4): 337-341.

[25]　Shih C H, Averbach B L, Cphen M. Trans AIME, 1955, 203: 183.

[26]　徐祖耀. 马氏体相变与马氏体 [M]. 北京: 科学出版社, 1999.

[27]　Magee C L. Phase Transformations, ASM, 1970, 115.

[28]　Koistinen D J, Marburger R E. Acta Metall. , 1959, 7: 59.

[29]　苏德达, 郭建国, 胡建文, 等. 板条马氏体和下贝氏体转变过程动态观察 [C] //国际材料科学与工程学术研讨会论文集. 太原, 2005: 743-754.

[30]　Entwisle A R. Metall. Trans. , 1971, 2: 2395.

[31]　Mukherjee K. TMS-AIME, 1968, 242: 1445.

[32]　今井勇之進, 泉山昌夫. 日本金属学会誌, 1963, 27: 170.

[33]　Greninger A B, Triano A R. Trans. AIME, 1940, 140: 307.

[34]　Bhadeshia H K D H. Bainite in Steel [M]. the Institute of Materials, 2001.

[35]　Entwisle A R. Met. Trans. , 1971, 2: 2395-2407.

[36]　Akturk S, et al. Journal of Alloys and Compounds, 2005, 387: 279-281.

[37]　胡光立. 钢的热处理 (原理和工艺) [M]. 西安: 西北工业大学出版社, 1993.

[38]　徐祖耀. 金属学报, 1997, 33: 45.

[39]　Rodriguez-Aseguinolaza J, Ruiz-Larrea I, No, ML, et al. ACTA MATERIALIA, 2008, 56 (15): 3711-3722.

［40］ 徐祖耀．热处理，1999，2：1-12.

［41］ Fisher J C, Hollomon J H, Turnbull D. J Appl Phys, 1948, 19：775.

［42］ 肖纪美．合金相与相图［M］．北京：冶金工业出版社，2004.

［43］ Richman M H, Cohen M, Wilsdoef H G F. Acta Met. , 1959, 7：819-820.

［44］ Greninger A B, Troiano A R. Trans, AIME, 1949, 185：590.

［45］ 徐祖耀，周济源．机械工程学报，1957，5：249.

［46］ 康沫狂，朱明．金属学报，2005，41（7）673-679.

［47］ Holloman J H. J Appl Phys, 1947, 18：1421.

［48］ Cohen M. Trans ASM, 1949, 41：35.

［49］ Morgen E A, Ko T. Acta Metall, 1953, 1：36.

［50］ Mohahcy O N. Mater Sci Eng, 1995, B32：267.

［51］ Friedel J. Dislocations ［M］. Paris：Pergomon Press, 1964.

［52］ Hsu T Y（徐祖耀）. J. Mater. Sci. , 1985, 20：23.

［53］ Rao B V N, Thomsa G. Metall Trans, 1980, 11A：441.

［54］ 康沫狂，朱明．金属热处理，2005，30（1）：14.

［55］ Denis S, Gaatier E, Simon A, et al. Mater Sci Technol, 1985, 1：805.

［56］ Edmonds D V, He K, Rizzo F C, et al. Materials Science and Engineering A , 2006, 438-440：25-34.

［57］ Qing-Ping Sun, Zhi-Qi Li. International Journal of Solids and Structures, 2002, 39：3797-3809.

［58］ 肖纪美．合金相与相变［M］．北京：冶金工业出版社，1987.

［59］ Cai Y L, Liang C Y, Zhu S L, et al. Scripta Materialia, 2006, 54（1）：89-92.

［60］ Kaushik Bhattacharya, Sergio Conti, Giovanni Zanzotto, et al. Nature, 2004, 428（4）：55-59.

第 6 章　贝氏体与钢的中温转变

贝氏体是过冷奥氏体在介于高温珠光体转变和低温马氏体转变之间的中温转变产物。在多数情况下，贝氏体是由含碳过饱和的铁素体和碳化物所组成的非层片状组织。贝氏体通常用等温淬火的方法获得，对于贝氏体转变孕育期比珠光体转变孕育期短的钢，也可以用连续冷却的方法得到贝氏体。由于贝氏体组织特别是下贝氏体组织具有优异的力学性能，而且贝氏体的比体积比马氏体小，使得奥氏体向贝氏体转变时的组织应力较小，等温淬火时的热应力也比较小，使工件通过等温淬火获得贝氏体时的变形开裂倾向明显低于马氏体淬火，故贝氏体组织在工业生产中得到了广泛应用。

1930 年，Bain 等人首次发表了贝氏体组织的金相照片；1939 年，R. F. Mehl 把贝氏体分为上贝氏体和下贝氏体；20 世纪 40 年代，为了纪念 Bain 等人在贝氏体研究方面所做出的贡献，将中温转变命名为贝氏体转变，其转变产物称为贝氏体；20 世纪 50 年代初，柯俊和 S. A. Cottrell 发现了贝氏体转变的表面浮凸效应，创立了贝氏体相变的切变学说；20 世纪 60 年代，H. I. Aaronson 及其合作者提出了贝氏体转变的台阶-扩散机制，形成了贝氏体相变的台阶-扩散学说。切变学说和台阶-扩散学说是贝氏体相变到目前为止最有影响力的两大学派。

应该指出，贝氏体及其转变的研究虽已取得很大发展，但由于贝氏体转变非常复杂，转变产物的形态也复杂多变，迄今还有很多问题，包括一些很基本的问题（如贝氏体的定义）都尚未彻底澄清。本章主要介绍获得较广泛认可的贝氏体转变的基本理论，包括贝氏体概念、贝氏体组织、贝氏体转变机理、贝氏体转变动力学、贝氏体的力学性能及其工业应用等方面的内容。对于有较大分歧和争议的问题，仅作简单介绍。

6.1　贝氏体的组织结构和晶体学特征

6.1.1　贝氏体的定义和分类

1. 贝氏体的定义

贝氏体转变非常复杂，其转变产物形态多样，给出严格的、准确的贝氏体定义十分困难。我国在国家标准"GB/T 7232—1999 金属热处理工艺术语"中对贝氏体的描述是：贝氏体是钢铁奥氏体化后，过冷到珠光体转变温度区域与 Ms 之间的中温区等温，或连续冷却通过中温区时形成的组织。

在师昌绪主编的《材料大辞典》中，将贝氏体解释为过冷奥氏体的中温转变产物，贝氏体转变处于珠光体转变和马氏体转变温度范围之间，被称为中温转变[1]。

根据多数学者的观点，贝氏体是过冷奥氏体的中温转变产物，是含碳过饱和的铁素体和碳化物组成的非层片状组织。然而，这个定义也不能全面地表述所有贝氏体的情况，比如无碳化物贝氏体。

刘宗昌给出了贝氏体的新定义：钢中的贝氏体是过冷奥氏体的中温过渡性转变产物，它以条片状贝氏体铁素体为基体，同时可能存在渗碳体或 ε-碳化物、残留奥氏体等相，贝氏体铁素体内部存在亚片条、亚单元、较高密度位错等精细结构，这种整合组织称为贝氏体[2]。

2. 贝氏体的分类

由于贝氏体组织形态的多样化，贝氏体组织分类的依据不尽相同，其命名也多种多样[1]。

对于中、高碳钢和含有铬和钼等碳化物形成元素的合金钢，贝氏体通常由非层片状的铁素体和碳化物组成。早期 Mehl 将不同温度形成的贝氏体称为上贝氏体和下贝氏体，这两种贝氏体的形成温度不同，并且贝氏体铁素体的形态和碳化物的分布也不同。这种分类方法被人们普遍接受，并一直沿用至今。

许多中、低碳钢和硅、铝含量较高的合金钢在一定的热处理条件下不形成碳化物，只形成单一的贝氏体铁素体，在贝氏体铁素体束中存在薄膜状富碳奥氏体或马氏体。通常将这种组织称为无碳化物贝氏体或准贝氏体。

20 世纪 50 年代后期，Habraken 观察到了一些低碳及中碳合金钢在连续冷却过程中形成由贝氏体板条和弥散分布的颗粒状马氏体/奥氏体（M/A）小岛组成的组织，将该组织称为粒状贝氏体。此后其他学者也观察到这种组织，自此粒状贝氏体的命名被广泛引用。

日本大森靖也等将低碳低合金 Ni-Cr-Mo 钢中的中温转变产物贝氏体分为三类，并用符号 B_{I}、B_{II} 和 B_{III} 表示，这种分类在一些文献中也被引用。

从组织角度来看，无碳贝氏体、粒状贝氏体、准贝氏体和 B_{I} 没有本质的差别，这些贝氏体组织中只有铁素体和残留奥氏体或马氏体/奥氏体，不存在碳化物。

在高碳钢或高压下的中碳钢中观察到在原奥氏体晶界上形成放射状的铁素体群和碳化物组成的中温转变产物，人们将其称为柱状贝氏体。

贝氏体组织的分类和相关命名见表 6-1。

表 6-1　贝氏体组织的分类和相关命名

分类依据	组织命名	说　明
碳化物分布	上贝氏体，B_{II}	碳化物在铁素体板条之间
	下贝氏体，B_{III}	碳化物在铁素体内部，与铁素体长轴方向呈 55°～60°夹角
	无碳化物贝氏体，B_{I}、粒状贝氏体	无碳化物
金相形态	针状/针叶状贝氏体	铁素体为片状或透镜状
	羽毛状贝氏体	铁素体为板条状
	柱状贝氏体	铁素体为板条状，放射状分布
	粒状贝氏体	铁素体为板条状
碳含量	低碳贝氏体	
	中碳贝氏体	
	高碳贝氏体	

（续）

分类依据	组织命名	说　　明
相变过程	反常贝氏体	碳化物优先析出
	其它贝氏体	铁素体优先析出

6.1.2　贝氏体的显微组织特征

贝氏体组织复杂多变，根据贝氏体中铁素体和碳化物的形态、数量和分布情况，可将贝氏体组织分为以下六种：上贝氏体、下贝氏体、无碳化物贝氏体、粒状贝氏体、反常贝氏体和柱状贝氏体。

1. 上贝氏体

上贝氏体是在中温区的较高温度形成的贝氏体，是由板条状贝氏体铁素体和分布于该板条之间的碳化物组成的非层片状组织。

上贝氏体中的铁素体通常呈板条状，板条的宽度取决于钢的含碳量和贝氏体形成温度，钢的含碳量越高、贝氏体形成温度越低，上贝氏体中的铁素体板条越窄。大致平行的铁素体板条构成"板条束"，往往把"板条束"的平均尺寸视为上贝氏体的"有效晶粒尺寸"。上贝氏体中铁素体板条的宽度、板条束的大小（有效晶粒尺寸）都对上贝氏体的强度和韧性有一定影响。

贝氏体铁素体通常在原奥氏体晶界处形核，然后由奥氏体晶界一侧或两侧成束地、大致平行地向奥氏体晶粒内部长大，在靠近奥氏体晶界处板条宽度大于前端宽度，这样的贝氏体铁素体板条具有楔形特征[1]。

上贝氏体中的碳化物几乎总是渗碳体[3]，该渗碳体通常呈粒状或链珠状沿与铁素体板条长轴平行的方向分布于铁素体板条之间。渗碳体的形状和分布受钢的含碳量和贝氏体形成温度的影响，钢中含碳量增加，渗碳体的形状从粒状、链珠状变为短杆状，其数量也增加，不但分布在铁素体板条之间，也可能分布在铁素体板条的内部；贝氏体形成温度下降，渗碳体尺寸变小，而且更加密集[4]。

在中、高碳钢中，当上贝氏体形成量不多时，在光学金相显微镜下可观察到成束排列的铁素体板条自奥氏体晶界平行伸向晶内，具有羽毛状特征，铁素体板条之间的渗碳体分辨不清，如图 6-1a 所示。在电子显微镜下可以清楚地看到上贝氏体由很多平行的板条状铁素体和位于铁素体板条之间不连续的渗碳体组成，如图 6-1b 所示[5]。

含碳量较高的钢在较低的温度下形成上贝氏体时，由于铁素体板条较窄、渗碳体小而密集，使得这样的上贝氏体组织较易腐蚀，而且其外形也会从羽毛状变为不规则形状[6]。

上贝氏体中的铁素体板条之间还可能存在残留奥氏体，它在光学显微镜下表现为在铁素体板条之间不易腐蚀的白色区域。贝氏体中残留奥氏体是中温转变的不完全性造成的，尤其当钢中含有硅、铝等元素时，这些元素能延缓渗碳体析出，使铁素体板条间的奥氏体富碳，导致其稳定性提高，从而使奥氏体残留在铁素体板条之间，形成一种特殊的上贝氏体（准上贝氏体、无碳化物贝氏体）[1,4]。

2. 下贝氏体

下贝氏体是在中温转变的较低温度形成的贝氏体，是由针状或板条状铁素体和分布于铁

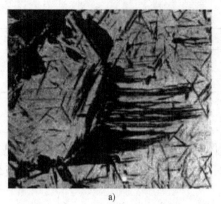
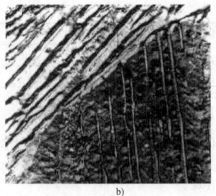

a)

b)

图 6-1　上贝氏体的显微组织
a）光学金相显微组织（500×）　b）扫描电子显微图像（4000×）

素体内部的碳化物组成的非层片状组织。

下贝氏体中的铁素体的形态与钢的含碳量有关。在低碳钢和低碳合金钢中，铁素体通常呈板条状，如图 6-2 所示；在高碳钢中，铁素体通常呈针状，如图 6-3 所示；在中碳钢中，板条状和针片状铁素体兼而有之，如图 6-4 所示[4]。下贝氏体中的铁素体通常从原奥氏体晶界形成，但也有在原奥氏体晶粒内部形成的。

下贝氏体中的碳化物通常为 $\varepsilon\text{-Fe}_x\text{C}$ 或者渗碳体，有时两者共存。碳化物呈粒状、短条状或薄片状分布于铁素体内部，并与铁素体片的长轴方向呈 55°～60°的夹角平行排列（只在电镜下可见）。中、高碳钢中典型的下贝氏体

图 6-2　低碳低合金钢（15CrMnMoV）
中的下贝氏体组织
（薄膜透射，975℃加热，油淬）（26400×）

在光学金相显微镜下呈黑色针片状组织，铁素体针片内部的碳化物分辨不清。由于贝氏体转变的不完全性，在黑色针片状贝氏体之间有白色或浅灰色的残留奥氏体和马氏体组织（图 6-

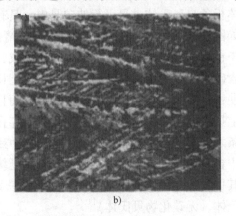

a)

b)

图 6-3　高碳钢的下贝氏体组织（1150℃加热 2h，水淬）
a）光学金相（500×）　b）扫描电子复型图像（5000×）

3a、图 6-4a）。在电子显微镜下，可清楚地看到下贝氏体中的碳化物（图 6-3b、图 6-4b 和 c）。

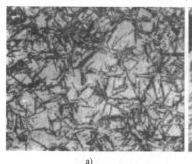

a)　　　　　　　　　　　　b)　　　　　　　　　　　　c)

图 6-4　中碳钢的下贝氏体组织

a）光学金相（400×）　　b）扫描电镜（22400×）　　c）扫描电镜（10000×）

3. 无碳化物贝氏体

无碳化物贝氏体是在中温转变区的最上部的温度范围内形成的贝氏体，是板条状铁素体构成的单相组织。

铁素体板条在原奥氏体晶界处形成，成束地向晶粒内长大。铁素体板条较宽，板条之间的距离也较大。随着贝氏体形成温度降低，铁素体板条变窄，板条之间的距离也变小。在铁素体板条之间分布着富碳的奥氏体。由于铁素体与奥氏体内均无碳化物析出，故称为无碳化物贝氏体，如图 6-5 所示[4]。

富碳的奥氏体在随后的等温或冷却过程中可能会发生相应的变化，可能转变为珠光体、其它类型的贝氏体或马氏体，也有可能保持奥氏体状态不变。

无碳化物贝氏体不能单独存在，总是与其它组织共存。无碳化物贝氏体一般出现在低、中碳钢中，它不仅可在等温过程中形成，有些钢也可在缓慢的连续冷却过程中形成。

图 6-5　无碳化物贝氏体（30CrMnSiA，
450℃ 等温 20s）（1000×）

4. 粒状贝氏体

粒状贝氏体是在中温转变的较高温度（比典型上贝氏体形成温度稍高）形成的贝氏体，它是以板条状铁素体为基体，并在其上分布着富碳奥氏体岛及其转变产物所构成的复相组织。

粒状贝氏体中的铁素体呈板条状，其上分布的岛状组织在光学显微镜下形貌多样，可呈点状、长条状以及不规则形状。岛状组织可以是残留奥氏体，也可以是过冷奥氏体的分解产物，如珠光体或其它类型的贝氏体，还可以是马氏体和残留奥氏体，而且这种情况相对来说较为普遍。

应当指出，粒状贝氏体组织通常和粒状组织共存。粒状组织是块状（等轴状）铁素体和岛状组织所构成的复相组织。粒状贝氏体和粒状组织比较相似，容易混淆。这两种组织中的岛状组织没有明显区别，其主要差异是铁素体形貌和铁素体形成机理不同。粒状组织中的铁素体可能是按块状转变机理形成的，没有浮凸效应，其形貌呈块状；而粒状贝氏体中的铁素体是按贝氏体转变机理形成的，转变时有浮凸效应，其形貌为板条状，如图6-6所示[4]。

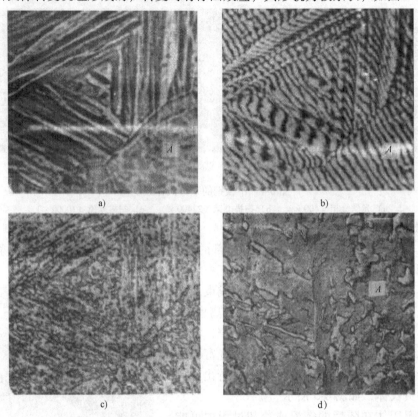

图 6-6　粒状贝氏体组织及其表面浮凸（18Cr2Ni4WA 钢，自 960℃经 65min 冷至 300℃）

a）表面浮凸（在 A 区无表面浮凸）（600×）　b）与 a）同一部位的表面干涉图像（600×）

c）与 a）同一部位的光学金相（600×）　d）扫描电镜像（复型）（4000×）

5. 反常贝氏体

反常贝氏体是在过共析钢中以渗碳体为领先相形成的贝氏体。贝氏体形成时通常是以铁素体为领先相，而以渗碳体为领先相形成的贝氏体就是反常贝氏体。过共析钢的过冷奥氏体首先析出先共析渗碳体，使其周围的过冷奥氏体含碳量降低，促进贝氏体铁素体形核和长大，从而形成以渗碳体为领先相的反常贝氏体，如图 6-7 所示，图中窄而直的长条即为先共析渗碳体。

6. 柱状贝氏体

柱状贝氏体是高碳钢或高碳合金钢在贝氏体转变温度范围内的低温区域形成的一种贝氏体。在光学显微镜下，柱状贝氏体中的铁素体呈柱状，几个柱状铁素体排列成发射状，如图 6-8a 所示。在电子显微镜下，可以看到柱状贝氏体中的碳化物分布于铁素体内部，与下贝氏体类似，如图 6-8b 所示[7]。中碳钢在高压条件下也能形成柱状贝

图 6-7　1.17%C-4.9%Ni 钢 450℃等温 90s 形成的反常贝氏体电镜照片（8000×）[7]

氏体。

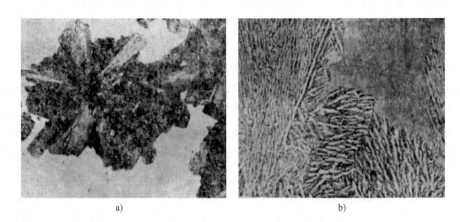

图 6-8　1.02% C-3.5% Mn-0.1% V 钢经 950℃加热、250℃等温 80min 后水淬的柱状贝氏体

a）光学显微组织（500×）　　b）电子显微组织（5000×）

6.1.3　贝氏体铁素体的精细结构

贝氏体铁素体是贝氏体的主要组成相，其内部的精细结构对贝氏体的力学性能具有重要影响。

1. 贝氏体铁素体中的含碳量

贝氏体铁素体中的含碳量通常是过饱和的，且随贝氏体形成温度而变化。贝氏体形成温度越低，其中的铁素体中碳的过饱和度越高，反之亦然。在常见的贝氏体中，无碳化物贝氏体和粒状贝氏体因其形成温度最高，其铁素体中碳的过饱和度最低，接近平衡含碳量；上贝氏体铁素体中碳的过饱和度较高；下贝氏体铁素体中碳的过饱和度更高。需要指出，每一种类型的贝氏体，其形成温度都有一定的范围，贝氏体铁素体中碳的过饱和度随形成温度的下降而增大。

大多数实验结果表明，贝氏体铁素体中碳的质量分数范围通常为 0.10% ~ 0.17%。Курдюмов 等利用单晶 X 射线法测量了 Fe-1.0% C-1.4% Cr 和 Fe-1.2% C-2.0% Cr 钢经 250 ~ 300℃等温形成的中温相变产物，其点阵类型是正方点阵，正方度 $c/a = 1.000 ~ 1.008$，相对应的碳的质量分数为 0.12% ~ 0.17%[8]。Энтин 应用 X 射线测定了高耐回火性合金钢（w_C = 0.23% ~ 0.24%，w_{Si} = 2.0%，w_{Mn} = 3.0%，w_{Cr} = 1.8%，w_{Ni} = 1.8%，w_V = 1.5%）在 150 ~ 300℃等温处理后得到的组织，其贝氏体铁素体中碳的质量分数为 0.15% ~ 0.17%[9]。Hehemann 综合出下贝氏体铁素体中碳的质量分数范围通常在 0.1% ~ 0.15% 之间[10]。

需要指出，不同研究者采用不同的方法、测定不同材料得出的结果有所不同。如 Speich-Cohen 研究 Fe-0.97% C 钢的结果显示，上贝氏体铁素体中的含碳量相当于退火态，即接近于平衡态含碳量；下贝氏体铁素体的含碳量随等温温度降低而线性增加，300℃等温后铁素体碳的质量分数为 0.1%，250℃等温后约为 0.2%[11]。Bhade-shia 根据 Fe-Si-Mn 钢贝氏体碳化物析出量的测定，估计下贝氏体铁素体中碳的质量分数为 0.25% ~ 0.30%，而上贝氏体铁素体中碳的质量分数为 0.03%，接近平衡态[12]。

贝氏体铁素体中过饱和碳的固溶强化是贝氏体具有高强度、高硬度的主要原因之一。

2. 贝氏体铁素体中的位错

贝氏体铁素体中通常具有高密度的位错，而且位错密度随贝氏体形成温度的降低而增大。增加钢中的含碳量可以降低贝氏体的形成温度，因此，增加含碳量可以提高贝氏体铁素体中的位错密度。

Smith 用 TEM 测定了 Fe-0.07% C-0.23% Ti 钢的先共析铁素体和贝氏体铁素体中的位错密度，此钢的 Bs 温度为 650℃。结果表明，800℃形成的先共析铁素体中的位错密度为 0.5 $\times 10^{14}/m^2$，而在 600℃ 等温形成的贝氏体铁素体中的位错密度为 $4 \times 10^{14}/m^{2}$ [13]；Fe-0.11% C-1.5% Mn 钢在连续冷却条件下得到的先共析铁素体和贝氏体铁素体中的位错密度分别为 $0.37 \times 10^{14}/m^2$ 和 $1.7 \times 10^{14}/m^{2}$ [14]。这说明即使先共析铁素体和贝氏体铁素体形成的温度相差不大，贝氏体铁素体中的位错密度也要明显大于先共析铁素体中的位错密度。

点阵应变的 X 射线测定结果可在一定程度上证明贝氏体铁素体中位错密度随贝氏体形成温度的变化规律。位错的存在可导致点阵应变，位错密度增大，点阵应变随之增大，借此可以通过测定点阵应变的大小得到位错密度。Fondekar 等通过改变低碳钢的相变温度，并测定点阵应变，得到了不同相变温度贝氏体铁素体中的位错密度，相变温度分别为 400℃、360℃、300℃时，贝氏体铁素体中的位错密度分别为 $4.1 \times 10^{14}/m^2$、$4.7 \times 10^{14}/m^2$ 和 $6.3 \times 10^{14}/m^{2}$ [15]。可见，随着相变温度的降低，贝氏体铁素体中的位错密度增大。Bhadeshia 等将 Kehoe-Kelly 有关马氏体的数据结合 Smith 和 Fondekar 等的数据，得出贝氏体铁素体中的位错密度与相变温度之间的经验公式[16]

$$\lg\rho_d = 9.28480 + \frac{6880.73}{T} - \frac{1780360}{T^2}$$

式中，ρ_d 为位错密度（m^{-2}）；T 为热力学温度（K）。此经验公式的适用范围为 570 ~ 920K。

3. 贝氏体铁素体中的亚单元

贝氏体铁素体在光学显微镜下通常呈板条状或针状，在电镜下呈现出更精细的结构，贝氏体铁素体板条或针多由更细微的亚片条组成，亚片条又由亚单元组成，亚单元则由更小的超亚单元组成，甚至还有更细微的超超亚单元，如图 6-9 所示。亚片条、亚单元、超亚单元

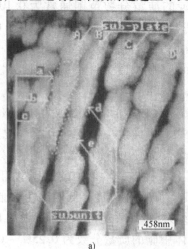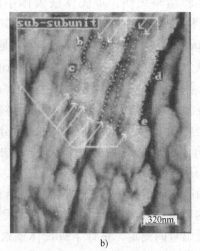

a)   b)

图 6-9 Fe-0.5% C-3.8% Cr-1.44% Si 上贝氏体组织结构照片

（扫描隧道显微镜 STM）（1150℃ ×5min + 365℃ ×15min）

a）亚片条、亚单元形态　b）亚片条、亚单元、超亚单元形态

的宽度相差不大，约为 $0.5\mu m$；亚片条、亚单元、超亚单元的长度分别为 $10\sim50\mu m$、$1\sim5\mu m$ 和 $0.5\sim5\mu m$。研究表明，并非每一片贝氏体铁素体都具有以上的多层次结构，例如，有些贝氏体铁素体片可能独立存在，内部不存在亚片条，或只有亚片条而没有更小的亚单元；有些贝氏体铁素体片直接由亚单元组成，没有亚片条[17]。

亚单元之间的位向差很小，亚单元之间的亚晶界为小角度晶界。

6.2　贝氏体的相变机制

贝氏体相变包括贝氏体铁素体的形成和碳化物的析出两个基本过程。贝氏体相变机制包括贝氏体相变的领先相、贝氏体铁素体的形核与长大、碳化物的析出位置等诸多方面。

通常情况下，奥氏体向贝氏体转变时的领先相为铁素体，只有反常贝氏体例外。贝氏体铁素体的形核与长大机制一直是贝氏体相变争论的焦点所在，主要学派有切变学派和台阶扩散学派。碳化物的析出机理和析出位置是贝氏体相变机制的重要组成部分。以下主要介绍贝氏体相变的切变机制和台阶-扩散机制。

6.2.1　贝氏体相变的切变理论

Zener 最早提出了贝氏体相变的切变模型。1952 年，在英国伯明翰大学任教的柯俊及其合作者 S. A. Cottrell 在研究贝氏体相变时发现，预先抛光的样品表面在贝氏体转变时产生了表面浮凸效应，并以此实验现象为依据，提出了贝氏体相变机制具有类似于马氏体相变特点的切变机制。后来切变观点被 Hehemann 和 Bhadeshia 所接受，并发展形成了比较系统的切变理论。康沫狂和俞德刚等学者支持切变理论，并在贝氏体研究方面进行了大量的工作[1,18]。

1. Hehemann 模型

Matas 和 Hehemann 在 1961 年提出了贝氏体相变模型，如图 6-10 所示。此模型代表的切变理论的主要核心是：在贝氏体相变时，首先形成过饱和的铁素体，铁原子和置换式合金元素原子不发生扩散，贝氏体铁素体以马氏体相变方式形核并长大，完成面心立方结构向体心立方结构的点阵改组。铁素体的长大速度高于碳原子的扩散速度，导致碳在铁素体中过饱和。随后，碳以碳化物形式从过饱和铁素体中析出，或扩散到奥氏体中，再从奥氏体中析出碳化物。贝氏体相变温度不同，导致碳化物的析出位置不同，从而形成不同类型的贝氏体。

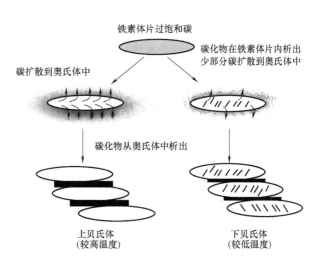

图 6-10　钢中贝氏体相变过程示意图（Hehemann 模型）[16]

一些支持切变理论的学者通过对贝氏体相变孕育期的实验研究和理论分析进一步提出，在贝氏体等温转变孕育期内，碳原子通过扩散向奥氏体晶界和奥氏体晶粒内部的晶体缺陷处聚集，从而在过冷奥氏体中形成贫碳区和富碳区。贫碳区为贝氏体铁素体的切变形核提供场所，贝氏体铁素体首先在贫碳区的缺陷处形成并长大，然后析出碳化物。

具体来说，贝氏体的转变可分为以下几个阶段：碳的再分配、贝氏体铁素体的形成及碳的扩散与碳化物的析出。

贝氏体转变需要孕育期。在贝氏体转变之前的孕育过程中，过冷奥氏体内会发生碳原子的重新分配，形成贫碳区和富碳区，以满足贝氏体中铁素体形核所必需的成分条件[9]，这一点已被诸多实验事实所证实[19]。置换式合金元素不会发生再分配现象。

在奥氏体中的贫碳区，首先以马氏体相变方式形成贝氏体铁素体，因铁素体长大速度高于碳原子的扩散速度，形成的贝氏体铁素体中含碳量是过饱和的。

当相变温度较高时，碳原子不仅在铁素体中具有较强的扩散能力，而且在奥氏体中也有相当的扩散能力。因此，含碳量过饱和的贝氏体铁素体中的碳原子可不断通过铁素体-奥氏体相界面充分扩散到奥氏体中去，形成由板条铁素体组成的无碳化物贝氏体。铁素体板条间的富碳奥氏体在随后的等温或冷却过程中，可转变成其它奥氏体分解产物或马氏体，也可能全部保留下来，以残留奥氏体形式存在。

当相变温度稍低于无碳化物贝氏体形成温度时，碳原子在铁素体中具有较强的扩散能力，但在奥氏体中的扩散能力较弱。因此，当含碳量过饱和的贝氏体铁素体中的碳原子通过铁素体-奥氏体相界面扩散过来后，不能通过奥氏体及时疏散，从而在铁素体-奥氏体相界面附近聚集，使该界面处的含碳量不断升高，并最终导致碳化物在此析出。碳化物的析出使附近奥氏体的碳含量降低，促进了贝氏体铁素体的继续形核及长大，随后发生碳原子的扩散、聚集和碳化物的析出，此过程反复不断地进行，就形成由板条铁素体和分布于其间的碳化物组成的上贝氏体组织。

当相变温度更低时，碳原子在铁素体中的扩散能力也相当有限，因此，含碳量过饱和的贝氏体铁素体中的碳原子已经不能扩散到铁素体-奥氏体相界面处，而只能在铁素体内部进行短距离的扩散，导致碳原子在铁素体内部一定晶面上发生偏聚，并在此析出碳化物，从而形成由铁素体和其内部分布有碳化物的下贝氏体组织。

2. Bhadeshia 模型

更精细的研究证明，在光学显微镜下观察到的板条状或针状贝氏体铁素体是由尺寸更小的铁素体亚片条、亚单元和超亚单元组成的。

Bhadeshia 在 1990 年提出了新的贝氏体相变模型，如图 6-11 所示。在该模型中，贝氏体铁素体通过亚单元的应力应变诱发形核和长大。贝氏体的形成经历了两个过程，即亚单元的重复形核、长大及碳化物的析出[1]。

首先，亚单元在奥氏体晶界形核，向奥氏体晶内以切变方式长大，当奥氏体中由于贝氏体切变过程而

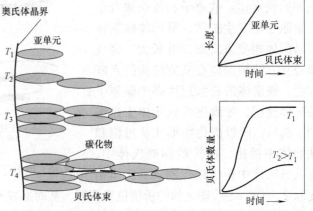

图 6-11　贝氏体相变过程示意图（Bhadeshia 模型）[1]

累积的应变和应变能足够大时，长大停止。随后，新的亚单元在已形成的亚单元尖端处形核长大。随着相变过程的进行，新的亚单元不断形核长大，最后形成一根贝氏体束（捆）。贝氏体的体积分数取决于试样中不同区域形成贝氏体束的总数量，随转变时间和温度而变。碳化物从过饱和铁素体中的析出或碳向奥氏体中的扩散将影响整个反应速率。碳化物在亚单元之间析出。

综上所述，贝氏体相变的切变模型都大致经历了碳的再分配、贝氏体铁素体的切变形核和长大以及碳化物的析出三个过程。Hehemann 模型和 Bhadeshia 模型的区别在于，贝氏体铁素体的切变形成是一次切变完成还是多次切变完成。很显然，Bhadeshia 模型更为接近实际情况。

6.2.2　贝氏体相变的台阶-扩散理论

20 世纪 60 年代末，美国冶金学家 H. I. Aaronson 及其合作者从能量上否定了贝氏体转变的切变可能性[18]。他们认为，在贝氏体转变温度区间，相变驱动力不能满足切变所需的能量要求，贝氏体转变是共析转变的变种，即贝氏体相变过程包括了铁原子、置换式合金元素原子以及碳原子的扩散；贝氏体转变机理和珠光体转变机理相同，两者的区别仅在于珠光体是片层状，而贝氏体是非片层状。从而提出了贝氏体铁素体的长大是按台阶机理进行的，并受碳的扩散所控制。

台阶-扩散学派的基本观点认为，新相贝氏体铁素体与母相奥氏体具有台阶状相界面。由于新相和母相具有不同的点阵类型，在新相和母相的界面上只有一个或几个位向点阵匹配良好，可以形成共格或半共格界面，而在其它绝大多数位向上原子排列差异太大，无法形成共格或半共格界面，只能形成非共格界面。如图 6-12 所示，台阶的台面（宽面）为共格或半共格界面，台阶的阶面（端面）为非共格界面。在新相贝氏体铁素体长大的过程中，台阶阶面在碳原子扩散的控制下沿生长台阶迁移方向向母相奥氏体中迁移，导致台阶台面沿 α 增厚方向向母相奥氏体中不连续地推进，使得贝氏体铁素体长大[1,20]。

台阶-扩散理论经历了台阶机制、台阶-扭折机制、激发-台阶机制三个阶段的发展。到目前为止，贝氏体相变机理还未彻底澄清，还在不断研究和发展之中。

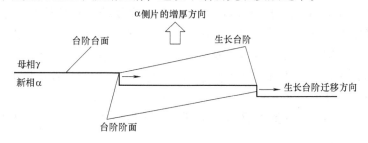

图 6-12　经典的扩散控制台阶长大模型

6.3　贝氏体相变动力学

贝氏体相变动力学是贝氏体相变的重要组成部分。一方面，相变机制决定相变动力学，因此贝氏体相变动力学的研究可促进贝氏体相变机制的研究；另一方面，相变速率是相变动力学研究的重点，也是人们制订贝氏体淬火工艺过程时必须关注的问题。本节主要探讨贝氏体相变速率及其相关内容。

相变速率通常用新相形成的体积百分比表示，也可用新相的长大速率（伸长速率或增厚速率）表示。贝氏体转变速率常用过冷奥氏体转变的动力学图形描述，这实际上是用新相贝氏体形成的体积百分比来表示的动力学图形。

6.3.1 贝氏体等温转变动力学

1. 贝氏体转变动力学特点

贝氏体转变温度介于珠光体转变和马氏体转变之间，其转变动力学兼有珠光体转变和马氏体转变的部分特点。

1）贝氏体转变和绝大多数相变一样，需要通过新相形核与核心长大来完成，其形核速率和长大速率决定了贝氏体转变的速率。

2）贝氏体形核（多数以贝氏体铁素体为领先相）需要一定的孕育期，这与珠光体转变相似。

3）贝氏体转变速率比马氏体转变速率慢很多，这与贝氏体转变需要原子扩散以及相变驱动力相对较小有关。

4）贝氏体转变有一上限温度 Bs 和一下限温度 Bf，高于 Bs 温度和低于 Bf 温度，都不能发生贝氏体转变。

5）贝氏体转变具有不完全性，这与贝氏体形成过程中由于奥氏体中碳富集导致的奥氏体化学稳定性增加有关，也与贝氏体和奥氏体比体积差造成的奥氏体力学稳定化相关。

2. 贝氏体等温转变动力学曲线

和珠光体转变一样，贝氏体等温转变动力学也用过冷奥氏体等温冷却转变图描述。切变学派认为，珠光体转变和贝氏体转变具有独立的 C 曲线，即在等温转变图上有两组独立的 C 曲线。然而，由于贝氏体转变是介于珠光体转变和马氏体转变之间的过渡性的中间转变，贝氏体等温转变 C 曲线可能与珠光体转变 C 曲线交叠甚至重叠，也可能与马氏体转变的 Ms 线相交叠。

在碳素钢和低合金钢中，贝氏体转变 C 曲线和珠光体转变 C 曲线基本重叠（可能与实验技术和检测精度不够有关），使得其等温转变曲线只有一组 C 曲线，如图 6-13a 所示。具有这种动力学曲线的钢，其贝氏体转变发生于 C 曲线鼻尖温度（约 550℃）以下、Ms 温度以上的温度区间，在此温度区间的较高温度范围（约 350℃以上）形成上贝氏体，而在较低温度范围形成下贝氏体。

许多合金钢具有两组独立的 C 曲线，上部为珠光体转变 C 曲线，下部为贝氏体转变 C 曲线，如图 6-13b 所示。

3. 影响贝氏体等温转变动力学的主要因素

（1）化学成分 碳和合金元素（除钴、铝以外）都延缓贝氏体转变，使贝氏体转变 C 曲线右移，图 6-14 所示为 Bhadeshia 等根据动力学理论计算的各种合金的等温转变图，图 6-15 所示为硼元素对等温转变图影响的示意图。

不同元素延缓贝氏体转变的机理不同。含碳量升高不利于贝氏体铁素体的形核，这是因为贝氏体铁素体优先在贫碳区形核；镍和锰降低奥氏体的自由能，提高铁素体的自由能，降

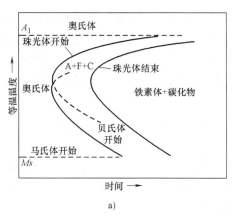 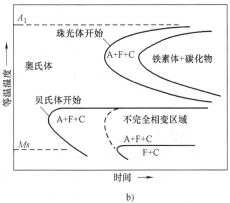

图 6-13　两种不同类型的等温转变图示意图[1]

a) 单一 C 曲线, 珠光体和贝氏体形成温区合并　b) 两组 C 曲线, 珠光体和贝氏体形成温区明显分离

低了相变驱动力, 使贝氏体转变速率降低; 铬、钨、钼、钒、钛等元素与碳的亲和力较大, 提高碳在奥氏体中的扩散激活能, 延缓奥氏体中贫碳区的形成, 增加贝氏体形成的孕育期; 硅等非碳化物形成元素可阻碍贝氏体转变时碳化物的析出, 使奥氏体富碳, 不利于贝氏体铁素体的长大和继续形核, 延缓贝氏体转变。

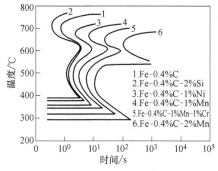 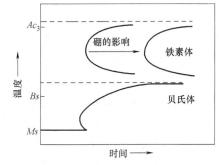

图 6-14　动力学理论计算的各种　　　　图 6-15　硼元素对等温转变图

合金开始转变 C 曲线[1]　　　　　　　的影响示意图[1]

　　不同元素延缓贝氏体转变和珠光体转变的程度不同, 对贝氏体转变和珠光体转变的温度区间也会产生影响, 从而使贝氏体转变 C 曲线和珠光体转变 C 曲线分离, 形成具有两组 C 曲线的过冷奥氏体转变曲线。如钨、钼、钒、钛能延缓贝氏体转变和珠光体转变, 但延缓贝氏体转变的作用远不如延缓珠光体转变的作用明显, 从而使贝氏体转变 C 曲线和珠光体转变 C 曲线在横坐标 (时间坐标) 方向左右分离; 铬能提高珠光体转变温度, 降低贝氏体转变温度, 从而使贝氏体转变 C 曲线和珠光体转变 C 曲线在纵坐标 (温度坐标) 方向上下分离。

　　(2) 原始组织　原始奥氏体组织对贝氏体转变有一定的影响。奥氏体晶粒尺寸越大, 化学成分也越均匀, 有利于贝氏体铁素体形核的贫碳区域和奥氏体晶界越少, 使贝氏体铁素体形核的孕育期延长, 形核率降低, 贝氏体转变速率减慢。奥氏体晶粒大小对上贝氏体形成速率影响较大, 对下贝氏体影响较小, 因为上贝氏体中的铁素体主要在奥氏体晶界形核, 而下贝氏体中的铁素体既可以在奥氏体晶界形核, 也可以在奥氏体晶粒内部形核。

（3）工艺条件　加热工艺、冷却工艺及其它的一些外部因素都会影响贝氏体转变速率。

加热工艺通过影响奥氏体晶粒尺寸、奥氏体成分均匀性、奥氏体中的含碳量和合金元素含量以及未溶第二相等因素来影响贝氏体转变速率。加热温度越高、保温时间越长，奥氏体晶粒越粗大、成分越均匀，碳和合金元素在奥氏体中溶解越充分，未溶第二相数量越少，这些都会降低贝氏体转变速率。

冷却工艺和其它一些外部因素通过影响贝氏体转变的驱动力、原子扩散能力、过冷奥氏体成分等影响贝氏体转变速率。

1）在贝氏体转变温度区间的较高温度，随着等温冷却温度的降低，过冷度增加，相变驱动力增大，即贝氏体转变速率提高；在贝氏体转变温度区间的较低温度，随着等温冷却温度的降低，原子扩散能力减弱，即贝氏体转变速率降低。

2）过冷奥氏体在珠光体转变和贝氏体转变之间的温度等温停留，会促进随后的贝氏体转变，这可能与在等温停留过程中由于奥氏体析出碳化物，导致奥氏体中碳和合金元素含量降低有关；在贝氏体转变温度区间较高温度等温停留或发生部分贝氏体转变，会减慢随后在较低温度的贝氏体转变，这可能与过冷奥氏体热稳定化和先期贝氏体转变使未转变的奥氏体含碳量升高有关；在贝氏体转变温度区间的较低温度或 Ms 以下等温停留，可使随后在较高温度的贝氏体转变加速，这可能与较低温度下发生部分贝氏体转变或马氏体转变形成的应力和应变导致的附加驱动力有关[4,10]。

3）对过冷奥氏体施加拉应力可促进贝氏体转变，施加压应力阻碍贝氏体转变。因为奥氏体向贝氏体转变伴随着体积膨胀，拉应力对体积膨胀有利，压应力阻碍体积膨胀。另外，拉应力可加速原子扩散。

4）对高温（800~1000℃）奥氏体进行塑性变形可减慢贝氏体转变，这与奥氏体内部发生回复，形成多边形亚结构以及亚晶界，阻碍 α 相切变长大有关；在 Bs 温度以下对过冷奥氏体进行塑性变形，可促进贝氏体转变，这与塑性变形导致过冷奥氏体位错密度升高而产生的附加驱动力以及促进原子扩散有关。

5）外加磁场可提高贝氏体转变温度，使贝氏体转变加速[21]。

6.3.2　贝氏体连续冷却转变动力学

贝氏体连续冷却转变动力学可用过冷奥氏体连续冷却转变图（CCT 曲线）描述。如 3.3 所述，CCT 曲线表示过冷奥氏体在不同的冷却速率下所发生的转变类型以及转变量和时间的关系。当冷却速率较慢时，过冷奥氏体发生珠光体转变；当冷却速率很快时，过冷奥氏体发生马氏体转变；当冷却速率适中时，过冷奥氏体则可能发生贝氏体转变。在连续冷却条件下，不能发生单一的贝氏体转变。在贝氏体转变之前，有可能发生先共析转变或部分珠光体转变，在贝氏体转变之后，剩余奥氏体通常会发生部分马氏体转变。

连续冷却时的贝氏体转变是在一个温度范围内发生的，该温度范围主要受冷却速度影响。转变开始温度通常会随冷却速度的减慢而升高，最终升高到 Bs 温度后保持不变，如图 6-16 所示[1]。

需要指出，有些钢在连续冷却过程中不发生贝氏体转变，如高碳钢或高铬工具钢。这些钢贝氏体转变的孕育期长，连续冷却时（消耗的孕育期短）不能发生贝氏体转变，缓慢冷却时发生完全的珠光体转变，在适中的冷却速度下，共析碳钢首先发生部分珠光体转变，剩余的过冷奥氏体在冷却到 Ms 温度后直接发生马氏体转变，冷却速度较快时，奥氏体直接转变为马氏体，如图 6-17 所示。

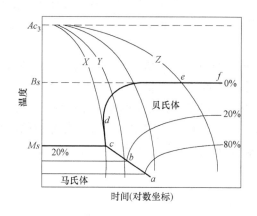

图 6-16　冷却速度对 Bs 温度的影响示意图[1]

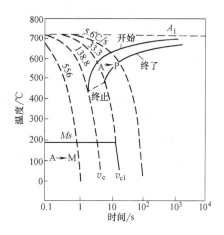

图 6-17　共析碳钢的过冷奥氏体连续冷却转变图[4]

贝氏体连续冷却转变动力学受很多因素影响，诸如钢的含碳量、钢中合金元素的种类和含量、原始组织及工艺条件等，其大致情况和前述的对贝氏体等温转变动力学的影响相似，在此不再赘述。

6.4　贝氏体的力学性能与应用

贝氏体组织，尤其是下贝氏体组织具有优良的力学性能。一般而言，在相同的强度水平下，贝氏体组织比回火马氏体组织具有更高的韧性。另外，实际热处理生产中通常采用等温淬火的方法获得贝氏体组织。因为等温温度较高，等温时间较长，等温淬火时的热应力很小，加之贝氏体和奥氏体的比体积差小于马氏体和奥氏体的比体积差，使得发生贝氏体转变时的组织应力也明显小于马氏体转变，因此等温淬火时工件变形、开裂的倾向明显小于普通淬火。等温淬火特别适合于形状复杂、力学性能要求高的小型工件的热处理。

6.4.1　贝氏体的强度和硬度

贝氏体的强度和硬度与贝氏体的类型，贝氏体中各个组成相的形态、尺寸、分布和亚结构等因素紧密相关。

贝氏体组织通常具有高的强度和硬度，而且随着贝氏体形成温度的降低，贝氏体的强度、硬度增高。下贝氏体比上贝氏体具有更高的强度和硬度。

贝氏体之所以具有高的强度和硬度，主要得益于以下一系列强化因素的作用。

1. 固溶强化

钢中的碳和合金元素一部分溶解在贝氏体铁素体中，一部分形成碳化物。溶解于贝氏体铁素体中的碳和合金元素产生固溶强化，使贝氏体具有高的强度和硬度。碳因其形成间隙固溶体，并具有一定的过饱和度，其固溶强化作用比合金元素的作用更为明显。

需要指出，贝氏体铁素体中碳的过饱和度比马氏体要小很多，尤其是在上贝氏体、无碳化物贝氏体和粒状贝氏体等在较高温度下转变得到的贝氏体中，贝氏体铁素体的碳含量接近于平衡碳含量，其固溶强化效果不如碳对马氏体的固溶强化效果。

下贝氏体铁素体中碳的过饱和度较高，碳的固溶强化作用比较明显，其强度比上贝氏体更高。而且下贝氏体形成温度越低，碳的过饱和度越大，强度越高。

2. 细晶强化

贝氏体铁素体的晶粒尺寸对贝氏体的强度有很大影响。贝氏体铁素体的晶粒尺寸经常用其板条或针片的厚度来表示，这是因为位错沿贝氏体铁素体长轴方向滑移的几率很小[1]。贝氏体铁素体的厚度很小，沿此厚度方向位错滑移的平均自由路径很短，位错滑移到贝氏体铁素体边界处造成的位错塞积群中的位错数目较少，引起的应力集中小，在相邻晶粒的滑移系上产生的分切应力也较小，不太容易引起相邻晶粒发生滑移，因此强度较高，如图6-18所示。

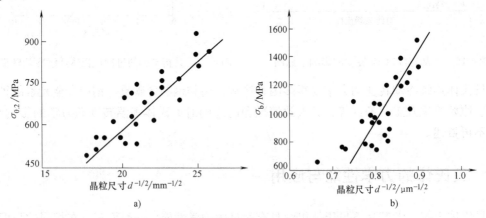

图6-18　铁素体晶粒尺寸对 $\sigma_{0.2}$ 和 σ_b 的影响

a）对 $\sigma_{0.2}$ 的影响　b）对 σ_b 的影响

很显然，贝氏体铁素体晶粒越小，其内部的亚片条、亚单元数量越多，贝氏体的强度越高。

3. 亚结构强化

贝氏体铁素体中的位错亚结构对贝氏体强度也有较大贡献，很显然，位错密度越高，贝氏体强度越大。在铁碳合金中，位错密度与由此引起的屈服强度的增量之间的关系为：$\Delta\sigma_s = 1.2 \times 10^{-4}\rho^{1/2}$，式中 ρ 为位错密度[4]。贝氏体铁素体中的位错密度与贝氏体形成温度关系密切，温度越低，位错密度越高，其强度也就越高。下贝氏体的形成温度低，位错密度增加引起的亚结构强化作用较大，其强度比上贝氏体高。

4. 碳化物弥散强化

碳化物弥散强化对贝氏体强度的贡献也很大，如图6-19所示。下贝氏体形成温度低，碳原子扩散能力弱，所形成的碳化物尺寸小，弥散度大，而且分布在铁素体片内部，对下贝氏体的弥散强化作用大；上贝氏体形成温度高，内部的碳化物弥散度低，而且碳化物分布状态不良，主要分布于贝氏体铁素体板条之间，对强度的贡献较小。因此，下贝氏体的强度高于上贝氏体。

在贝氏体的强化因素中，碳的固溶强化、亚结构强化、碳化物弥散强化等都与贝氏体形成温度有关。显然，贝氏体形成温度越低，强化效果越明显，贝氏体强度越高，如图6-20

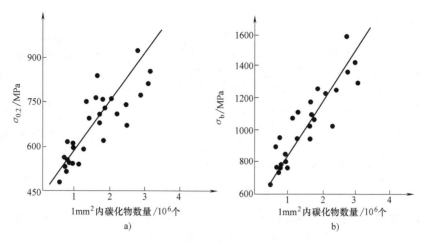

图 6-19　碳化物弥散度对 $\sigma_{0.2}$ 和 σ_b 的影响

a）对 $\sigma_{0.2}$ 的影响　b）对 σ_b 的影响

所示[1]。

6.4.2　贝氏体的塑性和韧性

贝氏体组织，特别是下贝氏体组织，具有良好的塑性和韧性。

1. 贝氏体的塑性

在相同强度下，低碳贝氏体钢的断后伸长率比回火马氏体钢高，但高碳钢的情况正好相反。贝氏体钢的断面收缩率总是比回火马氏体钢低，原因尚不清楚[1]。

在相同强度下，低碳贝氏体的塑性

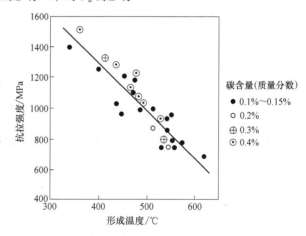

图 6-20　碳钢贝氏体抗拉强度与形成温度的关系

总是高于高碳贝氏体，因此可以通过降低碳含量来提高贝氏体的塑性，而通过合金元素的置换固溶强化来保证强度。

2. 贝氏体的韧性

贝氏体组织的冲击韧度随强（硬）度变化曲线与淬火、回火组织的冲击韧度随强（硬）度变化曲线通常都有一交叉点，如图 6-21 所示。交叉点处的贝氏体组织和淬火、回火组织具有相同的强（硬）度和冲击韧度。在交叉点以左，即在较高的强（硬）度水平下，贝氏体组织比淬火、回火组织具有更高的冲击韧度，此时的贝氏体因形成温度低，强（硬）度高，多为下贝氏体，淬火、回火组织多为回火马氏体（或回火托氏体），因此，下贝氏体比回火马氏体（或回火托氏体）具有更高的冲击韧度；而在交叉点以右，即在较低的强度水平下，淬火、回火组织具有较高的冲击韧度，此时的贝氏体因形成温度高，强（硬）度低，多为上贝氏体，淬火、回火组织多为回火索氏体组织，因此，上贝氏体比回火索氏体组织的冲击韧度低[4,22]。

贝氏体的冲击韧度随贝氏体形成温度的改变并非单调变化，在较高温度下，随着贝氏体形成温度的下降，贝氏体的冲击韧度增加并达到极大值，随后，随着贝氏体形成温度的进一

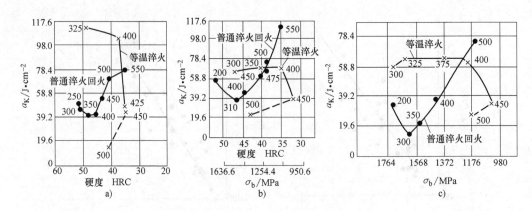

图 6-21　几种钢在等温淬火和普通淬火、回火状态下冲击韧度与强（硬）度的关系

（图中数字代表等温温度或普通淬火后的回火温度）

a）30CrMnSiA　b）40CrA　c）40CrNiMoA

步下降，贝氏体的冲击韧度有所降低，如图 6-22 所示。从贝氏体的冲击韧度随强（硬）度的变化曲线还可得出，下贝氏体的冲击韧度总是比上贝氏体的冲击韧度高。

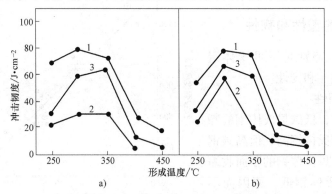

图 6-22　贝氏体冲击韧度与贝氏体形成温度的关系

a）等温 30min　b）等温 60min

1—Fe-0.27% C-1.02% Si-1.00% Mn-0.98% Cr　2—Fe-0.40% C-1.10% Si-1.21% Mn-1.62% Cr

3—Fe-0.42% C-1.14% Si-1.04% Mn-0.96% Cr

6.4.3　贝氏体组织的应用

贝氏体组织具有优良的力学性能，在热处理行业和金属材料领域得到了广泛的应用。

1. 在热处理中的应用

在热处理行业，主要通过等温淬火的方法获得贝氏体组织。具体方法是将奥氏体化后的工件迅速放入贝氏体转变温度范围内某一温度的盐浴或碱浴中，等温一定时间后再冷却到室温。

等温淬火的主要目的是得到贝氏体，特别是下贝氏体组织，以赋予零件优良的力学性能。同时，等温淬火时工件变形、开裂的倾向明显小于马氏体淬火。因此，对于要求高强度、高硬度，或者普通马氏体淬火时变形、开裂倾向大的小型工件，选择等温淬火获得综合性能优良的贝氏体组织非常适宜。

贝氏体等温淬火之所以能明显减小工件变形开裂的倾向，主要归因于等温淬火时热应力和组织应力都明显小于普通的马氏体淬火。一方面，等温淬火时冷却介质温度比较高，工件和冷却介质之间的温差小，使工件表面和心部的温差较小，冷却时产生的热应力小；另一方面，贝氏体组织和奥氏体组织之间的比体积差小于马氏体和奥氏体之间的比体积差，发生贝氏体相变时的组织应力较小，而且在等温过程中，工件表面和心部的温差、热应力和组织应力都会逐步减小，甚至消除。

2. 在金属材料中的应用

贝氏体组织更重要的应用领域是开发高性能贝氏体钢。所谓贝氏体钢，是指在使用状态下组织主要为贝氏体的钢种，而钢中的贝氏体是通过空冷获得的[22]。

开发贝氏体钢必须符合以下原则：

1）在一个相当宽的冷速范围能得到以贝氏体为主的组织。这需要在钢中加入一些合金元素，使得过冷奥氏体连续冷却转变曲线上先共析铁素体和珠光体转变区和贝氏体转变区明显分离，并使先共析铁素体和珠光体转变曲线显著右移。

钼可明显推迟先共析铁素体析出和珠光体转变，对贝氏体转变的推迟作用不明显，是贝氏体钢中的常用元素之一，但其质量分数通常控制在 $0.4\% \sim 0.6\%$。含量更高时上述作用减小，成本也会增加。微量硼（$w_B = 0.002\%$）可有效推迟先共析铁素体析出和珠光体转变，而且和钼联合加入时，其效果更为明显。钼、硼联合加入是贝氏体钢的基本成分。

2）在保证提高强度的同时，使钢具有良好的韧性，尤其是具有低的韧脆转变温度。这就要求合金元素要合理使用，既要充分发挥合金元素对贝氏体铁素体的强化作用，同时又要不至于损害钢的韧性。

3）贝氏体钢要具有良好的焊接性和成形性。这就要求钢的淬透性和含碳量要低，以使钢在焊接时不易形成马氏体，并具有良好的塑性变形能力。

4）钢材价格低廉。开发贝氏体钢除了性能需求以外，还有一个重要的目的就是降低成本。贝氏体钢合金化时既要满足性能要求，又要控制成本。如碳是最廉价的强化元素，但要控制碳含量。因为含碳量高既推迟贝氏体转变，又降低钢的塑性和韧性，同时损害材料的焊接性和成形性。因此，贝氏体钢通常都是低碳钢或超低碳钢。为了进一步提高强度等级，增大获得贝氏体的冷速范围，通常采用多元合金化，加入锰、铬、镍、铌等元素，但较贵重的铬、镍、铌等元素加入量都较低。

目前贝氏体钢已经得到了广泛应用，我国已成功开发了不同强度等级的系列贝氏体钢。诸多先进技术如 TMCP（Thermo-mechanical Controlled Process）、RPC（Relaxation Precipitation Controlling）、HTP（High Temperature Processing）、TPCP（Thermo-mechanical Precipitation Control Process）等的应用，尤其是我国自主开发的具有自主知识产权的中温转变组织超细化的 TMCP + RPC 工艺控制技术的应用，使我国贝氏体钢的研制开发达到了世界先进水平[20]。

习　题

1. 试述钢中的贝氏体、上贝氏体、下贝氏体的概念和形成条件。
2. 试述钢中上贝氏体、下贝氏体组织形态特点和亚结构特点。
3. 简述贝氏体切变形成机理的主要内容，以及上贝氏体、下贝氏体形成的基本情况。
4. 简述贝氏体转变的动力学特点和影响贝氏体转变动力学的主要因素。

5. 上贝氏体与下贝氏体各具有怎样的力学性能特点？解释原因。

6. 为什么等温淬火时一般希望得到下贝氏体？贝氏体的力学性能和形成温度之间的关系如何？

7. 试比较贝氏体转变与珠光体转变和马氏体转变的异同。

8. 试分析高碳钢在连续冷却条件下为什么不能得到贝氏体组织。

9. 为什么要开发贝氏体钢？开发贝氏体钢的原则是什么？

参 考 文 献

[1] 赵乃勤，杨志刚，冯运莉. 合金固态相变 [M]. 长沙：中南大学出版社，2008.

[2] 刘宗昌，任慧平，等. 贝氏体与贝氏体相变 [M]. 北京：冶金工业出版社，2009.

[3] 俞德刚，王世道. 贝氏体相变理论 [M]. 上海：上海交通大学出版社，1998.

[4] 胡光立，谢希文. 钢的热处理（原理和工艺）[M]. 西安：西北工业大学出版社，1996.

[5] 崔忠圻，刘北兴. 金属学与热处理原理 [M]. 哈尔滨：哈尔滨工业大学出版社，2007.

[6] 刘云旭. 金属学与热处理原理 [M]. 北京：机械工业出版社，1981.

[7] 康煜平. 金属固态相变及应用 [M]. 北京：化学工业出版社，2007.

[8] Курдюмов Г В, Перкас М Д. Проблемы Металловедения и фцзики Металлов [M]. Металлургиздат，1951.

[9] Энтин Р И. 钢中奥氏体转变 [M]. 北京：中国工业出版社，1965.

[10] Hehemann R F. Phase Transformations, ASM, Metals Park, OH, 1970：397.

[11] Speich G R, Cohen M. Trans. AIME, 1960, 218：1050.

[12] Bhadeshia H K D H. Metall. Trans. A, 1979, 10A：895.

[13] Smith G M. Ph. D. Thesis, University of Cambridge, U. K. , 1981.

[14] Graf M K, et al. Accelerated Cooling of Steel（ed. Southwick. P. D. ）[J], TMs-AIME, 1985：349.

[15] Fondebar M K, Rao A M, Mallik A K. Metall. Trans. , 1970, 1：885.

[16] Bhadeshia H K D H. Bainite in Steels [M]. London：The Institute of Materials, 1992.

[17] 方鸿生，王家军，等. 贝氏体相变 [M]. 北京：科学出版社，1999.

[18] 刘宗昌，任慧平，宋义全. 金属固态相变教程 [M]. 北京：冶金工业出版社，2003.

[19] 杨全民，康沫狂. 西北工业大学学报（增刊），1996：10.

[20] 贺信莱，尚成嘉，等. 高性能低碳贝氏体钢 [M]. 北京：冶金工业出版社，2008.

[21] Hideyuke Ohtsuka. Effects of Strong Magnetic Fields on Bainite Transformation [J]. Current Opinion in Solid State and Materials Science, 2004, 8：279-284.

[22] 康沫狂，杨思品，管敦惠. 钢中贝氏体 [M]. 上海：上海科学技术出版社，1990.

第 *7* 章　钢的回火转变

在通常情况下，零件淬火后强度和硬度会有很大的提高，与其相反，塑性和韧性会有很大的降低。而实际机械零件及工具的工作条件则往往要求强度与塑性的良好配合。此外，淬火组织处于亚稳定状态，它有自发向更稳定组织转化的趋势，这将影响零件性能与尺寸的稳定性。再则，淬火后零件内部往往存在较大的内应力，如不及时消除，还会引起零件进一步的变形乃至开裂。这些问题通常需要依靠回火工艺来解决。

所谓回火，是指将钢件加热淬火后，再重新加热到低于 A_1 临界点以下的某一温度，保温一定时间，使淬火态组织发生某种程度的变化，再冷却到室温，从而调整零件的使用性能的工艺，这种处理在生产上称为回火（Tempering）。回火过程中所发生的转变即为回火转变。回火处理可作为控制性能的最后一道热处理工序。为了保证钢件回火后获得所需要的性能，必须掌握回火温度、回火时间等回火工艺参数对淬火钢组织形态和性能的影响。为了深刻理解回火过程中淬火钢性能随着回火温度变化的规律，从而正确制订淬火钢的回火工艺，必须首先了解淬火钢在回火过程中的组织变化。

7.1　淬火碳钢在回火过程中的组织变化

淬火后碳钢的组织是马氏体和部分残留奥氏体。马氏体组织不稳定，容易分解；而残留奥氏体又处于过冷状态，因而是不稳定的组织，有向室温平衡组织铁素体和渗碳体转变的趋势。马氏体中过饱和的碳将以碳化物的形式析出，初期析出的是亚稳碳化物，后期将转变为稳定的碳化物；同时，残留奥氏体会发生相变，α-Fe 基体也会随着温度的升高发生回复和再结晶等，以消除组织内部的位错、孪晶等晶体缺陷。

在回火加热时，提高了原子的扩散能力，能够加速这种分解与转变过程。回火温度不同，原子的扩散能力不同，所得到的回火组织也就不同。按照回火温度的高低和组织转变特征，可将碳钢在回火中的组织变化过程分为五个阶段[1-5]：①马氏体中碳原子的偏聚；②马氏体的分解；③残留奥氏体转变；④碳化物类型变化；⑤碳化物聚集长大及 α-Fe 的回复与再结晶。

回火过程中的组织变化比较复杂，以上五个阶段不是彼此分隔而是相互重叠的（温度范围有一定的交叉）。此外，上述各种转变阶段出现的温度范围还受碳钢成分的影响。例如，高碳钢淬火后残留奥氏体量较高，所以回火时残留奥氏体的转变较为明显；合金钢中合金元素含量较高，由于合金元素固溶于奥氏体中，提高了残留奥氏体的热稳定性，这将使残留奥氏体的转变温度升高，而且合金元素还会形成各种合金碳化物，这使其回火过程中的变化更为复杂。

7.1.1 马氏体中碳原子的偏聚

回火温度低于100℃时，由于温度低，铁和合金元素的原子难以扩散，而碳、氮原子尚有一定的扩散能力，能作短距离的扩散。由于碳、氮原子扩散到微观缺陷处能降低马氏体的能量，所以碳、氮原子往往向微观缺陷（如位错、孪晶等）处偏聚，形成微小的碳的富集区，这是一个自发的过程。碳原子的偏聚现象用普通金相方法无法分辨，但随着检测技术的不断进步，这一现象已通过原子探针技术得到了证实。另外，还可以根据碳原子偏聚引起的电阻率变化的现象，用电阻或内耗等方法间接测定。偏聚区的形成，与碳原子的扩散能力以及缺陷密度有关。不同碳含量与亚结构的马氏体，其偏聚方式也不同。

1. 板条马氏体中碳原子的偏聚

碳的质量分数小于0.2%的板条马氏体，其亚结构为高密度位错，碳原子与位错弹性应力场作用的结果是碳被吸引到位错线附近，使晶格的弹性畸变能降低，因而碳原子会自发地向位错线附近偏聚，形成偏聚区。例如，Fe-0.21%C钢经过1000℃奥氏体化后水淬获得马氏体组织，再经150℃回火10min，用原子探针可以测得α基体碳的质量分数为0.029%，但板条马氏体边界碳的质量分数则高达0.42%，比平均的碳含量提高了一倍[6]。由于碳原子全部偏聚在位错线上，所以不产生正方度，为立方马氏体。偏聚区的形成，与位错密度和碳原子的扩散能力有关，碳原子的扩散能力越大，位错密度越高，则偏聚区的形成速度越快。

碳在板条马氏体边界的偏聚既可以发生在回火和室温停留过程中，也可能发生在淬火过程中。在淬火过程中所发生的碳的原子偏聚很可能是在板条马氏体边界保留了残留奥氏体的重要原因，因为这个过程提高了边界处待转变的奥氏体的碳含量，使该处 Ms 点下降，再加上相变所引起的应变强化，使得残留奥氏体可以保留到室温状态。

2. 片状马氏体中的碳原子偏聚

高碳的片状马氏体亚结构主要是孪晶，没有足够的位错线容纳碳原子，除了少量碳原子在位错附近偏聚外，大量碳原子是在孪晶界面上偏聚[7]。例如，Fe-0.78%C-0.65%Mn钢，经过1200℃奥氏体化水淬获得马氏体组织，再经160℃回火1h，用原子探针可以测得α基体碳的质量分数为0.32%，但孪晶界碳的质量分数则高达1.83%[6]。这种偏聚伴有化学自由能的降低，因此也称为化学偏聚，它尚未形成一定晶格类型的碳化物，只是聚集在一定的晶面上，使正方度 c/a 增大，仍处于不稳定状态，易发生分解。

7.1.2 马氏体的分解

在温度高于100℃（100~250℃）进行回火处理时，马氏体开始发生部分分解。随着回火温度的升高及回火时间的延长，富集区的碳原子发生有序化后转变为弥散分布的碳化物。随着碳化物的析出，马氏体的含碳量不断减少，正方度 c/a 不断下降。马氏体的分解过程与马氏体的成分（碳含量）密切相关。

1. 高碳马氏体的分解

X射线衍射实验测定的高碳（$w_C = 1.4\%$）马氏体回火后，其点阵常数、正方度、含碳量与回火温度之间的变化关系见表7-1[8]。

从表7-1中可以看出：①随着回火温度的升高，马氏体的含碳量不断减少，正方度（c/a）不断下降；②当回火温度低于125℃时，α相呈现两种正方度，即由于碳化物析出，同

表7-1　高碳（$w_C = 1.4\%$）马氏体的点阵常数、正方度、含碳量与回火温度之间的关系[8]

回火温度/℃	回火时间	a/nm	c/nm	c/a	w_C（%）
室温	10 年	0.2846	0.2880，0.3020	1.012，1.062	0.27，1.40
100	1h	0.2846	0.2882，0.3020	1.013，1.054	0.29，1.20
125	1h	0.2846	0.2886	1.013	0.29
150	1h	0.2852	0.2886	1.012	0.27
175	1h	0.2857	0.2884	1.009	0.21
200	1h	0.2859	0.2878	1.006	0.14
225	1h	0.2861	0.2872	1.004	0.08
250	1h	0.2863	0.2870	1.003	0.06

时出现碳含量不同的两种 α 相：一种是接近高正方度的保持原始碳浓度的未分解的马氏体，其对应的碳的质量分数为 1.2% ~ 1.4%；另一种是具有低正方度的碳已部分析出的碳含量较低的马氏体，其对应的碳的质量分数为 0.27% ~ 0.29%。当回火温度高于 125℃ 时，α 相的正方度只有一种，即只存在一种 α 相，而且随着回火温度升高，c/a 逐渐减小，α 相中碳含量逐渐降低。这表明，对于高碳马氏体，由于回火温度的不同，马氏体的分解可以有两种不同的方式，即双相分解和单相分解。

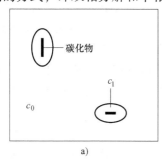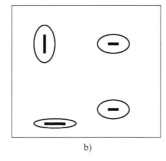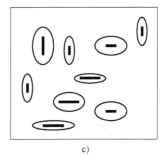

图7-1　马氏体双相分解示意图

（1）马氏体的双相分解　回火温度在 125 ~ 150℃ 以下，马氏体以双相分解方式进行分解。此时，随着碳化物的析出，出现了两种不同正方度的 α 相，即具有高正方度的保持原始碳含量的未分解的马氏体，以及具有低正方度的碳已部分析出的马氏体。随着碳化物的析出，两种 α 相的碳含量均不发生改变，只是高碳区越来越少，低碳区越来越多。出现这种双相分解现象的原因是，由于回火温度较低，马氏体分解时，是在马氏体中的某些碳原子富集区（具备了含量起伏、结构起伏和能量起伏的形核条件）产生了碳化物晶核，其长大是通过周围碳原子的扩散来完成的，但由于碳原子扩散的距离比较短，所以长大到一定尺寸后就停止。

图 7-1 所示为马氏体的双相分解过程。在碳原子的富集区，经过有序化后形成碳化物核心，并依靠周围 α 相提供的碳原子进一步长大成碳化物颗粒。由于碳化物的析出，在碳化物周围将出现低碳的 α 相，但由于温度低，碳原子长程扩散较困难，只能进行近程扩散，高碳区与低碳区之间的浓度梯度不易消失，从而形成具有两个不同碳含量的 α 相，而已经析出的碳化物粒子也不易继续长大。马氏体双相分解时碳的分布如图 7-2

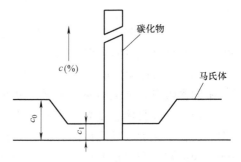

图7-2　马氏体双相分解时碳的分布

所示。由于碳化物的析出，在其周围出现低碳（c_1）的 α 相，而远处的 α 相仍保持原有碳含量 c_0。由于温度低，马氏体的进一步分解只能依靠在高碳区继续形成新的碳化物核心，析出碳化物粒子，在其周围形成新的低碳区。随着时间的延长，高碳区逐渐变成低碳区，高碳区减少，低碳区越来越多。当高碳区完全消失时，双相分解结束，此时，α 相的平均碳含量亦降至 c_1。

双相分解的速度与温度有关，温度越高，速度越快。经计算得出不同温度下马氏体分解一半所需的时间，见表 7-2。可见，提高温度将使高碳马氏体的双相分解速度大大加快，而低碳区的碳含量 c_1 与马氏体的原始碳含量和温度均无关，其质量分数为 0.25% ~ 0.30%。

表 7-2　不同温度回火时马氏体的半分解期[9]

温度/℃	0	20	40	60	80	100	120
时间	340 年	6.4 年	2.5 月	3d	8h	50min	8min

（2）马氏体的单相分解　当温度高于150℃时，马氏体将以单相分解（即连续分解）的方式进行分解。由于温度有所提高，碳原子的扩散能力增强，能够进行较长距离的扩散，已经析出的碳化物粒子可以从较远处得到碳原子而长大，α 相中的碳浓度梯度也可通过碳原子的长程扩散而消除。故在分解过程中，不再存在两种不同碳含量的 α 相，α 相的碳含量和正方度会随着分解过程的不断进行而下降。当回火温度达到300℃时，其正方度 c/a 接近 1，此时 α 相中的碳含量已基本接近平衡状态，马氏体分解过程基本上结束。

合金元素对双相分解没有什么影响，但对单相分解过程的影响较为明显。这是因为在单相分解过程中，碳原子需要作较长距离的扩散，而合金元素的存在将会改变碳原子的扩散能力以及碳化物的稳定性，因此，合金元素对单相分解的影响较大。

2. 低碳及中碳马氏体的分解

低碳钢的 Ms 点高，在淬火形成马氏体的过程中，除了可能发生碳原子向位错偏聚外，在最先形成的马氏体中还可能发生部分马氏体的分解，析出碳化物，这一特征称为自回火。钢的 Ms 点越高，淬火时的冷却速度越慢，自回火析出的碳化物越多。淬火后，在 100 ~ 200℃以下回火时，碳原子仍然偏聚于低碳板条马氏体中的位错线附近，不发生碳化物的析出，这是由于碳原子偏聚的能量状态低于析出碳化物的能量状态。当回火温度高于200℃时，才有可能发生单相分解，析出碳化物，使 α 相的碳含量降低。

中碳钢在正常淬火时得到板条位错马氏体（低碳马氏体）与片状孪晶马氏体（高碳马氏体）的混合组织，故同时具有低碳马氏体和高碳马氏体的分解特征。

综上所述，在此阶段，固溶于体心正方马氏体中的过饱和碳会随着回火温度的升高，不断地以微小碳化物（ε 碳化物）的形式从马氏体中析出，马氏体中的含碳量随之也不断地降低，最终变成体心立方马氏体，并且体心立方马氏体中的碳含量与淬火钢的碳含量无关。马氏体经分解后，原马氏体组织转化为由有一定过饱和度的体心立方马氏体和 ε 碳化物所组成的复相组织，称为回火马氏体。原始

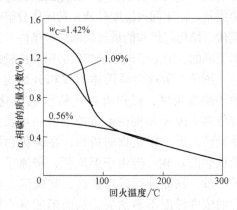

图 7-3　不同碳含量马氏体回火时 α 基体中碳含量的变化[9]

碳含量不同的马氏体，随着碳的不断析出，马氏体中的含碳量在高于 200℃ 以后趋于一致，如图 7-3 所示[9]。

7.1.3　残留奥氏体转变

钢淬火到室温或多或少地会保留一部分未转变的奥氏体，称为残留奥氏体，如图 7-4 中白亮部分所示。钢淬火后的残留奥氏体量主要取决于钢的化学成分，某些高合金钢淬火后残留奥氏体的量可达到 30%～40% 或以上。而对于碳钢而言，一般认为，碳的质量分数小于 0.2% 的淬火钢中基本不存在残留奥氏体，只有当碳的质量分数大于 0.4% 时，其淬火组织中才有可测数量的残留奥氏体存在（例如体积分数在 3% 以上）。因此，只有中碳钢和高碳钢回火时才发生明显的残留奥氏体转变。

残留奥氏体的存在对钢的性能有一定的影响，可能使性能变坏，如弹性极限下降，零件的尺寸稳定性变差等，但有时也可能提高钢的韧性和抗接触疲劳性能。因此，有必要了解残留奥氏体在回火过程中的变化，以便能控制残留奥氏体量。

残留奥氏体在本质上与原过冷奥氏体相同，原过冷奥氏体可能发生的转变，残留奥氏体都有可能发生。但残留奥氏体与过冷奥氏体之间也有不同之处，其主要的差别在于：①已经发生的转变可能给残留奥氏体带来化学成分上的变化，如板条马氏体形成时，使周围的残留奥氏体的碳含量比平均含碳量高得多；②由于马氏体转变时的体积效应，使残留奥氏体在物理状态上有所变化，最明显的是使残留奥氏体发生弹性畸变与塑性变形；③在回火过程中，马氏体分解等相变过程也将影响残留奥氏体的转变。

图 7-4　4130 钢板条马氏体中板条之间的残留奥氏体（暗场透射电子显微照片）[10]

1. 残留奥氏体向珠光体和贝氏体的转变

将淬火钢加热到 Ms 点以上、A_1 点以下各个温度等温保持，残留奥氏体在高温区将转变为珠光体，在中温区将转变成贝氏体，但等温转变动力学与原过冷奥氏体的不完全相同。图 7-5 所示为 Fe-0.7% C-1% Cr-3% Ni 钢中残留奥氏体的等温转变动力学图[11]，图中虚线为原过冷奥氏体，实线为残留奥氏体。两者的等温转变动力学图十分相似，但一定量马氏体的存在促进了残留奥氏体转变，尤其使贝氏体转变加速。金相观察证明，此时的贝氏体均在马氏体与残留奥氏体的交界上形核，故马氏体的存在增加了贝氏体的形核位置，从而使贝氏体转变加剧。但当马氏体量增加到一定程度后，由于残留奥氏体的状态发生了很大变化，反而使等温转变减慢。

2. 残留奥氏体向马氏体的转变

（1）等温转变成马氏体　若将淬火钢加热到低于 Ms 点的某一温度进行等温处理，残留奥氏体有可能等温转变成马氏体。实验证实，此时在 Ms 点以下发生的等温转变完全受马氏体分解控制，即淬火马氏体发生分解后，残留奥氏体才能等温转变为马氏体。虽然这种等温转变量很少，但对精密工具及量具的尺寸稳定性将产生很大影响。

（2）二次淬火　将淬火钢加热到较高温度回火，若残留奥氏体比较稳定，在回火保温时未发生分解，则在回火后的冷却过程中部分残留奥氏体将转变为马氏体。这种在回火冷却

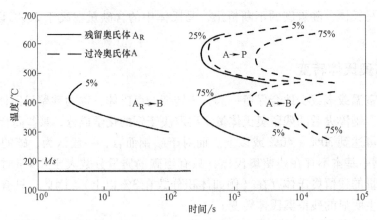

图 7-5　Fe-0.7％C-1％Cr-3％Ni 钢奥氏体等温转变动力学图[11]

时残留奥氏体转变为马氏体的现象称为"二次淬火"。二次淬火可以提高工具零件的硬度、耐磨性和尺寸稳定性。

二次淬火产生的马氏体量与回火工艺密切相关。例如，W18Cr4V 高速钢经 1280℃ 淬火后在室温下存在的残留奥氏体的体积分数高达 23％[11]。由于 560℃ 正好处于珠光体与贝氏体转变之间的奥氏体稳定区，此时残留奥氏体不发生转变。但在随后的冷却过程中，部分残留奥氏体将转变成马氏体。生产中常采用 3～4 次，每次 1h 的回火工艺，使残留奥氏体全部转化为马氏体。

W18Cr4V 高速钢发生二次淬火的原因是，在 560℃ 保温时残留奥氏体中发生了催化，使 Ms 点提高到室温以上，增强了向马氏体转变的能力。若在 560℃ 保温后再在较低温度停留，残留奥氏体稳定化程度因温度降低和时间延长而增大，如图 7-6 所示。高速钢在 560℃ 回火后冷却至 250℃ 停留，残留奥氏体又将变得稳定，在冷至室温过程中不再发生转变，即在 250℃ 保温过程中发生了反催化（即稳定化），降低了残留奥氏体的 Ms 点，减弱了向马氏体转变的能力。上述这种催化与稳定化可以反复进行多次。

鉴于上述实验现象，可以认为这种催化是热稳定化的逆过程。在奥氏体中存在位错等晶体缺陷并固溶有 C、N 等间隙原子，在 250℃ 保温过程中，为了降低畸变能，C、N 原子扩散到位错附近，形成原子气团并对位错起钉扎作用，从而增大了相变阻力，起到了稳定化作用。若将处于稳定化状态的残留奥氏体再加热至 560℃ 保温，C、N 原子将从位错附近逸出，从而减小相变阻力，起到催化（反稳定化）作用。

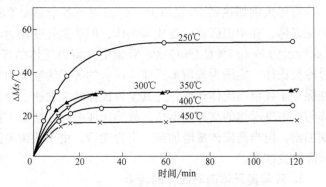

图 7-6　W18Cr4V 高速钢经 560℃ 保温 1h 后在较低温度停留对残留奥氏体稳定化程度的影响[9]

7.1.4　碳化物类型的变化

在马氏体分解的过程中，有可能直接析出稳定的碳化物，但在大多数情况下析出的是亚稳碳化物。当回火温度升高到 250～400℃ 时，碳素钢马氏体中过饱和的碳几乎全部析出，形成比 ε 碳化物更稳定的碳化物。随着回火温度的升高以及回火时间的延长，亚稳碳化物（ε 碳化物）必将向稳定碳化物（θ 碳化物，即渗碳体）转化，称为碳化物类型转变。最终得到铁素体加片状（或小颗粒状）渗碳体的混合组织，称为回火托氏体。

1. 高碳马氏体中碳化物类型的变化

高碳马氏体在回火第一阶段最初析出的是亚稳的 ε 碳化物，其成分介于 Fe_2C 和 Fe_3C 之间，一般用 $\varepsilon\text{-}Fe_xC$ 表示，属于六方晶系型，其点阵模型如图 7-7 所示。在回火马氏体中，ε 碳化物弥散分布在体心立方马氏体（α′相）中，并与 α′ 相保持共格关系，其模型如图 7-8 所示。从马氏体中析出的 ε 碳化物具有一定的惯习面，常为 $\{100\}_{\alpha'}$，并与母相存在一定的位向关系。ε 碳化物非常细小，光学显微镜无法分辨，但由于 ε 碳化物的析出使马氏体片极易被腐蚀成黑色，与下贝氏体极为相似，用电镜观察可看到 ε 碳化物为长度约 100nm、平行于 $\{100\}_\alpha$ 的条状薄片。因为 $\{100\}_\alpha$ 晶面族中有三个互相垂直的（100）面，所以 α′ 晶内析出的 $\{100\}_\alpha$ 在空间也是互相垂直的，而在二维上则是以一定角度交叉分布，如图 7-9 所示。用高分辨电镜观察可知，ε 碳化物薄片是由许多 5nm 左右的颗粒组成的。

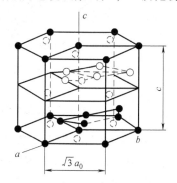

图 7-7　ε 碳化物的晶格模型

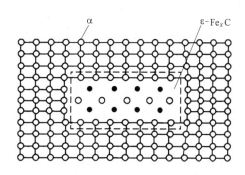

图 7-8　回火马氏体的原子结构模型

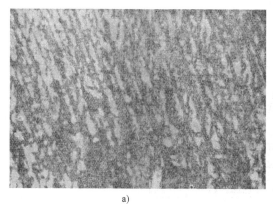

a)

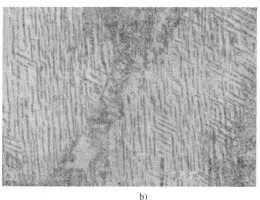

b)

图 7-9　片状马氏体（$w_C = 0.59\%$、$w_{Ni} = 23.8\%$ 钢）经过 205℃ 30min
回火后析出 $\varepsilon\text{-}Fe_xC$ 的透射电镜照片

a）$\varepsilon\text{-}Fe_xC$ 呈魏氏组织型，中间为残留奥氏体

b）$\varepsilon\text{-}Fe_xC$ 呈上下分布针状，从左上到右下的黑色斜线为马氏体中的相变孪晶

当回火温度高于 250℃ 时，ε 碳化物将转化成较稳定的 χ 碳化物，该碳化物具有复杂斜

方点阵，其组成为 Fe_5C_2，可用 χ-Fe_5C_2 表示。χ 碳化物也呈薄片状，其惯习面为 $\{112\}_{\alpha'}$，即片状马氏体中的孪晶界面，且片间距与马氏体中的孪晶界面间距相当，故可认为 χ 碳化物是在孪晶界面上析出的。χ 碳化物与基体 α' 之间也存在一定的位向关系。

当回火温度进一步升高后，ε 碳化物和 χ 碳化物又将转化为稳定的 θ 碳化物，即渗碳体 Fe_3C。θ 碳化物具有复杂斜方点阵，其惯习面为 $\{100\}_{\alpha'}$ 或 $\{112\}_{\alpha'}$，与基体 α' 之间也存在一定的位向关系。θ 碳化物也位于原孪晶界面，呈条片状，如图 7-10 中白色箭头所指的黑色部分。

综上所述，淬火高碳钢在回火过程中的碳化物转变序列可能为：$\alpha' \rightarrow (\alpha+\varepsilon) \rightarrow (\alpha+\varepsilon+\chi) \rightarrow (\alpha+\varepsilon+\chi+\theta) \rightarrow (\alpha+\chi+\theta) \rightarrow (\alpha+\theta)$。回火过程中碳化物的转变主要取决于回火温度，但也与回火时间有关，随着回火时间的延长，发生碳化物转变的温度降低。高碳钢中碳化物的析出与温度、时间的关系如图 7-11 所示[8]。

在高碳钢中，当片状马氏体在低温回火阶段分解为 α 相和 ε 碳化物时，两相之间保持共格关系。当 ε 碳化物长大时，共格畸变增大，长大到一定程度后，共格关系将难以维持。但是，它们之间共格关系的破坏，常常是由于 ε 碳化物转变为其它碳化物所引起的。

图 7-10　Fe-1.23%C 钢在 600℃ 回火 9h 后的透射电子显微像[12]

碳化物转变可以通过两种方式进行。一种方式是在原碳化物的基础上通过成分改变和点阵改组逐渐形成新碳化物，称为原位转变（In-situ）或原位析出。原位转变时，新旧碳化物具有相同的析出位置和惯习面。第二种方式是新的碳化物通过形核、长大独立形成的，称为独立（Separate）转变或异位析出。独立转变在其它位置重新形核并长大，使母相马氏体中的含碳量降低，为了维持平衡，细小的旧碳化物将重新溶入母相中，直至消失。

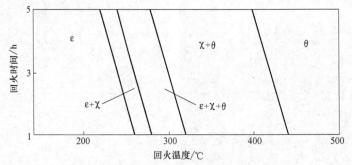

图 7-11　淬火高碳钢回火时三种碳化物的析出范围[8]

碳化物转变的方式主要取决于新、旧碳化物与母相的惯习面与位向关系。新、旧碳化物与母相的惯习面与位向关系如果一致，可能进行原位转变；如果不同，那么进行独立转变。由于 ε 碳化物的惯习面和位向关系与 χ 碳化物、θ 碳化物的不同，因此，ε 碳化物不可能原位转变为 χ 碳化物及 θ 碳化物，应为独立转变方式；对于 χ 碳化物和 θ 碳化物，两者的惯习面和位向关系可能相同也可能不同，所以，χ 碳化物转变为 θ 碳化物的方式可能为原位转变，也可能为独立转变。

在更高温度回火时，形成的碳化物将全部转变为 θ 碳化物，初期形成的 θ 碳化物常呈条片状或板片状。

2. 低碳马氏体中碳化物类型的变化

马氏体中碳的质量分数低于 0.2% 时，在 200℃ 以下回火，碳原子仅偏聚于位错处，而不析出碳化物，这是因为碳原子偏聚于位错处较之析出碳化物更为稳定；在 200℃ 以上回火，将在碳原子偏聚区通过单相分解直接从马氏体中析出 θ 碳化物。

图 7-12 所示为 Fe-4%Mo-0.2%C 钢在 190℃ 回火 1h 后的透射电子显微像，从该图中可以看到细小渗碳体自马氏体中析出。此时残留奥氏体尚未发生变化，但由于低碳钢的 *Ms* 点较高，在淬火形成马氏体的过程中，温度降低到 200℃ 以前，有可能在已经转变的马氏体中发生自回火，析出碳化物。

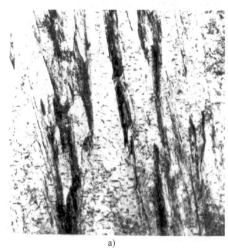
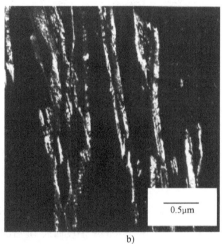

0.5μm

a)　　　　　　　　　　　　　　　　b)

图 7-12　Fe-4%Mo-0.2%C 钢在 190℃ 回火 1h 后的透射电子显微像[13]

a）碳以细小渗碳体的形式从马氏体中析出　b）暗场像显示残留奥氏体未有变化

在 250℃ 回火时，已经析出的碳化物将长大到约 250nm 长、20nm 宽。未发生自回火的马氏体还将发生回火，除了在板条内位错缠结处继续析出细针状 θ 碳化物外，还将沿板条马氏体的条界析出厚约 1nm、宽约 80nm 的薄片状 θ 碳化物。进一步提高回火温度，板条界上的 θ 碳化物薄片在长大的同时还将发生破碎而成为短粗针状 θ 碳化物，长约 200～300nm，宽约 100nm。

随着板条界上 θ 碳化物的长大，板条内的细针状碳化物将重新溶入 α 相中。温度达到 500～550℃ 时，板条内 θ 碳化物将消失，仅剩下分布在板条界面上的较粗大的直径为 200～300nm 的 θ 碳化物。

3. 中碳马氏体中碳化物类型的变化

中碳钢碳的质量分数为 0.2%～0.6%，淬火可能形成两种马氏体，即板条马氏体和孪晶马氏体。

对于板条马氏体，有可能在 200℃ 以下回火时先析出亚稳 ε 碳化物。随着回火温度升高到 200℃ 以上时，ε 碳化物将直接转变为稳定的 θ 碳化物，而不析出 χ 碳化物。并且由板条马氏体析出的碳化物大部分呈薄片状分布在板条界，对于淬火得到的部分孪晶马氏体，其析出碳化物的过程与高碳马氏体相同。

高合金钢在回火时也会发生碳化物类型的转变。例如，7.9% Cr-1.65% Mo-1.25% Si-1.2% V 钢淬火后在 300~700℃ 温度区间回火时，发生了碳化物类型的变化[14]，如图 7-13 所示。

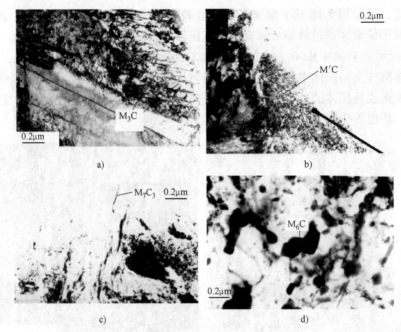

图 7-13　7.9% Cr-1.65% Mo-1.25% Si-1.2% V 钢在不同
温度回火 1h 后的明场透射照片[14]
a) 415℃　b) 550℃　c) 635℃　d) 700℃

7.1.5　碳化物的聚集长大

在低温下形成的碳化物呈片状，但这种形状的碳化物具有较大的表面能时，所以当共格关系破坏时，碳化物脱离母相后就逐渐长大并聚集成球。在 400℃ 以上随着回火温度的升高，碳化物粒子的直径逐渐增大。

实际上，回火时碳化物的聚集长大也是比较复杂的。因为马氏体回火时碳化物的析出既可以在 α' 内部，也可以在 α' 的晶界上，而回火时的碳化物聚集长大，往往是以马氏体内部的碳化物先溶解、晶界上的碳化物后析出的方式进行，所以回火后常常可以观察到在 α 晶界或原奥氏体晶界有较多的断续条状碳化物存在。只有在较高温度下回火时，这些碳化物才转变为球状，如图 7-14 中的黑色箭头所示。

图 7-15 所示为碳的质量分数为 0.34% 钢的回火温度、回火时间与渗碳体颗粒直径的关系。由图可知，在 500℃ 以上回火时，随着回火温度的升高和保持时间的延长，渗碳体的尺寸增大。当回火温度高于 600℃ 时，细粒状碳化物将迅速聚集和球化。

碳化物的球化过程一般遵循小颗粒溶解、大颗粒长大的奥斯特瓦尔德熟化（Ostwald Ripening Process）规律，如图 7-16 所示。研究表明，第二相在固溶体中的溶解度与第二相粒子的半径有关，可由下式求出

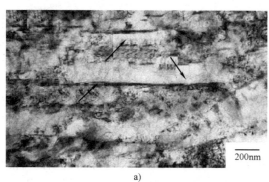

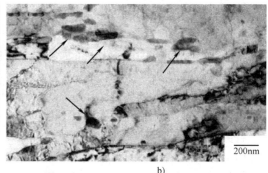

a)　　　　　　　　　　　　　　　　　b)

图 7-14　Fe-0.4%C 马氏体钢在 a）573K 和 b）723K 回火 90min 后的明场透射照片[15]

$$\ln \frac{C_r}{C_\infty} = \frac{2M\gamma}{RT\rho r} \qquad (7-1)$$

式中，C_r 为第二相粒子半径为 r 时的溶解度；C_∞ 为第二相粒子半径为 ∞ 时的溶解度；M 为第二相粒子的相对分子质量；γ 为第二相粒子和基体界面的单位面积界面能；ρ 为第二相粒子的密度；R 为气体常数；T 为热力学温度。

从式（7-1）可知，第二相粒子的半径越小，其在基体中的溶解度就越大。当碳化物种类确定后，式（7-1）中的 M、R、T、ρ、γ 为常数。可见，半径 r 越小，C_r/C_∞ 越大，小粒子溶解度呈指数关系急剧增加，由此引出了两种可能的结果：① 呈薄片状或杆状的碳化物，由于各部位的曲率半径不同，溶解度也将不同，小半径处易于溶解，将使碳化物片或杆发生断裂，大半径处将长大，导致碳化物球化；②颗粒状碳化物的大小不一，曲率半径的不一致也将导致溶解度不同。合金元素原子和碳原子均将由小颗粒碳化物处向大颗粒碳化物处扩散，结果导致小颗粒碳化物溶解，大颗粒碳化物长大并进一步球化。

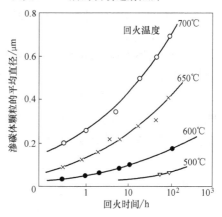

图 7-15　$w_C = 0.34\%$ 钢的回火温度、回火时间与渗碳体颗粒直径的关系[11]

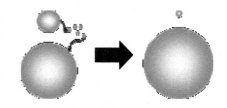

图 7-16　奥斯特瓦尔德熟化的基本表示

7.1.6　基体 α 相状态的变化

回火温度高于 400℃时，片状渗碳体将逐渐球化并聚集长大，基体 α 相也将发生回复（Recovery）和再结晶（Recrystallization）。一般将等轴铁素体加尺寸较大的粒状渗碳体的混合组织称为回火索氏体。

1. 内应力的消除

淬火时，工件截面各处的冷却速度不尽相同，各处的胀、缩和相变先后也不同，淬火马氏体处于过饱和状态和点阵畸变状态，并产生了位错和孪晶等晶内缺陷。因此，在淬火冷却后工件中将产生较大的内应力。工件的材料种类、结构形状、尺寸大小以及热处理工艺条件等因素，会使其内应力的大小、状态和分布发生很大的变化。一般来说，淬火后存在于工件内部的应力可按其平衡范围的大小分为三类，即在工件整体范围内处于平衡的第一类内应力；在晶粒或亚晶粒范围内处于平衡的第二类内应力；在一个原子集团或晶胞范围内处于平衡的第三类内应力。

回火工艺是使淬火内应力消除（Stress Relieving）的主要方法之一。在回火过程中，随着回火温度的升高，原子扩散能力不断增加，通过回复与再结晶等过程，使晶内缺陷不断减少，各类内应力不断下降。

（1）第一类内应力的消除　第一类内应力的存在可能引起工件变形，同时也有可能缩短其使用寿命。通常，在淬火后都必须通过回火降低第一类内应力。对于淬火碳钢，回火温度一定时，随着回火时间的延长，第一类内应力不断下降。开始时下降很快，超过 2h 后下降速度变慢。回火温度越高，第一类内应力消除得越快，如图 7-17 所示。经过 550℃ 回火后，第一类内应力可基本消除。

（2）第二类内应力的消除　在晶粒或亚晶粒范围内处于平衡的内应力能引起点阵常数的变化，因此第二类内应力可用点阵常数的变化 $\Delta a/a$ 来表示。在高碳马氏体中，$\Delta a/a$ 可达 8×10^{-2}，折合成应力约为 150MPa，相当于马氏体的屈服极限。随着回火温度的升高及时间的延长，淬火所造成的第二类内应力将不断下降，如图 7-18 所示。由图可知，当回火温度高于 500℃ 时，第二类内应力将基本消失。

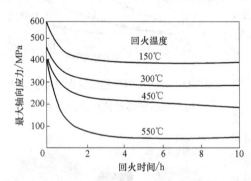

图 7-17　$w_C = 0.3\%$ 的碳钢回火时
第一类内应力的变化[9]

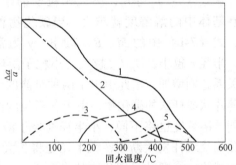

图 7-18　高碳钢回火时 α 相的
第二类内应力的变化情况[11]
1—综合影响　2—淬火畸变　3—ε 碳化物析出的畸变
4、5—ε 碳化物与 θ 碳化物的弥散畸变

（3）第三类内应力的消除　第三类内应力是存在于一个晶胞范围内的处于平衡状态的内应力，它主要是由于碳原子间隙固溶于马氏体晶格而引起的畸变应力。因此，随着马氏体的不断分解，碳原子不断地从 α 相基体中析出，第三类内应力将不断下降。马氏体在 300℃ 左右分解完毕，第三类内应力也将随之消失。

2. α 相的回复与再结晶

中、低碳钢淬火得到的板条马氏体中存在大量位错，其密度可达 $(0.3 \sim 0.9) \times 10^{12}$ cm^{-2}，与冷变形金属相似，在回火过程中将发生回复。回复过程中，α 相中的位错胞和胞内位错线将通过滑移和攀移而逐渐消失，晶体中的位错密度降低，部分板条界面消失，相邻板条合并成宽的板条。剩余位错也将重新排列，逐渐转化为胞块。回复开始的温度尚无法确定，但回火温度高于 400℃ 后，渗碳体在马氏体板条及其板条边界处析出的同时，α 相的回复已十分明显。由于板条合并变宽，板条形态已不明显，只能看到边界不清的亚晶粒。回火温度的提高将加速 α 相回复进程，并有可能引起再结晶。

图 7-19 所示为 Fe-0.2% C 钢淬火及 600℃ 回火处理后的透射电子显微像。其中，图 7-19a 所示为淬火处理后的显微组织照片，可清晰地看到马氏体板条和小角度板条边界；图 7-19b 所示为 600℃ 回火处理 3 h 后的组织照片，可以看出，部分小角度板条边界消失，出现较明显的亚晶界和晶界，这说明马氏体组织在 600℃ 回火时发生了明显的回复，并发生了部分再结晶。

a)　　　　　　　　　　　　　　　b)

图 7-19　Fe-0.2% C 钢淬火及回火后的 TEM 照片[16]

a）淬火　b）600℃ 回火处理

高碳钢淬火所得到的片状马氏体的亚结构主要是孪晶。当回火温度高于 250℃ 时，马氏体片中的孪晶开始消失，但沿孪晶界面析出的碳化物仍显示出孪晶特征；当回火温度达到 400℃ 时，孪晶全部消失，出现胞块，但片状马氏体的特征仍然存在；当回火温度高于 600℃ 时，片状特征逐渐消失。

图 7-20 所示为 Fe-0.8% C-2% Mn 钢水淬并 650℃ 回火后所得到的等轴 α 相和 θ 碳化物组织。在板条马氏体和片状马氏体共存的共析成分附近，由于马氏体组织细小，很容易得到等轴 α 相组织。图 7-20 中的碳化物主要分布在晶界处，再结晶过程也得到了一定的抑制。

回火时间的长短对 600℃ 以上回火时 α 相的形貌有较大的影响。回火时间较短时，低碳钢保留板条特征，高碳钢保留片状特征；长时间后出现等轴组织。

图 7-21 所示为 w_C = 0.18% 的马氏体经不同温度及时间回火后的组织。图 7-21a 所示为经过 600℃ 回火 10min 后得到的回复组织，由图可以看出，铁素体仍保持条束状，其内部也比较 "干净"，说明位错密度已大大降低；图 7-21b 所示为经过 600℃ 回火 96h 后得到的再结晶组织，由图可以看出，部分铁素体仍保持条束状，

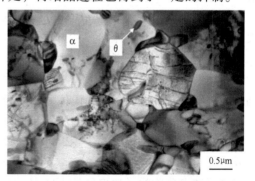

图 7-20　Fe-0.8% C-2% Mn 钢水淬并在 650℃ 回火后的等轴 α 相和 θ 碳化物组织[6]

另有部分铁素体已等轴化，渗碳体颗粒也变得比较粗大；图 7-21c 所示为经过 700℃ 回火 8h 得到的完全再结晶组织，由图可以看出，铁素体全部等轴化，渗碳体颗粒长大和球

化得比较完全。

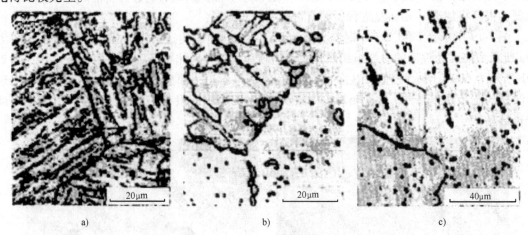

a)   b)   c)

图 7-21 $w_C = 0.18\%$ 的马氏体经不同条件回火后得到的组织

a) 600℃回火 10min b) 600℃回火 96h c) 700℃回火 8h

当合金钢中含有 Mo、W、V、Cr、Si 等元素时，回火过程的各阶段可能被推迟，从而抑制钢的强度及硬度的降低，即增强了钢的耐回火性。因为这些合金元素形成的特殊碳化物呈细小弥散分布，并与 α 相基体保持一定的共格关系，在高温回火时可显著延迟 α 相的回复与再结晶过程，因而使 α 相处于较大的畸变状态，使钢保持较高的强度和硬度。

7.2　影响回火转变的因素

7.2.1　合金元素

钢中的合金元素会对钢的回火转变以及回火后的组织产生很大影响，进而影响钢的性能。这种影响可以大致归纳为三个方面：①延缓钢的软化，提高淬火钢的回火抗力；②引起二次硬化现象；③影响钢的回火脆性。

下面将介绍合金元素对马氏体分解、残留奥氏体转变、碳化物类型变化、碳化物聚集长大以及 α 相状态变化几个阶段的影响。

1. 合金元素对马氏体分解的影响

合金钢中的马氏体分解过程与碳钢基本相似，但其分解速度有明显差别。实验证明，在马氏体分解阶段，尤其是在马氏体分解的后期，合金元素的影响十分显著。

合金元素影响马氏体分解的原因和规律大致可归纳如下[17]。

在马氏体回火过程中，将发生过饱和碳的脱溶和碳化物粒子的析出与聚集长大，同时基体 α 相中的碳含量下降。合金元素的作用主要在于，通过影响碳的扩散进而影响马氏体的分解过程和碳化物粒子的聚集长大速度，这种作用的大小因合金元素与碳的结合力大小不同而异。

通常认为，除了非碳化物形成元素镍和弱碳化物形成元素锰外，强碳化物形成元素，如 Cr、Mo、W、V、Ti 等与碳的结合力较强，它们的存在提高了碳在马氏体中的扩散激活能，阻碍碳在马氏体中的扩散，从而减慢马氏体的分解速度。而非碳化物形成元素硅和钴能够溶

解到 ε 碳化物中，使 ε 碳化物变得稳定，从而减慢了碳化物的聚集速度，推迟马氏体分解。

碳钢回火时，马氏体中过饱和碳从基体中完全析出的温度约为 300℃，加入合金元素可使该温度向高温推移 100~150℃。合金元素的这种阻碍马氏体中碳含量降低和碳化物颗粒长大的性质，称为"耐回火性"。

图 7-22 所示为几种常见合金元素对 $w_C = 0.2\%$ 钢回火时引起硬度增量 ΔHV（即回火抗力）的影响。由图可见，在回火条件相同时，合金钢回火后的硬度比含碳量相同的碳钢高，表明合金元素确实提高了钢的耐回火性。

在 200℃ 以下进行低温回火时，合金钢的耐回火性提高并不明显，这是由于合金元素对碳原子的偏聚以及亚稳态碳化物的析出影响不大造成的。在 300℃ 以上进行中、高温回火时，合金钢的耐回火性明显提高，而且合金元素含量越多，回火温度越高，耐回火性提高越大。

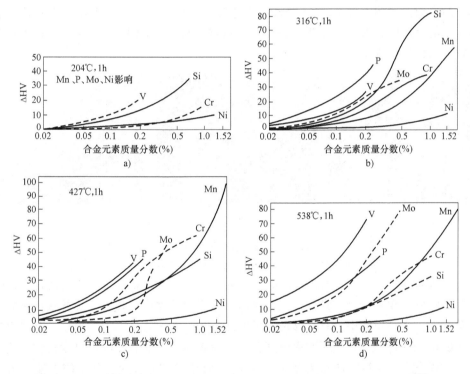

图 7-22　几种常见合金元素对 $w_C = 0.2\%$ 钢回火引起的硬度增量（ΔHV）[18]

2. 合金元素对残留奥氏体转变的影响

合金钢中残留奥氏体的转变与碳钢基本相似，只是合金元素可以改变残留奥氏体分解的温度和速度，从而可能影响奥氏体转变类型和性质。在 Ms 点以下回火时，残留奥氏体将转变为马氏体。若 Ms 点较高（>100℃），则随后还将发生马氏体的分解过程，形成回火马氏体。在 Ms 点以上回火时，残留奥氏体可能发生三种转变：①在贝氏体形成区内等温转变为贝氏体；②在珠光体形成区内等温转变为珠光体；③在回火加热及保温过程中不发生分解，而在随后的冷却过程中转变为马氏体，即"二次淬火"。

3. 合金元素对碳化物类型变化的影响

合金钢回火时，随着回火温度的升高或回火时间的延长，将发生合金元素在渗碳体和 α

相之间的重新分配。碳化物形成元素不断向渗碳体中扩散，而非碳化物形成元素逐渐向 α 相中富集，从而发生由更稳定的碳化物逐渐代替原先不稳定的碳化物的转变，使碳化物的成分和结构都发生变化。合金钢回火时碳化物转变顺序的可能性为：

$$\varepsilon\ 碳化物 \rightarrow\ \ 渗碳体\ \ \rightarrow\ 合金渗碳体\ \rightarrow 特殊碳化物\ （亚稳）\rightarrow 稳定合金碳化物$$

（<150℃）　（150~400℃）　（400~550℃）　　　　　　　　（>500℃）

　　钢中能否形成特殊碳化物、形成何种碳化物以及形成碳化物的稳定状态，取决于所含合金元素的性质和含量、碳或氮的含量以及回火温度和时间等条件。合金钢在回火过程中，通常是渗碳体通过亚稳碳化物再转变为稳定的特殊碳化物。

4. 合金元素对碳化物聚集长大的影响

　　碳钢在回火的第三阶段，随着渗碳体颗粒的长大，将不断软化。对于合金钢来说，合金碳化物的聚集长大是通过小颗粒碳化物溶解、碳和合金元素扩散到大颗粒碳化物中去的方式进行的。最新研究表明[19]，与 Fe-0.6% C 合金相比，在此基础上添加锰、硅后的合金，其回火过程中的渗碳体长大速率受阻，回火抗力提高，如图 7-23 所示。锰、硅的加入都会阻碍渗碳体的长大，特别是硅。

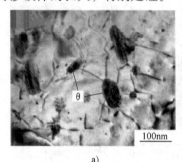 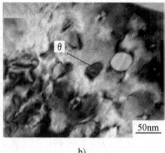 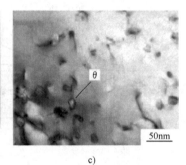

　　a)　　　　　　　　　　　　b)　　　　　　　　　　　　c)

图 7-23　三种不同成分的钢在 450℃回火 20min 后的组织[19]

a) Fe-0.6% C　b) Fe-0.6% C-2% Mn　c) Fe-0.6% C-2% Si

　　当钢中含有 Mo、W、V、Ta、Nb 和 Ti 等强碳化物形成元素时，会形成结合力较强的合金碳化物，降低了碳和合金元素的扩散，将显著阻碍渗碳体聚集长大，减弱软化倾向，即增大了软化抗力。当马氏体中含有足够量这样的碳化物形成元素时，在 500℃以上回火时将会析出细小的特殊碳化物，导致因回火温度升高、渗碳体粗化而软化的钢再度硬化，这种现象称为"二次硬化"。图 7-24 所示为 W18Cr4V 高速钢经 1280℃淬火再经不同温度回火后的硬度。由图可以看出，当回火温度高于 150℃时，由于马氏体固溶度的降低和 θ 碳化物的析出、聚集和长大，硬度将不断降低。当回火温度超过 300℃时，硬度重新回升，在 550℃左右达到最高点。这主要是因为随着回火温度的升高，通过合金元素的富集析出了较 θ 碳化物更为稳定、弥散分布的特殊合金碳化物。这些细小弥散的特殊合金碳化物是通过渗碳体不断回溶于 α 基体，独立形核长大析出的，与基体保持共格关系，从而使回火硬度得到显著提高。随着回火温度的进一步升高，合金碳化物也将发生聚集长大而使硬度重新下降。

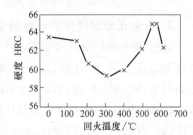

图 7-24　1280℃淬火后的回火温度对高速钢 W18Cr4V 硬度的影响[18]

电镜观察证实，二次硬化是由于弥散、细小的特殊碳化物（如 Mo_2C、W_2C、VC、TiC、NbC 等）的析出造成的。具有二次硬化作用的特殊碳化物多在位错区沉淀析出，常呈极细针状或薄片状，尺寸很小，而且与 α 相保持共格关系。随着回火温度升高，碳化物数量增多，碳化物尺寸逐步增大，与 α 相的共格畸变也逐渐加剧，直至硬度达到峰值。再继续升高温度，由于碳化物长大，弥散度减小，共格关系被破坏，共格畸变消失以及位错密度降低，从而使硬度迅速下降。综上所述，可以认为对二次硬化有贡献的因素是特殊碳化物的弥散度、α 相中的位错密度和碳化物与 α 相之间的共格畸变等。

合金碳化物越稳定越细小，二次硬化的强化效果就越大。二次硬化效应在工业上具有十分重要的意义，例如，工具钢靠它保持高的热硬性，某些耐热钢靠它可维持高温强度，某些结构钢和不锈钢靠它可以改善力学性能。

5. 合金元素对 α 相状态变化的影响

合金元素能显著延迟 α 相的回复和再结晶，因而使 α 相处于较大的畸变状态，可提高钢的耐回火性。图 7-25 所示为 Fe-1.0% C-1.4% Cr 钢中马氏体组织在 650℃ 回火 10min 后得到的电镜组织照片及示意图。由图可见，回火过程中碳化物沿原始马氏体束内部的马氏体边缘（亚边界）析出，对于 α 相的快速长大具有一定的阻碍作用。

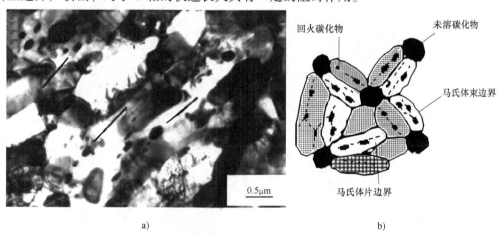

图 7-25 Fe-1.0% C-1.4% Cr 钢中马氏体在 650℃ 回火 10min 得到的组织[6]

a）透射电子显微像 b）示意图（回火碳化物沿原始马氏体板条边界析出）

随着合金元素含量的增高，这种延缓作用增强。钢中同时加入几种合金元素时，其相互作用加剧。合金钢具有高的耐回火性，在较高温度下仍保持较高的硬度和强度，使钢具有热硬性、热强性，这对于切削刀具、热作模具等工具钢是非常重要的。

7.2.2 回火温度与回火后的组织

一般来说，凡经淬火的钢随后都要进行回火处理。回火按加热温度不同可分为低温回火、中温回火和高温回火三种。

（1）低温回火 回火温度一般在 150~250℃，所得的组织为回火马氏体。回火马氏体是部分碳从过饱和固溶体中共格析出形成的过渡型碳化物。这种组织极易受腐蚀，在光学显微镜下呈黑色，如图 7-26 所示。低温回火的目的主要是在保持高硬度的前提下，适当降低淬火钢（马氏体）的脆性并减小淬火应力，以避免使用时崩裂或过早地破坏。低温回火工艺广泛用于各种切削工具、量具、冲模、滚动轴承以及渗碳、碳氮共渗与高频感应淬火等表面强化工件。

（2）中温回火　回火温度一般在 250～500℃，所得组织为回火托氏体。其组织特征是铁素体基体内分布着极细小的粒状碳化物，因其过于细小以至于在光学显微镜下高倍放大也分辨不清组织构造，有的只观察到其总体是一些黑色的组织，在电镜下才能清晰分辨两相，如图 7-27 所示。中温回火的目的是获得高的弹性极限，同时又有较高的韧性，因此，主要用于各种弹簧。例如，65 钢弹簧一般在 380℃ 左右回火；65Mn 与 65Si2Mn 钢弹簧一般在 400～480℃ 回火，回火后硬度为 40～48HRC。

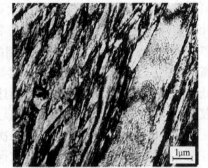

图 7-26　回火马氏体（4140 合金结构钢，淬火＋低温回火）[10]

某些热作模具（如热锻模、塑料模等）也采用中温回火，其目的是获得所需要的强度与韧性的适宜配合。

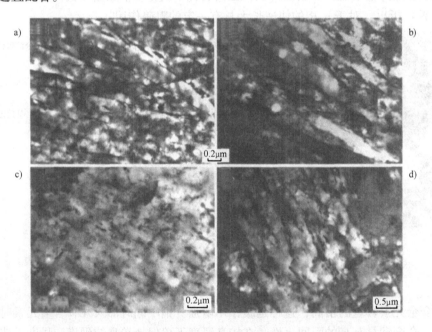

图 7-27　30MnSi 钢在 910～990℃ 淬火后不同温度下
回火的 TEM 照片[20]（回火托氏体）
a）390℃　b）430℃　c）470℃　d）470℃

（3）高温回火　回火温度一般在 500～650℃，回火后的组织为回火索氏体。其组织特征是由等轴状铁素体和细粒状碳化物构成的复相组织，如图 7-28d 所示，在光学显微镜下也难分辨出碳化物颗粒，而在电镜下就很明显。习惯上将淬火加高温回火称为调质处理，其主要目的是为了获得既有一定强度、硬度，又有良好塑性及冲击韧性的综合力学性能。高温回火工艺广泛用于汽车、拖拉机、机床等的零件，如半轴、连杆、曲轴、主轴、凸轮轴等轴类零件及各种齿轮等。

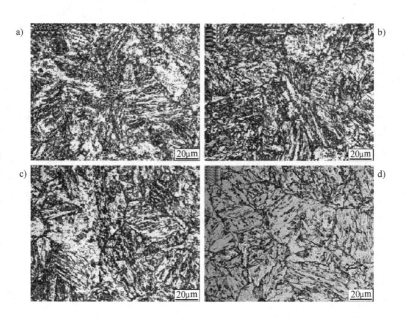

图 7-28 Non-quenched（NQ）非调质贝氏体钢显微组织照片[21]
a）未回火 b）350℃回火 c）450℃回火 d）600℃回火（回火索氏体）

7.3 淬火钢回火时力学性能的变化

淬火钢回火时由于组织发生了变化，其性能也会随之发生相应的变化。力学性能总的变化规律是，随着回火温度的升高，硬度、强度下降，而塑性、韧性提高。

7.3.1 硬度和强度的变化

各种碳钢在回火时硬度和强度的变化规律基本相似，其总体趋势是，随着回火温度的升高，硬度和强度降低，如图 7-29 所示。

低碳钢在淬火时已经发生碳原子向位错线偏聚和析出少量碳化物的自回火现象，所以在 200℃ 以下回火时其组织变化较小；硬度变化不大；但随着回火温度的升高，碳原子偏聚的倾向增大，钢的屈服强度和弹性极限增大；在 300～450℃ 回火时，各种碳钢的弹性极限最高。

高碳钢（$w_C > 0.8\%$）在 100℃ 回火时硬度稍有上升，这是由于碳原子偏聚以及 ε 碳化物析出造成的；而在 200～300℃ 回火时出现的硬度"平台"，则是由于残留奥氏体分解为回火马氏体使钢的硬度上升，和马氏体大量分解使钢的硬度下降这两个因素综合作用的结果。

钢中加入合金元素可使钢的各种回火转变温度范围向高温推移，能减小钢的硬度和强度降低的趋势，这是由于合金元素有提高回火抗力的作用。与相同碳含量的碳钢相比，在高于 300℃ 回火时，如果回火温度和时间相同，则合金钢常常具有较高的强度。加入强烈形成碳

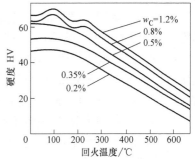

图 7-29 不同含碳量的碳钢硬度
与回火温度的关系[22]

化物的合金元素还可以在高温（500～600℃）回火时析出细小弥散的特殊碳化物，产生二次硬化现象。

7.3.2 塑性和韧性的变化

提高钢的韧性和塑性往往是回火的主要目的之一。淬火钢在回火时，随着回火温度的升高，由于淬火内应力消除、碳化物聚集长大和球化以及α相状态变化，在硬度和强度不断降低的同时，塑性（断面收缩率、伸长率）不断上升。这归因于碳原子从α相中析出，使晶格畸变和内应力减小。对于一些工具材料，可采用低温回火以保证较高的强度和耐磨性，如淬火低碳钢经低温回火后可获得良好的综合力学性能。淬火中碳钢经高温回火后也可以获得良好的综合力学性能。高碳钢中通常存在淬火显微裂纹，这些裂纹可以通过回火"自焊合"得到消除或一定程度的减少。另外值得注意的是，淬火高碳钢在低温（低于300℃）回火时其塑性极差，而低碳马氏体却具有良好的综合性能。

为了提高高强度钢的综合力学性能，可以通过调整化学成分、变形加工和热处理工艺，使其具有均匀分布的稳定碳化物、氧化物或者金属化合物等粒子。具有二次硬化碳化物和金属间化合物（NiAl 等）两种析出形式的钢铁材料，其强度和韧性可以获得良好的配合。

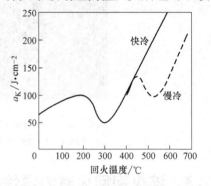

图 7-30 Cr-Ni 钢冲击韧度与回火温度的关系[8]

需要指出，淬火钢在回火时的冲击韧性不一定随着回火温度升高而单调地增高，许多钢可能在两个温度区域内出现韧性下降的现象，如图 7-30 所示。这种随着回火温度升高，冲击韧性反而下降的现象称为"回火脆性"。

7.3.3 钢的回火脆性

1. 第一类回火脆性

将淬火钢在 250～400℃之间回火一段时间，钢的冲击性能会发生明显降低，这种现象称为第一类回火脆性，也称为低温回火脆性。第一类回火脆性首先发现于合金结构钢，但实际上，碳钢也存在第一类回火脆性，只是不太明显。产生这类回火脆性的断口表现出晶间断裂的特征。

（1）第一类回火脆性的主要特征 如果将已经产生第一类回火脆性的工件重新加热，其脆性仍然不能消除，故第一类回火脆性又称为不可逆回火脆性。

第一类回火脆性与回火后的冷却速度无关，即在产生回火脆性的温度保温后，不论随后是快冷还是慢冷，钢件都会产生脆化。产生第一类回火脆性的工件，其断口大多为晶间（沿晶界）断裂，而在非脆化温度回火的工件一般为穿晶（沿晶粒内部）断裂。

（2）第一类回火脆性的影响因素 影响第一类回火脆性的主要因素是化学成分。可以将钢中元素按其作用分为以下三类[9,17]：

1）有害杂质元素，如 S、P、As、Sb、Cu、N、H、O 等。钢中存在这些元素时均会导致出现第一类回火脆性。

2）促进第一类回火脆性的元素，如 Mn、Si、Cr、Ni、V 等。这类合金元素能促进第一类回火脆性的发展，还有可能将第一类回火脆性推向较高的温度。

3）减弱第一类回火脆性的元素，如 Mo、W、Ti、Al 等。钢中含有这类合金元素时第一类回火脆性将被减弱，其中以 Mo 的效果最为显著。如图 7-31 所示，无 Mo 的 Si-Mn 钢的冲击韧度在 350℃有一低谷，加入 Mo 后第一类回火脆性不再出现。

除了化学成分外，影响第一类回火脆性的因素还有奥氏体晶粒大小和残留奥氏体的量。奥氏体晶粒越粗大，残留奥氏体量越多，则第一类回火脆性就越严重。

（3）第一类回火脆性的形成机制　对第一类回火脆性的形成机制的认识尚未完全统一。最初认为，残留奥氏体转变是第一类回火脆性的起因。因为这类回火脆性出现的温度范围正好与残留奥氏体转变的温度区间相对应，而且提高残留奥氏体分解温度的元素也使发生这类

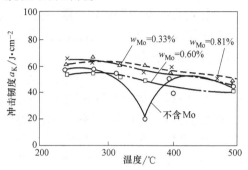

图 7-31　Mo 对 Si-Mn 钢回火后冲击韧度的影响

回火脆性的温度移向高温。因此认为，残留奥氏体转变为回火马氏体或贝氏体时可导致钢的脆化，而且残留奥氏体分解时沿晶界析出碳化物，也会使钢的韧性明显降低。但这种观点不能说明残留奥氏体量很少的钢（如低碳低合金钢）也会出现第一类回火脆性的现象。

后来，第一类回火脆性的残留奥氏体转变理论被碳化物薄壳理论所取代。Thomas 等人用 TEM 和电子衍射研究了中、低碳钢中的残留奥氏体后发现，在出现第一类回火脆性时，总是伴有残留奥氏体的分解，板条马氏体的条界、束界和群界或片状马氏体的孪晶带和晶界上有碳化物薄壳形成，沿晶界形成脆性相能引起脆性沿晶断裂。据此认为第一类回火脆性是由脆性相碳化物薄壳引起的。

图 7-32 所示为 4340 钢马氏体 350℃回火后板条内和板条间析出的碳化物形态。对于在板条界有较多高碳残留奥氏体的钢来说，残留奥氏体转变理论与碳化物薄壳理论是一致的。

此外还有晶界偏聚理论，即认为奥氏体化时杂质元素 P、S、As、Sn、Sb 等在晶界、亚晶界偏聚，导致晶界弱化是引起第一类回火脆性的原因。杂质元素在奥氏体晶界的偏聚已为电子探针和俄歇谱仪所证实。前面所述的第二类元素能促进杂质元素在奥氏体晶界的偏聚，故能促进第一类回火脆性的发展。第三类元素能阻止杂质元素在奥氏体晶界的偏聚，故能抑制第一类回火脆性的发展。

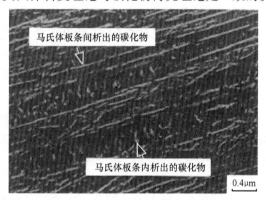

图 7-32　4340 钢马氏体 350℃回火后板条内和板条间析出的碳化物形态[18]

回火温度进一步提高时，薄片状碳化物通过破裂、聚集、长大而成为颗粒状碳化物，故使脆性下降，冲击韧性升高。

（4）防止或减轻第一类回火脆性的方法　目前，还不能用热处理方法或合金化方法完全消除第一类回火脆性。但是，根据第一类回火脆性的形成机制，可以采取以下措施来减轻第

一类回火脆性：

1）降低钢中杂质元素的含量。

2）用 Al 脱氧或加入 Nb、V、Ti 等合金元素以细化奥氏体晶粒。

3）加入 Mo、W 等能减轻第一类回火脆性的合金元素。

4）加入 Cr、Si 以调整发生第一类回火脆性的温度范围，使之避开所需的回火温度。

5）采用等温淬火工艺代替淬火加回火工艺。

2. 第二类回火脆性

含有 Cr、Mn、Cr-Ni 等元素的合金钢工件经淬火后，在 450～600℃ 之间回火，或更高温度回火后缓慢冷却所产生的脆性，称为第二类回火脆性，也称为高温回火脆性。试验表明，出现这种回火脆性时，钢的冲击韧性降低，脆性转折温度升高，但抗拉强度和塑性并不改变，对许多物理性能（如矫顽力、密度、电阻等）也不产生影响。

（1）第二类回火脆性的主要特征　第二类回火脆性对回火后的冷却速度敏感，从产生回火脆性的温度缓慢冷却时发生第二类回火脆性，而快速冷却时则可消除或减弱第二类回火脆性。

第二类回火脆性是可逆的，如果将已经出现第二类回火脆性的钢重新加热回火并快速冷却到室温，则可消除回火脆性，使冲击韧性提高，恢复到韧化状态。如果将回火脆性已经消除、处于韧化状态的钢件，又在第二类回火脆性产生的温度内加热回火并缓慢冷却，那么它又会再次脆化。这就是第二类回火脆性又称为"可逆回火脆性"的原因。

处于第二类回火脆性状态的钢，其断口呈晶间断裂，这表明该类回火脆性与原奥氏体晶界存在某些杂质元素有密切关系。

第二类回火脆性的脆化程度可以用冲击韧度 a_K 的下降程度及韧脆转变温度 50% FATT 的升高程度来表示。用 a_K 的下降表示时可以采用回火脆性敏感系数 α，即

$$\alpha = \frac{a_K}{a_{K脆}} \tag{7-2}$$

式中，a_K 为非脆化状态的冲击韧度；$a_{K脆}$ 为脆化状态的冲击韧度。

用韧脆转变温度 50% FATT 的升高表示时，可以采用回火脆度 $\Delta FATT$ 表示，即

$$\Delta FATT = 50\% FATT_{脆} - 50\% FATT \tag{7-3}$$

式中，50% FATT 表示非脆化状态的韧脆转变温度；50% $FATT_{脆}$ 表示脆化状态的韧脆转变温度。

α 越趋近于 1，$\Delta FATT$ 越趋近于 0，脆化程度越低，也就是对第二类回火脆性越不敏感。出现第二类回火脆性后，可使钢的室温冲击韧度 a_K 显著下降，韧脆转变温度 50% FATT 显著升高。

（2）影响第二类回火脆性的因素

1）化学成分的影响。钢的化学成分是影响第二类回火脆性的最重要的因素，按其作用可分为以下三类：

①　引起第二类回火脆性的杂质元素，属于这一类的元素有 P、S、B、Sn、Sb、As 等。但当钢中不含 Ni、Cr、Mn、Si 等合金元素时，杂质元素的存在不会引起第二类回火脆性。如一般碳钢就不存在第二类回火脆性。

②　促进第二类回火脆性的合金元素，如 Ni、Cr、Mn、Si、C 等。这类元素单独存在

时也不会引起第二类回火脆性，必须与杂质元素同时存在时才能引起第二类回火脆性。当杂质元素含量一定时，这类元素含量越多，脆化就越严重。当两种以上元素同时存在时，脆化作用就更大，并且也是以 Mn 的脆化作用最大，Ni 最小。

③　抑制第二类回火脆性的合金元素，如 Mo、W、V、Ti 以及稀土元素 La、Nd、Pr 等。这类合金元素可以抑制第二类回火脆性，但其加入量有一最佳值，超过最佳值时，其抑制效果减弱。

2）热处理工艺参数的影响。第二类回火脆性的脆化速度和脆化程度均与回火温度和回火时间密切相关。温度一定时，随着回火时间的延长，脆化程度增大。在 550℃ 以下，回火温度越低，脆化速度就越慢，但能达到的脆化程度也越大；在 550℃ 以上，随着回火温度的升高，脆化速度减慢，能达到的脆化程度降低。所以，第二类回火脆性的等温脆化动力学曲线也呈 "C" 字形，其鼻尖温度为 550℃。

如前所述，第二类回火脆性与回火后的冷却速度密切相关。缓慢冷却将使脆性增加，冷却速度越低，脆化程度也越大，而快速冷却则可消除或减轻第二类回火脆性。

3）组织因素的影响。第二类回火脆性与奥氏体晶粒度有关，奥氏体晶粒越细小，则回火脆性敏感性越低。

（3）第二类回火脆性的形成机制　根据上述特征来看，第二类回火脆性的脆化过程必然是一个受扩散控制、发生于晶界、能使晶界弱化、与马氏体及残留奥氏体无直接关系的可逆过程。而可逆过程只可能有两种情况，即脆性相沿晶界的析出与回溶，以及溶质原子在晶界上的偏聚与消失，因此提出了脆性相析出理论和杂质元素偏聚理论。

1）脆性相析出理论。最初认为，碳化物、氧化物、磷化物等脆性相沿晶界析出引起第二类回火脆性。其理论依据是脆性相在 α-Fe 中的溶解度随温度下降而减小，在回火后的缓冷过程中，脆性相沿晶界析出而引起脆化。温度升高时，脆性相重新回溶而使脆性消失。这一理论可以解释回火脆性的可逆性以及脆化与原始组织无关的现象，但无法解释等温脆化以及化学成分的影响。

2）杂质元素偏聚理论。近年来，随着俄歇谱仪以及电子探针等探测表面极薄层化学成分的新技术的发展，已经证明，钢在呈现第二类回火脆性时，沿原始奥氏体晶界的极薄层内确实偏聚了某些合金元素（如 Cr、Ni 等）以及杂质元素（如 Sb、Sn、P 等），如图 7-33 所示，而且回火脆性程度随杂质元素在原始奥氏体晶界上偏聚程度的增强而增大。处于韧化状态时，未发现有合金元素或杂质元素在原始奥氏体晶界上的偏聚。因此认为，Sb、Sn、P 等杂质元素向原始奥氏体晶界的偏聚是产生第二类回火脆性的主要原因。杂质元素晶界偏聚理论能较好地解释回火脆性的可逆性、晶间断裂和粗大晶粒的回火脆性倾向性大等现象。

（4）预防或减轻第二类回火脆性的方法　根据以上所述，可以采取以下措施来防止或减轻第二类回火脆性：

1）选用高纯度钢，降低钢中杂质元素的含量。

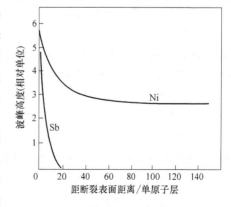

图 7-33　Ni-Cr 钢中 Sb 与 Ni 在晶界的富集[18]

2）加入能细化奥氏体晶粒的合金元素（如 Nb、V、Ti 等），增加晶界面积，降低单位晶界面积杂质元素的含量。

3）加入适量能抑制第二类回火脆性的合金元素（如 Mo、W 等）。

4）避免在 450 ~ 600℃ 范围内回火，在 600℃ 以上温度回火后应采取快冷（水冷或油冷）。

5）对亚共析钢采用亚温淬火方法，在淬火加热时，使磷等元素溶入残留的 α 相中，降低磷等元素在原奥氏体晶界上的偏聚含量。

6）采用形变热处理方法，细化奥氏体晶粒并使晶界呈锯齿状，增大晶界面积，减轻回火时杂质元素向晶界的偏聚。

7.4 非马氏体组织的回火

7.4.1 非马氏体组织及其回火转变

前面讨论的都是指淬火钢中只含有马氏体和残留奥氏体的情况，但钢从奥氏体区域冷却的条件不同，还可能得到下列组织：马氏体和贝氏体、马氏体和珠光体、珠光体和贝氏体以及弥散度不同的珠光体等一系列的混合组织。实际上，一定尺寸的钢件淬火时，常常不会在整个截面上得到完全的马氏体组织，钢件表层可能得到马氏体和残留奥氏体，次层可能得到马氏体和贝氏体或者马氏体和珠光体，而心部则可能是珠光体和贝氏体或完全是珠光体型组织，这样回火后钢件截面上性能的均匀性将受到影响。因此，有必要对原始组织为非马氏体组织的回火转变加以讨论。

珠光体型组织在回火时没有显著的变化，只是细珠光体（托氏体）在 $600℃ ~ Ac_1$ 之间会发生片状渗碳体的聚集球化。原始组织分散度越大，回火效果越明显。

在含有碳化物形成元素的合金钢中，如果奥氏体在珠光体转变区域的低温区发生分解，形成的碳化物中合金元素比较贫乏。当高温经长时间回火后，碳化物中的合金元素逐步富集，然后由亚稳相合金渗碳体转变为稳定的特殊碳化物。

贝氏体是铁素体和极细的粒状和片状碳化物组成的混合物，如图 7-34 所示。在 300℃ 以下形成的贝氏体中弥散分布着 ε 碳化物。当回火温度超过 300℃ 后，就会发生 ε 碳化物向渗碳体的转变。另外，随着回火时间的延长，细片状碳化物逐渐球化，因此贝氏体回火后韧性将有所提高。由于贝氏体转变的不完全性，在贝氏体组织中常夹杂有马氏体和残留奥氏体，这些组织在回火过程中的变化规律与具有马氏体原始组织的回火转变一样。

实验证明，原始组织不同，回火时钢

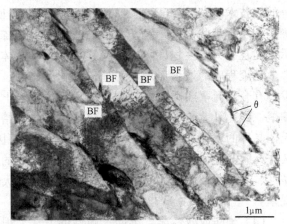

图 7-34 Fe-0.15% C-1.5% Mn-0.03% Nb 钢在 500℃ 等温形成的贝氏体组织[6]
（BF 为铁素体片条，θ 为渗碳体）

的性能随回火温度提高而变化的情况也就不同。其中，贝氏体回火可提高钢件的韧性和降低脆性转折温度，因此在生产中具有实用意义。最新研究表明，与高强度和超高强度的马氏体钢相比，硅的质量分数为 1.4% ~ 2.5% 的无碳化物贝氏体/马氏体复相组织，降低了第一类回火脆性转折温度，使该钢材可以在更高温度下回火。无碳化物贝氏体/马氏体复相钢具有较高的回火抗力，经中温回火后具有较高的强韧性。

7.4.2　回火产物与奥氏体直接分解产物的性能比较

钢件经淬火、回火处理后，可以得到回火托氏体和回火索氏体组织，同一钢件由过冷奥氏体直接分解则得到托氏体和索氏体组织。这两类转变产物都是铁素体加碳化物的珠光体类型组织，但回火托氏体和回火索氏体中的碳化物呈颗粒状，而托氏体和索氏体中的碳化物呈片状。碳化物呈颗粒状使钢的许多性能得到改善，尤其是使钢的塑性和韧性提高了，因此钢的综合力学性能较好。工程上凡是承受冲击并要求优良综合力学性能的工件，一般都要进行淬火加高温回火处理，即所谓的调质处理，以得到具有优良综合力学性能的回火索氏体组织。

对于具有回火脆性的钢种，进行等温淬火获得的下贝氏体比淬火后回火获得的回火马氏体的性能优越得多。在硬度、强度相同时，贝氏体组织的冲击韧性比回火马氏体高。当等温处理温度低于 400℃ 时，获得下贝氏体组织，则其冲击韧性显著高于淬火后的回火组织。当等温处理温度高于 400℃ 时，获得上贝氏体组织，不仅强度降低，而且冲击韧性也明显下降，甚至低于淬火加回火处理后的值。由此可见，当回火温度处于第一类回火脆性温度区域时，采用等温淬火获得下贝氏体加残留奥氏体的组织，可使钢件具有较高的冲击韧性和低的脆性转折温度。因此，生产上在条件可能的情况下一般采用等温淬火方法，使钢材具有比淬火加回火工艺更高更优良的综合力学性能。

习　题

1. 试述回火的定义和目的，回火工艺按照温度不同可分为哪几类？
2. 回火时马氏体中的碳为什么会发生偏聚？向什么位置偏聚？
3. 试述回火时高碳马氏体双相分解的过程。
4. 简述合金元素对提高钢的耐回火性的作用。
5. 何谓二次淬火？何谓二次硬化？引起二次硬化和二次淬火的原因有什么区别？
6. 如何区别高碳钢的回火马氏体和下贝氏体？
7. 等温淬火得到贝氏体后是否需要回火？下贝氏体组织在回火时将发生哪些转变？
8. 高速钢淬火后一般要经过 560℃ ×1h 三次回火，采取 560℃ ×3h 一次回火代替 560℃ ×1h 三次回火是否可以？为什么？
9. 什么是第一类回火脆性？讨论第一类回火脆性的形成机理，并指出减轻或消除该类回火脆性的方法。
10. 碳的质量分数为 1.2% 的碳钢，其原始组织为片状珠光体和网状渗碳体，要得到回火马氏体和粒状碳化物组织，试制订所需热处理工艺，并注明工艺名称、加热温度、冷却方式以及热处理各阶段所获得的组织（$Ac_1 = 730℃$，$Ac_{cm} = 830℃$）。
11. 某电站汽轮发电机转子由 30CrNi 钢制成，其热处理工艺为淬火和 550℃ 回火（回火后缓慢冷却到室温），长期运行后转子发生沿晶断裂，造成严重事故。试分析其断裂的原因，并说明这种现象的主要特征、影响因素和机制。应如何预防此类事故？

12. 何谓回火马氏体、回火托氏体、回火索氏体？其性能有何区别？

13. 说明下列零件的淬火及回火温度，并说明回火后获得的组织及硬度。

1）45 钢小轴（要求具有较好的综合力学性能）。

2）60 钢弹簧。

3）T12 钢锉刀。

参 考 文 献

［1］ 崔忠圻,等. 金属学与热处理原理[M]. 哈尔滨:哈尔滨工业大学出版社,1986.

［2］ 陈惠芬,等. 金属学与热处理[M]. 北京:冶金工业出版社,2009.

［3］ 刘宗昌,等. 金属固态相变教程[M]. 北京:冶金工业出版社,2003.

［4］ 王贵斗,等. 金属材料与热处理[M]. 北京:机械工业出版社,2008.

［5］ 叶宏,等. 金属材料与热处理[M]. 北京:化学工业出版社,2009.

［6］ 赵乃勤,等. 合金固态相变[M]. 长沙:中南大学出版社,2008.

［7］ 胡德林,等. 金属学及热处理[M]. 西安:西北工业大学出版社,1995.

［8］ 赵连城,等. 金属热处理原理[M]. 哈尔滨:哈尔滨工业大学出版社,1987.

［9］ 戚正风,等. 金属热处理原理[M]. 北京:机械工业出版社,1988.

［10］ George Krauss. Martensite in steel:strength and structure[J]. Materials science and engineering, 1999, A273-275:40-57.

［11］ 刘云旭. 金属热处理原理[M]. 北京:机械工业出版社, 1981.

［12］ Tkalcec L, Azcoitia C, Crevoiserat S,et al. Tempering effects on a martensitic high carbon steel[J], Materials Science and Engineering, 2004, A 387-389: 352-356.

［13］ 陆兴. 热处理工程基础[M]. 北京:机械工业出版社,2007.

［14］ Djebaili H, Zedira H, Djelloul A, et al. Characterization of precipitates in a 7. 9Cr-1. 65Mo-1. 25Si-1. 2V steel during tempering[J]. Materials characterization, 2009, 60:946-952.

［15］ Ohmura T, Hara T, Tsuzaki K. Evaluation of temper softening behavior of Fe-C binary martensitic steels by nanoindentation[J]. Scripta Materialia, 2003, 49:1157-1162.

［16］ Wei F G, Tsuzaki K. Response of hydrogen trapping capability to microstructural change in tempered Fe-0. 2C martensite[J]. Scripta materialia, 2005, 52: 467-472.

［17］ 徐洲,等. 金属固态相变原理[M]. 北京:科学出版社,2003.

［18］ 康煜平,等. 金属固态相变及应用[M]. 北京:化学工业出版社, 2007.

［19］ Miyamoto G, Oh J C, Hono K, et al. Effect of partitioning of Mn and Si on the growth kinetics of cementite in tempered Fe-0. 6 mass% C Martensite[J]. Acta Materialia, 2007, 55: 5027-5038.

［20］ 肖桂枝, 邸洪双. 热处理工艺对 30MnSi PC 钢棒耐延迟断裂性能的影响[J]. 钢铁, 2008, 43(1):68-72.

［21］ Luo Y, Peng J M, Wang H B, et al. Effect of tempering on microstructure and mechanical properties of non-quenching bainitic steel[J]. Materials science and engineering A, 2010, 527:3433-3437.

［22］ 大连工学院《金属学及热处理》编写组. 金属学及热处理[M]. 北京:科学出版社,1975.

第**8**章 合金的脱溶沉淀与时效

在固溶度随温度降低而减小的合金系中，当合金元素含量超过一定限度后，淬火可获得过饱和固溶体。过饱和固溶体大多数是亚稳定的，在室温放置或加热到一定温度下保持一定时间，将发生某种程度的分解，析出第二相或形成溶质原子聚集区以及亚稳定过渡相，这一过程称为脱溶或沉淀。脱溶过程使得溶质原子在固溶体点阵中的一定区域内析出、聚集并形成新相，将引起合金组织性能的变化，称为时效。一般情况下，在析出过程中，合金的硬度或强度会逐渐增高，这种现象称为时效硬化或时效强化，也可以称为沉淀硬化或沉淀强化。能够发生时效现象的合金称为时效型合金或简称时效合金。成为这种合金的基本条件：一是形成有限固溶体；二是其固溶度随着温度的降低而减小。

时效强化或时效硬化具有很大的实际意义，在实际生产中应用固溶与时效的工艺有很多，例如：有色金属的固溶与时效，低碳钢的时效，马氏体沉淀硬化不锈钢的固溶处理与时效，以及淬火钢的回火。另外需要指出，在工程技术中，时效这个术语是用得非常广泛的，它泛指材料在经过一定的时间后，其性能、外形、尺寸等发生变化的一切现象。

根据合金析出机理的不同，可以把析出分为两类：一类是形核长大型；另一类是调幅分解型。形核长大型析出又可以分为两类：析出物的晶体结构与母相相同，而成分不同；析出物和母相在晶体结构和成分上均不相同。

8.1 合金的时效过程

假设有 A、B 两种组元，B 在 A 中的固溶度是有限的，且随温度降低而减小，如图 8-1a 所示，MN 为固溶度曲线。成分为 c_0 的合金在固溶度曲线以上，合金形成单相 α 固溶体，若缓慢冷却到固溶线以下，将由 α 相析出 β 相。β 相中的 B 组元含量高于合金中的平均值，由于 β 相的析出，α 相的 B 组元含量将沿固溶度曲线逐渐降低，结果得到平衡状态的 "α + β" 双相组织。如果把成分为 c_0 的合金加热到固溶度曲线以上某一温度（低于固相线的温度，如 T），保温一定时间，使 β 相充分溶解，然后进行快冷，以抑制 β 相的平衡析出过程，使合金在室温下获得成分为 c_0 的过饱和固溶体，这种处理称为固溶处理。固溶处理的目的是获得过饱和的固溶体，为时效处理做好准备。

过饱和固溶体在热力学上是不稳定的，有自发析出溶质元素的趋势。若将经固溶处理的合金在室温下放置一段时间，或将它加热到一定温度，溶质原子会在固溶体点阵中的一定区域内聚集或形成第二相。这种转变是固溶处理的逆过程，可表示为

$$\text{过饱和固溶体} \underset{\text{固溶处理}}{\overset{\text{析出}}{\rightleftharpoons}} \text{饱和固溶体 + 析出相} \tag{8-1}$$

析出过程如采用室温下放置的方式，称为自然时效或室温时效；如采用加热到一定温度

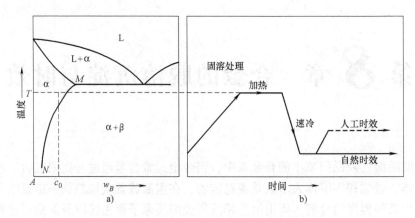

图 8-1　固溶处理与时效处理的工艺过程示意图

的方式，则称为人工时效，如图 8-1b 所示。

8.1.1　合金时效过程的热力学

对于时效型合金而言，析出相和母相的晶体结构和成分都不相同的系列合金更有意义。因为只有这样，析出时所产生的时效现象才更为显著。属于这种系列合金的平衡相图以及在某一温度 T 的自由能-成分关系曲线如图 8-2 所示。由图中可以看出，成分在 $a' \sim b'$ 范围内的合金在温度 T 时，单相固溶体 α 或 β 的自由能值较高，因而不稳定，将自发析出第二相。在自由能-成分关系曲线上作一公切线，根据其切点（图 8-2 中 a 点和 b 点）的垂线就能确定这两种固溶体的成分（a' 点和 b' 点），这就是"公切线法则"。

图 8-3[1] 所示为 Al-Cu 合金在某一温度下脱溶时各相自由能-成分之间关系的示意图，下面分析 Al-Cu 合金的脱溶分解过程。以 Al-4% Cu 合金为例，该合金过饱和固溶体的脱溶分解过程为：G. P.（Guinier-Preston）区 → θ″ 相（G. P. Ⅱ 区）→ θ′ 相 → θ 相（平衡相 $CuAl_2$）[2]。根据公切线法则，由图 8-3 可知，c_0 成分合金形成 G. P. 区时，基体和脱溶相的成分分别为 $c_{\alpha 1}$ 和 $c_{G. P.}$；同理，形成 θ″ 相时，分别为 $c_{\alpha 2}$ 和 $c_{\theta ''}$；形成 θ′ 相时，分别为 $c_{\alpha 3}$ 和 $c_{\theta '}$；形成 θ 相时，分别为 $c_{\alpha 4}$ 和 c_θ；各公切线与过 c_0 的垂线分别交于 b、c、d、e 点。析出过程中各阶段的自由能降低情况如下：α → α_1 + G. P. 区时，$\Delta G_1 = G_a - G_b$；α → α_2 + θ″ 时，$\Delta G_2 = G_a - G_c$；α → α_3 + θ′ 时，$\Delta G_3 = G_a - G_d$；α → α_4 + θ 时；$\Delta G_4 = G_a - G_e$。显然，$\Delta G_1 < \Delta G_2 < \Delta G_3 < \Delta G_4$，即形成 G. P. 区时，自由能降低值最小；而析出平衡相 θ 时，自由能降低值最

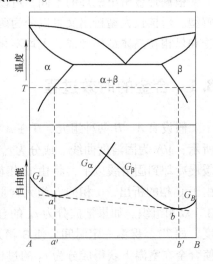

图 8-2　共晶二元平衡相图及某温度 T 的自由能-成分关系曲线

大。从热力学上看，形成 G. P. 区时相变驱动力最小，而析出平衡相时相变驱动力最大。尽管如此，由于 G. P. 区与基体相是完全共格的，形核和长大时所需要的界面能较小，而形成 θ 相时，虽然相变驱动力是最大的，但由于 θ 相与基体相是非共格的，所以形核和长大时所需要的界面能较大。此外，形成 G. P. 区时，它与基体相之间的溶质原子含量差为最小，比

较容易通过扩散来形核和长大。

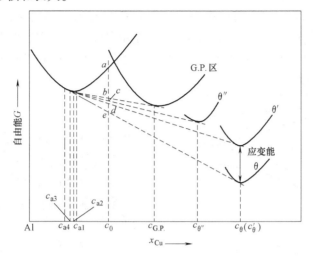

图 8-3　Al-Cu 系合金析出过程各阶段在某一温度
的自由能-成分关系曲线示意图

8.1.2　时效过程

前已述及，在时效析出平衡相 $CuAl_2$ 之前，要经过 G. P. 区、θ'' 相、θ' 相三个阶段。图 8-4[3] 所示为 Al-4. 6% Cu 合金随时效时间延长形成的脱溶析出物的透射电子显微照片。G. P. 区是溶质原子聚集区，其点阵结构与过饱和固溶体的点阵结构相同，图中 G. P. 区的厚度约为两个原子尺寸，直径约为 10nm。

图 8-4　Al-4. 6% Cu 合金随时效时间延长形成的脱溶析出物的透射电子显微照片
a）G. P. 区　b）θ'' 过渡相　c）θ' 过渡相　d）θ 平衡相

θ'' 相和 θ' 相都是亚平衡的过渡相，其中前者与固溶体完全共格，后者与过饱和固溶体部分共格，它们的点阵结构与过饱和固溶体的不同，成分相当于 $CuAl_2$。过渡相具有一定的化学成分和晶体结构，这是它们与溶质原子集团和 G. P. 区的主要区别。图 8-5[4] 所示为将 Al-Cu 系合金的平衡相图和亚平衡相图叠加在一起的双重相图。在此相图中，固溶度曲线共有四条，分别为 G. P. 区、θ'' 相、θ' 相和 θ 相的固溶度曲线。

下面仍以 Al-4% Cu 合金为例，讨论合金时效时脱溶沉淀的基本过程以及过渡相和平衡相的形成及结构。

1. G. P. 区的形成及结构

Al-Cu 系合金的 G. P. 区是首先由法国科学家 Guinier 和英国科学家 Preston 各自独立地用回摆晶体法和劳埃法对时效初期的 Al-Cu 系合金单晶体进行研究后发现的，因此后来命名为 Guinier-Preston 区，简称为 G. P. 区。G. P. 区模型后由 Gerold 和 Toman 加以改进，改进后的模型如图 8-6[5,6] 所示。

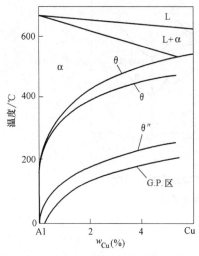

图 8-5　Al-Cu 系合金的双重相图　　　图 8-6　Al-Cu 系合金中的 G. P. 区模型

G. P. 区的形状取决于两个因素，即界面能和应变能，这两个因素都有趋于最小的趋势。界面能最小的趋势是使析出物呈等轴状（球状），应变能最小的趋势则是使析出物呈薄片状。在一般情况下，当溶质原子半径之间的差值不大于3%时，析出时产生的应变能相对较小，而界面能相对较大，且后者处于主导地位，G. P. 区的形状呈球状；而当原子半径差值大于5%时，弹性应变能处于主导地位，析出物呈薄片状。当析出物的弹性应变能比盘状析出物的大，但比球状析出物的界面能小时，则会析出针状的析出物，兼顾应变能和界面能的降低。表 8-1[7] 列出了不同系统合金的 G. P. 区的形状。

表 8-1　不同系统合金的 G. P. 区形状

合金系统	原子半径差值（%）	G. P. 区形状	合金系统	原子半径差值（%）	G. P. 区形状
Al-Ag	+0.7	球状	Al-Mg-Si	+2.5	针状
Al-Zn	-1.9		Al-Cu-Mg	-6.5	
Al-Zn-Mg	+2.6		Al-Cu	-11.8	盘状
Cu-Co	-2.8		Cu-Be	-8.8	
Fe-Cu	+0.4		Fe-Au	+13.8	

G. P. 区的尺寸与合金的成分、时效温度和持续时间等因素有关，一般为 1 ~ 10nm 之间。G. P. 区的稳定性与应变能有关，在 Al-Cu 系合金中，G. P. 区形成时会使其周围的过饱和固溶体的弹性应变能大为增加，因此这种 G. P. 是不稳定的，加热到 200℃ 左右就要全部溶解。G. P. 区形成机理一般认为，溶质原子集团和 G. P. 区的形核主要是凭借浓度起伏的均匀形核。由于 G. P. 区与基体相完全共格且尺寸很小，形成晶核的界面能和弹性应变能都很小，因此，形成 G. P. 区时不需要克服很大的势垒，只需要合金过冷到固溶度曲线稍下时

即可开始（图 8-5）。

2. θ″相的形成及结构

时效型合金在形成 G. P. 区以后，当时效时间延长或时效温度提高时，为了进一步降低体系的自由能，会继续析出过渡相。从 G. P. 区转变为过渡相的过程可能有两种情况：一是以 G. P. 区为基础演变为 θ″相，如 Al-Cu 合金；二是与 G. P. 区无关，θ″相独立地在基体中形核长大，并借助于 G. P. 区的溶解而生长，如 Al-Ag 合金。

在 Al-Cu 系合金中，随着时效的进行，在 G. P. 区的基础上铜原子进一步发生偏聚，同时铜原子和铝原子发生有序化转变，形成较 G. P. 区稳定的过渡相 θ″。θ″相具有正方晶格，其点阵常数 $a = 0.404$nm、$c = 0.768$nm，如图 8-7[8]所示。θ″相晶胞中的原子可分为五层，中央一层为 100% 的铜原子，最上和最下的两层为 100% 的铝原子层，而中央一层与最上、最下两层之间的两个夹层则由铜原子和铝原子混合组成，总的成分相当于 $CuAl_2$。

随着 θ″相的长大，在 θ″相周围的基体相中产生应力和应变。图 8-8[7]所示为 θ″相周围基体相的应变示意图。由于 θ″相结构与基体不同，且与基体保持共格关系，在 z 轴上产生约 4% 的错配度，因此在 θ″相周围基体产生一个比 G. P. 区更大的弹性共格应力场或点阵畸变。同时，形成的 θ″相的密度也很大，对位错运动的阻碍进一步增大，因此时效强化作用更大。θ″相析出阶段为合金达到最大强化的阶段。

3. θ′相的形成及结构

在 Al-Cu 合金中，随着时效过程的进一步发展，铜原子在 θ″相区中继续偏聚，当铜原子与铝原子之比为 1:2 时，θ″相转变为新的过渡相 θ′。θ′相也是通过形核和长大形成的，与 θ″相不同，θ′相为不均匀形核，通常在螺型位错及胞壁处形成，位错的应变场可以减小形核的错配度。

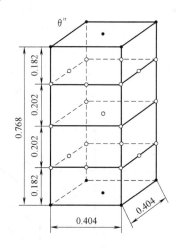

图 8-7　θ″相的晶胞尺寸（nm）和原子位置

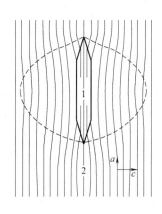

图 8-8　θ″相周围基体相的应变示意图
1—θ″相　2—α 相

θ′相也具有正方点阵，分别由 Preston 和 Silcock 测定的 θ′相晶胞尺寸和原子位置如图 8-9 所示[8]。由图可知，θ′相的点阵常数为 $a = b = 0.404$nm，$c = 0.580$nm。θ′相的成分相当于 $CuAl_2$，其点阵结构虽然与基体 α 相不同，但彼此之间仍然保持着部分共格关系，如图 8-10[6]所示，两种点阵各以其 {001} 联系在一起。θ′相与 α 相之间具有以下的晶体学位向关

系

$$(100)_{\theta'} /\!/ (100)_\alpha, [001]_{\theta'} /\!/ [001]_\alpha \tag{8-2}$$

由于 θ′ 相的点阵常数发生较大的变化，z 轴方向的错配度过大（约 30%），故当 θ′ 相形成时，在（010）和（100）面上与周围基体的共格关系遭到破坏，θ′ 相与基体之间由完全共格变为部分共格，对位错的阻碍作用减小，合金的硬度和强度也随之降低。θ′ 相与基体 α 相之间仅保持部分共格关系，而 θ″ 相与基体之间则保持完全共格关系，这是 θ″ 相与 θ′ 相的主要区别之一。

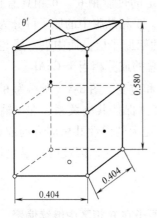

图 8-9　θ′ 相的晶胞尺寸（nm）和原子位置

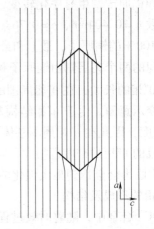

图 8-10　θ′ 相和基体相的部分共格关系示意图

4. θ 相的形成及结构

在 Al-Cu 系合金中，随着 θ′ 相的成长，其周围母相 α 中的应力、应变和弹性应变能增大，θ′ 相越来越不稳定。当 θ′ 相长大到一定尺寸时，θ′ 相与 α 相完全脱离，而以完全独立的平衡相——θ 相出现。θ 相也具有正方点阵，其点阵常数为 $a = b = 0.607\text{nm}$，$c = 0.487\text{nm}$，如图 8-11[8] 所示。θ 相与基体之间是非共格的，由于界面能较高，所以往往在晶界或其它较明显的晶体缺陷处形核以减小形核功。随着时效温度的提高或时间的延长，θ 相聚集长大呈块状，合金的强度、硬度较析出 θ′ 相时进一步降低。

以上分析表明，Al-4% Cu 合金时效时的脱溶顺序可以概括为：$\alpha_3 \rightarrow \alpha_2 + \text{G. P.}$ 区 $\rightarrow \alpha_2 + \theta'' \rightarrow \alpha_1 + \theta'$ $\rightarrow \alpha + \theta$。其中，$\alpha_3$ 是过饱和固溶体，α_2 和 α_1 是有一定过饱和度的固溶体，α 是饱和固溶体，G. P. 区是铜原子（溶质原子）偏聚区，θ″ 和 θ′ 为亚稳态过渡相，θ 是平衡相。

需要指出，在 Al-Cu 系合金时效过程中出现的亚稳相的次序并非严格不变。合金成分、时效温度和时效时间的变化都会引起时效次序的变化，因此合金的脱溶不一定按同一顺序进行。例如，Al-4% Cu 合金在 130℃ 以下时效时，以 G. P. 区为主，但可能出现 θ″ 相和 θ′ 相；在 150~170℃ 时效时，以 θ″ 相为

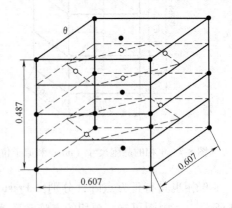

图 8-11　θ 相的晶胞尺寸（nm）
和原子位置

主；在 220～250℃时效时，以 θ′ 相为主。不同成分的 Al-Cu 合金在不同温度下时效时最先出现的脱溶相与时效温度之间的关系见表 8-2。

表 8-2　Al-Cu 合金时效时最先析出的脱溶相[9]

时效温度/℃	$w_{Cu} = 2\%$	$w_{Cu} = 3\%$	$w_{Cu} = 4\%$	$w_{Cu} = 5\%$
110	G. P.	G. P.	G. P.	G. P.
130	θ′或 θ″或 G. P.	G. P.	G. P.	G. P.
165	—	θ′ + 少量 θ″	G. P. + θ″	—
190	θ′	θ′ + 极少量 θ″	θ″ + 少量 θ′	G. P. + θ″
220	θ′		θ′	θ′
240	—	—	θ′	—

8.2　合金时效动力学及其影响因素

8.2.1　合金时效时脱溶沉淀过程的等温动力学图

过饱和固溶体的脱溶驱动力是化学自由能差，其脱溶过程是通过原子扩散进行的。随着时效温度的升高，原子活动能力增强，扩散速度增加，脱溶过程加快；与此同时，温度升高时固溶体过饱和度减小，自由能差减小，临界形核功增大，临界晶核尺寸增大，从而又使脱溶速度减慢。因此，与钢的过冷奥氏体向贝氏体转变一样，合金等温析出的动力学曲线也呈字母 C 形。图 8-12 所示为等温析出的 C 曲线示意图，图中 G. P.、β′、β 分别表示 G. P. 区、过渡相和平衡相析出物；$T_{G.P.}$、$T_{β'}$、$T_β$ 分别表示 G. P. 区、过渡相和平衡相完全固溶的最低温度（图 8-13）；$τ_{G.P.}$、$τ_{β'}$、$τ_β$ 分别表示 T_1 温度下开始形成 G. P. 区、过渡相和平衡相所需要的时效持续时间。为了清楚起见，图 8-12 中仅画出析出开始的 C 曲线。

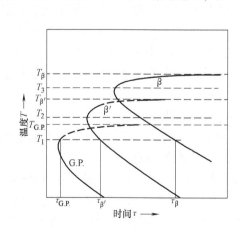

图 8-12　等温析出 C 曲线示意图

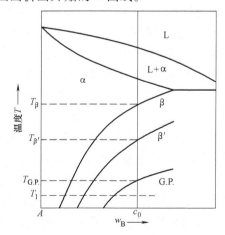

图 8-13　具有平衡相 β、过渡相 β′和 G. P. 区固溶度曲线的双重相图的示意图

从等温析出的 C 曲线可以看出，G. P. 区、过渡相和平衡相具有各自独立的 C 曲线，且相互交叉；G. P. 区、过渡相和平衡相都要经过一定的孕育期后才能形成。在接近 $T_{G.P.}$、$T_{β'}$

或 T_β 温度下需经过很长时间才能分别形成 G. P. 区、β′相或 β 相。由于 G. P. 区的成分和结构与基体相差较小，故其形成的孕育期最短；过渡相 β′ 的孕育期稍长；平衡相 β 的孕育期更长。由图 8-12 可知，在较低温度时，例如在温度 T_1，在开始形成 G. P. 区以后，再经过一段时间，接着开始形成 β′相；再经过一段时间，开始形成 β 相。当时效温度高于 G. P. 区完全固溶的最低温度 $T_{G.P.}$ 时，例如温度 T_2，仅形成过渡相 β′ 和平衡相 β；而当温度高于 β′相完全固溶的最低温度 $T_{\beta'}$ 时，例如在温度 T_3，则仅形成平衡相 β。

由图 8-13 可以归纳出析出过程的一个普遍规律：时效温度越高，固溶体的过饱和度就越小，脱溶析出过程的阶段也就越少；另外，在同一温度下合金的溶质原子浓度越低，固溶体的过饱和度就越小，则析出过程的阶段就越少。例如在温度 T_1 时，溶质原子浓度较低（在 G. P. 区固溶度曲线左侧）的合金，其固溶体过饱和度较小，仅形成过渡相 β′ 和平衡相 β，而溶质原子浓度更低（在过渡相 β′ 固溶度曲线左侧）的合金，仅形成平衡相 β（图 8-12）。

8.2.2　影响合金时效动力学的因素

析出过程是一种扩散型相变，因此时效的动力学与扩散密切相关。另外，凡影响到形核率和长大速度的因素，也都会影响到时效的动力学过程。

1. 析出过程中的扩散

实验发现，在 Al-Cu 系合金中，测得的 G. P. 区的实际形成速度比计算值高 10^7 倍之多。为了解释这一现象，人们提出了两种学说，即位错说和过剩空位说[10]。

位错说认为，在析出过程中，扩散是沿位错线进行的，因而这种扩散比一般扩散要快得多。但这种学说不能解释下列事实：固溶处理加热温度和冷却速度以及回归⊖对析出过程都有很大的影响。

空位说认为，在析出过程中的扩散主要是依靠固溶处理后淬火冷却所冻结下来的过剩空位而进行的。如果仍以 Al-Cu 合金为例，则在合金中 G. P. 区形成时，铜原子按空位机制扩散，故其扩散系数与空位扩散激活能及空位浓度有关，而空位浓度又与形成空位所需要的激活能以及固溶处理温度、固溶处理后淬火冷却速度有关。所以当固溶处理后的冷却速度足够快时，在冷却过程中空位未发生衰减，空位和溶质原子处于双重过饱和状态，因此扩散速度很快。铜原子在析出过程中的扩散系数可以用下式表示

$$D_{Cu} = A\exp(-Q_M/kT_A)\exp(-Q_F/kT_H) \tag{8-3}$$

式中，A、k 皆为常数；T_A、T_H 分别为时效温度、固溶处理加热温度，均用热力学温度表示；Q_M 为空位迁移所需要的激活能；Q_F 为形成空位所需要的激活能。

按式（8-3）计算所得的扩散系数与实测值基本吻合。表 8-3 表明，固溶处理加热温度越高，加热后的冷却速度越快，所得的空位浓度就越高，因而 G. P. 区的形成速度也就越快。在母相晶粒边界出现的无析出区，就是因为晶界附近空位极易扩散至晶界而消失所致。随着时效时间的延长和 G. P. 区的形成，固溶体中的空位浓度不断降低，故使新的 G. P. 区的形成速度越来越小。

⊖　经淬火自然时效后的铝合金（如铝-铜）重新加热到 200~250℃，然后快冷到室温，则合金强度下降，重新变软，性能恢复到刚淬火状态；如在室温下放置，则与新淬火合金一样，仍能进行正常的自然时效，这种现象称为回归现象。

表8-3　纯铝在不同温度下的空位浓度[9]

温度/K	空位浓度	温度/K	空位浓度
933	$10^{-3} \sim 2 \times 10^{-3}$	700	$10^{-6} \sim 10^{-5}$
900	$10^{-4} \sim 10^{-3}$	600	$10^{-9} \sim 10^{-8}$
800	$10^{-5} \sim 10^{-4}$	300	$10^{-12} \sim 2 \times 10^{-11}$

2. 合金成分的影响

合金的时效与合金的成分及固溶体过饱和度有直接关系。一般来说，溶质原子与溶剂原子性能差别越大，析出速度就越快；随着溶质浓度（或固溶体过饱和度）的增加，析出过程加快。

铝合金的时效动力学曲线主要受合金成分控制，对同一合金系，随着合金元素含量的增加，C曲线左移，如图8-14[11]所示。对于不同的合金系，例如 Al-Cu-Mg 系合金，过饱和 α 固溶体的稳定性远低于 Al-Zn-Mg 系。

在工业铝合金中大多含有少量锰、铬、锆等过渡族元素，尽管含量不高，但对合金的时效动力学特性却有强烈影响。例如，在 Al-4.2% Zn-1.9% Mg 合金中添加质量分数为 0.24% 的 Cr，C 曲线大大左移，从而大大提高了临界淬火速度，增加了合金对淬火速度的敏感性。其原因是这些过渡族元素的金属间化合物，当以高度弥散的形式存在时，可作为沉淀相的非自发晶核，同时相的边界也是择优形核的部位，促使分解过程的进行。若过渡族元素以固溶体或初生化合物形式存在时则影响较小。

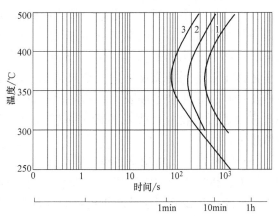

图8-14　Al-Cu 系按 95% 抗拉强度的
条件起始转变曲线
1—Al-4.08% Cu　2—Al-4.60% Cu
3—Al-4.60% Cu-0.89% Mg

3. 时效温度的影响

在不同温度时效时，析出相的临界晶核大小、数量、分布以及聚集长大的速度不同。时效温度低时，由于扩散困难，G. P. 区不易形成；时效温度越高，原子活动能力越强，扩散易于进行，析出速度就越快。但当时效温度过高时，则过饱和固溶体中析出相的临界晶核尺寸大、数量少，化学成分更接近平衡相，但同时，化学自由能差减小，固溶体的过饱和度也减小，这些又使析出速度降低，甚至不再析出。因此，在一定温度范围内，可以提高温度来加快时效过程，缩短时效时间。

4. 固溶处理后时效处理前的冷加工变形

一般来说，塑性变形能够诱发固态相变，对析出过程也是如此。固溶处理后时效处理前的冷加工变形能加速时效过程并提高时效处理后的最高硬度值。比较突出的是 Cu-Be 系合金和硬铝，其冷加工变形并时效处理后所增加的硬度值相当于单独由形变硬化所增加的硬度值和单独由时效硬化所增加的硬度值之和。在通常情况下，冷加工变形还能促进平衡相的析出。例如，经固溶处理并经变形度很大的冷加工后，Al-Cu 系合金甚至在室温时即可直接析出 θ 相。冷加工变形还可部分甚至全部抑制无析出区的形成。

8.3 时效后的微观组织

8.3.1 时效过程中的析出类型及其微观组织

时效过程往往具有多阶段性，各阶段的析出相结构具有一定区别，因此时效后的微观组织不尽相同。由于 G. P. 区的尺寸极小，仅为 1 ~ 10nm，比光学显微镜所能鉴别的最小距离还要小得多，只能在透射电子显微镜（TEM）下观看。在一般情况下，刚析出的过渡相和平衡相也不能为光学显微镜所分辨，而只有长大到一定尺寸后才能观察到。根据时效后析出产物显微组织与形成机理的不同，析出可以分为连续析出、非连续析出和局部析出三种类型。

1. 连续析出及其显微组织

在连续析出中，析出物附近的基体中的浓度是连续变化的，如图 8-15[12] 所示。图中，c_0 是基体的原始浓度，c_a 是基体在析出后的平衡浓度，c_b 是析出物的平衡浓度。在析出初期，在临近析出物的基体中的溶质原子浓度发生贫化，而离析出物较远的基体中溶质原子浓度却依然保持原始浓度，结果造成了浓度梯度，溶质原子按 B 箭头方向发生扩散。在析出中期，析出物不断长大，溶质原子继续按照箭头方向发生扩散。最终，析出停止，不论在临近析出物处，或者离析出物较远的部位，基体中的浓度都变成一样，即都是平衡浓度 c_a。

在连续析出中，新相是在整个固溶体内部发生均匀形核引起的，因而，析出物较均匀地分布在基体中，而与晶界、位错等缺陷无关。连续析出除了能反映析出相的分布特征外，还反映了基体变化的特征：①析出在整个体积内部均匀分布，但由于各个部位的能量条件不同，可能出现不同的形核率和长大速度；②各析出相晶核长大时，析出物基体的浓度变化为连续的，且点阵常数也发生连续变化，一直到多余的溶质排出为止；③在整个转变过程中，原固溶体基体晶粒的外形及位向保持不变。

在析出过程初期，特别是当时效温度较低时，析出物的形核率大而长大速度小，析出物极为细小和弥散，所以不能用光学显微镜分辨。但是，这些析出物能使晶粒易于侵蚀而变黑，晶粒不同，变黑的程度也不同。这是由于析出物与基体保持一定的晶体学关系，因而，不同位向的基体相的晶面上会析出不同数量的析出物，结果产生不同程度的微电池反应的缘故。

当析出过渡相以致平衡相时，析出物与基体相之间的共格关系逐渐遭到破坏，由完全共格变为部分共格甚至非共格关系。虽然如此，析出物与基体相之间往往仍保持着一定的晶体学位向关系，结果就形成了魏氏组织，这种魏氏组织的形态与钢中魏氏组织的形态是相似的。图 8-16[13] 所示为析出物呈片状的魏氏组织（金相显微镜中看到的截面形状呈针状）。连续析出后的产物，除了魏氏组织特征的以外，还有呈球状（等轴状）、立方状等。

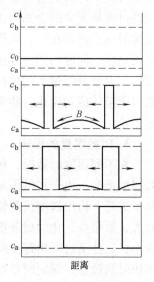

图 8-15 形核长大型析出
过程浓度变化示意图

2. 非连续析出及其显微组织

在非连续析出中，在析出物-基体相界面两侧的基体相中的溶质原子浓度是不连续的。与连续析出不同，析出相 β 一旦形成，其周围一定距离内的固溶体立即由过饱和状态逐渐达到饱和状态，析出相与母相之间的浓度不同，形成截然的分界面。在多数情况下，该界面是大角度晶界。

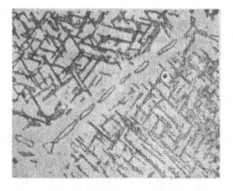

图 8-16　Al-20% Ag 合金 390℃时效 26h 的魏氏组织、晶界析出以及无析出区

析出相在晶界上形核之后，并不是沿着晶界长成仿晶界形，也不是向晶粒内长成针状或者片状的魏氏组织，而是形成如图 8-17b 所示的胞状组织（脱溶胞），胞的前沿近乎球形，与基体有明显的界面分开。胞状组织只向晶界的一侧生长，说明胞与其长大相反方向的晶粒具有共格关系，界面的可动性低；与其长大方向前沿的晶粒具有非共格关系，界面的可动性高。与珠光体类似，胞状组织是两相相间分布的层片状组织。

将成分为 c_0 的 α 固溶体（记为 α_0）过冷到溶解度曲线以下的某一温度 T_1 发生不连续析出时，如图 8-17a 所示，析出成分为 c_1 的 α 固溶体（记为 α_1）和 β 相的混合物。α_1 的晶体结构与 α_0 相同，其浓度一般大于 T_1 温度下的平衡浓度 c_α，即有一定的过饱和度，而 β 是平衡相，反应式如下

$$\alpha_0 \rightarrow \alpha_1 + \beta$$

与连续析出不同，不连续析出总是产生稳定相（如 β），而不是亚稳相。因为胞状组织中的 α_1 与基体 α_0 在界面上成分发生突变，故称为不连续析出（或称为胞状析出）。其析出过程与珠光体转变一样，α 和 β 两相交替形核和长大，结果就形成了类似于片状珠光体团的领域（Colony）。在胞状组织与基体的界面上除了发生成分不连续外，晶体位向也不连续。

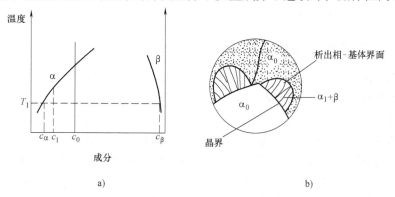

a)　　　　　　　　　　　　b)

图 8-17　固溶体不连续析出时的相图和胞状组织

非连续析出的机理如图 8-18[6] 所示。在过饱和固溶体 α 相中，溶质原子首先在晶界处发生偏聚，接着以质点形式脱溶析出 β 相，并将部分晶界固定住。随着析出过程的进行，β 相呈片状长入与其无位向关系的母相晶粒中，在片状 β 相两侧将出现溶质原子贫化区（α_1 相），而其外侧沿母相晶界又可形成新的 β 相晶核。此时，β 相和 α_1 相以外的母相仍保持原有浓度 α_0。随着析出过程的继续进行，β 相不断向前长大成薄片状，并与相邻的 α_1 相组成类似珠光体的、内部为层片状而外形呈胞状的组织。胞状组织与珠光体组织的区别在于：由

共析转变形成的珠光体中的两相与母相在结构和成分上完全不同，而由非连续析出所形成的胞状物的两相中必有一相的结构与母相相同，只是溶质原子的浓度不同于母相。

3. 局部析出及显微组织

局部析出是由不均匀形核引起的。在晶界、亚晶界、滑移面、孪晶界面、位错线以及其它晶体缺陷处具有较高的能量，因而易于在这些部位优先成核，这是固态相变中的普遍规律之一，在析出过程中也遵循这一规律。优先发生于晶体缺陷处的析出称为局部析出。较为常见的局部析出有两种，即滑移面析出和晶界析出。这里的滑移面是由切应力造成的，而切应力一般是在固溶淬火时形成的。在固溶淬火后时效处理前施加冷加工变形也可能形成切应力。

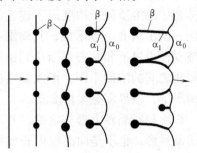

图 8-18　非连续析出机理示意图

有些时效型合金，例如铝基、钛基、铁基和镍基等时效合金在发生晶界析出的同时，还会在晶界附近形成一个无析出区（Precipitate-free Zone），如图 8-16所示。一般认为无析出区是有害的，将降低合金的屈服强度，在应力作用下发生塑性变形，导致晶间断裂，如图 8-19[14] 所示。此外，发生塑性变形的无析出区相对于晶粒内部而言是阳极，易于发生电化学腐蚀，从而使应力腐蚀加速，成为增强晶间断裂的原因。也有人认为无析出区的存在是有益的，其原因是无析出区较软，应力在其中发生松弛。无析出区越宽，应力松弛越完全，因而裂纹越难以萌生和发展，这对力学性能特别是塑性是有利的。

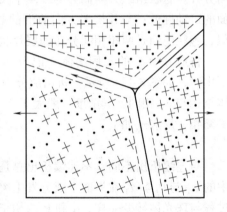

图 8-19　沿无沉淀带形成裂纹源的示意图

8.3.2　时效过程中微观组织的变化

在过饱和固溶体的时效过程中，可以形成各种各样的显微组织。过饱和固溶体析出产物的显微组织的变化顺序有三种情况，如图 8-20[15] 所示。

（1）连续析出加局部析出　如图 8-20a 所示，在①阶段中，首先发生局部析出（一般为滑移面析出和晶界析出），接着发生连续析出。在这一阶段中，连续析出的析出物的尺寸尚小，还不能用光学显微镜分辨出来。在②阶段中，连续析出的析出物已经长大，能为光学显微镜所分辨，所形成的可能是魏氏组织。晶界析出物也已经长大，在其周围形成无析出区，这说明已发生过时效。滑移面析出物也已长大，但为了清晰起见，图上未予画出。在③阶段中，析出物已发生粗化和球化，基体相中的溶质浓度已减少（贫化），但基体相未发生再结晶。

（2）连续析出加非连续析出　如图 8-20b 所示，在①阶段首先发生非连续析出，接着发生连续析出。假设连续析出所形成的组织是魏氏组织，从图①到图③，非连续析出包括伴生的再结晶从晶界扩展至整个晶体。在图④阶段，析出物发生粗化和球化。基体相中的溶质浓度已发生贫化，并已发生再结晶。

（3）仅发生非连续析出　如图 8-20c 的①～③所示，非连续析出（包含伴生的再结晶）

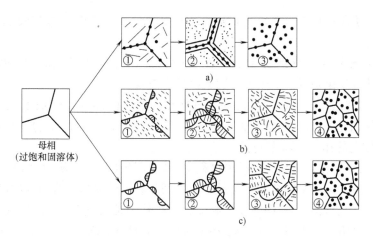

图 8-20　过饱和固溶体析出产物显微组织变化顺序示意图

从晶界扩展至整个晶体。图 8-20c④和图 8-20b④相当。

需要指出，析出产物显微组织变化的顺序并不是一成不变的，而是与下列因素有关：①合金的成分和加工状态；②固溶处理的加热温度和冷却速度；③时效温度和持续时间；④固溶处理后时效处理前是否施加过冷加工形变等。

8.4　合金时效过程中性能的变化

8.4.1　时效硬化曲线及影响时效硬化的因素

固溶处理所得的过饱和固溶体在时效过程中，组织和结构发生变化，其力学性能、物理性能和化学性能均随组织结构的变化而变化。对结构件用合金而言，最主要的是硬度和强度，因此，这里主要讨论硬度和强度在时效过程中的变化。

1. 硬度变化

时效处理时的硬度-时间关系根据时效温度不同可以分为两种类型，即冷时效和温时效，如图 8-21 所示。

冷时效是指在较低的温度下进行的时效，一般是指在室温下放置时所发生的情况，其硬度-时间关系曲线大致可以分为三段，即孕育期（某些合金的孕育期不明显）、快速时效阶段及慢速时效阶段。硬度变化曲线的特点是经过孕育期阶段后硬度快速上升，升到一定值后硬度缓慢上升或基本上保持不变。一般认为，冷时效所反映的性能变化是由于 G. P. 区形成所致。

温时效是在较高温度下发生的，其硬度-时间关系曲线也可以分为三段，即孕育期、硬化阶段以及软化阶段，该曲线上有一极大值。软化阶段又称为过时效阶段，是要避免的。

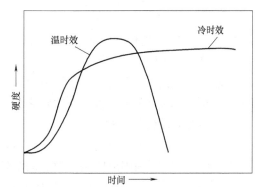

图 8-21　合金时效过程中硬度变化示意图

一般认为，这一阶段是从析出平衡相开始的。温度越高，出现极大值或开始出现过时效的时间越短。

图 8-22[8] 和图 8-23[16] 分别为 Al-38% Ag 和 Al-4% Cu 合金在不同温度时效时的硬度变化曲线。图中的硬度变化是以下四个方面因素的综合反映：

1）固溶体的贫化。固溶处理后得到的过饱和固溶体的硬度较溶剂组元的硬度要高些，这就是固溶硬化所造成的。在随后的时效过程中，过饱和固溶体中的溶质浓度逐渐减少（贫化），固溶硬化的作用也随之变弱。

2）基体相的回复和再结晶。在析出过程中，特别是在非连续析出过程中，由于应力和应变越来越大，最终会诱发回复和再结晶。发生回复和再结晶后，合金的硬度也会降低。

3）弥散硬化。按奥罗万（Orowan）机制，当位错线能够达到的曲率半径与滑移面上粒子间距相当时，位错会以类似于弗兰克-瑞德源的形式绕过障碍粒子，而在第二相粒子上留下一个位错圈。这时质点间距成为控制屈服强度的主要因素。

4）由于共格析出物所引起的硬化。共格析出物和非共格析出物都会引起弥散强化，但前者作用要大得多，因为前者所产生的弹性应力场不但数值大，而且作用范围广，因而对位错运动的阻碍作用也要大得多。

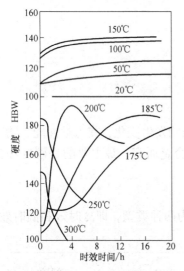

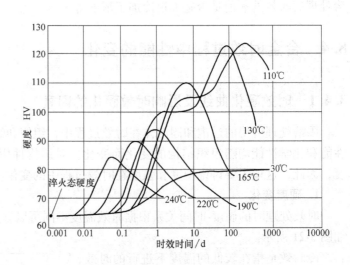

图 8-22　Al-38% Ag 合金在不同温度时效时的硬度变化曲线

图 8-23　Al-4% Cu 合金在不同温度时效时的硬度变化曲线（时效前 520℃保温 48h，水淬）

由此可见，上述四个因素中前面两个因素使合金的硬度降低，后面两个因素才是起硬化作用的，而且第四个因素是造成时效硬化的主要原因。

2. 影响时效硬化的因素

（1）固溶处理工艺的影响　为了获得更好的时效强化效果，固溶处理时应尽可能使强化组元最大限度地溶解到固溶体基体中。固溶处理的效果主要取决于以下三个因素：

1）固溶处理温度。温度越高，强化元素溶解速度越快，强化效果越好。一般加热温度的上限低于合金开始过烧温度，而加热温度下限应使强化元素尽可能多地溶入固溶体中。

2）保温时间。保温时间是由强化元素的溶解速度来决定的，这取决于合金的种类、成分、组织、工件形状及壁厚等。

3）冷却速度。工件淬火时的冷却速度越大，使固溶体自高温状态保存下来的过饱和度也就越高，否则若冷却速度小，有第二相析出，在随后时效处理时，已析出相将起晶核作用，造成局部不均匀析出而降低时效强化效果。需要指出，冷却速度越大所形成的内应力越大，从而使工件变形的可能性就越大。

因此，固溶处理工艺选择总的原则是：在保证合金不发生过热、过烧和晶粒长大的前提下，固溶处理温度越高，保温时间越长，淬火转移时间越短，淬火冷却速度越大时（工件淬火变形在许可范围内），越有利于获得最大过饱和度的均匀固溶体。

（2）时效温度和时效时间的影响　合金的时效强化效果与时效工艺有关，时效温度高，析出过程加快，合金达到最高强度所需时间缩短，但时效温度过高时，时效后最高强度值会降低，强化效果不佳；若时效温度过低，原子扩散困难，时效过程变慢，效率降低。通常定义在平衡相析出之前的组织为欠时效，在这一阶段，随着时效时间的延长，合金的强度不断升高，表现出明显的时效硬化效果。定义细小的平衡相刚好均匀析出时的组织为峰时效态，此时合金的强度达到最大值。若时效时间过长（或温度过高），平衡相长大粗化而使合金软化，合金的强度随时间的延长而逐渐下降，即发生过时效。因此，特定的合金在一定的时效温度下，为获得最大的时效强化效果，应有一最佳时效时间。

合金的时效过程也是一种固态相变过程，析出相的形核与长大伴随着溶质原子的扩散过程。在不同温度时效，析出相的临界晶核大小、数量、分布以及聚集长大速度不同，因而表现出不同的时效强化曲线。各种不同合金都有最适宜的时效温度，在某一时效温度时，能获得最大硬化效果，这个温度称为最佳时效温度。不同成分的合金获得最大时效强化效果的时效温度也是不同的。统计表明，最佳时效温度与合金熔点之间存在如下关系：$T_0 = (0.5 \sim 0.6)T_m$。若温度过低，由于扩散困难，G. P. 区不易形成，时效后强度、硬度低；当时效温度过高时，析出相的临界晶核尺寸大、数量少，化学成分更接近平衡相，结果在时效硬化曲线上达到最大值所需的时间短，峰值低。

另外，从固溶处理到人工时效之间停留时间也有影响。研究发现，某些铝合金，如 Al-Mg-Si 系合金在室温停留后再进行人工时效，合金的强度指标达不到最大值，而塑性有所上升。又如 ZL101 铸造铝合金，固溶处理后在室温下停留一天后再进行人工时效，其强度极限较固溶处理后立即时效的要低 10 ~ 20MPa，但塑性要比立刻进行时效的有所提高。

（3）时效方法的影响　时效一般可分为单级时效或分级时效。单级时效是指在室温或低于 100℃ 下进行的时效过程。单级时效工艺简单，但组织均匀性差；分级时效是在不同温度下进行两次时效或多次时效。分级时效处理的均匀性好，合金的断裂韧度值高，并改善了合金的耐蚀性能，但容易发生过时效。

（4）合金的化学成分的影响　合金能否通过时效强化，首先取决于组成合金的元素能否溶解于固溶体以及固溶度随温度变化的程度。例如，Si、Mn、Fe、Ni 等元素在铝中的固溶度比较小，且随温度变化不大，而 Mg、Zn 虽然在铝基合金中有较大的固溶度，但它们与铝形成的第二相的结构与基体差异不大，强化效果甚微。故 Al-Si、Al-Mn、Al-Fe、Al-Ni、Al-Mg 等合金不能进行时效强化处理。如果在铝中加入的合金元素能形成结构与成分复杂的第二相，如二元 Al-Cu 合金、三元 Al-Mg-Si 合金、四元 Al-Cu-Mg-Si 合金，能形成 $CuAl_2$、Mg_2Si 等，则在时效析出过程中形成的 G. P. 区的结构就比较复杂，与基体共格关系引起的畸变大，因此合金的时效强化效果就较为显著。

8.4.2 时效硬化机理

时效硬化是铝合金的主要强化手段，造成此种硬化的原因目前一般应用位错理论解释。合金沉淀硬化产物（例如 Al-Cu 系合金中的 G.P. 区、θ''相和 θ'相）将可引起两方面的影响：其一是新相质点本身的性能和结构与基体不同；其二是质点周围产生了应力场。沿滑移面运动的位错与析出相质点相遇时，就需要克服应力场和相结构本身的阻力，因而使位错运动发生困难。另外，位错通过物理性质与基体不同的析出相区时，它本身的弹性应力场也要改变，所以位错运动也要受到影响。其它缺陷，如在析出过程中形成的空位和螺旋位错，也能阻碍位错运动。

根据位错阻力的来源不同，时效硬化可以用以下几种强化机制来说明，但这些强化机制并非是截然分开的，只能说在一定的时效阶段上，根据析出相的结构特点，某种强化方式可能起主要作用。

1. 内应变强化

这是一种比较经典的理论，该理论既可以用到沉淀强化合金中，也可以用到固溶强化的合金中。所谓内应变强化，是指沉淀物或溶质原子与母体金属之间存在一定的错配度时，便产生应变场，或者说应力场，这些应力场阻碍滑移位错运动。

对于刚刚淬火（固溶处理）或经过轻微时效的合金，其溶质原子（或小的溶质原子团）是高度弥散的。因此，这些原子与母相之间的错配度所引起的应力场也是高度弥散的，如图 8-24[9] a 所示。应力场中的位错处于低能量状态，弯弯曲曲地绕着应力场，在应力场"谷"中通过。这时，位错的弯曲曲率半径必须非常小，大约为粒子间距的数量级。例如，假定溶质原子浓度为 1%，那么溶质原子的间距只有 4～5 个原子间距，这时使位错弯曲到这种程度所需的应力很高，远远超过刚刚淬火合金的实际强度。换句话说，原子错配度所产生的应力场大小不足以使位错形成这样的曲率半径。因此，位错就只能采取大致是直线的途径，好像一个刚体线，有时穿过应力"谷"（应力最小的地方），有时穿过应力峰。作用在位错线上的力的代数和大致相消，所以这时位错运动的阻力不大，合金处于比较软的状态。

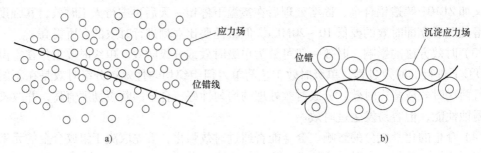

图 8-24　位错线在应力场中的分布

a）位错线通过高度分散应力场　b）应力场较大时位错弯曲的情况

当合金进一步时效时，溶质原子开始聚集，从而使应力场的间距开始拉开，当拉开距离达到可以使位错线绕应力场成弯曲状态时，合金开始变硬，如图 8-24b 所示。弯曲半径和应力之间的关系如下

$$r = Gb/2\tau$$

式中，r 为弯曲半径；G 为剪切模量；b 为位错的柏氏矢量；τ 为相应的切应力。因为这时位

错弯弯曲曲地全部位于应力场的"谷"，故位错因应力场的间距增大而变成"柔性"。这种柔性位错在滑移时，每一段位错都可独立地通过应力区，不需要其它段位错的帮助，因此位错运动的阻力当然要比前述的刚性位错大得多，这是合金硬化的主要原因之一。

如果粒子处在位错通过的滑移面上时，情况要复杂一些，有下面两种情况，即位错切过沉淀物和位错绕过沉淀物。

2. 位错切过沉淀物的硬化

运动位错遇到沉淀物时，如果沉淀物不太硬而可以和基体一起变形时，可以切过沉淀物而强行通过。对于铝合金，根据透射电镜观察，证明位错可以切过 Al-Zn 系合金的 G. P. 区、Al-Cu 系合金的 G. P. 区和 θ'' 过渡相、Al-Zn-Mg 系合金的 η' 相和 Al-Ag 系合金的 γ' 相。因此，铝合金在预沉淀阶段或时效前期，运动位错多以切过的方式通过沉淀物。

位错切过粒子要消耗三种能量，运动阻力来自以下三个方面：

1）粒子与基体中的错配引起的应力场。

2）位错切过粒子后，粒子滑移成两部分，因而增加了表面能，如图 8-25[11] 所示。

3）位错通过粒子时，改变了沉淀物溶质-溶剂原子的临近关系，形成层错或反向畴界，引起了所谓的化学强化。

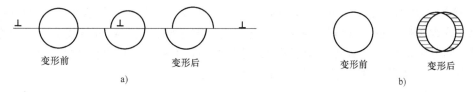

图 8-25　位错切过粒子示意图（阴影表示多出的表面）

a）侧视图　b）俯视图

3. 位错绕过沉淀物的硬化（弥散强化）

当沉淀相很硬或由于提高时效温度、加长时效时间，使沉淀相聚集、相间距加大，则位错可以从粒子间凸出去，即绕过粒子，这样要比切过粒子更容易，如图 8-26[17] 所示。位错按这种方式通过所需的应力为

$$\sigma \approx 2Gb/l$$

式中，l 为粒子间距。位错在每次通过粒子后，在粒子周围留下一圈位错环，故位错密度不断提高，粒子的有效间距不断减小，造成硬化率增加。

对于铝合金，一般从时效硬化开始直到硬化峰值，由于沉淀相与基体保持共格，弥散度又很高，因此，时效硬化主要是由应力场的交互作用及位错运动切过粒子造成的，而弥散硬化往往对应着过时效阶段。例如，Al-Cu 合金从 G. P. 区到 θ'' 相，由于共格造成的畸变越来越大，应力场作用范围越来越宽，时效硬化作用达到最大值，此时位错切过 G. P. 区和 θ'' 相，在应力-应变曲线上反映为屈服强度较高，但硬化率较低。这是因为运动位错一旦切过粒子，以后的位错就比较容易通过。反之，与 θ'

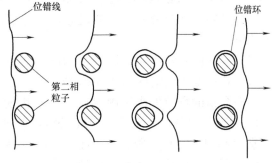

图 8-26　位错绕过析出相示意图

相和 θ 相对应的应力-应变曲线特点为屈服强度低而硬化率高，因过时效状态粒子间距大，运动位错开始较容易从中通过，但以后由于粒子周围位错环数量的增加，提高了对位错运动的阻力，所以流变应力增加很快。

8.5 调幅分解

调幅分解是过饱和固溶体分解的一种特殊形式，是指高温下均匀单一的固溶体冷却至某一温度范围时分解成为两种与原固溶体结构相同、而成分明显不同的微区，又叫做亚稳分解或增幅分解。与形核长大型的脱溶分解不同，调幅分解不需要激活能，一旦开始分解，系统的自由能便连续下降，分解过程自发进行。其特点是，在转变初期形成的两个微区之间并无明显的界面和成分突变，但通过上坡扩散，最终使一个均匀固溶体变为不均匀固溶体。

8.5.1 调幅分解的过程

1. 调幅分解的热力学条件

图 8-27 所示为在高温时能形成无限固溶体的平衡相图和各相自由能变化曲线示意图。图中，MKN 为溶解度间隙（Miscibility Gap）曲线；RKV 由不同温度下自由能-成分曲线的拐点组成，称为调幅分解线（Spinodal）。在溶解度间隙之内，以调幅分解线为界，存在两种不同类型的分解机制：在调幅分解线两侧，按形核和长大机制，析出物的晶体结构与母相相同但成分不同；成分在调幅分解线以内的合金，按照调幅分解机制进行。

当温度高于临界温度 K（溶解度间隙曲线和调幅分解曲线的最高点）时，如 T_1 温度时，任何成分的合金，只有 α 固溶体才是稳定的。自由能-成分关系曲线的任何一段都是向下凹的，说明该曲线的二阶导数大于零，即 $d^2G/dc^2 > 0$。随着温度的降低，组元 A、B 及固溶体 α 的自由能均增大，如图 8-27b 中 T_2 的自由能大于 T_1 的自由能。当温度更低时，如 T_3 时，自由能-成分关系曲线发生弯曲，在 $a' \sim b'$ 的成分范围内，单相固溶体 α 是不稳定的，而由两种固溶体（$\alpha' + \alpha''$）所组成的混合物才是稳定的。由公切线法则可知，这两种固溶体的成分可以分别用 a' 和 b' 来表示。

对于成分在溶解度间隙曲线和调幅分解曲线之间的合金，其等温析出情况如图 8-28 所示。虽然平衡的双相混合物的自由能小于固溶体 α 的自由能，即 $G_2 < G_1$，但是析出初期，如果由于成分波动形成了成分分别为 c_f 和 c_g 的两个相，由于此段自由能-成分曲线是向下凹的，这种两相混合物的自由能（G_3）却大于固溶体 α 的自由能，即 $G_3 > G_1$，所以这种成分

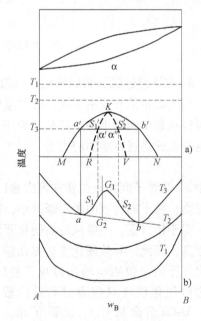

图 8-27　高温时能形成无限固溶体的平衡相图和各相自由能变化曲线示意图

a）具有溶解度间隙 MKN 和拐点曲线 RKV 的平衡相图　b）在三个等温温度下的自由能-成分关系曲线

波动是不稳定的。只有成分波动超过最高点时，系统的自由能才可能下降，例如成分波动为 c_m 和 c_n 时。从成分波动较小时会使自由能升高这一现象可知，溶解度间隙曲线和调幅分解曲线之间的固溶体发生分解时，需要克服热力学势垒。在固溶体基体相中，只有能量较高的局部区域才能越过这一势垒，且该局部区域不仅要达到一定的临界尺寸，而且要达到一定的临界成分波动值，才能构成可持续长大的晶核。一般情况下，这种分解过程常在空位群、位错及晶界上进行非均匀形核。

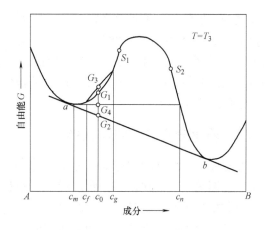

图 8-28　等温温度为 T_3 时的自由能-成分关系曲线

对于成分 c_0 在拐点 S_1 和 S_2 之间的合金，当温度降低至 T_3 时，将由成分为 c_0 的 α 相分解为成分分别为 c_a 和 c_b 的 α′相和 α″相。从图 8-29 中可以看出，平衡的双相混合物的自由能值小于固溶体 α 的自由能，即 $G_2 < G_1$，但与形核、长大型机理不同，分解过程并不需要经过自由能增加阶段。这是因为此段自由能-成分关系曲线的函数的二阶导数小于零，即 $\mathrm{d}^2G/\mathrm{d}c^2 < 0$，表示此段曲线是向上凸的。合金中只要存在着成分波动，即使是成分波动很小，例如成分波动范围为"$c_p \sim c_q$"时分解过程即可自发地开始，并一直进行到全部分解为 α′（成分为 c_a）和 α″（成分为 c_b）为

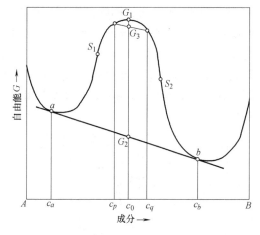

图 8-29　等温温度为 T_3 时的自由能-成分关系曲线

止。自由能从 G_1 就开始降低，经过 G_3，一直降低到 G_2 为止。由此可见，在调幅分解的情况中，不需要形成临界晶核就可开始。

2. 调幅分解的过程

发生调幅分解除了要满足热力学条件之外，还需要满足另一个条件，即在合金中可以进行扩散。通过扩散而使溶质原子 A 和 B 分别向 α′相和 α″相聚集。因此，调幅分解是按扩散-聚集机理（Diffusional Clustering Mechanism）进行的一种固态相变。

设想成分分别在拐点 S_1 和 S_2 之间的固溶体中产生一个高于平均浓度 c_0 的溶质原子偏聚区，即图 8-30[12]所示的早期，偏聚区周围必将出现溶质原子贫乏区。贫乏区又造成它外沿部分的浓度起伏，这就构成了原子偏聚的条件。这种连锁反应将使浓度起伏现象迅速遍及整个固溶体并具有正弦性质的周期性，这种结构称为调制结构（Madulated Structure）。溶质原子进一步偏聚，成分正弦波的振幅不断加大（中期），由于浓度不同造成的弹性应变能也随之增加，最后出现明显的界面（后期）。分解时成分正弦波的形成及振幅的增大均依靠溶质原子的"上坡扩散（Uphill Diffusion）"，即溶质原子从低浓度区向高浓度区扩散。波长 λ 可用来作为新相大小的度量。低浓度区与高浓度区之间的浓度梯度将随 λ 的减小而增大，浓

度梯度的增加将使上坡扩散变得困难，故 λ 有一极限值 λ_c。根据合金成分等条件不同，波长 λ 在 5 ~ 100nm 的范围内变动。而按图 8-15 所示的形核-长大机制分解时，一开始就形成具有一定浓度的晶核，随后晶核长大，长大过程依靠周围基体中溶质原子的正常扩散进行。

8.5.2 调幅分解的组织与性能

在形核-长大型析出中，随着过程的进行，新相与母相间的共格性逐渐消失。而在调幅分解过程中，新相与母相总是保持着完全共格的关系。这是因为，调幅分解时的新相与母相仅在化学成分上有差异，晶体结构却是相同的，故在分解时产生的应力和应变较小，共格关系不易破坏。

实验结果表明，通过调幅分解产生的两相各自在空间上相互连通。Cahn 对调幅分解产物形态的计算机模拟结果如图 8-31[16] 所示，两相呈相互连通的海绵状组织。图 8-32[16] 所示为 Fe-28% Cr-13% Co 永磁合金经调幅分解后的场离子显微镜（FIM）照片，合金中 α_1 和 α_2 相均各自相互连通，与计算机模拟结果相似。

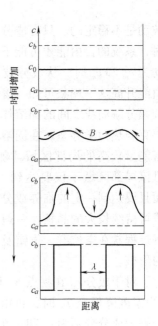

图 8-30　调幅分解中的
浓度变化和扩散方向

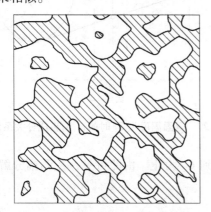

图 8-31　各向同性固体中调幅分解
产物的计算机模拟截面形貌

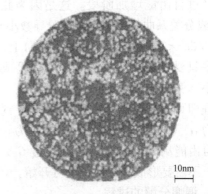

图 8-32　Fe-28% Cr-13% Co 永磁合金调幅
分解后的 FIM 照片（亮区为富铁和钴
的 α_1 相，暗区为富铬的 α_2 相）

对于弹性各向异性的固溶体，调幅分解所形成的新相将择优长大，即选择弹性变性抗力较小的晶向优先长大。由于实际晶体的弹性模量总是各向异性的，因此大多数调幅组织具有定向排列的特征。图 8-33 所示为 Cu-Ni-Fe 合金的调幅组织[18]。

一般而言，调幅分解后所得调幅组织的弥散度很大，特别是在形成初期，这种组织分布均匀，因而具有较高的屈服强度。例如，Cu-30% Ni-2.8% Cr 合金在 900 ~ 1000℃ 保温，然后在 760 ~ 450℃ 范围内缓冷，可得到调幅组织，获得最高的力学性能。有些合金调幅分解产物具有某些理想的物理性能（如磁学性能等），例如，AlNiCo8 永磁合金通过调幅分解形成强磁的富铁、钴区和弱磁的富镍、铝区，具有单磁畴效应，呈现很好的永磁特性。这种合金在磁场中进行调幅分解处理的，可获得具有方向性的调幅组织，从而进一步提高其永磁性能。

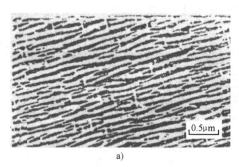 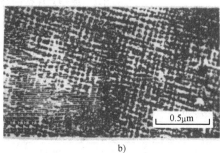

图 8-33 Cu: Ni: Fe = 51.5: 33.5: 15（摩尔比）合金的调幅分解组织
（亮区为富铜区，暗区为富镍区）
a）与磁场方向平行　b）与磁场方向垂直

8.6 典型合金的时效相变

8.6.1 马氏体时效钢的时效

马氏体时效钢是以无碳（或超低碳）铁镍马氏体为基体的经时效产生金属间化合物沉淀硬化的超高强度钢。工业上，马氏体时效钢设计用来提供屈服强度从 1030MPa 到 2420MPa 的高性能。一些实验性马氏体时效钢具有高达 3450MPa 的屈服强度。这些钢以 Fe、Ni 为主要合金元素，并含有 Co、Mo、Ti、Al 等，且具有极低的含碳量。事实上，碳在这些钢中是杂质，并控制在尽可能低的含量。马氏体时效钢与传统钢的本质区别是：它不是以碳化物而是以金属化合物的相间沉淀达到硬化，从而产生一些独特的性能。Mo、Ti、Al 等合金元素与 Ni 形成 Ni_3M 型金属间化合物，对钢起到时效硬化作用。大部分马氏体时效钢的 Ms 点在 200～300℃ 之间。马氏体时效钢可以被认为是高合金低碳马氏体钢，从奥氏体固溶态冷却时只发生马氏体相变，即使是厚截面极缓慢地冷却也只产生马氏体，因而没有淬透性不足的问题。形成的马氏体中的亚结构为高密度位错，不含孪晶，因而硬度很低（约 20～30HRC），塑性很好。这样，对于形状十分复杂的零件，可先在软状态下机加工，然后再进行时效硬化。

1. 马氏体时效钢的性能和成分特点

马氏体时效钢是超高强度钢的一种，其性能特点为：①室温下具有超高强度与高韧性；②与处于同一强度水平的淬火钢相比具有优异的疲劳韧性；③具有好的耐腐蚀与抗裂纹扩展能力；④热处理过程中收缩均匀，热处理变形小；⑤碳含量低，减少了脱碳倾向；⑥此外，还有易渗氮、焊接性和切削加工性好等优点。

工业生产用的马氏体时效钢，其基本成分是 $w_C \leqslant 0.03\%$，$w_{Ni} = 18\%$ ～25%，并添加有各种能产生时效硬化的合金元素。18% Ni 型应用较广，典型的钢种如含 Mo、Ti 等强化元素的超低碳 Fe-Ni（18%）-Co（8.5%）合金。18% Ni 型马氏体时效钢包含多个牌号，如：18% Ni（200）、18% Ni（250）和 18% Ni（300）等，括号中的数字为抗拉强度等级，单位为 ksi$^{\ominus}$。这类钢的化学成分和力学性能见表 8-4。

$\ominus$　1ksi = 6.84N/mm^2。

表 8-4　典型马氏体时效钢的化学成分与屈服强度

钢　　种	化学成分（%）					屈服强度/MPa
	w_{Ni}	w_{Co}	w_{Mo}	w_{Ti}	w_{Al}	
18% Ni（200）	18	8.5	3.3	0.2	0.11	1400
18% Ni（250）	18	8.5	5.0	0.4	0.10	1700
18% Ni（300）	18	9.0	5.0	0.7	0.10	2000
18% Ni（350）	18	12.5	4.2	1.6	0.10	2400
18% Ni（Cast）	17	10.0	4.6	0.3	0.10	1650
400 Alloy	13	15.0	10.0	0.2	0.10	2800
500 Alloy	8	18.0	14.0	0.2	0.10	3500

　　马氏体时效钢中，除镍以外的元素通常都降低马氏体的转变区间，但钴使其升高。钴在马氏体时效钢中的一个作用就是提高马氏体的转变区间，因此较大量的其它合金元素就可以加入，而仍然可以在冷却到室温之前完全转变为马氏体。20 世纪 80 年代以来，由于钴元素的短缺，各国研究者着手研制无钴马氏体时效钢。美国国际镍公司（INCO）与钨钒高速工具钢公司（Vasco）首先研究出 T-250 无钴马氏体时效钢（T 表示 Ti 强化钢）。在 T-250 基础上通过调整钛含量，又研究出了 T-200 和 T-300 无钴马氏体时效钢，其性能相当于相应级别的含钴的 18% Ni 型马氏体时效钢。这些钢的性能接近相应强度水平的含钴马氏体时效钢。

2. 马氏体时效钢的时效过程与强化机制

　　马氏体时效钢的时效硬化，大约在 480℃ 热处理几个小时可产生。图 8-34[14] 所示为这类钢的典型热处理工艺。下面以含钴（C-250）和无钴（T-250）马氏体时效钢为例，说明它们的时效过程。这两种合金都是在 816℃ 固溶处理 6h 后水淬，然后在 482℃ 进行时效处理。

　　图 8-35[8] 所示为 T-250 钢在 482℃ 时效 1h 的透射电子显微镜（TEM）明场像，可以看出基体上析出许多细小弥散的第二相。随着时效时间的延长，析出相的尺寸增加，时效 3h 时形成 4.5nm 宽、25nm 长的针状相。析出相为六方 η-Ni₃Ti 相，点阵常数为 $a = 0.5101$nm、$c = 0.8307$nm，与马氏体基体的位向关系为 $(011)_M // (0001)_\eta$，$[1\bar{1}1]_M // [11\bar{2}0]_\eta$。图 8-36[18] 所示为马氏体相和 η-Ni₃Ti 相晶格匹配情况示意图。

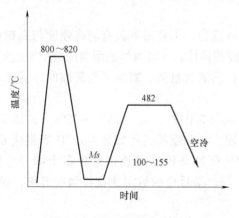

图 8-34　18% Ni 型马氏体时
效钢的热处理工艺

图 8-35　T-250 钢在 482℃ 时效
1h 的透射电子显微镜（TEM）明场像

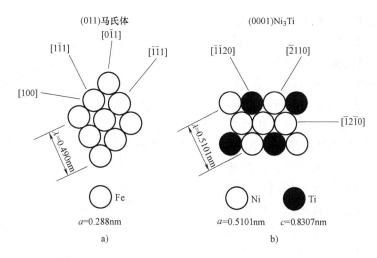

图 8-36 马氏体相和 η-Ni₃Ti 相晶格匹配情况示意图

C-250 钢在时效的早期基本上和 T-250 钢类似，C-250 钢中的析出相也是 η-Ni₃Ti 相。继续时效 50h，六方 Fe₂Mo 相出现，点阵常数为 $a = 0.4745nm$、$c = 0.7734nm$。Ni₃Ti 相以 50nm 直径和 380nm 长度的杆状出现。在较高温度下的时效反应要快很多，析出相也更粗大，而且逆转变奥氏体也更早形成。

C-250 钢中起强化作用的是 Ni₃Ti 和 Fe₂Mo 析出相，Ni₃Ti 对早期的硬化起作用，而峰值和长时间高强度的保持是细小弥散分布的 Fe₂Mo 析出相。在无钴 T-250 钢中，只有 Ni₃Ti 相，高的镍含量导致较大的 Ni₃Ti 颗粒析出，而且显著阻碍基体粗化。前者对高强度起作用，后者对长时间保持起作用。C-250 和 T-250 钢经过时效后的硬度测量结果相似，如图 8-37[19] 所示，在所有时效温度下很短的时间内达到峰时效，随后硬度便开始下降。

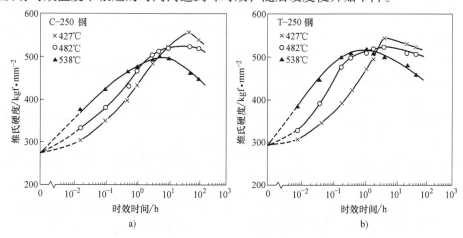

图 8-37 C-250 钢和 T-250 钢在不同温度随时效时间显微硬度的变化

8.6.2 铝合金的类型及时效过程

1. 铝合金类型

铝合金主要依靠固溶强化和沉淀硬化来提高其力学性能，晶粒细化、加工硬化及过剩相强化也能发挥一定作用。因此，为了改善铝的力学性能，通常向铝中加入适量的合金元素，常添加的合金元素主要有 Cu、Zn、Mg、Si、RE（稀土）等主加元素及 Cr、Ni、B、Ti、Zr 等辅加元素。这些合金元素在固态铝中的溶解度一般都是有限的，所以铝合金的组织中除了形成铝基固溶体外，还有第二相出现。以铝为基的二元合金大都按共晶相图结晶，如图 8-38[20] 所示。加入合金元素不同，在铝基固溶体中的极限固溶度也不相同，固溶度随温度变化以及合金共晶点的位置也各不相同。根据成分和加工工艺特点不同，铝合金可以分为变形铝合金和铸造铝合金，其分类示意图如图 8-38 所示。

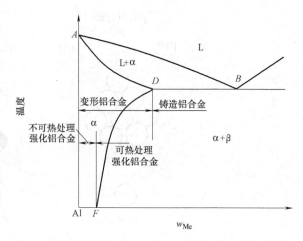

图 8-38　铝合金分类示意图

　　铸态下铝合金的力学性能往往不能满足使用要求，所以一般都要通过热处理进一步提高铸件的力学性能和其它使用性能。铝合金的时效热处理有自然时效和人工时效，时效强化的效果还与淬火后的时效温度和时间有关。铝合金热处理的分类和用途见表 8-5。

表 8-5　铝合金热处理的分类和用途

代　号	热处理类别	用途说明
T1	不淬火，人工时效	铸件快冷（金属型铸造、压铸或精密铸造）后进行时效。脱溶强化，提高合金的强度和硬度，时效温度 150～180℃，保温 1～24h。改善切削加工性能，降低表面粗糙度
T2	退火	适用于由高温成形冷却后进行冷加工，或校直、校平以提高强度的产品
T4	淬火＋自然时效	适用于固溶热处理后不再进行冷加工（可进行校直、校平，但不影响力学性能极限）的产品
T5	淬火＋部分人工时效	适用于由高温成形冷却后不经过冷加工（可进行校直、校平，但不影响力学性能极限）的产品
T6	淬火＋完全人工时效	适用于固溶热处理后不再进行冷加工（可进行校直、校平，但不影响力学性能极限）的产品
T7	淬火＋稳定化回火	适用于固溶热处理后，为获取某些重要特性，在人工时效时，强度在时效曲线上越过了最高峰点的产品
T8	淬火＋软化回火	适用于经冷加工，或校直、校平以提高强度的产品

　　下面以典型变形铝合金和铸造铝合金为例，介绍其时效特点。

2. 变形铝合金的时效特点

　　变形铝合金分为防锈铝、锻铝、硬铝和超硬铝合金。除了防锈铝外，其余都是可热处理时效强化的铝合金，主要有 Al-Cu-Mg 系、Al-Cu-Mn 系、Al-Mg-Si 系、Al-Zn-Mg-Cu 系合金等。这类铝合金可以通过热处理充分发挥沉淀强化效果，是航空航天领域主要应用的铝合金。以 Al-Cu-Mg 合金（2000 系列）为例，这类合金又称为杜拉铝，是可热处理强化变形铝合金中应用最广泛的一种。该合金系中的主要合金元素是铜，其次是镁。这类合金可产生四种金属间化合物相：θ 相（$CuAl_2$）、S 相（Al_2CuMg）、T 相（Al_6CuMg_4）和 β 相（Mg_5Al_6）。其中有两个强化相，即 θ 相（$CuAl_2$）和 S 相（Al_2CuMg）。由于 S 相（Al_2CuMg）有很高的稳定性和沉淀强化效果，其室温和高温强化作用均高于 θ 相（$CuAl_2$）。因此，可以通过控制铜与镁含量的比值来控制析出强化相的种类。在这类铝合金中还加入一定量的锰，其目的是中和铁的有害作用，改善耐蚀性；同时锰有固溶强化作用和抑制再结晶的作用。锰的质量分数如高于 1.0%，则会产生粗大的脆性相（Mn，Fe）Al_6，降低合金的塑性。含有适量铁和镍的合金可以形成 Al_9FeNi，能够有效地阻碍位错运动，从而提高合金抗蠕变性能[21]。

Al-Cu-Mg 系硬铝合金淬火及人工时效状态比淬火及自然时效状态具有更大的晶间腐蚀倾向，因此除了高温工作的构件外，这类合金一般均采用自然时效。此外，该系列合金的淬火温度范围很窄。以 2A12 为例，其淬火温度需控制在（498 ± 3）℃，自然时效时间不小于 96h。如在 150℃以上使用，则采用（190 ±5）℃保温 8 ~ 12h 的人工时效。

3. 铸造铝合金的时效特点

为了使合金具有良好的铸造性能和足够的强度，铸造铝合金中合金元素的含量一般要比变形铝合金多。在常用的铸造铝合金中，其合金元素总的质量分数为 8% ~ 25%，成分接近共晶点。铸造铝合金除了具有良好的铸造性能外，还具有较好的耐蚀性能和切削加工性能，可制成各种形状复杂的零件，并可通过热处理改善铸件的力学性能。同时，由于熔炼工艺和设备比较简单，因此铸造铝合金的生产成本低，尽管其力学性能不如变形铝合金，但仍在许多工业领域获得了广泛的应用。铸造铝合金主要有 Al-Si 系、Al-Cu 系、Al-Mg 系和 Al-Zn 系等。

Al-Si 系铸造铝合金俗称"硅铝明"，是一种以 Al-Si 为基的二元或多元铝合金，是工业上应用最广泛的铝合金之一。这类合金最简单的是 ZL102，它是 w_{Si} = 10% ~ 13% 的 Al-Si 二元合金，共晶成分的 w_{Si} = 11.7%，共晶温度为 577℃。这种合金的液态有良好的流动性，是铸造铝合金中流动性最好的。但在一般情况下，其共晶组织中的硅晶体为粗大的针状或片状。过共晶合金中还含有少量板块状初生硅，因此这种状态下该合金的力学性能不高。一般需要进行变质处理，以改变共晶硅的形态，使硅晶体细化和颗粒化，组织由共晶或过共晶变为亚共晶。ZL102 合金不能采用热处理进行强化。其主要原因是：一方面，硅在铝中的溶解度变化不大；另一方面，二元铝硅合金的时效序列为 α 相→G. P. 区→Si 相。由于富硅的 G. P. 区存在时间很短，硅在铝中容易扩散，很快形成平衡的硅相。为了进一步提高铝硅基铸造铝合金的强度，通常可在铝硅基的基础上再加入合金化元素，如 Cu、Mg、Mn、Ni 等合金元素。这些合金元素的加入一方面可以通过固溶强化，另一方面可以通过时效处理进行强化。如铜和镁的加入，可以形成 $CuAl_2$、Mg_2Si、Al_2CuMg；铜的加入还可以改善合金的耐热性能。因此这类合金，如 ZL101、ZL103、ZL104、ZL105、ZL106 等都是可以进行时效强化的铝合金。

8.6.3　镁合金中的相变

1. 镁合金的分类及热处理特点

（1）镁合金的分类　镁合金一般按三种方式进行分类，即合金的化学成分、形成工艺及是否含锆。

按化学成分镁合金可分为二元、三元或多元合金系，二元镁合金系有 Mg-Mn、Mg-Al、Mg-Zn、Mg-RE、Mg-Th、Mg-Ag 和 Mg-Li。按形成工艺镁合金可以分为变形镁合金和铸造镁合金。依据合金中是否含锆，镁合金又可划分为含锆和不含锆两大类。含锆镁合金中一般都含有另一组元，最常见的合金系列有 Mg-Zn-Zr、Mg-RE-Zr、Mg-Th-Zr 和 Mg-Ag-Zr 系列。不含锆的镁合金有 Mg-Zn、Mg-Mn 和 Mg-Al 系列。目前应用最多的是不含锆压铸镁合金 Mg-Al 系列。

（2）镁合金的热处理特点　镁合金的热处理方式与铝合金基本相同，但镁合金中的原子扩散速度和合金相的分解速度极其缓慢，所以，镁合金热处理的主要特点是固溶和时效处理时间较长，并且镁合金淬火加热后不必快速冷却，通常采用在静止或流动空气中冷却即可。绝大多数镁合金对自然时效不敏感，淬火后在室温下放置仍能保持淬火状态的原有性能。值得注意的是，镁合金的氧化倾向比铝合金强烈，当氧化反应的热量不能及时散发时，容易引起燃烧。因此，热处理加热炉内应保持一定的中性气氛。

铸造或加工变形后，不再单独进行固溶处理而直接进行人工时效处理，工艺简单，也可获得相当的时效强化效果，特别是对于 Mg-Zn 系合金，因晶粒容易长大，重新淬火加热往往由于晶粒粗大，时效后的综合性能反而不如直接进行人工时效处理的状态。

为了消除铸件残余应力及变形合金的冷作硬化进行的退火处理，根据使用要求和合金性质，可分为完全退火和去应力退火。完全退火的目的是消除镁合金在塑性变形过程中的形变强化效应，恢复和提高其塑性，以便进行后续的变形加工。去应力退火既可以消除变形镁合金制品在冷热加工、成形、校正和焊接过程中产生的残余应力，也可以消除铸件或铸锭中的残余应力。镁合金经过固溶淬火后不进行时效，可以同时提高其抗拉强度和伸长率。由于镁合金原子扩散能力较弱，为保证强化相能充分固溶，获得最大的过饱和固溶度，淬火加热温度通常只比固相线低 5~10℃，需要的加热时间也较长。

固溶处理（空冷淬火）后人工时效可以提高镁合金的屈服强度，但会降低部分塑性，主要应用于 Mg-Al-Zn 和 Mg-RE-Zr 合金。对冷却速度敏感度较高的 Mg-RE-Zr 合金，采用热水淬火＋人工时效时可获得更高的强度。

2. 镁合金中的相变特点

和铝合金相同，镁合金的基本固态相变形式是过饱和固溶体的分解，它也是时效硬化的理论根据。下面以 Mg-Al 系合金为例，对其相变特点作简要说明。

图 8-39 所示为 Al-Mg 二元系相图。由相图可知，Al-Mg 系合金在共晶温度下，平衡组织应为 δ 固溶体 + Mg₁₇Al₁₂ 化合物。由于铝在镁中的固溶度随温度下降具有明显的变化，从共晶温度的 12.6% 降到室温下的约 1%，因此利用淬火处理可获得过饱和 δ 固溶体。实验证明，在随后的时效过程中，过饱和 δ 固溶体不经过任何中间阶段直接析出非共

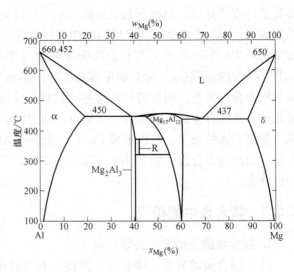

图 8-39　Al-Mg 二元系相图

格的平衡相 $Mg_{17}Al_{12}$，不存在预沉淀阶段或过渡相。但 $Mg_{17}Al_{12}$ 相在形成方式上有两种类型，即连续析出和非连续析出，它们在机制上有原则上的差异。在一般情况下，这两种析出方式是共存的，但通常以非连续析出为先导，然后再进行连续析出。

非连续析出大多从晶界或位错处开始，$Mg_{17}Al_{12}$ 相以片状形式按一定取向往晶内生长，附近的 δ 固溶体同时达到平衡浓度。由于整个反应区呈片层状结构，故有时也称为珠光体型沉淀，如图 8-40 所示[22]。反应区与未反应区有明显的分界面，后者的成分未发生变化，仍然保持原有的过饱和状态，因此在 X 射线衍射图谱上出现两种固溶体的衍射线条，即反应区内具有平衡成分的 δ 固溶体和反应区外的尚未变化的过饱和 δ 固溶体。

从晶界开始的非连续析出进行到一定程度后，晶内产生连续析出。$Mg_{17}Al_{12}$ 相以细小片状形式沿基面（0001）生长，与此相应，基体含铝量不断下降，点阵常数不断增大。图 8-41 所示为透射电子显微镜下观察到的连续析出和非连续析出区域的形貌[23]。

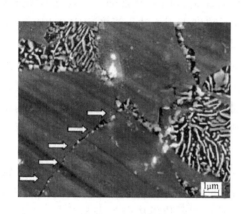

图 8-40 AZ91D 合金 415℃固溶处理 2h，
175℃时效 4h（非连续析出）

图 8-41 AZ91 合金连续析出（右）和非
连续析出（左）区域的 TEM 照片

连续及非连续析出在时效组织中所占相对量与合金成分、淬火加热温度、冷却速度及时效规范等因素有关。在一般情况下，非连续析出优先进行，特别是在过饱和固溶度较低，固溶体内存在成分偏析及时效不充分的情况下，更有利于发展非连续析出；反之，在铝含量较高，铸锭经过均匀化处理、采用快速淬火及时效温度较高的条件下，则连续析出占主导地位。Mg-Al 合金在热处理过程中，连续析出对时效硬化起主导作用。但 Mg-Al 合金比铝合金的时效硬化效果差，这是因为析出相的位向关系使其不足以阻碍位错移动。对于 HCP 结构的镁合金来说，滑移主要在密排面（0001）上进行，而连续析出相与（0001）平行排列，这样就给位错穿过析出相很多机会，达不到阻碍位错移动的目的。

8.6.4 钛合金中的相变

1. 钛的合金化与分类

钛具有熔点高、密度小、比强度高、耐腐蚀等一系列优异的特性，是航空航天、海上运输、化工及医疗等领域不可缺少的材料。纯钛的物理性能见表 8-6[9]。

钛有两种同素异构体 α 与 β，在 882.5℃以下为 α-Ti，具有密排六方晶格；在 882.5℃

以上直到熔点的稳定结构为 β-Ti，具有体心立方晶格。882.5℃为同素异构转变温度，称为纯钛的 β 转变温度或 β 相变点。

表 8-6 纯钛与几种常用金属的物理性能比较

物理性能	Ti	Mg	Al	Fe	Ni	Cu
密度/g·cm^{-3}	4.54	1.74	2.70	7.80	8.90	8.90
熔点/℃	1668	650	660	1553	1455	1083
沸点/℃	3260	1091	2200	2735	3337	2588
线胀系数/10^{-6}℃	8.5	26	23.9	11.7	13.3	16.5
热导率/10^{2}W·m^{-1}·K^{-1}	0.1463	1.4654	2.1771	0.8374	0.594	3.8518
弹性模量/GPa	113	43.6	72.4	200	210	130

钛合金化的主要目的是利用合金化元素对 α 相或 β 相起稳定作用，来控制组织中 α 相或 β 相的比例，从而获得不同性能。各种合金元素的稳定作用与元素的电子浓度密切相关，一般来说，电子浓度小于 4 的元素能稳定 α 相，电子浓度大于 4 的元素能稳定 β 相，电子浓度等于 4 的既能稳定 α 相又能稳定 β 相。工业用钛合金的主要合金元素有 Al、Sn、Zr、V、Mo、Mn、Fe、Cr、Cu 和 Si 等，按其对转变温度的影响和在 α 相或 β 相中的固溶度可以分为三大类：能提高相变点，在 α 相中大量溶解和扩大 α 相区的元素叫做 α 相稳定元素，如 Al、C、N、B 等；能降低相变温度，在 β 相中大量溶解和扩大 β 相区的元素叫做 β 相稳定元素，如 Mo、Fe、Cr、Mn、V 等；对转变温度影响小，在 α 相和 β 相中均能大量溶解或完全互溶的元素叫做中性元素。

钛合金按退火组织可以分为 α、β 和 α + β 三大类，通常用 TA 代表 α 钛合金；TB 代表 β 钛合金；TC 代表 α + β 钛合金，三类合金符号后面的数字表示顺序号。工业纯钛在冶金行业标准中也划归为 α 钛合金。常用加工钛合金的牌号及主要化学成分见表 8-7[20]。

表 8-7 常用加工钛合金的牌号及主要化学成分

合金类型	牌号	主要化学成分（质量分数,%）		Ti
		Al	其它元素	
α 型	TA4	2.0 ~ 3.3		余量
	TA5	3.3 ~ 4.7		
	TA6	4.0 ~ 5.5		
	TA7	4.0 ~ 6.0	2.0 ~ 3.0Sn	
	TA7 ELI	4.50 ~ 5.75	2.0 ~ 3.0Sn，"ELI"表示超低间隙	
β 型	TB2	2.5 ~ 3.5	4.7 ~ 5.7Mo, 4.7 ~ 5.7V, 7.5 ~ 8.5Cr	
α + β 型	TC1	1.0 ~ 2.5	0.7 ~ 2.0Mn	
	TC2	3.5 ~ 5.0	0.8 ~ 2.0Mn	
	TC3	4.5 ~ 6.0	3.5 ~ 4.5V	
	TC4	5.5 ~ 6.8	3.5 ~ 4.5V	
	TC6	5.5 ~ 7.0	2.0 ~ 3.0Mo, 7.5 ~ 8.5Cr, 0.2 ~ 0.7Fe, 0.15 ~ 0.40Si	
	TC9	5.5 ~ 6.8	1.8 ~ 2.8Sn, 2.8 ~ 3.8Mo, 0.2 ~ 0.4Si	
	TC10	5.5 ~ 6.5	1.5 ~ 2.5Sn, 5.5 ~ 6.5V, 0.35 ~ 1.00Fe, 0.35 ~ 1.00Cu	

α + β 钛合金是目前最重要的一类钛合金，一般含有 4% ~ 6% 的 β 稳定元素，从而使 α 和 β 两个相都有较多数量。这类合金兼有 α 和 β 钛合金的优点，耐热性和塑性都比较好，并可进行热处理强化，其生产工艺也较简单。因此，α + β 钛合金的应用比较广泛，其中以 TC4（Ti6Al4V）合金应用最广，其耐热性、强度、塑性、韧性、成形性、焊接性、耐蚀性和生物相容性方面均达到较好水平。许多其它合金可以看做是 Ti6Al4V 合金的改型。

2. 钛合金中的相变特点

（1）钛合金淬火过程中的相变　钛合金自高温快速冷却时，视合金成分不同，β 相可转变为 α′、α″、ω 或过冷 β 相等亚稳定相。

α′ 相和 α″ 相是 β 稳定型钛合金自 β 相区淬火，发生无扩散型相变（马氏体转变）的产物。当合金的 β 相稳定元素含量少时，转变阻力小，β 相由体心立方晶格直接转变为密排六方晶格，称为"六方马氏体"，用 α′ 表示；如果 β 相的稳定元素含量高时，转变阻力大，不能直接转变成六方晶格，只能转变为斜方晶格，称为"斜方马氏体"，用 α″ 表示。如果合金的浓度高，马氏体转变点 Ms 降低到室温以下，β 相将被冻结到室温，称为"残留 β 相"或"过冷 β 相"，用 β_r 表示。ω 则是在一定的合金浓度范围内在快冷条件下形成的一种具有六方晶格的新相。

图 8-42 所示为 Ti-Mo 二元合金的马氏体相变过程示意图。由图可知，马氏体转变温度 Ms 随合金元素钼含量的增加而降低，当合金浓度增加到临界 c_k 时，Ms 点降低到室温，β 相不再发生马氏体转变。同样，成分已定的合金，在 α + β 相区温度范围内，随着淬火温度的降低，β 相的成分将沿着 β/（α + β）转变曲线变化，当淬火温度降低到一定温度，β 相浓度升高到 c_k 时，淬火到室温 β 相也不发生马氏体转变，这一温度称为"临界淬火温度"，用 t_c 表示。c_k 和 t_c 在讨论钛合金的热处理和组织变化时，是非常重要的两个参数。

应当指出，钛合金的马氏体是置换型过饱和固溶体，与钢的间隙式马氏体不同，其强度和硬度只比 α 相略高些，强化作用不明显。钛合金的浓度超过临界浓度 c_k，但又不太多时，淬火后会形成亚稳定的过冷 β_r 相。这种不稳定的 β_r 相，在应力或应变的作用下能转变为马氏体。这种马氏体称为"应力感生马氏体"，其屈服强度很低。

（2）钛合金的时效过程　钛合金淬火形成的亚稳定相 α′、α″ 及过冷相 β_r，在热力学上是不稳定的，加热时要发生分解。在分解过程的一定阶段可以获得弥散的 α + β 相，使合金强化（弥散强化），这是钛合金淬火时效强化的基本原理。这里介绍马氏体的分解过程。

当加热到 300 ~ 400℃ 时，马氏体即发生较强烈的分解，一般在 400 ~ 500℃ 可获得弥散的（α + β）的混合物，使合金弥散强化。实验表明，马氏体在分解为最终的平衡状态（α + β）之前，要经过一系列复杂的中间过渡阶段。X 射线结构分析发现，在不同成分及状态

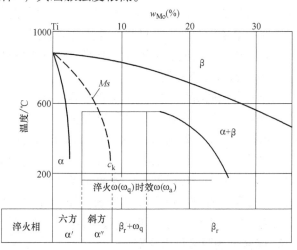

图 8-42　Ti-Mo 二元合金的马氏体相变过程示意图

的合金中斜方马氏体 α'' 的分解可分为下列四种类型的中间过渡阶段：

1）开始是从 α'' 中析出 β 相（非平衡成分），因而 α'' 所含 β 稳定元素贫化，转变为 α'，再转变为 α，即

$$\alpha'' \rightarrow \beta_{亚} + \alpha''_{贫} \rightarrow \alpha + \beta$$

2）开始从 α'' 中析出 α 相，因而 α'' 所含 β 稳定元素富化，转变为 β 相（非平衡成分），即

$$\alpha'' \rightarrow \alpha + \alpha''_{富} \rightarrow \alpha + \beta_{亚} \rightarrow \alpha + \beta$$

3）先在 α'' 中形成 β 稳定元素富化区及 β 稳定元素贫化区。富化区转变为非平衡成分的 β 相，再转变为平衡成分的 β 相，即

$$\alpha'' \rightarrow \alpha''_{富} + \alpha''_{贫} \rightarrow \beta_{亚} + \alpha''_{贫} \rightarrow \alpha + \beta$$

4）α'' 发生马氏体的逆转变（即 $\alpha'' \rightarrow \beta$），变为亚稳的 β，β 再分离为合金元素富化区和贫化区，并作进一步转变，即

$$\alpha'' \rightarrow \beta_{亚} \begin{cases} \beta_{富} \rightarrow \beta \\ \beta_{贫} \rightarrow \omega \rightarrow \alpha'' \rightarrow \alpha' \end{cases} \beta + \alpha$$

六方马氏体的分解过程与上述前两种方式相似。之所以出现这么多种不同的分解过程，是因为马氏体分解的机制取决于马氏体本身的成分、合金元素的性质、淬火组织中马氏体共存的相及热处理规范等因素。ω 相实际上是 β 稳定元素在 α-Ti 中的一种过饱和固溶体，是 $\beta \rightarrow \alpha$ 转变的过渡相，其加热分解过程也很复杂，同上述 α'' 分解过程一样，ω 相的分解过程随其本身的成分、溶质元素性质、回火前组织和热处理规范等因素的不同而异。

由于平衡的 α 相是在 β 贫区的位置上形核析出的，而 β 贫区又均匀地分布在整个基体上，故利用低温回火可以细化或控制合金的组织，从而改善合金的力学性能。另外实验表明，钛合金淬火后进行适当的冷塑性变形时，由于变形提供了更多的 α 形核地点，析出的 α 相将被细化，合金的强度亦将得到提高。

8.6.5 铜合金中的相变

铜是人类历史上最早使用的金属，至今仍是应用最广泛的金属材料之一，主要用于电缆、电器和电子设备的导电材料、导热并兼有耐蚀性的器材、建筑材料及各种铜合金等，是电气仪表、化工、造船、机械等工业部门的重要材料。

1. 铜的合金化与分类

用作铜合金固溶强化的主要元素是 Zn、Al、Sn、Mn、Ni。按照化学成分不同，铜合金可分为黄铜、青铜及白铜三大类。以锌为主要合金元素的铜合金称为黄铜，以 H 表示，如 H68 表示铜的质量分数为 68% 的黄铜。由于铜无同素异构转变，且 Cu-Zn 二元合金相图中锌在铜中的溶解度随温度的降低而增大，故普通黄铜不能热处理强化；以镍为主要合金元素的铜合金称为白铜；以锌及镍以外的元素（如 Sn、Be、Al、Ti、Mn、Pb 等）为主要合金元素的铜合金称为青铜，以字母 Q 表示，如 QSn7 为锡的质量分数为 7% 的锡青铜。根据主加合金元素不同，青铜可分为锡青铜、铍青铜、铝青铜、钛青铜、锰青铜、铅青铜等。

2. 铜合金的脱溶析出转变

许多合金元素在固态的溶解度随温度降低而剧烈减小，因而可能具有淬火时效强化效果，这方面最突出的是 Cu-Be 合金（即铍青铜）。图 8-43 所示为 Cu-Be 二元合金相图，可以

看出铍在铜中具有有限溶解度，866℃时铍在铜中达到极限固溶度，摩尔分数为 16.5%（质量分数为 2.7%）。随着温度的下降固溶度急剧降低，在 300℃ 时已降为 0.02%。铍在铜中可形成具有面心立方晶格的 α 固溶体、具有体心立方晶格的 β 固溶体（以电子化合物 CuBe 为基的无序固溶体）以及具有体心立方晶格的 γ 固溶体。

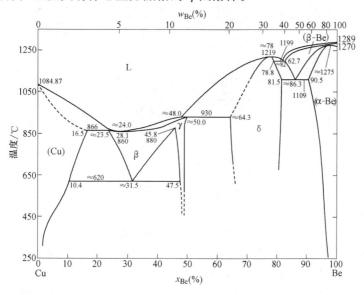

图 8-43　Cu-Be 二元合金相图

工业用铍青铜中含有质量分数为 0.2% ~ 0.5% 的镍，故铍青铜实际上是 Cu-Be-Ni 三元系合金。镍强烈降低铍在固态铜中的溶解度，降低 β 相的百分含量，并提高合金的共析反应温度。例如，质量分数为 0.5% 的镍使 820℃ 下铍在固态铜中的溶解度从 2.3% 降低至 0.4%，并使其共析转变温度升高至 642℃。二元铍青铜中相变进行得很快，往往由于淬火冷却速度不够快，使固溶体在淬火过程中发生局部分解，以至时效后得不到最好的力学性能。微量的镍加入能抑制相变过程，延缓淬火及时效过程中过饱和固溶体的分解，使淬火及时效易于控制。镍还能抑制铍青铜的再结晶过程，在某种程度上促进均匀组织的获得。

铍青铜经高温加热淬火获得的过饱和 α 固溶体在时效过程中，晶粒内部发生的连续脱溶过程为：α 固溶体→G. P. 区→γ′相→γ 相。γ 相是在时效温度高或时效时间很长时由 γ′相转变而成的，同时，脱溶贫化后的基体发生回复和再结晶。但在正常峰值时效过程中，还处于 G. P. 区和 γ′相的生长阶段。由于共格应力场的存在，合金将保持高强度水平，所以一般看不到 γ′相→γ 相的转变。在铍青铜合金时效过程中，除了在晶内发生连续析出外，还在晶界发生不连续析出和晶界再结晶反应，其过程为：α 过饱和固溶体→α′ + γ′→（再结晶）→α + γ。α′是贫化了的基体，γ 是平衡相，这种不连续析出对零件的性能不利，需要控制。图 8-44 所示为 Cu-Be 合金时效前后的显微组织[8]。

3. 铍青铜的固溶与时效处理

铍青铜具有最高的热处理强化效果，其制品一般都要进行固溶时效处理。铍的质量分数高于 1.7% 的铍青铜，其最佳淬火温度为 780 ~ 790℃，淬火加热保温时间一般为 8 ~ 15min，当零件较厚或装炉量较大时保温时间应适当增加。加热温度、保温时间和冷却速度是决定淬火质量的主要因素，选择原则是能使强化相充分固溶，而且晶粒度保持在一定范围之内

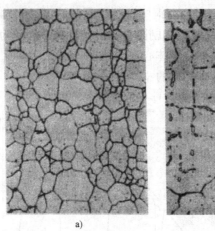

a)   b)

图 8-44 Cu-Be 合金时效析出前 a）后 b）的显微组织

（15～45μm），过粗过细都不好。温度超过 800℃或保温时间过长都会引起晶粒急剧长大。铍青铜在空气或氧化性气氛中进行加热固溶处理时，表面会形成氧化膜，虽然对时效强化后的力学性能影响不大，但会影响其冷加工时工模具的使用寿命。为了避免氧化，应在真空炉或氨分解、惰性气体以及还原性气氛中加热，从而获得光亮的热处理效果。

时效是使固溶处理后的过饱和 α 固溶体发生脱溶析出，从而获得理想的强度、硬度和其它所要求的性能。铍青铜的性能随时效温度和时效时间而变化，获得最高力学性能的时效温度与合金的熔点有关，为 $(0.5～0.7) T_m$。对于铍的质量分数高于 1.7% 的合金，最佳时效温度是 300～330℃，保温 1～3h。铍的质量分数低于 0.5% 的高导电性电极合金，由于熔点升高，最佳时效温度为 50～480℃，保温 1～3h。近年来还发展了双级和多级时效，即先将合金高温短时时效，使合金形成大量的 G. P. 区，而后在低温下长时保温，使 G. P. 区逐渐长大，但又不形成大量的中间过渡相 γ，从而获得更高的性能，而且其变形也小。为了提高铍青铜时效后的尺寸精度，可采用夹具夹持进行时效。

习 题

1. 名词解释：固溶处理，时效，人工时效，过时效，连续析出，不连续析出，调幅分解。
2. 试述 Al-Cu 合金的时效过程，写出时效序列。
3. 试述在析出过程中出现过渡相的原因。
4. 试述过饱和固溶体脱溶析出的动力学及其影响因素。
5. 过饱和固溶体的分解机制有哪两种？有何区别？
6. 试述时效析出过程中合金性能变化的规律及影响因素。
7. 合金发生时效的条件是什么？
8. 试述铝及铝合金性能有何特点？提高铝合金强度的主要途径有哪些？
9. 铝合金是如何分类的？试述各类铝合金的用途。
10. 何为调幅分解？它与一般的有核相变的区别是什么？
11. 简述镁合金的相变特点。
12. 比较一般合金钢与马氏体时效钢有何本质区别？两者的热处理有何不同？各是通过什么相变进行强化的？
13. 钛合金是如何分类的？以 Ti6Al4V 为例，说明钛合金的热处理相变特点和强化途径。

参 考 文 献

[1]　Fine M E. Introduction to Phase Transformation in Condensed Systems[M]. New York:Macmillan,1964.

[2]　Klobes B, Balarisi O,et al. The effect of microalloying additions of Au on the natural ageing of Al-Cu[J]. Acta Materialia, 2010,58, 6379-6384.

[3]　布鲁克斯 C R. 有色合金的热处理组织与性能[M]. 丁夫,等译. 北京:冶金工业出版社,1988.

[4]　诺维柯夫 И. И. 金属热处理理论[M]. 北京:机械工业出版社,1987.

[5]　冯端,等. 金属物理:下册[M]. 北京:科学出版社,1975.

[6]　徐洲,赵连成. 金属固态相变原理[M]. 北京:科学出版社,2006.

[7]　刘云旭. 金属热处理[M]. 北京:机械工业出版社,1983.

[8]　赵乃勤. 合金固态相变[M]. 长沙:中南大学出版社,2008.

[9]　司乃潮,傅明喜. 有色金属材料及制备[M]. 北京:化学工业出版社,2006.

[10]　Kelly A, Nicholson R B. Precipitation Hardening[J]. Progress in Materials Science,1963,10(3).

[11]　《有色金属及其热处理》编写组. 有色金属及其热处理[M]. 北京:国防工业出版社,1981.

[12]　Cahn J W. Spinaodal Decomposition[J]. Trans. of The Met Soc Of AIME,1968.

[13]　Geisler A H. Precipitation from Solid Solution of Metals[J]. Phase Transformation in Solids, 1951:387-544.

[14]　李松瑞,周善初. 金属热处理[M]. 长沙:中南工业大学出版社,2003.

[15]　Metals Hand book Vol8:Metals Park[M].8th ed. Ohio:American Society for Metals,1973:175-185.

[16]　陆兴. 热处理工程基础[M]. 北京:机械工业出版社,2007.

[17]　石德珂. 材料科学基础[M]. 北京:机械工业出版社,2007.

[18]　崔忠圻,刘北兴. 金属学与热处理[M]. 哈尔滨:哈尔滨工业大学出版社,2007.

[19]　Vasudevan K Y,Kim S J, Wayman C M. Precipitation Reactions and Strengthening Behavior in 18 wt Pct Nickel Maraging Steels[J]. Mat Trans A,1990,21:2655-2668.

[20]　戴起勋. 金属材料学[M]. 北京:化学工业出版社,2005.

[21]　Nový F, Janeček M, Král R. Microstructure changes in a 2618 aluminium alloy during ageing and creep [J]. Journal of Alloys and Compounds, 2009,487:146-151.

[22]　Huang Jin-feng, Yu Hong-yan, et al. Precipitation behaviors of spray formed AZ91 agnesium alloy during heat treatment and their strengthening effect[J]. Materials and Design, 2009,30:440-444.

[23]　Celotto S, Bastow T J. Study of Precipitation in Aged Binary Mg-Al and Ternary Mg-Al-Zn Alloys Using Al NMR Spectroscopy[J]. Acta Mater, 2001,49:41-51.

第 9 章　常规热处理

钢的热处理工艺就是通过加热、保温和冷却的方法改变钢的组织结构，以获得工件所需要性能的一种热加工工艺。根据热处理时加热和冷却的规范以及组织性能变化的特点，可将热处理分为常规热处理（退火、正火、淬火和回火）、特殊热处理（表面热处理、化学热处理、可控气氛热处理、真空热处理和形变热处理）等。

按照热处理在零件整个生产工艺过程中位置和作用的不同，热处理工艺又可分为预备热处理和最终热处理。预备热处理旨在改善毛坯或半成品件的组织和性能，或为最终热处理及其它终加工处理做好组织准备。最终热处理为零件提供最终的使用性能。

9.1　钢的退火与正火

退火和正火是生产上应用很广泛的热处理工艺，可作为预备热处理来改善钢的工艺性能和力学性能，为下道工序和最终热处理做好组织及性能的准备；对于一些性能要求不高的零件，退火和正火也可作为最终热处理。

退火是将钢加热到临界温度以上或以下的适当温度，保温一定时间，然后缓慢冷却（通常为随炉冷却），以获得接近平衡状态组织的热处理工艺。退火的目的有以下几个方面：①降低钢的硬度，以利于切削加工及压力加工；②改善或消除坯料在铸造、锻造、焊接时所产生的成分和组织的不均匀性，改善缺陷组织，以提高其使用性能和工艺性能；③消除内应力，稳定尺寸，以防钢件的变形和开裂；④细化晶粒，改善高碳钢内碳化物的形态和分布，为最终热处理做好组织准备。

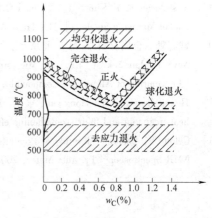

图 9-1　各种退火和正火的加热温度范围[1]

根据钢的成分和退火的目的及要求不同，退火可分为完全退火、不完全退火、均匀化退火、球化退火、再结晶退火及去应力退火。前四种退火是在临界温度（Ac_1 或 Ac_3）以上的退火，统称为重结晶退火；后两种退火是在临界温度以下的退火。退火和正火的加热温度范围如图 9-1 所示。

9.1.1　完全退火与不完全退火[2-7]

1. 完全退火
完全退火是将钢加热到 Ac_3 以上 20 ~ 50℃，保温一段时间，使组织完全奥氏体化后缓慢冷却（炉冷或以更低的速度冷却），以获得接近平衡组织的退火工艺。完全退火的目的是降低硬度、改善切削加工性能、细化晶粒、改善组织，以及消除内应力、防止钢件变形及开裂等。

完全退火广泛用于亚共析钢的铸件、锻轧件和焊接件等。为了改善热锻、热轧、焊接或铸造过程中由于温度过高而使钢件内出现的不良组织，如粗晶、魏氏组织（伴随粗晶出现的呈方向性长大的粗大铁素体）或带状组织，提高力学性能，需采用完全退火。此外，合金钢铸件一旦均匀化退火后晶粒粗大，韧性降低，可用完全退火细化晶粒与提高韧性。对于碳的质量分数为 0.4% ~ 0.6% 的钢，为了改善切削加工性能，通常采用完全退火以获得铁素体 + 片层状珠光体（体积分数小于等于 50%）组织，使硬度有所降低，易于切削。

但对于碳的质量分数低于 0.25% 的低碳钢，完全退火后硬度偏低，不利于切削加工，故不宜采用完全退火，常采用正火以获得较多的珠光体，使硬度适当提高，获得良好的切削性能。完全退火也不适用于过共析钢，因为过共析钢加热到 Ac_{cm} 以上时，在随后缓冷过程中易得到网状渗碳体（Fe_3C_{II}）组织，增加了钢的脆性，并使钢的强度、塑性、韧性大大降低，不仅难以切削加工，淬火时也极易变形、开裂，其力学性能极差。

完全退火的工艺参数受钢材成分、工件形状、尺寸、装炉量及装炉方式等各种因素的影响。不同钢种采用不同的加热速度，在箱式炉中，一般碳钢选取 150 ~ 200℃/h，低合金钢选取 100℃/h，高合金钢选取 50℃/h；对于大型工件或装炉量大时，因其透热条件差，宜在 550 ~ 650℃ 停留一段时间，以控制内外温度均匀后，再继续升温。

退火保温时间通常用工件的有效厚度来计算，应使工件透热，以保证内外组织转变完成和均匀化。在箱式炉中退火的保温时间可按下式计算：$\tau = KD$，式中，τ 为保温时间（min）；D 为工件的有效厚度（mm）；K 为加热系数，通常，碳钢 $K = 1.5 ~ 2min/mm$，低合金钢 $K = 2 ~ 2.5min/mm$，高合金钢 $K = 2.5 ~ 3min/mm$。装炉量过大时，应根据具体情况延长保温时间。装箱保护退火时，保温时间应根据箱子大小与桶内填充剂进行适当延长，一般需增加 1 ~ 4h。

冷却速度的控制，一方面要保证奥氏体向珠光体转变的全部完成，另一方面应不获得高的弥散度而造成硬度过高。不同钢材采用不同的冷却速度，碳钢选取 100 ~ 200℃/h，低合金钢 50 ~ 100℃/h，高合金钢 20 ~ 50℃/h。一般情况下，完全退火采用随炉缓冷，从而保证先共析铁素体的析出和过冷奥氏体在 Ar_1 以下较高温度范围内转变为珠光体，从而达到消除内应力、降低硬度和改善切削加工性能的目的。在实际生产时，为了提高生产率，退火冷却至 550℃ 左右即可出炉空冷。

完全退火需要的时间很长，尤其对于某些过冷奥氏体稳定的合金钢，由于其 C 曲线位置靠右，需要较长的退火时间，因此可采用等温退火。等温退火是将钢加热到高于 Ac_3（共析钢和过共析钢为 Ac_1）温度，保温适当时间后，较快地冷却到珠光体区域的某一温度并等温保持，使奥氏体转变为珠光体型组织，然后出炉空冷。其目的与完全退火相同，但等温退火时转变较易控制，能够获得预期的均匀组织。此外，对某些合金钢可用来防止钢中白点形成。但对于大截面钢件和大批量炉料，难以保证工件内外均达到等温温度，仍采用完全退火。

2. 不完全退火

不完全退火是将钢加热到 $Ac_1 ~ Ac_3$（亚共析钢）或 $Ac_1 ~ Ac_{cm}$（过共析钢）之间，保温一段时间后缓慢冷却以获得接近平衡组织的退火工艺。不完全退火的加热速度、保温时间、冷却速度、冷却方式与完全退火相同。

不完全退火应用于碳素结构钢、碳素工具钢、低合金结构钢和低合金工具钢的热锻件和热轧件，目的是消除碳素结构钢和低合金结构钢因热加工所产生的内应力，使钢件软化或改善工具钢的切削加工性。例如，对于某些亚共析钢锻件而言，不完全退火的目的主要是使其软化并消除内应力。如果锻件的终锻温度不高且原始晶粒细小而均匀，可用不完全退火来代替完全退火，就可以达到软化及消除应力的目的，所以这种工艺也叫做软化退火。不完全退火因加热温度低、过程时间短，因而生产效率高。

不完全退火应用于过共析钢主要是为了获得球状珠光体组织，以降低硬度，改善切削加工性能，所以，球化退火是不完全退火的一种。

9.1.2 球化退火

球化退火是为了使钢中碳化物球状化并均匀分布在铁素体基体上，从而获得粒状珠光体的热处理工艺，主要适用于碳的质量分数大于 0.60% 的各种高碳工具钢、模具钢、轴承钢等。其目的是降低硬度，改善切削加工性能，并为以后的淬火做好组织准备。因为球状组织不易过热，即球状碳化物溶入奥氏体较慢，故奥氏体晶粒不易长大，淬火后组织得到隐晶马氏体，且淬火开裂倾向小。低、中碳钢为了改善冷变形工艺性，有时也采用球化退火。

1. 球化退火工艺

球化退火之所以能获得粒状珠光体，主要是由于在加热、保温、随炉缓冷及稍低于 Ar_1 的等温停留过程中，珠光体中的渗碳体片和网状渗碳体（特别是其中的最薄部分）会沿着亚晶界和位错密度高的地方逐渐溶解，并断裂成不规则形状的点状碳化物，然后为了降低界面能，这种点状碳化物就逐渐球化。根据球化退火的工艺原理不同，可将球化退火分为以下四类：

（1）低温球化退火　低温球化退火是把钢加热到 Ac_1 以下 10~30℃ 长时间保温，然后缓慢冷却到 450~500℃ 出炉空冷的球化退火工艺，如图 9-2 所示。低温球化退火工艺简单，但球化效果较差，主要用于高合金结构钢及冷变形钢的球化退火，不适宜原始组织粗大的钢。如果原始组织是片状珠光体，则片层的球化速度较慢，片层越粗，球化越慢。过共析钢中沿晶界析出的网状碳化物不能用低温球化退火消除。

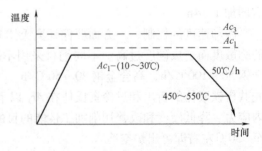

图 9-2　低温球化退火工艺曲线

（2）不均匀奥氏体中碳的聚集球化退火　这类退火的特点是将钢加热到略高于临界温度 Ac_1 并短时保温，形成不均匀奥氏体及部分未溶碳化物，然后通过缓慢冷却或低于临界点等温分解，或在 A_1 点上下循环加热冷却使碳化物球化。缓慢冷却球化退火、等温球化退火、周期球化退火及感应加热加速球化退火均属于此类退火，其工艺方法如图 9-3 所示。

这类球化退火工艺均是利用不均匀奥氏体中未溶碳化物或奥氏体中碳的高浓度区作为核心吸收碳原子，使碳的扩散距离大为缩短，从而有利于粒状渗碳体析出。残留碳化物越多且分布越弥散，球状碳化物的形核率越大；退火时冷却速度越慢，使碳能充分扩散，则越易形成球化组织。高碳钢奥氏体中易有较多的残留未溶碳化物，因此珠光体易球化。而在低碳钢中，由于未溶碳化物数量少，则不易球化。高碳钢利用在临界点上下反复循环加热和短时间停留数次（周期球化退火），可以使未溶碳化物数量大大增加，不但球化比较充分，而且大大缩短了球化周期。

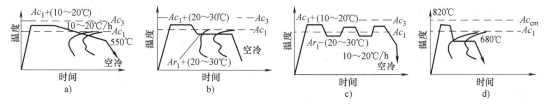

图9-3 不均匀奥氏体中碳的聚集球化退火

a）缓慢冷却球化退火 b）等温球化退火 c）周期（循环）球化退火 d）感应加热快速球化退火

（3）形变球化退火 将工件在一定温度下施行一定的形变加工后，再于低于 A_1 温度下进行长时间保温，这种工艺叫做形变球化退火。形变球化退火分为低温形变球化退火和高温形变球化退火，如图9-4所示。低温形变球化退火是将钢在低温下施行一定的形变加工后，加热到 Ac_1 以下 20～30℃长时间保温，然后出炉空冷，主要适用于低中碳钢和低合金结构钢冷变形加工后的快速球化。高温形变球化退火是将钢加热到 Ac_1 以上 30～50℃或相当于终锻温度施行一定的形变加工，以极其缓慢的冷却速度（约 30～50℃/h）冷却，或在 Ar_1 以下 10～20℃长时间等温的球化退火工艺。高温形变球化退火适合于轧、锻件的锻后余热球化退火，可用于大批量的弹簧钢、轴承钢等。

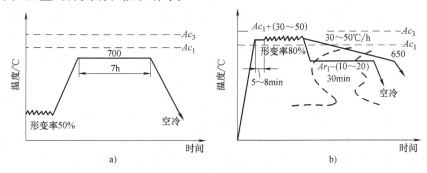

图9-4 形变球化退火工艺曲线

a）低温形变球化退火 b）高温形变球化退火

（4）高温固溶淬火、高温回火球化（快速球化退火） 利用高温固溶获得均匀奥氏体后再经淬火获得马氏体组织，然后再通过高温回火使析出的碳化物球化。其具体工艺方法为：将钢加热到 Ac_{cm}（或 Ac_3）+（20～30℃）奥氏体化后，淬油或等温淬火，获得马氏体或贝氏体组织，然后再经580～700℃回火 1～2h，其工艺曲线如图9-5所示。该工艺可用于共析钢、过共析钢和合金钢小锻件的快速球化退火，但它不适用于截面尺寸大的毛坯及半成品工件的球化。

碳的质量分数超过 0.6% 的高碳钢，为了改善其切削加工性能，常需采用球化退火，以获得球状珠光体，使硬度下降，且球状渗碳体对刀具磨损也小。如 T10 钢经球化退火后可由原来热轧退火后的硬度 225～321HBW 下降到 ≤197HBW，从而提高了切削加工性能。此外，高碳工具钢、模具钢、轴承钢等常用球化退火作为预备热处理，为最终热处理作良好的组织准备。低碳钢经球化退火后硬度过低，在切削时发粘，因此，不适合作为切削加工前的预备热处理。但是，此类钢中碳化物的球化可以大为改善冲压、挤压等冷变形加工的加工性能。

2. 影响碳化物球化的因素[2]

球化退火可以提高钢的塑性、韧性，改善切削加工性能，减少最终热处理时的变形开裂倾向。球化退火后钢中碳化物的析出数量、分布及形态会影响淬火后马氏体的组织与性能。细小均匀、圆形的碳化物分布在马氏体基体上，使耐磨性、接触疲劳强度、断裂韧性得到改善与提高。

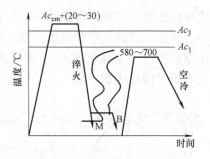

图 9-5　快速球化退火工艺曲线

影响碳化物球化的因素主要有钢的化学成分、原始组织、球化退火时的加热温度和保温时间，此外，退火前的形变对球化速率也有影响。

（1）化学成分的影响　碳对碳化物球化具有重要影响，钢中含碳量越高，碳化物数量越多，在加热过程中未溶的碳化物数量也就越多；同时，已溶解的碳化物由于各个区域内浓度不一，造成奥氏体成分不均匀，因此形核率增大，易于球化。故高碳钢较低碳钢更容易获得球状珠光体。

合金元素影响碳化物的成分、结构及在奥氏体中的溶解度，影响碳在钢中的扩散，同时合金元素本身在奥氏体形成过程中发生再分配，从而对球化过程产生复杂的影响。一般而言，钢中存在非碳化物形成元素（如 Cu、Al、Ni、Si 等），则球化较快；反之，碳化物形成元素（如 Cr、W、Mo、V、Ti 等）则使球化减慢，其阻碍作用的程度与合金元素形成碳化物的强烈程度成正比。合金元素钴的影响例外，钴虽不形成碳化物，但使碳化物球化的速度减慢。

（2）原始组织的影响　原始组织的类型、晶粒大小，以及自由铁素体和碳化物的大小、形状、数量和分布等均显著影响球化过程。原始组织为淬火马氏体（均匀过饱和固溶体）时，在 A_1 以下的较高温度回火，碳化物析出、聚集、长大，形成球状碳化物，在这种状态下，球化速度较快且球化组织均匀。原始组织为块状铁素体与珠光体的混合组织时，经过球化退火后，形成的碳化物极不均匀，即在原珠光体区分布有球状碳化物，而在原铁素体区没有球状碳化物。增加循环退火的次数可使晶粒细化，并使碳化物分布有所改善。在同样的球化退火条件下，贝氏体、托氏体比粗片状珠光体易获得均匀细小的球状碳化物。当过共析钢原始组织中存在网状碳化物时很难球化，必须先通过正火消除网状后才能进行球化退火。原始组织经冷变形后有利于球状碳化物的形成。

（3）加热温度与球化时间的影响　加热温度过高，大量碳化物溶解，同时奥氏体成分均匀，减少了形成球状碳化物的核心，易得到片状碳化物；加热温度过低时，片状碳化物未能充分球化，球化退火后有部分或较多的片状碳化物。钢的含碳量越高，允许的球化加热的温度范围越宽。

球化温度一定时，随着球化时间的延长，粒状碳化物变粗，硬度降低。在相同的球化时间下，球化温度低，则球状碳化物细小弥散，所以硬度高。

（4）冷却速度的影响　在球化的冷却条件下，冷却速度快，奥氏体分解温度（Ar_1）低，铁与碳的扩散受到抑制，形成的碳化物尺寸小，且弥散程度高；冷却速度慢，奥氏体分解温度（Ar_1）高，铁与碳扩散容易，碳化物易聚集，球化速度快，同时碳化物颗粒容易变粗。工业上一般采用 $10 \sim 20 \text{℃/h}$ 的冷速缓冷球化。如图 9-6 所示，碳化物粒子尺寸依冷速增加而减小[3]。

此外，形变对球化也有影响，片状珠光体经过塑性变形可以加速球化过程。

9.1.3　均匀化退火

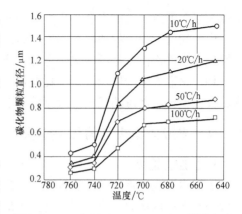

图 9-6　$w_\text{C} = 0.99\%$、$w_\text{Cr} = 1.40\%$ 钢缓冷球化退火时碳化物尺寸和冷却速度的关系（780℃加热 5h）

均匀化退火是将铸锭、铸件及锻坯加热到略低于固相线的温度下长时间保温，使钢中的元素充分扩散，然后缓慢冷却，以消除化学成分不均匀现象的热处理工艺，又称为扩散退火。其目的是消除或减少金属铸锭、铸件在凝固过程中产生的成分偏析（主要是枝晶偏析），改善某些可以溶入固溶体的夹杂物（如硫化物）的状态，从而使钢的成分和组织趋于均匀。

成分偏析对热加工和热处理的质量危害很大，尤其是区域偏析。在所有元素中，碳的偏析对钢的热处理质量及其力学性能的影响最大，因为它直接涉及钢的热处理及其力学性能。偏析的存在可使大型铸锻件由于成分及组织不均匀而存在很大的组织应力，极易在热加工和热处理时形成废品。碳化物及钢中夹杂物的带状偏析不仅使材料的横向冲击吸收能量显著下降，还显著增加了热处理淬裂的危险，或产生不均匀畸变。

为了使合金元素在奥氏体中充分扩散，均匀化退火的加热温度很高，通常为 Ac_3 或 Ac_{cm} 以上 $150 \sim 300 \text{℃}$，具体温度根据合金元素含量及偏析程度而定。均匀化退火的加热温度一般为 $1050 \sim 1150 \text{℃}$，合金元素高时应取上限。加热速度对低合金钢取 100℃/h，高合金钢取 $20 \sim 50 \text{℃/h}$。

均匀化退火的保温时间依钢材成分、偏析程度及尺寸等因素而定。图 9-7 所示为合金元素在奥氏体中的扩散系数与温度的关系。可以看出，碳、氮在奥氏体中的扩散系数最大，易于均匀化；铬、锰、镍、钼等元素因扩散激活能较大，在奥氏体中的扩散系数小，均匀化较困难；强碳化物形成元素如铬、钨、钼、钒等将阻碍碳在奥氏体中的均匀化过程，此类合金钢均匀化退火的周期将更长。

实际生产中保温时间根据工件的有效厚度取 $2.5 \sim 3 \text{min/mm}$，装炉量大时可延长保温时间，一般均匀化退火时间为 $10 \sim 15 \text{h}$。冷却速度通常对低合金钢取 $50 \sim 100 \text{℃/h}$，高合金钢取 $20 \sim 50 \text{℃/h}$，冷却方式为随炉冷却。

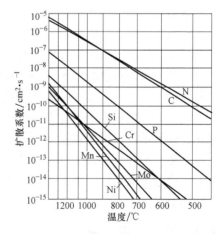

图 9-7　合金元素在奥氏体中的扩散系数与温度的关系[8]

均匀化退火的效果在很大程度上取决于钢的纯度和偏析的情况。均匀化退火对硫、磷含量低且偏析程度又小的优质钢是没有实际意义的。但是对于含有较高硫、磷，偏析较严重且夹杂物较多的钢来说效果甚微。均匀化退火主要用来消除或减小枝晶偏析，对区域偏析均匀化退火不能消除，只能靠合金化、控制与改善浇注工艺及正确合理的压力加工来解决。

由于均匀化退火的加热周期长、温度高，钢的组织因严重过热，晶粒剧烈长大，韧性、塑性较差，因而尚需经历一次完全退火或正火来细化晶粒，消除过热组织。

均匀化退火生产周期长，消耗能量大，成本很高，工件氧化脱碳严重，多用于对质量要求较高及偏析较严重的优质合金钢铸、锻坯件。

9.1.4　去应力退火与再结晶退火

1. 去应力退火

去应力退火是将零件加热到 Ac_1 以下某一温度，保温一定时间，然后缓慢冷却，以消除零件内存在的内应力的热处理工艺。去应力退火时原子只作短距离运动，没有组织变化。

铸件、锻件、热轧件、冷拉件、焊接件及机械加工件，在精加工或淬火之前通常要进行去应力退火，以消除零件内部存在的残余内应力，提高尺寸稳定性，防止工件变形和开裂。精密主轴、细长丝杠每次加工后也要进行去应力退火，以免变形。

去应力退火温度在 Ac_1 以下，碳钢和低合金钢一般在 $550 \sim 650℃$；高合金钢的温度可适当升高到 $650 \sim 750℃$；淬火回火钢的消除应力温度应比回火温度低 $25℃$ 左右；铸铁件的去应力温度一般为 $500 \sim 600℃$，温度过高时容易造成珠光体的石墨化；焊接钢件的去应力退火温度一般为 $500 \sim 600℃$。去应力退火的加热速度为 $100 \sim 150℃/h$，实际工况下常为随炉加热。保温时间要根据工件截面尺寸和装炉量而定，一般钢的保温时间为 $2.5 \sim 3min/mm$，铸铁为 $6min/mm$。为了达到消除应力的效果，退火的时间要大于 $2h$。去应力退火后的冷却应尽量缓慢，常用随炉冷却。大型工具或机械部件则应采取更低的冷却速度，甚至要控制为每小时若干摄氏度，待冷到 $300℃$ 以下时才能空冷。这对于在较高温度下钢的屈服强度较低而截面尺寸大的工件来说尤为重要。因为冷却过快，截面温差大，会造成新的附加应力。

2. 再结晶退火

再结晶退火是将冷变形后的钢加热到再结晶温度以上 $150 \sim 250℃$，保持适当时间，使变形晶粒重新形核，长成均匀的等轴晶粒，同时消除加工硬化和残余内应力的热处理工艺。再结晶退火后钢的组织性能可恢复到冷变形前的状态。

再结晶退火的加热温度为 $T_R + (150 \sim 250℃)$，T_R 为再结晶温度（为 $0.4T_m$），大部分钢件取 $600 \sim 700℃$，保温 $1 \sim 4h$ 后空冷。

再结晶退火用于冷变形过程的中间退火，主要目的是恢复变形前的组织与性能，消除加工硬化，恢复塑性，以便继续变形。再结晶退火广泛应用于冷变形加工（冷挤、冷拔、冷轧、冷弯等）和冷成形加工（如拉深件等）。

对于冷卷弹簧钢丝，要求保留其原有加工硬化，以保证其弹性极限，采用 $260 \sim 320℃$ 的去应力退火。

9.1.5　正火及其应用

正火是将钢加热到 Ac_3 或 Ac_{cm} 以上 $30 \sim 50℃$，完全奥氏体化后出炉空冷，得到珠光体类组织的热处理工艺。正火与退火的主要区别在于冷却速度不同，正火冷却速度较快，转变温度较低，所得珠光体类组织的片层间距比退火状态的小，铁素体的量也少于退火后的量，这是由于较快冷却抑制了部分先共析铁素体的形成。与退火相比，正火以后强度、硬度提高，塑性、韧性稍有降低或不降。

正火的目的与钢材的成分及组织状态有关。正火既可作为预备热处理，改善低碳钢的切削加工性，还能细化晶粒，消除魏氏组织和带状组织，并能消除应力，为最终热处理（淬火）提供合适的组织状态。过共析钢可通过正火来消除网状碳化物，铸、锻件正火可消除过热组织，改善粗大晶粒，消除内应力。由于正火后组织比较细，比退火状态具有较好的综合力学性能，并且工艺过程简单，因此，对一些受力较小、性能要求不高的碳素结构钢零件，正火还可作为最终热处理。对于大型铸、锻件及形状复杂或截面变化剧烈的工件，亦可用正火代替淬、回火作为最终热处理，可以防止变形和开裂。

正火处理的温度通常在 Ac_3 或 Ac_{cm} 以上 $30 \sim 50℃$，对于含有 V、Ti、Nb 等碳化物形成元素的合金钢，可采用更高的加热温度，即为 Ac_3 以上 $100 \sim 150℃$。以消除过共析钢中的网状碳化物为目的的正火，温度可略高于正常正火温度，以使碳化物充分溶解。一些常见碳钢推荐的正火温度见表 9-1，如果正火作为最终热处理应采用下限温度。对于渗碳件和锻件，在淬火前细化组织的预备热处理要采用上限温度，以利于细化高温渗碳后或锻造后形成的粗大组织。

表 9-1 常见碳钢的推荐正火温度[3]

牌　号	正火温度/℃	牌　号	正火温度/℃
15	900 ~ 930	45	840 ~ 870
20	900 ~ 930	50	840 ~ 870
35	870 ~ 900	65	810 ~ 840
40	840 ~ 870	95	810 ~ 840

正火保温时间和完全退火相同，要考虑工件尺寸、成分、原始组织、装炉量和加热设备等因素，应以工件透烧为准。一般在箱式炉中，根据工件有效厚度，采用 $1.5 \sim 2min/mm$。正火的冷却方式为出炉后在空气中自然冷却，对于大件也可采用吹风、喷雾和调节钢件堆放距离等方法控制钢件的冷却速度，以达到要求的组织和性能。

正火以后的组织取决于钢的成分与截面尺寸。因为钢的成分影响过冷奥氏体转变曲线，从而在空冷的过程中影响过冷奥氏体的转变温度；截面尺寸越大，工件的冷却速度越慢，也会影响转变温度。总的来说，首先，正火后的珠光体片层间距比退火状态的小，珠光体团也小；其次，正火的冷却速度快，抑制了先共析相（先共析铁素体和渗碳体）的充分转变，因而先共析相的析出要比退火状态少。例如，碳的质量分数为 0.4% 的钢在平衡冷却时的体积分数为 45% 铁素体 + 55% 珠光体，而在正火后为 30% 铁素体 + 70% 伪珠光体，此时的伪珠光体中碳的质量分数为 0.65%。正火过程实质上是完全奥氏体化加伪共析转变，因为奥氏体的成分偏离了共析成分而出现了伪共析组织。当钢中碳的质量分数小于 0.6% 时，正火组织为少量的先共析铁素体和伪共析组织；当碳的质量分数为 0.6% ~ 1.4% 时，正火组织中不出现先共析相，只有伪共析体和索氏体。

正火以后的性能也取决于钢的成分与截面尺寸。对普通碳钢和低合金钢而言，在各种加工状态下正火后的抗拉强度极限可用下式表示[9]

热轧钢　　　　　　　　　　$\sigma_b = (27 + 56C_M) \times 9.8MPa$ （9-1）

锻钢　　　　　　　　　　　$\sigma_b = (27 + 50C_M) \times 9.8MPa$ （9-2）

铸钢 $$\sigma_b = (27 + 48C_M) \times 9.8 \text{ MPa} \tag{9-3}$$

式中，$C_M = [1 + 0.5(C - 0.20)]C + 0.15Si + [0.125 + 0.25(C - 0.20)]Mn + [1.25$
$$- 0.25(C - 0.20)]P + 0.2Cr + 0.1Ni \tag{9-4}$$

C_M 为碳势的总和，C、Si、Mn、P、Cr、Ni 为各元素的质量分数（%），代入时只代入百分值，如碳的质量分数为 0.25% 时，只代入 0.25 进行计算。

以上各式适合于工件截面尺寸较小的钢材（一般不大于 80mm），截面尺寸越大，心部和表面的冷却速度越慢，正火后的强度、硬度降低。

正火工艺简单、经济，在生产中主要有以下几个方面的应用：

（1）改善低碳钢的切削加工性能　一般而言，金属材料的硬度在 160～230HBW 时切削加工性能较好。材料的硬度与组织密切相关，铁素体太软，碳化物呈块状、网状和细片状，切削性均不好；铁素体与珠光体适当搭配或珠光体呈球粒状时，切削性能好。因此，对碳的质量分数低于 0.25% 的低碳钢，采用正火以获得较多珠光体，使硬度适当提高；对碳的质量分数为 0.25%～0.40% 的中碳钢也常采用正火（还可采用退火）。

（2）消除过共析钢的网状碳化物　如果过共析钢锻造时的终锻温度过高，且冷却缓慢（如堆放或坑冷时），就会在原奥氏体晶界上形成粗的碳化物网络。此外，过共析钢如果采用完全退火，也会得到网状渗碳体，不仅难以切削加工，淬火时也极易变形、开裂，力学性能极差。予以消除的最有效的方法就是正火，加热到 Ac_{cm} 以上 40～60℃，保温 0.5～2h 后空冷，必要时也可风冷或喷雾冷却，从而抑制网状碳化物的析出。

（3）消除中碳钢的热加工缺陷　中碳结构钢铸件、锻件、轧件及焊接件在热加工后易出现魏氏组织及粗大晶粒等过热缺陷和带状组织，通过正火可以消除。对于中高碳钢及中高碳合金钢工件，为了降低正火后的硬度和消除内应力，以得到良好的机械加工性能，还需在正火后进行附加的低温退火（550～600℃），但碳的质量分数小于或等于 0.25% 的钢，在正火后不需任何补充退火。

（4）作为表面强化处理的预备热处理　为了保证零件在表面强化处理以后零件心部的性能，最好先进行调质处理或正火处理，便可达到零件内部基体与表面强化层之间强度、塑性和韧性的良好配合。

（5）作为最终热处理，提高普通结构件的力学性能　正火工艺简单易行，省时节能，生产率高，对于一些性能要求不高的低、中碳钢零件，可以作为最终热处理，获得一定的综合力学性能。对于一些淬火效果不大的厚截面普通零件或有淬裂危险的复杂碳钢件，正火亦可作为零件的最终热处理。

9.2　钢的淬火

淬火是将钢加热至临界温度（Ac_1 或 Ac_3）以上保温一定时间，使之奥氏体化后以大于临界冷却速度的冷速急冷，使奥氏体过冷到 Ms 点以下，获得高硬度马氏体（等温淬火可获得下贝氏体）的热处理工艺。淬火是热处理中最重要的工艺操作，可以显著提高钢的强度和硬度。虽然索氏体、托氏体等也有一定的强化效果，但钢中马氏体和下贝氏体的硬化效果最为显著，并且淬火工艺方便易行，生产率高。淬火后通过适当的回火转变，可有效地降低马氏体的脆性，使钢获得较高的强度、硬度与足够的塑韧性相配合的优良使用性能。因此，淬火加回火是赋予零件最终使用性能的关键工序。

9.2.1 淬火分类

钢的淬火分类方法很多，可按加热温度、加热速度、淬火部位、冷却方式及加热方式等来进行分类，具体分类见表 9-2。

表 9-2　钢的淬火分类[10]

分类原则	淬火工艺方法
按加热温度	完全淬火、不完全淬火
按加热速度	普通淬火、快速加热淬火、超快速加热淬火
按淬火部位	整体淬火、局部淬火、表面淬火
按冷却方式	单液淬火、预冷淬火、双液淬火、分级淬火、等温淬火（贝氏体等温淬火、马氏体等温淬火）
按加热方式	真空淬火、感应淬火、电子束淬火、火焰淬火、激光淬火、脉冲淬火

9.2.2 钢的淬透性

钢淬火时欲得到马氏体组织，但一定尺寸和化学成分的钢件在某种介质中淬火时从表层到心部获得马氏体的多少取决于钢的淬透性。淬透性是钢的重要工艺性能，也是选材和制订热处理工艺的重要依据之一。

1. 淬透性的概念

淬透性是指钢淬火时获得马氏体的能力，它是钢固有的一种属性。例如，同样尺寸不同成分的两个工件在同一种介质中淬火，一个工件从表层到心部都获得了马氏体组织，表层和心部硬度相同，称为"淬透"了；另一个工件只是表层一定厚度获得马氏体组织，而心部未获得马氏体组织，表层硬心部软，称为"未淬透"。则前一种材料的淬透性好，而后一种材料的淬透性较差。

钢的淬透性取决于钢的淬火临界冷却速度的大小。C 曲线越靠左的钢，淬火的临界冷却速度越快，淬火时必须要用较快的冷却速度才能获得马氏体组织，其淬透性差；相反，C 曲线越靠右的钢，淬火的临界冷却速度越慢，淬火时冷却速度比较慢也能获得马氏体组织，则淬透性好。

（1）淬透性与淬透层深度　工件淬火时，其表层和心部的冷却速度是不同的，表层冷却最快，心部冷却最慢，如图 9-8a 所示，由表层到心部冷却速度逐渐降低。只有冷却速度大于淬火临界冷却速度的工件外层才能得到马氏体，这就是工件的淬透层，而冷却速度小于淬火临界冷却速度的心部区域不能获得马氏体组织，这就是工件的未淬透区。形状尺寸相同而成分不同的两个钢件在同一种介质中淬火，C 曲线越靠右的钢，淬透层越深，而 C 曲线越靠左的钢，淬透层就越浅。

实际情况下，当工件未淬透时，淬透层的深度并不是以全部淬成马氏体的区域来界定的，而是以淬火工件表面至半马氏体区（即马氏体组织和非马氏体组织各占一半）的深度作为淬透层深度。这是由于工件淬火后，从表层至心部，随着淬火冷却速度的降低，马氏体数量是逐渐减少的，非马氏体组织（如托氏体）的数量逐渐增多，因此淬透层和未淬透层之间并无明显的界限。当马氏体组织和非马氏体组织各占一半时，钢的显微组织和硬度变化最为明显（图 9-9）。因此，为了测试方便，人为地规定以半马氏体区作为淬透层深度。

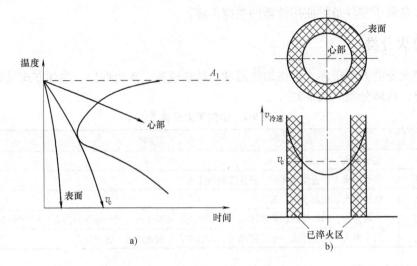

图9-8 工件淬透层与冷却速度的关系

a）工件截面的不同冷却速度 b）淬透层的分布

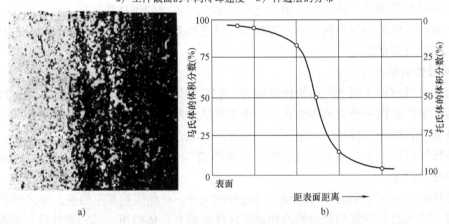

图9-9 截面上马氏体的分布情况（金相组织与分布曲线）

a）金相组织（100×） b）分布曲线

（2）淬透性与淬硬性的区别 不同材料的钢，其半马氏体组织区的硬度并不相同。研究表明，半马氏体组织的硬度主要取决于奥氏体的含碳量，而与合金元素关系不大，图9-10所示为钢中不同马氏体量的硬度与含碳量之间的关系。通过测定钢件淬火后截面上的硬度分布曲线，对照图9-10中不同含碳量的半马氏体区硬度，就可测定淬透层深度。

不同成分的钢淬火后马氏体的硬度不同，从而引出淬硬性的概念。淬硬性是指钢在正常淬火条件下，淬成的马氏体所能达到的最高硬度，它表示钢淬火时的硬化能力。淬硬性主要取决于钢中的含碳量，更确切地说，它取决于淬火加热时固溶于奥氏体中的含碳量。奥氏体中固溶的含碳量越高，淬火后马氏体的硬度也越高。而淬透性是指钢淬火时获得马氏体的能力，可用钢淬火后获得马氏体组织的多少来衡量，主要取决于钢的临界淬火冷却速度。两者之间有本质的区别。

2. 淬透性的测定方法

测量和表示淬透性的方法很多，下面介绍最常用的几种方法。

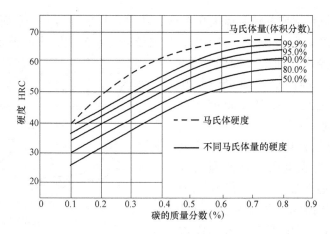

图 9-10 不同马氏体量的硬度与钢中含碳量的关系[11]

（1）断口试验法 它是将预测淬透性的钢按规定尺寸制成标准试样，淬火后从中间横向打断后测量淬透层深度的方法。详见国家标准 GB/T 1298—2008《碳素工具钢》附录 B《工具钢淬透性试验方法》规定。此法主要用来测定碳素工具钢的淬透性，低合金工具钢也可参照使用。具体方法如下：

试样尺寸为 $\phi22\text{mm}\times75\text{mm}$（若不能加工成标准试样也可制成小规格试样），淬火后在试样长度的 1/2 处开槽，槽深 1.5～2mm，在槽口的背面通过弯曲或冲撞将试样折断。断口经磨制抛光后在 80～85℃浓度为 50% 的盐酸水溶液中浸泡 3min，然后用热水冲洗吹干，通过测量腐蚀后黑色区域的深度来确定钢的淬透性深度。

（2）末端淬火法 简称端淬法，是目前世界上应用最广泛的淬透性试验法，其方法如下：将欲测淬透性的钢按规定尺寸制成 $\phi25\text{mm}\times100\text{mm}$ 的标准试样，按规定温度加热奥氏体化后，迅速放在末端淬火试验机上由下端喷水冷却，如图 9-11a 所示。这样，喷水端冷却速度最快，越往上冷却速度越慢。因此，沿试样长度方向便形成各种冷却速度下的组织和性能。图 9-12 所示为试样距喷水端的距离对应的硬度与连续冷却转变图的关系。

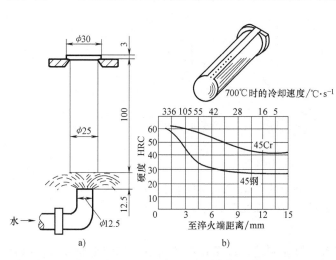

图 9-11 端淬装置示意图 a）及淬透性曲线 b）

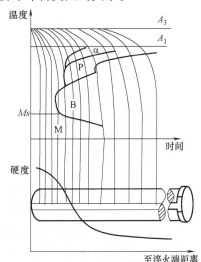

图 9-12 试样距喷水端的距离对应的硬度与连续冷却转变图的关系[12]

227

冷却之后，沿试样纵向两侧各磨去 0.4mm，获得互相平行的两个平面，以便测量硬度。再从水冷端开始每隔 1.5mm 测量一次硬度，绘出硬度与水冷端距离的关系曲线，称为"端淬曲线"，即钢的淬透性曲线，如图 9-11b 所示。显然，淬透性高的钢（如 45Cr）硬度下降较平坦；淬透性低的钢（如 45 钢）硬度呈剧烈下降趋势。

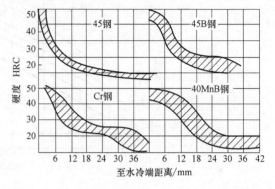

由于每种钢的成分均有一定的波动范围，所以，淬透性曲线也在一定范围内波动，形成一个"淬透性带"。图 9-13 所示为几种常用钢的淬透性曲线。钢的淬透性值可用"J××-d"表示，其中 J 表示末端淬透性，d 表示从测量点至淬火端面的距离

图 9-13 几种常用钢的淬透性曲线[12]

（mm），×× 为该处测得的硬度值或为 HRC，或为 HV30。例如，淬透性值 J45-5 即表示距淬火端 5mm 处试样硬度值为 45HRC。

在淬透性曲线上有两个特殊点：一个是距端面 1.5mm 处的硬度值最高，可代表钢的淬硬性；另一个是曲线拐点处的硬度与半马氏体组织的临界硬度大致相同。

图 9-14 所示为在端淬试样上各点的冷却速度与不同直径圆棒在截面上所对应的位置之间的关系。

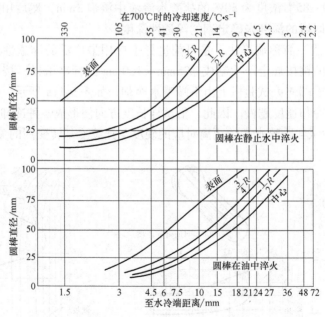

图 9-14　在端淬试样上各点的冷却速度与不同直径圆棒
在截面上所对应的位置之间的关系

3. 淬透性曲线的实际意义及应用

钢的淬透性大小在生产中意义重大。机械制造中许多在动载荷下工作的重要零件，以及在拉压或剪切载荷下工作的零件，如螺栓、拉杆、锻模、锤杆等重要工件，常常要求零件的表面和心部力学性能均匀一致，因此必须淬透。如果淬不透，则表里性能便存在差异，尤其

在回火后，心部的强韧性比表层的低，发挥不了材料的潜力。此时应该选用能全部淬透的钢。另外，对于形状复杂、要求变形小的工件，如果淬透性较高，便可以在较缓和的冷却介质中淬火，甚至可在空气中冷却淬火，从而减小了变形和开裂。

可是，并不是在任何情况下都要求钢的淬透性越高越好，各种零件对淬透性有不同的要求。例如，表面淬火用钢只要求表面一层淬硬，而心部仍保持韧性状态；又如承受强力冲击和复杂应力的冷镦凸模，其工作部分常因全部淬硬而易发生脆断。焊接用钢也希望淬透性要小，这样焊缝及热影响区就不会自行淬火，可以防止变形和开裂。所以，钢的淬透性对于合理选用钢材及制订正确的热处理工艺都具有十分重要的意义。

下面介绍淬透性曲线的几种主要用途。

（1）根据淬透性曲线求沿工件截面上的硬度分布　例如，用 40MnB 钢制造直径为 $\phi50mm$ 的轴，求水淬后沿截面的硬度分布曲线。

可先从图 9-14 静水淬火的曲线中查出纵坐标为 $\phi50mm$ 时表面、$\frac{3}{4}R$ 处、$\frac{1}{2}R$ 处及心部各处所对应的端淬距离（即距水冷端的距离），分别约为 1.5mm、5.8mm、8.5mm、11mm。然后根据已知的 40MnB 钢淬透性曲线（图 9-15）求得各端淬距离所对应的硬度分别为 48 ~ 53HRC、45 ~ 52.5HRC、53 ~ 51.5HRC、37 ~ 49HRC。根据以上各值可绘出用 40MnB 钢制成 $\phi50mm$ 的轴经水淬后沿截面硬度分布的曲线，如图 9-16 所示。

相同淬火硬度的棒料直径/mm	硬度部位	淬火
97	表面	水淬
28 51 74 97 122 147 170	距中心3/4处	
18 31 41 51 61 71 81 91 99	中心	
20 40 64 76 86 97	表面	油淬
13 25 41 51 61 71 81 91 102	距中心3/4处	
5 15 25 36 43 51 61 71 79	中心	

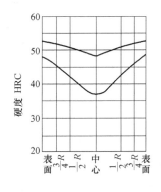

图 9-15　40MnB 钢的淬透性曲线[13]
（奥氏体化温度：880℃　晶粒度：7 级）

图 9-16　$\phi50mm$ 的 40MnB 钢在水淬后沿截面的硬度分布曲线[13]

（2）根据淬透性曲线及硬度要求选择材料　若已知某零件的直径和沿径向的硬度要求，例如表面、距表面 $\frac{1}{2}R$ 处的硬度，根据直径从图 9-17 中查出该直径的棒材水淬后表面及距表面 $\frac{1}{2}R$ 处所对应的端淬距离（如 h_1、h_2），再查备选的几种钢材的淬透性曲线，分别查出其端淬距离为 h_1、h_2 时所对应的硬度值，从中找出硬度能达到零件技术要求的材料即可。

（3）根据淬透性曲线可以选择适当的淬火介质　通过端淬曲线可以查出硬度与对应的

淬火冷却速度之间的关系，从而选择适当的淬火介质。例如，用碳的质量分数为 0.4% 的钢制造直径为 45mm 的轴，要求淬火后在 $\frac{3}{4}R$ 处有体积分数为 80% 的马氏体组织，而在 $\frac{1}{2}R$ 处的硬度大于 40HRC，问是否可以油淬？

首先从图 9-10 中查出碳的质量分数为 0.4% 钢的淬火马氏体体积分数为 80% 时，其硬度值为 45HRC，再根据图 9-17 所示，在静油中淬火的冷却速度曲线的纵坐标上直径 45mm 处作一水平线，分别将它与 $\frac{3}{4}R$、$\frac{1}{2}R$ 线的交点处作垂线交于淬透性曲线中硬度下限的曲线上，得到 $\frac{3}{4}R$ 及 $\frac{1}{2}R$ 处的硬度仅为 38HRC 和 30HRC，因此油淬不能满足要求。再用同样的方法，查出采用水淬时，在 $\frac{3}{4}R$ 及 $\frac{1}{2}R$ 处的硬度分别为 45HRC 和 42HRC 以上，显然水淬可以满足要求。若水淬仍不能满足要求，则必须改用淬透性更好的材料。

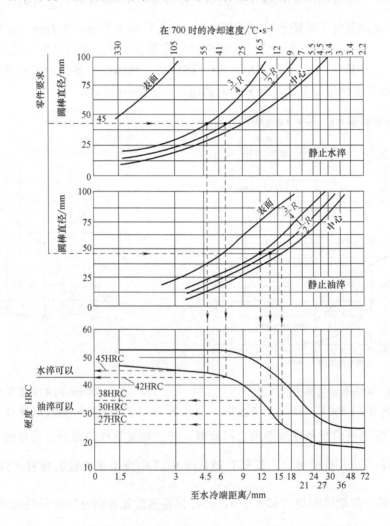

图 9-17　利用端淬曲线及有关图表选择钢材热处理工艺的图解

9.2.3　淬火介质

淬火工艺中冷却是非常关键的工序，为了获得马氏体，淬火的冷却速度就必须大于临界冷却速度，以避免过冷奥氏体的分解。而快冷总是不可避免地在零件内部产生很大的内应力，易引起钢件的变形和开裂。

根据碳钢的奥氏体等温转变曲线可知，要淬火得到马氏体，其实也并不需要在整个冷却过程中都进行快速冷却，只需在 C 曲线鼻尖附近的温度范围内（约650 ~ 450℃）快速冷却，而从淬火温度到650℃之间及鼻尖温度以下，由于过冷奥氏体的稳定性增加，孕育期变长，并不需要快速冷却，特别是在 300 ~ 200℃ 以下发生马氏体转变时更应缓冷，才能减小组织应力，降低变形和开裂的倾向。因此，理想淬火介质的冷却速度如图 9-18 所示，即中温时冷却快、低温时冷却慢，这是研制新淬火介质的依据和方向。

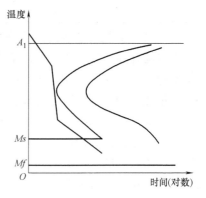

图 9-18　钢的理想淬火冷却速度

除了冷却能力要求外，淬火介质还要求适用钢种范围宽，淬火变形开裂倾向小，使用过程中不变质、不腐蚀工件、不粘接工件、不易燃、不易爆、无公害等，另外还要价格便宜、来源充分，便于推广。

淬火介质的种类很多，根据其物理特性不同，可分为无物态变化型和有物态变化型两大类。

1. 有物态变化的淬火介质

有物态变化的淬火介质按基本组成可分为水基型与油基型。由于这类淬火介质的沸点大都远比工件的淬火加热温度低，所以工件淬入后迅速使其周围的淬火介质汽化沸腾，因此工件剧烈散热。其冷却过程可分为蒸气膜阶段（AB 阶段）、沸腾阶段（BC 阶段）和对流阶段（CD 阶段）等三个冷却阶段，如图 9-19所示。

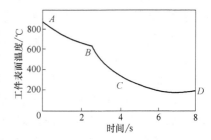

图 9-19　工件在油中的冷却过程[14]

有物态变化的常用淬火介质有水、各种盐水、碱水和油，其冷却能力见表 9-3。

表 9-3　常用淬火介质的冷却能力[15,16]

淬火介质	在下列温度范围内的冷却速度/℃·s⁻¹		淬火介质	在下列温度范围内的冷却速度/℃·s⁻¹	
	550 ~ 650℃	200 ~ 300℃		550 ~ 650℃	200 ~ 300℃
$H_2O(18℃)$	600	270	矿物油	150	30
$H_2O(26℃)$	500	270	肥皂水	30	200
$H_2O(50℃)$	100	270	高锰酸钾水溶液	450	60 ~ 140
$H_2O(70℃)$	30	200	蒸馏水	250	200
10% NaCl 水溶液(18℃)	1100	300	菜籽油(50℃)	200	35
10% NaOH 水溶液(18℃)	1200	300	矿物油、机器油(50℃)	150	30

（续）

淬火介质	在下列温度范围内的冷却速度/℃·s⁻¹		淬火介质	在下列温度范围内的冷却速度/℃·s⁻¹	
	550~650℃	200~300℃		550~650℃	200~300℃
变压器油(50℃)	120	25	0号机油(80℃)	70	55
0号机油(20℃)	60	65	3号锭子油(20℃)	100	50

（1）水　水是最经济的淬火介质。水的化学稳定性很高，冷却能力很强，其冷却特点是：①水温升高，冷却能力急剧下降，使用温度一般为40℃以下；②在高中温区（过冷奥氏体不稳定区）水的冷却能力不强，但是在300℃附近（大多数钢的马氏体相变范围）冷却能力又很强，冷却特性恰恰与理想淬火介质的特性相反，因此即使工件能淬硬，其热应力与组织应力也很高；③不溶或微溶杂质显著降低其冷却能力，使工件淬火后易产生软点。

纯水的这种冷却特性可以通过严格控制水温（采用循环水）和摆动工件加以适当改进。工件的摆动和水的快速流动都可以加速蒸汽膜的破坏，从而提高其在高中温区的冷速。但水在低温区的缺点只有采取在300℃左右提前出水再空冷或淬入油中加以克服。

（2）盐水及碱水　为了改善水的冷却特性，最广泛采用的方法是在水中加入一定量（一般质量分数为5%~10%）的盐或碱。盐水较碱水使用广泛，因为碱水对工件及设备的腐蚀较严重。

图9-20所示为不同浓度盐水的冷却特性曲线，可以看出盐水具有以下冷却特点：①盐水的特性温度（冷却的最高温度）比纯水高，其高温区的冷却能力约为水的10倍，使钢淬火后硬度较高且均匀，这是由于在工件淬火时盐的晶体在水中析出并附在工件表面，破坏了蒸汽膜的稳定性，使沸腾期提前到来，同时由于盐吸收气体的能力远低于水，不易产生因气体在工件表面吸附造成的软点；②盐水的冷却能力受温度的影响较纯水小，但温度依然对冷却能力有较大影响，当水温高于60℃时，其冷却能力大大降低，所以一般淬火时使盐水的温度保持在20~40℃；③盐水在低温区间冷速仍然很快。

常用的碱水为质量分数为5%~15%的NaOH水溶液。碱水在高温区间的冷却能力比盐水强，低温区间与盐水相近。碱水淬火变形小、不易开裂，工件表面光亮，适用于复杂工模具的淬火。但碱水对工件及设备的腐蚀较严重，碱浴蒸汽对皮肤有腐蚀性，因此使用受到限制。

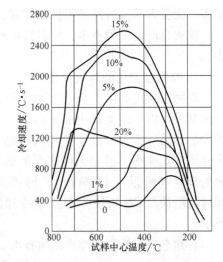

图9-20　不同浓度盐水的冷却特性曲线[3]
（曲线上数字为NaCl的质量分数）

（3）油　最早采用的油是植物油，它虽有较好的冷却特性，但容易老化，寿命短，且价格昂贵，故已被矿物油取代。各种矿物油，如锭子油、变压器油、机械油、柴油等均可作为淬火介质[17]。

矿物油的冷却特性是：①高温区间冷却能力很低，仅为水的1/5~1/6，特别在"鼻尖"温度区域冷速较低，对截面较大、淬透性低的碳钢及低合金钢不易淬硬，只能用于淬透性高的合金钢件淬火；②低温区间冷速远小于水，工件温度冷到 300℃ 以下时，油的冷却速度约相当于水的 1/10，所以淬火内应力小，变形小，不易淬裂。但工件淬油后表面易污染，不够光洁，所以使用上有一定的局限性。油在长期使用中粘度上升、冷却能力下降，称为淬火油的 "老化" 现象，因此需定期过滤或更换新油。

2. 无物态变化的淬火介质

这类介质主要包括熔盐、熔碱及空气等，多用于分级淬火及等温淬火。由于这类介质没有物态变化，主要靠辐射、传导与对流使工件冷却，因此淬火介质的物理性质如导热性、比热容、粘度及流动性等对其冷却能力均有较大影响。同时，淬火介质与工件之间的温度差也会影响介质的冷却能力。导热性好、比热容大、粘度小、温度低的淬火介质的冷却能力强，淬火时工件的冷却速度也快。这类介质的冷却特性是：当工件处于较高温度时，介质的冷却速度很快；而当工件接近于介质温度时，冷却速度则迅速降低。

硝盐浴温度与冷却能力的关系如图 9-21 所示，常使用的硝盐浴冷却速度与油相近，而碱浴的冷却速度要比硝盐浴快些。硝盐中的水含量对冷却能力影响很大，水分增加时，易使工件周围的硝盐沸腾，从而提高了冷却能力。对于高合金钢工件，由于其导热性差，且其 C 曲线多数靠右，不易冷得太快，淬火则应尽量减少硝盐中的水分，如可加热到 360～280℃ 保温 6～8h，以消除水分的影响。常用硝盐浴与碱浴的成分及使用温度范围见表 9-4。

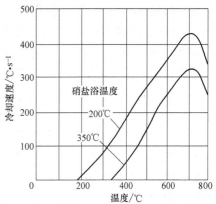

图 9-21　硝盐浴温度与冷却能力的关系

表 9-4　常用硝盐浴与碱浴的成分及使用温度范围[18,19]

序　号	成　分	熔化温度/℃	使用温度/℃
1	100% KNO_3	337	350～600
2	100% $NaNO_3$	317	325～600
3	55% $NaNO_3$ + 45% $NaNO_2$	221	230～550
4	50% KNO_3 + 50% $NaNO_2$	140	150～550
5	55% KNO_3 + 45% $NaNO_3$	218	230～550
6	50% KNO_3 + 50% $NaNO_3$	225	250～550
7	30% KNO_3 + 30% $NaNO_3$ + 30% $NaNO_2$ + 10% H_2O	≈135	160～240
8	72% KOH + 19% NaOH + 2% $NaNO_2$ + 2% KNO_3 + 5% H_2O	≈140	160～300
9	100% NaOH	328	350～550
10	100% KOH	322	330～450
11	80% KOH + 20% NaOH 另外加水 6%	130	140～250

3. 新型淬火介质简介

水和油是广泛用于金属热处理的传统淬火介质，但两者都存在不足之处。因此，热处理技术人员不断地在研制兼备水和油优点的新型淬火介质，以达到提高热处理质量、节省能源和减少污染的目的。以下简单介绍几种可代替水、油的新型水基淬火介质。

（1）水玻璃淬火剂[10]　它是用水稀释成不同浓度的水玻璃（Na_2SiO_3）溶液，并在其中加入一种或多种盐（如 NaCl 或 KCl）或碱（NaOH、KOH、Na_2CO_3）的物质。它在沸腾阶段的冷却能力比水差、比油强，在低温阶段由于表面覆盖一层水玻璃膜，故冷却较慢。调节成分可使它具有不同的冷却速度，水玻璃含量低时冷却快；含量高时冷却变慢。例如，"351"淬火剂的配比（质量分数）为 7%～9% 的水玻璃、11%～14% 的 NaCl、11%～14% 的 Na_2CO_3、0.5% 的 NaOH，其余为水。它的使用温度为 30～65℃，冷却速度介于油与水之间，其缺点是对工件表面有一定的腐蚀作用。

（2）3630 型冷却液[20]　它是钢材淬火用的一种新型合成淬火介质，是一种能完全溶于水中的碱性聚丙烯酸酯。其外观呈油状，为清澈淡黄色，无毒又不可燃的液体。根据溶液的不同浓度，可以得到各种冷却速度。3630 冷却介质的应用范围很广，可广泛用于钢或各种含碳量的铸钢的淬火；可用于感应淬火的冷却，也可用于整体淬火的冷却。

（3）聚合物淬火介质　这是近年来兴起的新型淬火介质，如聚乙烯醇水溶液、聚醚水溶液等。

聚乙烯醇水溶液的主要成分是质量分数为 0.1%～0.4% 的聚乙烯醇，附加少量的防腐剂（苯甲酸钠）、防锈剂（三乙醇胺）及消泡剂（太古油）制成。其理想的使用温度为 15～40℃，优点是高温区冷速与水相近，低温区冷速比水要慢，并且不同的聚乙烯醇含量可以用得到不同的冷却速度。此外，这种介质无毒、不燃烧、不侵蚀工件，对人体安全，供应方便，添加量少，成本低。不足之处是在沸腾冷却阶段的冷却速度仍较低，浓度及液温必须严格控制。聚乙烯醇水溶液广泛用于合金结构钢及碳素工具钢、轴承钢等多种材料的淬火。

聚醚水溶液国外称为"UCON"淬火介质，主要成分为环氧乙烷和环氧丙烷。其特点是聚醚能以任何比例与水互相溶解，故可通过调节浓度来控制冷却速度在水、油之间，因而有万能淬火剂之称，缺点是价格昂贵。

目前使用良好的聚合物淬火介质如 UCON E（PAG）、Feroquench 2000（PAM）、AQ3669（PVP）等产品[21]。

除此之外，还有钠盐-羧甲基纤维素淬火液，该介质为含质量分数为 0.5%～2% 四硼酸钠的 1.5%～2.8% 钠盐-羧甲基纤维素水溶液，用于大型零件的热处理比较理想。在 650～500℃ 和 300～100℃ 范围内的平均冷却速度分别为 5.3K/s 和 1.8K/s[22]。

9.2.4　淬火工艺

在零件加工工艺流程中，淬火是使零件强化的最终热处理，在淬火前零件的外形尺寸及几何精度往往已接近最终尺寸，淬火后所允许的加工余量很小，因此，淬火工艺的制订非常关键。淬火工艺包括加热温度、保温时间和冷却条件及方式等，下面分别讨论。

1. 淬火加热温度

亚共析钢的淬火加热温度为 Ac_3 以上 30～50℃；共析钢、过共析钢的淬火加热温度为 Ac_1 以上 30～50℃。

亚共析钢在上述淬火温度加热，是为了获得均匀细小的奥氏体晶粒，淬火后可得到细小的马氏体组织。若加热温度过高，则引起奥氏体晶粒粗化，淬火后得到的马氏体组织也粗大，从而使钢严重脆化。若加热温度低于 Ac_3，则加热时的组织为奥氏体 + 铁素体，淬火后铁素体被保留下来，造成了淬火硬度的不足。

共析钢和过共析钢的加热温度为 Ac_1 以上 30～50℃，为不完全淬火，即加热时不完全奥氏体化。这是由于在淬火加热之前已经过球化退火，淬火加热时的组织为奥氏体和部分未溶的细粒状渗碳体颗粒，淬火后得到马氏体和被保留下来的细粒状渗碳体。

若加热温度在 Ac_{cm} 以上（即完全奥氏体化），首先，由于加热温度过高，会引起奥氏体晶粒粗大，淬火后的组织为粗大的片状马氏体，使形成显微裂纹的倾向增大，钢的脆性大为增加；其次，渗碳体溶入奥氏体的数量增加，不但使淬火后未溶渗碳体颗粒减少，而且奥氏体的含碳量增加，Ms 点下降，淬火后残留奥氏体量增多，使钢的硬度与耐磨性降低；第三，加热温度过高，淬火内应力增大，增加了工件的淬火变形和开裂倾向，同时氧化脱碳严重。因此，加热温度不易过高。

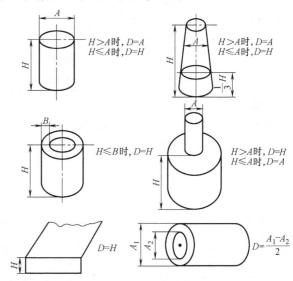

图 9-22　各种形状工件的有效厚度 D[17]

对于合金钢，因为大多数合金元素阻碍奥氏体晶粒的长大（Mn、P 除外），所以淬火温度允许比碳钢稍微提高一些，这样可使合金元素充分溶解并均匀化，以便取得较好的淬火效果。

2. 淬火保温时间

淬火保温时间是指工件装炉后，从炉温回升到设定的淬火温度开始，到冷却时所需要的时间。保温时间包括工件透热时间和组织转变时间。确定淬火保温时间应遵循工件内外的温度均匀一致、奥氏体相变完成、奥氏体晶粒不得长大的原则。

保温时间按工件的有效厚度来计算，同时还要考虑其它影响因素。各种形状工件的有效厚度如图 9-22 所示。

除了工件尺寸以外，保温时间的确定还要考虑其它一些因素，如钢的成分、工件形状、加热介质、装炉情况等。不同钢种的淬火保温时间的经验计算方法见表 9-5。

表 9-5　淬火保温时间的经验计算方法[17]

材料	有效厚度或直径 D/mm	盐浴加热或预热 750～850℃ /min·mm^{-1}	箱式电阻炉或井式电阻炉 800～900℃ /min·mm^{-1}	高温盐浴炉加热 1100～850℃ /min·mm^{-1}
碳素钢	<50	0.3～0.4	1.0～1.2	
	>50	0.40～0.45	1.2～1.5	
合金钢	<50	0.45～0.50	1.2～1.5	
	>50	0.50～0.55	1.5～1.8	

（续）

材料	有效厚度或直径 D/mm	盐浴加热或预热 750～850℃ /min · mm^{-1}	箱式电阻炉或井式 电阻炉 800～900℃ /min · mm^{-1}	高温盐浴炉加热 1100～850℃ /min · mm^{-1}
高合金钢	<50	预热 600℃ 0.35～0.40		0.17～0.20
	>50	0.40～0.45		
高速钢	<50	0.30～0.35		
	>50	0.65～0.85		0.16～0.18

3. 淬火冷却方法

冷却是淬火的关键，选择合适的淬火冷却方法，既要保证钢淬火后获得所需要的组织和性能，还要尽量减小淬火应力，以减小工件变形和开裂的倾向。常用的淬火方法有单介质淬火、双介质淬火、分级淬火、等温淬火等。图 9-23 所示为不同淬火方法示意图。

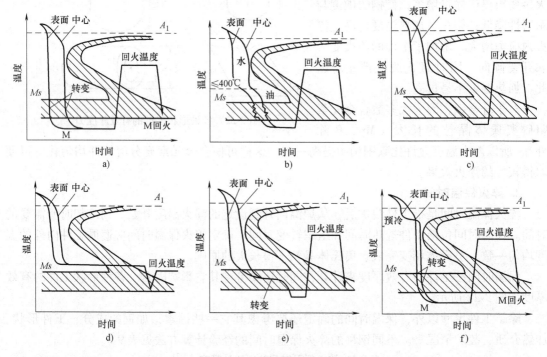

图 9-23　各种淬火方法示意图

a）单介质淬火　b）双介质淬火　c）分级淬火　d）贝氏体等温淬火　e）马氏体等温淬火　f）预冷淬火

（1）单液淬火法（直接淬火）　该方法是将奥氏体化的工件直接淬入单一淬火介质中冷却的方法。由于它简单、经济，适合大批作业，故在淬火方法中应用最为广泛。但是该法在冷却的过程中，工件表面和中心的温差较大，容易造成较大的热应力和组织应力，从而易引起变形和开裂。此方法适合形状简单、变形倾向小的钢材的淬火。

（2）双液淬火法　该方法是将零件奥氏体化后，先浸入一种冷却能力较强的淬火介质中（常为水）冷至400℃左右，再迅速淬入另一种冷却能力较弱的介质中冷却的淬火方法，如先水后油、先水后空气等。先快冷可避免过冷奥氏体的分解，后慢冷可有效降低变形和开裂倾向。双液淬火的关键是控制水冷时间。

双液淬火多用于碳素工具钢及大截面合金工具钢要求淬透较深的零件淬火。例如，对于某些淬透性差的钢（如高碳钢），用盐水淬火易裂，用油又淬不硬，往往采用水油双介质淬火法。

（3）分级淬火法　分级淬火的特点是将奥氏体化后的钢件置于温度稍高于或低于 Ms 点的热态淬火介质中（如熔融硝盐、碱浴或热油），保持适当时间，待钢件的内外层温度基本一致时取出空冷，以获得马氏体组织的淬火工艺。稍高于 Ms 的分级淬火适用于尺寸较小的合金钢、碳钢零件及工模具；稍低于 Ms 的分级淬火适用于尺寸较大的零件和淬透性较差的钢种。

分级淬火缩小了工件和冷却介质之间的温差，因而减小了冷却过程中的热应力；其次，分级保温时，工件表层和心部温度趋于一致，减小了马氏体转变的不同时性，因而减小了组织应力；第三，恒温停留时引起奥氏体的稳定化，增加了残留奥氏体的量，减小了马氏体转变引起的体积膨胀，从而使零件淬火后变形开裂倾向减小。

（4）等温淬火法　等温淬火有两种，分别为贝氏体等温淬火和马氏体等温淬火。

贝氏体等温淬火是将工件加热奥氏体化后，在下贝氏体转变温度区间（400～250℃）等温，然后取出空冷，使奥氏体转变为以下贝氏体为主要组织的淬火工艺。该方法的特点是保持较高强度的同时还具有较好的韧性，同时淬火变形也小。这是由于等温停留可显著减小热应力和组织应力，并且贝氏体的比体积小，淬火后残留奥氏体的数量也较多。由于下贝氏体转变的不完全性，空冷到室温后往往获得以下贝氏体为主兼有相当数量的淬火马氏体与残留奥氏体的混合组织。

马氏体等温淬火法是将工件加热奥氏体化后，置于稍低于 Ms 点的淬火介质中保持一定时间，使钢发生部分马氏体转变，然后取出空冷。该工艺先形成的部分马氏体在等温保持过程中转变为回火马氏体，使产生的组织应力减小，等温过程使工件各部分温度基本上趋于一致，在随后空冷时，继续形成的马氏体量不多，所引起的组织应力比较小，因此变形和开裂的倾向很小，故又称为无变形淬火法。马氏体等温淬火常用于处理一些尺寸要求严格，而硬度在 60HRC 左右的工具。

等温温度应根据钢的力学性能要求来确定，要求强度硬度高，则等温温度低，反之亦然。等温温度允许的偏差要求较严，为 ±5℃，这是由于等温温度对性能影响显著。几种常见钢种适宜的等温温度与时间见表 9-6。

表 9-6　几种常见钢种适宜的等温温度与时间[17]

牌　　号	适宜的等温温度范围/℃	适宜的等温时间/min
65	280～350	10～20
65Mn	270～350	10～20
55Si2	300～360	10～20
60Si2	270～340	20～30
T12	210～220	25～45
GCr9	210～230	25～45
9SiCr	260～280	30～45
W18Cr4V	260～280	90～180
Cr12MoV	260～280	30～60
3Cr2W8	280～300	30～40

（5）预冷淬火法　预冷淬火是将淬火件奥氏体化后先在空气中（或其它缓冷介质中）预冷一定时间，使工件的温度降低一些，再置于淬火介质中冷却的一种淬火方法。预冷的作用是减少工件各部分的温差，从而减小淬火变形和开裂的倾向，适用于厚薄差异较大的零件。掌握预冷的时间（指工件从炉中取出到淬火前停留的时间）是正确实施这种工艺的关键，一般根据经验来确定。

4. 冷处理

冷处理是将冷到室温的工件继续冷至零下温度，使淬火时保留的残留奥氏体继续向马氏体转变，以达到减少或消除残留奥氏体的作用。冷处理主要适用于一些对精度要求高的高碳合金工具钢和经渗碳或碳氮共渗的结构钢零件，用来保证尺寸稳定性或提高硬度和耐磨性。冷处理应在淬火后及时进行，否则会降低冷处理的效果。

生产中常用的冷处理介质为干冰（固体 CO_2）+酒精和液氮，其温度可达 -78℃ 和 -195.8℃，有时也用液氧（-183℃）和液氢（-252.5℃），也可用制冷机进行冷处理。

9.2.5　淬火缺陷与防止

钢在淬火时要经过快速冷却，从而在工件中产生很大的内应力，因此淬火是最容易产生缺陷的热处理工艺。并且淬火工序通常都安排在零件工艺路线的后期，加工余量很小，一旦产生缺陷，就很难补救，从而给生产带来损失。因此，设法减少淬火缺陷是淬火工艺正确实施很重要的一个环节。

淬火产生的缺陷主要有变形与开裂、氧化与脱碳，还有硬度不足、软点等。这里重点介绍淬火引起的变形与开裂。

1. 淬火内应力

淬火时在工件中产生的内应力是造成工件变形和开裂的根本原因。当内应力超过材料的屈服强度时便引起工件变形，当内应力超过材料的抗拉强度时便造成工件的开裂。

根据内应力产生的原因不同，可分为热应力和组织应力。

（1）热应力　工件在冷却时，表面总是比心部冷得快，表面由于温度降低较快而首先收缩，而心部由于温度尚高而尚未收缩或收缩量小，表面收缩时受到心部的牵制，从而产生了内应力。这种由于工件在加热和冷却过程中，各部分热胀冷缩的不同时性而引起的内应力称为热应力。

冷却速度对热应力有显著影响，冷速越快热应力越大。此外，淬火加热温度升高、零件尺寸增大、钢的导热性差等均会增大热应力。材料的高温强度高，在早期热应力作用下不均匀塑性变形小，应力松弛程度减少，也会使残余应力增加。

（2）组织应力　组织应力是工件在加热和冷却的过程中，由于各部位组织转变的不同时性而引起的一部分金属对另一部分金属的作用力。经奥氏体化的钢淬火冷却时要发生马氏体相变，由于马氏体的比体积比奥氏体的大，因此发生马氏体相变的部位会发生体积膨胀。冷却时工件表层和心部的温度不同会使其马氏体转变具有不同时性，工件心部或次表面的马氏体转变所造成的体积膨胀对工件已发生马氏体相变的表层产生拉应力，即使工件产生内应力，这种应力便为组织应力。

组织应力的大小与钢在马氏体相变温度范围的冷却速度有关，冷却速度越大，截面上的温差越大，组织应力增加。此外，相变时马氏体的比体积越大，则组织应力也越大，如钢的含碳量越高，马氏体的比体积就越大，组织应力也就越大。但是高碳钢由于 Ms 温度的降低，淬火后保留有大量的残留奥氏体，使马氏体比体积降低，组织应力也减小。钢的淬透性越好，零件尺寸越大，则淬火后组织应力越大。

需要指出，零件热处理时只要伴随有相变过程，热应力与组织应力总是同时产生。因此，热处理后的残余应力主要是热应力和组织应力在热处理过程中综合作用的结果。残余应力的大小和分布特征受多种因素影响而比较复杂，在此不再讨论。

2. 淬火变形

淬火变形的形式有两种：一种是工件的扭曲，即工件几何形状的变化，具体为工件的外形或尺寸发生变化；另一种是体积变化，表现为体积的胀大或缩小。前者是热应力和组织应力作用的结果，后者是工件在加热和冷却过程中，由于相变引起的体积差造成的体积变化，称为体积变形，也叫比体积差效应。在实际生产中，这两种变形兼而有之。

影响淬火变形的因素主要有以下几个方面：

（1）化学成分　钢的化学成分影响钢的屈服强度、Ms 点、淬透性、组织的比体积和残留奥氏体量等，因而影响工件的热处理变形。

奥氏体中碳含量增加，马氏体的比体积增大，组织应力增大，淬火后变形增大。合金元素对工件热处理变形的影响主要反映在对过冷奥氏体的稳定性、Ms 点和淬透性的影响上。大多数合金元素增加过冷奥氏体的稳定性，可以采用较缓和的淬火介质冷却，从而使淬火变形减少。多数合金元素提高钢的屈服强度，使钢的 Ms 点下降，残留奥氏体量增多，减小了钢淬火时的体积变化和组织应力，减小了工件淬火变形。

总体来说，低碳钢由于其淬火所得马氏体的比体积相对较小，故其组织应力小，淬火变形以热应力变形为主。零件尺寸较小的中碳钢，淬火冷却时截面温差小，热应力较小，故以组织应力变形为主；随着工件截面尺寸的增大，硬化层深度减小，也会过渡为热应力变形。对高碳钢而言，由于其 Ms 点较低，在 Ms 温度附近工件温度较低而使塑性变形抗力增大，加之残留奥氏体的量也较多，因此组织应力对变形的影响较小，此时工件易于保留由热应力引起的变形趋势。需要说明的是，由于高碳钢马氏体的比体积大，淬火后组织应力较大，所以高碳钢的淬裂倾向大主要是由于组织应力引起的。

（2）原始组织　工件淬火前的原始组织，例如不同的预备热处理得到的组织（球状珠光体、索氏体等），以及碳化物的形态、大小、数量及分布，还有成分偏析等都对工件的热处理变形有一定影响。

原始组织的比体积越大，则和淬火后马氏体组织的比体积差越小，则组织应力和体积变形可减小。例如，球状珠光体比片状珠光体的比体积大，强度高，所以经过预先球化处理的工件淬火变形相对要小。调质处理不仅使工件变形量的绝对值减小，并使工件的淬火变形更有规律，从而有利于对变形的控制。

过共析钢存在网状碳化物时，在网状碳化物附近，碳和合金元素大量富集，在离网状碳化物较远的部位，碳和合金元素含量较低，结果增大了淬火组织应力，使淬火变形增大，甚至出现裂纹，因此过共析钢的网状碳化物必须通过恰当的预备热处理予以消除。

总之，工件的原始组织越均匀，热处理变形越小，变形越有规律，越易于控制。

（3）工艺参数　加热温度及加热速度的提高一般均使零件变形增加。为了减小不均匀加热引起的变形，对于形状复杂或导热性较差的高合金钢工件，应当缓慢加热或采用预热。

淬火时冷却速度越快，则淬火内应力越大，淬火变形增大。因此，在保证要求的组织和性能的前提下，应尽量减小淬火冷却速度。

（4）工件几何形状　工件的几何形状对淬火变形的影响很大。一般来说，形状简单、截面对称的工件，淬火变形较小；而形状复杂、截面不对称的工件，淬火变形较大。

为了减小不对称零件的变形，可以通过对其变形现象观察来确定快冷面，并分析哪种应力是引起翘曲变形的主导因素，从而采取相应措施，尽可能使各部位冷却均匀来克服或减少变形。

3. 淬火开裂

工件在淬火时容易产生淬裂现象，淬裂的原因很多，如结构设计不合理、钢材选择不当、淬火加热温度控制不正确、淬火冷却不合适等，但根本原因是淬火时产生的内应力（拉应力）超过材料的断裂强度。

淬火裂纹通常分为纵向裂纹（深裂纹或轴向裂纹）、横向裂纹（弧形裂纹）、网状裂纹（表面裂纹）、剥离裂纹和显微裂纹等五种。最常见的淬火裂纹基本类型如图9-24所示。

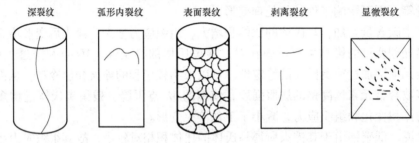

图9-24　常见的淬火裂纹

影响淬火开裂的因素有以下几个方面：

（1）原材料缺陷　钢中存在白点、缩孔、非金属夹杂物、偏析、裂痕等缺陷时，都可能破坏基体的连续性，并造成应力集中，在淬火时易诱发淬火裂纹。

（2）工件结构设计或选材不当　工件壁厚相差悬殊，或具有易形成应力集中的尖角、棱角、凹槽等，使工件淬火时局部冷却速度急剧变化，增加了淬火的残余应力，从而增大了淬火开裂倾向。在选材方面对形状复杂的零件选用淬透性较低的钢种，造成在激烈的冷却过程中发生开裂。

（3）热处理工艺不当　淬火加热温度升高，奥氏体晶粒粗化，淬火所得马氏体组织粗化、脆化，断裂强度降低，淬裂倾向增大。升温速度过快，对导热性差的高合金钢或形状复杂的零件很容易产生裂纹。表面脱碳、冷却速度过快（尤其是 M_s 点以下快冷）、淬火后未及时回火等都易造成工件开裂。

4. 减少淬火变形及防止开裂的措施

针对以上影响因素，提出以下几点减少淬火变形和防止淬火开裂的措施。

（1）合理设计工件形状、正确选择材料和确定技术条件　零件形状设计应尽量避免薄边尖角，减少截面尺寸的急剧变化；在零件厚薄交界处尽可能平滑过渡；尽量减小轴类的长度与直径的比；对较大型工件，或结构上必须截面尺寸急剧变化的零件，在不影响使用性能的前提下，可采用装拼结构或在整体部分上附加工艺孔，尽量创造在热处理后仍能用机械加工修整变形的条件。

此外，合理地确定技术条件（如图样上所要求的硬度值）是减轻淬火裂纹的另一重要途径。例如，局部硬化或表面硬化可满足使用性能要求者，尽量不要求整体淬火；对于整体淬火钢件，局部可以放宽要求者，尽量不强求硬度一致；对于贵重制件或结构极复杂制件，当热处理难以达到技术要求时，适当放宽那些对使用寿命影响不大的要求，以免多次返修造成废品；对于那些工作时受力复杂、承载较重的零件或工具，应当根据具体需要提出明确的技术条件。

（2）妥善安排冷热加工工序，采用合适的预备热处理　妥善安排冷热加工工序是减少钢件热处理开裂倾向的有效途径之一，可简化热处理工艺过程的复杂程度，降低热处理废品和提高生产率。

原材料中往往存在一些冶金缺陷，如疏松、夹杂、发纹、偏析、带状组织等，必须先对钢材进行锻造，以改善其组织，防止工件淬火时引起开裂和无规则变形。

对于不同尺寸的淬火钢件，根据其易于产生裂纹的特征，应采取不同的预备热处理方法。例如，截面尺寸较大（直径或厚度在 50mm 以上）的高碳钢工件，往往由于表面淬透深度较浅，淬硬层内的强大拉应力会导致钢件形成弧形裂纹。对于这类工件应该增大淬硬层深度，提高淬透性。因此，淬火前常进行正火处理，获得较细的片状珠光体，细片状珠光体在淬火加热时较球状珠光体奥氏体化速度快，并增加碳在奥氏体中的固溶量，提高了淬透性，淬火时可获得较深的硬化层。但是，对截面尺寸较小的高碳钢工件，预备热处理应采用球化退火。对于某些形状复杂、精度要求较高的工件，在粗加工与精加工之间或淬火之前，还要进行消除应力的退火。

（3）采用合适的热处理工艺

1）选择合适的淬火加热温度。一般情况下应尽量选择淬火的下限温度，减少工件与淬火介质的温差，降低淬火冷却高温阶段的冷却速度，从而可以减少淬火冷却时的热应力。但有时为了调整残留奥氏体量以达到控制变形量的目的，也可适当提高淬火加热温度。亚共析钢当加热不足或保温不够时，工件内部未透热，淬火得到马氏体和少量铁素体，回火后使用过程中易形成早期裂纹。

2）正确选择淬火介质和淬火方法。在满足性能要求的前提下，应选用较缓和的淬火介质，或采用分级淬火、等温淬火等方法。在 Ms 点以下要缓慢冷却，以减小组织应力。此外，工件从分级浴槽中取出空冷时，必须冷到 40℃ 以下才允许清洗，否则也易开裂。

3）淬火后必须及时回火，尤其是对形状复杂的高碳合金钢工件更应特别注意。

（4）热处理操作中采取合理措施　热处理操作要合理正确，尽量减少或避免因操作不当造成的缺陷，必要时要采取一些辅助措施。例如，工件在装炉前，对不需淬硬的孔及对截面突变处，采用石棉绳堵塞或绑扎等办法以改善其受热条件。对一些薄壁圆环等易变形零件，可设计特定的淬火夹具。这些措施既有利于加热均匀，又有利于冷却均匀。工件在炉内加热时，应均匀放置，防止单面受热；应放平，避免工件在高温塑性状态下因自重而变形。对细长零件及轴类零件，尽量采用井式炉或盐浴炉垂直悬挂加热。正确选择淬火工件浸入淬火介质的方式和运动方向，应以最小阻力方向淬入，淬火时应尽量保证能得到最均匀的冷却，等等。

9.3 钢的回火

回火是零件淬火后必不可少的后续工序。钢的回火转变及回火工艺的制订已在第7章详细讲述过了，根据钢在不同温度回火时组织转变的特征，可将回火工艺分为三类：低温回火、中温回火、高温回火。每种回火的目的和适用范围均不同，回火温度的选择和确定主要取决于工件的使用性能、技术要求、钢种及淬火状态。

9.3.1 低温回火与应用

低温回火的温度范围为 150~250℃，该温度下淬火马氏体分解析出 ε 碳化物而成为回火马氏体组织，淬火内应力得到部分消除，淬火时的微裂纹大部分得到愈合，硬度降低很少而韧性明显提高，回火后硬度一般为 55~66HRC。因此，低温回火的目的是降低淬火应力，减少脆性，尽量保持钢的高硬度、高强度和高耐磨性。低温回火主要用于要求高硬度及高耐磨性的各种高碳钢工模具、量具、滚动轴承和经渗碳或表面淬火的零件等。

工模具要求具有高硬度、高耐磨性、足够的强度和韧性。其淬火组织主要为韧性极差的高碳孪晶马氏体，一般采用 180~200℃ 的温度回火，得到隐晶的回火马氏体以及均匀分布的细小的碳化物颗粒，硬度为 61~65HRC，既保持了高硬度和高耐磨性，又可提高钢的韧性。

对于量具，除了要求高硬度和高耐磨性以外，还要求有良好的尺寸稳定性，因此在低温回火前，常常进行冷处理，使残留奥氏体继续转变为马氏体，达到稳定尺寸的目的。有些精密量具和零件，在淬火或磨削后，进行一次或几次长时间的低温回火来代替冷处理，温度为 120~150℃，时间为几小时至几十小时，这种回火通常称为"时效处理"。时效处理的目的是尽量降低回火马氏体的过饱和度，稳定残留奥氏体，消除磨削应力，使工件在以后长期使用过程中尺寸稳定。

高碳轴承钢，例如 GCr15、GSiMnV 等，除了具有高硬度、高耐磨性、足够的强度和韧性外，还要求有高的接触疲劳强度及较长的使用寿命，一般采用 (160±5)℃ 的低温回火，可保证一定硬度条件下有较好的综合力学性能及尺寸稳定性。对于有些精密轴承，为了进一步减少残留奥氏体量，以保持工作条件下尺寸和性能的稳定性，采用较高温度（200~250℃）和较长时间（约8h）的低温回火来代替冷处理，可取得良好的效果。

低碳马氏体具有较高的强度和韧性，经低温回火后，可减小内应力，进一步提高强度和塑性。因此，低碳钢淬火以获得低碳马氏体为目的，淬火后均经低温回火。

渗碳和碳氮共渗零件不仅要求表面硬而耐磨，同时心部要求具有较好的塑韧性，低温回火均能满足这两点要求，一般回火温度为 160~200℃。

9.3.2 中温回火与应用

中温回火的温度范围为 350~500℃，回火组织为回火托氏体。在该温度下碳化物开始发生球化，基体开始恢复，内应力基本消除，弹性极限出现极大值，回火后硬度为 35~45HRC。因此，中温回火的目的是获得高的屈服强度和弹性极限，主要应用于弹簧、弹簧夹头、模锻锤杆、热作模具等某些承受冲击的工具。

中温回火的温度应根据钢种来选择，以获得高的弹性极限和疲劳极限良好的配合。碳素弹簧钢取回火温度范围的下限，如 65 钢在 380℃ 回火；合金弹簧钢取此温度范围的上限，如 55Si2Mn 在 480℃ 回火。这是由于合金元素提高了耐回火性。

为了避免第一类回火脆性，不应在 300℃ 左右回火。

9.3.3　高温回火与应用

高温回火的温度范围为 500～650℃，回火后得到由铁素体和弥散分布于其中的细粒状渗碳体组成的回火索氏体组织，回火后硬度约为 23～35HRC。和片状珠光体相比，在相同的硬度下，回火索氏体的强度、塑性及韧性都要高，这主要是因为工件受拉应力作用时，片状渗碳体尖端会引起应力集中，影响钢的力学性能，而粒状渗碳体则不会引起应力集中。

习惯上将淬火加高温回火称为调质处理。调质的目的是要得到一定的强度、硬度和良好的塑韧性相配合的综合力学性能。它广泛地应用于各种重要的结构零件，尤其是某些在交变载荷下工作的零件，例如发动机曲轴、连杆、螺栓、齿轮及汽车、拖拉机半轴等。调质处理回火温度的选择主要依据钢的耐回火性和技术要求，根据各种钢的力学性能随回火温度变化的曲线（即钢的回火曲线）来确定。对中碳碳素钢和低合金结构钢而言，一般选择在 600℃ 以上。

调质还可作为表面强化零件（高频淬火、氮化等）以及某些精密零件（如丝杠、量具、模具等）的预备热处理，使最终热处理后获得高的性能并减小变形。例如，淬透性很高的合金钢 18Cr2Ni4WA 渗碳后心部硬度很高，难以进行切削加工，这时就可以采用高温回火来降低其硬度。在这种情况下，高温回火的温度是根据所要求的强度或硬度，并结合钢的成分来选定的。

低碳高合金钢渗碳后，也需进行高温回火。因为合金元素含量高，其奥氏体非常稳定，即使在缓慢的冷却速度下也会转变为马氏体，残留奥氏体的数量也很多。通过渗碳后的高温回火使马氏体和残留奥氏体分解，使渗碳层中的一部分碳和合金元素以碳化物形式析出并聚集球化，得到回火索氏体组织，使钢的硬度下降，便于切削加工，也为后续的淬火提供了组织基础。

总之，回火可以减少或消除淬火应力，保证相应组织转变，还调整了强度和韧性的配合。适当的回火温度还会提高钢的低温韧性。以 9Ni 钢为例，其最佳回火温度范围为 550～600℃，低于或高于此温度范围，性能均有所下降，尤其低温韧性明显下降，所以在实际生产中应严格控制回火温度范围[23-25]。

在实际生产中，常常根据回火后的硬度要求选择回火温度。在《热处理手册》等工具书中可以方便地查到相关数据，见表 9-7。

表 9-7　常用钢根据硬度选用的回火温度[28]

牌号	回火温度/℃							备注
	25～30 HRC	30～35 HRC	35～40 HRC	40～45 HRC	45～50 HRC	50～55 HRC	55～60 HRC	>60 HRC	
45	550	500	450	380	320	240	<200		
T8、T8A	580	530	470	430	380	320	230	<180	

（续）

牌号	回火温度/℃								备注
	25~30 HRC	30~35 HRC	35~40 HRC	40~45 HRC	45~50 HRC	50~55 HRC	55~60 HRC	>60 HRC	
T12、T12A	580	540	490	430	380	340	260	<200	
40Cr	650	580	480	450	360	200	<160		
40CrNi	580		460	420	320	200			
40CrNiMoA	640	550	540	480	420	320			
38CrMoAlA		600	630	530	430	320	200		
65Mn	600	680	500	440	380	300	230	<170	
60Si2Mn	660	640	590	520	430	370	300	180	
GCr15	600	620	520	480	420	360	280	<180	
GCr15SiMn		570		480	420	350	280	<180	
CrWMn	660		600	540	500	380	280	<220	
Cr12 Cr12MoV		640	680	630	560	520	250	<180	1000℃以下淬火
		720	700	650	600	550		525（两次）	1000℃以下淬火
		750	670	630	600	530	300	<180	
5CrMnMo		740	540	480	420	300	<200		
5CrNiMo	700	580	550	450	380	280	<200		
3Cr2W8V		600	700	640	540	<200	650		
W18Cr4V				720	700	680		550（三次）	
W6Mo5Cr4V2								570（三次）	
20Cr13	630	610	580	260~480	180				
30Cr13	630	610	580	550	520	200~300			
95Cr18					580	320,530	100~200	<100	

9.3.4 回火时间的确定

回火时保温时间的确定，要考虑保证工件表面与心部温度均匀一致，组织转变的充分进行，应力得到充分消除，还要考虑回火后的硬度是否满足技术要求。

由以上内容可知，回火温度是决定回火后硬度的主要因素。但在一定的回火温度下，钢的硬度随回火时间的延长而下降。图 9-25a 所示为 GCr15 钢在不同温度回火时，钢的硬度随回火时间的变化曲线。开始时下降速度较快，经过一段时间，下降速度趋于平缓，这是因为在回火初期，硬度随钢中组织转变而明显下降，当组织转变达到平衡时，硬度也就无明显变化。由此可见，回火后的硬度与回火温度和时间均有关系，关于这一点，可用 Hollomon 等人的经验公式[26]来说明

$$H_t = f(P) \tag{9-5}$$

$$P = T(C + \lg t) \tag{9-6}$$

式中，H_t 为回火后的硬度（HRC）；P 为回火参量；T 为回火温度；t 为该温度下的保温时

间；C 为与钢的成分有关的常数，对大多数碳钢和合金钢都可取 20，所引起的误差不会超过 ±1.5HRC。

由 Hollomon 公式可知，回火后的硬度 H_t 是回火参量 P 的函数，而回火参量 P 又是回火温度 T 和回火保温时间 t 的函数。对于不同的钢种，H_t 和 P 之间的关系式不同，可用实验方法测出每种钢的 H_t-P 曲线，从而在实际生产中可推算出一定温度和一定保温时间回火后的硬度。

从式（9-6）可以看出两点：首先，通过在较低温度和较长时间的回火可以达到与在较高温度和较短时间的回火相同的回火程度，即相等的回火参量和硬度；其次，回火温度对回火程度（回火后硬度）的影响远大于回火时间的影响。

回火时应力的消除主要取决于回火温度，但随着回火时间的延长，也能使应力得到更充分的消除，如图 9-25b 所示。所以低温回火时，为了充分消除应力，延长回火时间可收到明显效果。保温时间过短会导致回火不充分，往往会造成高碳钢在切削时出现微裂纹，刀具、模具等容易崩刃，精密零件使用一段时间会发生尺寸变化。

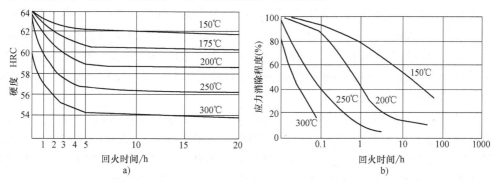

图 9-25　回火时间对 GCr15 钢硬度及应力消除的影响[28]

a）对硬度的影响　b）对应力消除的影响

实际生产中回火时间的确定与工件的有效厚度、回火温度以及加热介质有关。一般情况下，在 300℃ 以下回火时，对空气炉为 2～3h + 1min·mm⁻¹ 条件厚度；盐浴炉则为 2h + 0.5 min·mm⁻¹ 条件厚度。在 300～600℃ 回火时，对空气炉为 40～60min + 2～3min·mm⁻¹ 最大厚度。在确定回火时间时还应考虑合金元素的影响，合金元素使钢的导热性变差，加之合金元素扩散较慢，并且阻碍碳的扩散，从而延缓钢的回火过程，故应取时间的上限，高合金钢还可以适当延长回火时间。若装炉量大，为了保证透热，回火时间也应适当延长。

9.3.5　回火后的冷却

回火后通常在空气中冷却。对于第二类回火脆性倾向较大的合金钢（如铬钢、锰钢、铬锰钢、硅钢、铬镍钢等），中温或高温回火后应采取快冷（水或油冷），以防止产生回火脆性。快冷后形成的残余应力必要时可再进行一次低温回火加以消除。

9.4　有色金属的热处理

有色金属及其合金最常使用的热处理是退火、固溶和时效处理。

9.4.1 退火

有色金属最常用的退火为去应力退火及再结晶退火，现作简单介绍。

1. 去应力退火

有色金属及其合金铸件、焊接件、切削加工件、塑性变形工件（特别是冷变形工件）中存在很大的残余内应力，使合金的应力腐蚀倾向大大增加，组织及力学性能的稳定性显著降低，因此必须进行去应力退火。铸造铝合金的去应力退火温度一般采用（290±10）℃，保温2~4h，目的是为了消除铸造残余应力以及机械加工引起的加工硬化，并提高合金的塑性。黄铜的去应力退火温度常采用200~300℃，目的是为了防止黄铜零件的应力腐蚀破坏及切削加工后的变形，去应力退火后，还可获得较高的弹性极限和比较高的塑性。钛合金去应力退火在再结晶温度以下进行，一般在450~650℃加热，焊接件保温2~12h后空冷，而机加工件需保温1~2h后空冷，目的是消除内应力。

2. 再结晶退火

对现有工业有色金属及其合金所使用的再结晶退火温度的统计表明，有色金属及其合金最佳的再结晶退火温度为（0.7~0.8）T_m（T_m为合金熔点的热力学温度）。有色金属进行再结晶退火的目的是细化晶粒，充分消除内应力，使合金的硬度降低，塑性变形能力提高。对于不能热处理强化的合金，冷却速度的快慢对性能无影响，对于能热处理强化的合金则需缓慢冷却。

变形铝合金再结晶退火主要用于飞机蒙皮等形态复杂的铝合金板零件。由于加工硬化一次难以成形，需要进行再结晶退火，一般是加热到350~450℃，保温后于空气中冷却。黄铜为了消除冷加工件的加工硬化、恢复塑性，采用500~700℃的再结晶退火。工业纯钛再结晶采用550~690℃，其合金则选用750~800℃，保温1~3h后空冷。

9.4.2 固溶时效

正如8.6.2~8.6.5所介绍的，除了形变强化外，提高有色金属强度的主要方法就是通过固溶时效处理。在合金固溶体上沉淀析出一定数量的细小弥散第二相颗粒（金属间化合物），因其硬而脆，故能够有效地阻碍位错的运动，阻碍塑性变形，使合金得到强化。

合金进行沉淀析出的必要条件是固溶体具有一定的溶解度，且溶解度随温度的降低明显减少。以Al-4%Cu合金为例（图9-26），热处理经过以下三个步骤：

（1）固溶处理 将合金加热到溶解度曲线以上的α单相区并保温一定时间，以获得成分均匀的固溶体。原合金中较粗大的θ相（$CuAl_2$）溶解，并减少合金中原有的成分偏析。Al-4%Cu合金可在500~548℃进行。

（2）急冷 将只含α相的高温固溶合金水冷至室温，由于原子没有足够的时间扩散，θ相无法形成，得到过饱和的单相固溶体α′。固溶处理后硬度和强度并未明显提高（Al-4%Cu合金退火态：σ_b=200MPa；水冷固溶后：σ_b=250MPa，硬度为60HV）。

（3）时效 把经固溶处理的铝合金在室温下放置（自然时效）或在一定加热温度下保温（人工时效），都能促进原子进行短距离扩散，使过饱和固溶体的结构发生变化，形成细小弥散的沉淀相，并伴有强度和硬度升高。这种固溶处理后的合金随时间的延续而发生强化的现象称为时效强化。

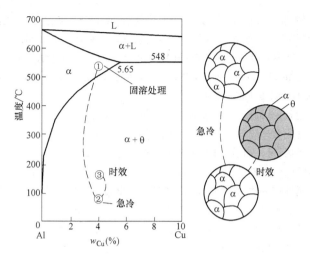

图 9-26　Al-4% Cu 合金的固溶时效处理与沉淀强化[29]

习　题

1. 解释下列名词：

退火、完全退火、球化退火、再结晶退火、均匀化退火、去应力退火、正火、调质、淬火、回火、固溶与时效处理。

2. 简述退火的种类及每种退火的目的。

3. 说明正火的目的和应用范围。为了获得最佳切削加工性，为什么对不同碳含量钢要采用不同的热处理工艺？

4. 说明各种淬火方法的优缺点。

5. 解释有物态变化的淬火介质的冷却特性和冷却机理。

6. 几种常用淬火介质（盐水、碱水和油）各有何特点？

7. 淬火加热温度如何确定？共析钢和过共析钢为何要采用不完全淬火？

8. 解释钢的淬透性、淬硬层深度及淬硬性的含义及其影响因素。

9. 试说明钢件在淬火冷却过程中热应力和组织应力的变化规律及其沿工件截面上的分布特点。

10. 说明热应力、组织应力和比体积差效应造成的变形趋向。

11. 影响淬火变形的主要因素有哪些？

12. 减少淬火变形和防止淬火开裂的主要措施有哪些？

13. 高速钢有时采用分级淬火法，即工件从分级浴槽中取出后常常置于空气中冷却，但如果当工件尚处于 100~200℃ 时便用水清洗，将会发生什么变化？为什么？

14. 钢淬火后为什么一定要回火？说明回火的种类及主要应用范围。

15. 淬火裂纹分为哪几种？简述其产生原因。

参 考 文 献

[1]　胡光立,谢希文．钢的热处理原理和工艺[M]．西安:西北工业大学出版社,1993.

[2]　彭其凤,丁洪太．热处理工艺及设计[M]．上海:上海交通大学出版社,1994.

[3]　安运铮．热处理工艺学[M]．北京:机械工业出版社,1988.

[4]　不二越热处理研究所．热处理须知[M]．王兴垣,陈祝同,译．北京:机械工业出版社,1988.

[5]　夏立芳．金属热处理工艺学[M]．哈尔滨:哈尔滨工业大学出版社,1986.

[6] 哈尔滨工业大学《钢的热处理》编写小组. 钢的热处理[M]. 哈尔滨:黑龙江人民出版社, 1973.

[7] 李恒德. 现代材料科学与工程辞典[M]. 济南:山东科学技术出版社, 2001.

[8] 吕广庶,张远明. 工程材料及成形技术基础[M]. 北京:高等教育出版社, 2001.

[9] Boyer H E, Gall T L. Metals Handbook:Vol 2 Heat Treating of Carbon and Low Alloy steels[M]. OH:American Society for Metals,Metals Park,1984.

[10] 陆兴. 热处理工程基础[M]. 北京:机械工业出版社, 2007.

[11] 科学院数学组. 常用数理统计方法[M]. 北京:科学出版社,1976.

[12] 胡传炘. 热加工手册[M]. 北京:北京工业大学出版社, 2002.

[13] 詹武. 工程材料[M]. 北京:机械工业出版社, 1997.

[14] 吴季恂. 钢的淬透性应用技术[M]. 北京:机械工业出版社, 1994.

[15] 满一新. 轮机工程材料[M]. 大连:大连海事大学出版社, 1996.

[16] 史美堂. 金属材料及热处理习题集与实验指导书[M]. 上海:上海科学技术出版社, 1983.

[17] 许天已. 钢铁热处理实用技术[M]. 北京:化学工业出版社, 2005.

[18] 徐天祥,樊新民. 热处理工实用技术手册[M]. 南京:江苏科学技术出版社, 2001.

[19] 吕利太. 淬火介质[M]. 北京:中国农业机械出版社, 1982.

[20] 李蔚春. 介绍一种新型淬火介质[J]. 机械工厂设计,1989(6):13-14.

[21] 唐在兴,薄鑫涛. 代油有机聚合物淬火介质的使用[J]. 热处理技术与装备,2009, 30(5): 68-70.

[22] 郭应国. 苏联新型淬火介质及其应用[J]. 金属热处理,1990(5):50-53.

[23] 张弗天、楼志飞、叶裕恭, 等. Ni9 钢的显微组织在变形断裂过程中的行为[J]. 金属学报, 1994, A30(6): 239.

[24] Song S H , Faulkner R G, Flewitt P E, et al. Temper Embrittlement of a CrMo Low Alloy Steel Evaluated by Means of Small Punch Testing [J]. Materials Science and Engineering,2000, 281(12): 75.

[25] Fultz B, Kim J I, Kim Y H, et al. The Stability of Precipitated and the Toughness of 9Ni Steel [J]. Metall Trans, 1985,16A: 2237.

[26] Hollomon J H, et al. Trans. AIMEd,1945(162):223.

[27] 康煜平,等. 金属固态相变及应用[M]. 北京: 化学工业出版社,2007.

[28] 中国机械工程学会热处理专业学会《热处理手册》编委会. 热处理手册:第 2 卷典型零件的热处理[M].2 版. 北京: 机械工业出版社, 1997.

[29] 杨瑞成. 机械工程材料[M]. 重庆:重庆大学出版社,2009.

第**10**章 表面热处理及热处理新工艺

除了在第9章介绍的常规热处理工艺以外，热处理工艺还包括表面热处理（高频感应淬火、激光表面处理、火焰表面处理）、形变热处理（高温形变热处理、低温形变热处理、控轧控冷热处理）以及真空热处理等。近十几年来，新的热处理工艺得到不断发展，例如淬火-分配工艺、亚共析钢的亚温淬火、奥氏体晶粒的超细化处理等，以达到更好的强韧化效果。

10.1 表面热处理

零件表面很容易受到各种类型的损伤，许多破坏往往是从表面开始的。例如，表面疲劳裂纹的扩展会导致整个零件破坏；不均匀磨损或腐蚀造成的表面沟痕会引起应力集中，成为断裂的起源。因此，在某些条件下服役的零件，有必要对材料进行表面强化处理，以提高表面的硬度、耐磨性、耐蚀性及耐热性，防止或减轻表面损伤，提高零件的可靠性和使用寿命。表面热处理是强化钢件表面的重要手段，由于它的工艺简单、热处理变形小和生产率高等优点，在生产上应用极为广泛。

钢的表面热处理是使零件表面获得高的硬度和耐磨性，而心部仍保持原来良好的韧性和塑性的一类热处理方法。表面热处理工艺是将零件表面迅速加热到临界点以上（心部温度仍处于临界点以下），并随之淬冷来达到强化表面的目的。

根据加热方法不同，表面热处理主要分为感应淬火（高频、中频、工频）、激光热处理、火焰淬火、接触电阻加热淬火、盐浴淬火、电火花表面硬化以及电子束淬火等。本章仅讨论常用的感应淬火、激光热处理及火焰淬火三种。

10.1.1 高频感应淬火

1. 感应加热的基本原理及特点

在感应线圈中通以交流电，则会在线圈周围产生与电流频率相同的交变磁场，将工件放入交变磁场中，工件中将产生频率相同、方向相反的感应电流（也称为涡流）。由于趋肤效应，工件表面的电流密度高，表面温度快速升高，数秒内即达到 800～1000℃ 的高温，而工件内部的电流密度近于零，几乎不受影响。当表面达到淬火温度后，立即喷淋冷却剂而使工件表面淬硬。感应淬火装置如图 10-1 所示，主要由电源、感应器以及淬火用喷水套组成。淬火介质以水为主，有时也用油、聚合物水溶液或压缩空气。

感应电流透入工件表层的深度（即从表层 100% 涡流强度到内层 37% 涡流强度处的深度）与电流频率有关，频率越高，深度越小，加热层也就越薄。对于碳钢，淬硬层深度与电流频率存在以下关系

$$\delta = \frac{500}{\sqrt{f}}$$

式中，δ 为淬硬层深度（mm）；f 为电流频率（Hz）。

可见，电流频率越大，淬硬层深度越薄。因此，通过改变交流电的频率，可以得到不同厚度的淬硬层，生产中一般根据工件尺寸大小及所需淬硬层的深度来选用感应加热的频率。感应加热的分类及应用见表 10-1。

与普通淬火相比，感应淬火的特点是：①加热速度快，时间短，热效率高；②淬火组织细小，淬火硬度比普通淬火高 2 ~ 3HRC；③变形小，氧化脱碳少；④具有良好的冲击韧性、疲劳强度及耐磨性，表面还存在有利的压应力；⑤工艺过程易于控制，易于实现机械化和自动化。感应淬火在汽车、机床等行业获得广泛的应用。

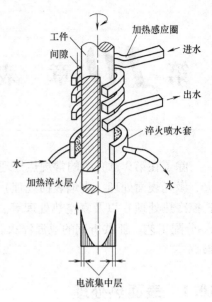

图 10-1　感应淬火装置示意图

2. 高频感应加热时钢的相变特点

高频感应加热速度很快，仅用几秒到十几秒的时间就可以使工件达到淬火温度，加热速度达100℃/s以上。快速加热对组织转变有较大影响，因此高频感应加热时的相变和常规加热有所区别。

表 10-1　感应加热的分类及应用

电流频率	淬硬层深度/mm	应　用
高频　200 ~ 300kHz	0.5 ~ 2.0	中小模数齿轮及中小尺寸轴类零件
超音频　30 ~ 60kHz	2.5 ~ 3.5	用于齿轮（$m = 3 \sim 6$）、花键轴表面轮廓淬火，以及凸轮轴、曲轴等表面淬火
中频　2 ~ 8kHz	2 ~ 10	较大尺寸轴和大中模数的齿轮等的表面淬火
工频　50Hz	10 ~ 15	较大直径零件的穿透加热及大直径零件（如轧辊、火车车轮等）的表面淬火

（1）奥氏体转变的临界温度升高　高频感应加热时加热速度很快，使奥氏体转变的临界温度 Ac_1、Ac_3、Ac_{cm} 升高。加热速度越快，临界温度越高，故感应淬火温度（工件表面温度）高于一般淬火温度。当加热速度很快时，对 Ac_3、Ac_{cm} 的影响则比 Ac_1 大。这是由于对亚共析钢来说，剩余自由铁素体全部转变为奥氏体受到碳扩散的控制，加热速度越快，碳的扩散越来不及进行，使奥氏体转变结束的温度 Ac_3 移到更高温度。对过共析钢来说，渗碳体的溶解过程在高的加热速度下由于碳的扩散缺乏足够的动力学条件，而使溶解结束温度 Ac_{cm} 移向高温。但在生产中并不希望渗碳体完全溶解。

（2）奥氏体晶粒较细　感应加热时速度很快，奥氏体的晶粒变细。这是由于快速加热时过热度增大，形核率和长大速度都增大，但形核率的增大速度更快，且由于加热时间短，晶粒来不及长大，因此晶粒变得很细小。加热速度越快，奥氏体晶粒变得越加细小，使得高频感应淬火后的马氏体晶粒非常细小，可以获得隐晶马氏体组织。图 10-2 所示为在不同温度下不同加热速度对奥氏体晶粒大小的影响。

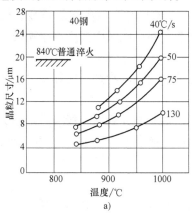 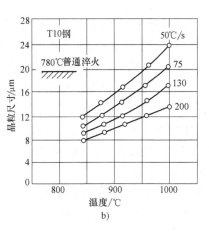

图 10-2　不同加热速度对奥氏体晶粒大小的影响

（3）奥氏体成分不均匀　加热速度升高时，奥氏体相变温度升高。从铁碳相图上可以看出，此时奥氏体中碳的含量差增大，再加上在快速加热时扩散过程往往来不及充分进行，因而奥氏体成分（主要指碳）不易达到均匀化，这样淬火后马氏体中的碳分布也是很不均匀的。对于亚共析钢，有时甚至在淬硬层内也可能有铁素体存在。如果钢的原始组织粗大，含有的大块自由铁素体多，奥氏体就更不容易均匀化。对于合金钢来说，由于合金碳化物溶解更为困难，在感应淬火后，合金元素仍在未溶碳化物中富集，则很难发挥其应有的作用，这也是合金工具钢很少进行高频感应淬火的重要原因。

为了避免这种因快速加热而易于引起的缺陷，通常在高频感应淬火之前需对钢件进行适当的预备热处理，以获得尽可能均匀的原始组织，使渗碳体尽量弥散、细化。

3. 高频感应淬火后的组织

高频感应淬火后的组织与淬火前的预备热处理及淬火加热时沿截面温度的分布有关。感应淬火的预备热处理常为调质和正火。以原始组织为正火状态的 45 钢为例，在正常的感应加热条件下，高频感应淬火后的组织由表层到心部可分为三个区域，如图 10-3 所示。

第Ⅰ区　表面加热温度高于 Ac_3，淬火后得到全部马氏体（称为完全淬火层）。该区特征是：越靠近表面，加热温度越高，马氏体组织越粗大，往往呈现明显的条状或针状；而靠里层由于加热温度相对低，马氏体组织较细，带有隐针状的特征。

第Ⅱ区　加热温度在 $Ac_3 \sim Ac_1$ 之间，淬火后得到马氏体 + 未溶铁素体的两相混合组织

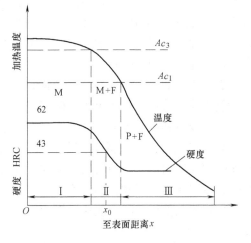

图 10-3　45 钢高频感应淬火后的组织和硬度[1]
（x 为淬硬层深度）

（称为过渡层）。该区特征是：越靠近心部，铁素体的量越多，而且由于加热时间短，和铁素体接壤的奥氏体中碳含量很低，因而淬透性很低，淬火后在铁素体周围往往形成少量托氏

体。

第Ⅲ区 为心部组织，由于加热温度低于 Ac_1，加热时未发生组织转变，因此仍保留着原始组织。但若在高频感应淬火前零件为调质状态，那么该区内温度高于调质回火温度的那一部分将会发生进一步回火，从而使硬度降低。

在生产中，如果加热层较深，实际上在硬化层中还可以看到马氏体 + 贝氏体，或马氏体 + 贝氏体 + 托氏体和少量铁素体的混合组织。

对于预备热处理为退火态的过共析钢，经高频感应淬火后，一般表层组织为马氏体 + 碳化物 + 一定量的残留奥氏体；过渡层组织为马氏体 + 碳化物 + 少量托氏体（或索氏体）；心部组织为珠光体 + 碳化物。

4. 高频感应淬火后工件的力学性能

（1）表面硬度及耐磨性 高频感应淬火后工件的表面硬度要比普通淬火后高 2～5HRC，耐磨性比普通淬火也要高。

零件整体淬火时，表层的冷却速度受到心部热量外传的影响而变慢，零件尺寸越大，表层的冷却速度受心部影响越大，因而其硬度亦越低。高频感应加热时只加热表面一薄层，因此淬火时表面加热层的冷却速度与零件尺寸无关，其淬硬层的硬度取决于钢的成分（主要是碳含量）和所得的组织，淬火后表面硬度比普通淬火后高 2～3HRC，有人将此称为超硬度现象。图 10-4 所示为不同碳含量的钢经普通淬火与高频感应淬火后表面硬度的差别。

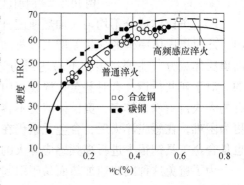

图 10-4 不同碳含量的钢经普通淬火与高频感应淬火后表面硬度的差别

高频感应淬火后硬度及耐磨性提高的原因可归结为以下几点：①高频感应加热时过热度很大，奥氏体晶粒细小，淬火后得到隐晶马氏体组织；②零件通过激烈的喷水冷却，冷却速度很快，使残留奥氏体量较少；③高频感应淬火时，在零件表层中产生较大的压应力。这三个原因均使零件硬度和耐磨性得到提高。

需要说明的是，中碳钢经高频感应淬火后表面硬度接近于渗碳钢淬火的硬度，但它的耐磨性仍不如渗碳钢，这是由于渗碳钢表面碳化物数量较多的缘故。

（2）疲劳强度 高频感应淬火可有效地提高零件的弯曲及扭转疲劳强度，通常小型零件可提高 2～3 倍，而大型零件可提高 20%～30%。这主要是由于表面淬硬层中马氏体的比体积比内部原始组织大，使表层中形成很大的残余压应力所致。疲劳强度的大小与淬硬层深度有关，其规律是：当硬化层深度开始增大时，残余压应力增大，疲劳强度也相应提高；疲劳强度出现极大值后，随着硬化层深度继续增大，残余压应力又开始降低，疲劳强度也随之降低。

（3）冲击韧性和强度 高频感应加热细化了组织，可显著提高零件的冲击吸收能量，这主要是通过降低材料的脆性转变温度而达到目的的。在某一温度下，粗晶材料发生冲击脆断，而细化晶粒则可能转为韧性断裂而使冲击吸收能量提高。此外，高频感应淬火后零件的抗弯强度和扭转强度皆有提高，且随淬硬层深度的增加而增大。

5. 高频感应淬火工艺

高频感应淬火时，为了满足零件组织和性能的要求，需要控制加热温度、加热速度和淬硬层深度，而这三个参数又需要通过控制设备的电流频率、单位表面功率和加热时间来保证。因此，高频感应淬火的工艺参数既有热参数，又有电参数，两者之间有着密切的关系。

（1）预备热处理　表面淬火前必须进行预备热处理，其目的是：①提供均匀的原始组织，为表面淬火做好组织准备；②赋予心部良好的综合力学性能。最常用的预备热处理是调质处理，得到回火索氏体组织，在表面淬火加热时就易获得比较均匀的奥氏体，对高频感应淬火最为合适，而且也可使心部获得良好的综合力学性能。对于不太重要的零件，若心部性能要求不高时也可采用正火作为预备热处理。调质处理后再进行表面淬火比其它原始组织具有更高的强度与塑性的配合。另外，预备热处理时要严格控制表面脱碳，以免降低表面淬火质量。

（2）淬火加热温度及方式的选择

1）加热温度的确定。由于高频感应加热速度快，持续时间短，临界点提高，在整个加热过程中奥氏体晶粒不易长大，因此感应加热的淬火温度一般比普通加热高。淬火加热温度应根据材料的化学成分、工件表面的硬度要求及淬硬层的组织要求来确定，同时还要考虑加热速度和原始组织的影响。

高频感应加热时临界温度随加热速度的提高而上升，因此加热温度的选择必须考虑加热速度的影响。另外，加热温度与钢的原始组织有着密切关系，原始组织越细，加热时相变就越容易在较低温度下完成，加热温度可以适当降低。因此，细片状珠光体的加热温度应比粗片状珠光体的低，调质组织的加热温度应比正火组织的低。

图 10-5 所示为 40 钢在调质状态下淬火加热温度、加热速度与表面硬度之间的关系。由图可见，在一定的加热速度下，随着温度升高，硬度先增加，到一极限值后又显著下降，即在某一温度范围内淬火后硬度有一个峰值。从图 10-5 中可得出一定加热速度下获得较高的硬度所对应的淬火温度范围，因此该图为制订"最佳淬火规范"的指导性图表。

另一种形式的最佳淬火规范图是加热温度-加热速度-淬硬层组织的关系图，如图 10-6 所示。从该图中可以看出，在一定的加热速度下，在某一个温度范围内加热淬火后可获得最理

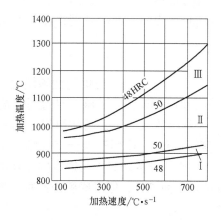

图 10-5　40 钢加热温度、加热速度与表面
硬度之间的关系（原始组织为调质状态）
Ⅰ、Ⅲ—允许规范　Ⅱ—最佳规范

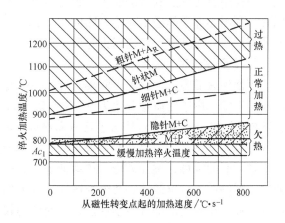

图 10-6　T10 钢加热温度、加热速度
和所得组织的关系图

想的组织。一般最高硬度和最理想的组织所对应的加热温度是一致的。

2）加热方式的选择。按加热时工件运动形式不同可以分为同时加热和连续加热两种基本方式。同时加热法即通电后工件需硬化的表面同时一次加热。连续加热法是在加热过程中感应器与工件相对运动使工件表面逐次加热。在设备功率足够大的条件下应尽量采用同时加热法。连续加热法多用于轴类工件的表面淬火。

（3）电流频率及单位表面功率的选择　根据工件尺寸及硬化层深度要求，合理选择电流频率和单位表面功率，确定合适的加热时间。

零件硬化层深度的确定应保证零件在允许磨损的深度内有足够高的硬度和耐磨性。研究指出，淬硬层深度为零件半径的 10% 左右时，可在静强度、疲劳强度和塑性方面获得最佳结果。表面淬火的淬硬层深度取决于电流频率和单位表面功率。

电流频率越高，电流透入深度越浅，淬硬层深度也越浅。生产实践表明，对一般外廓不太复杂的零件，最合适的频率 $f(Hz)$ 为 $60000/x^2$（x 为硬化层深度，单位为 mm），可据此关系选定淬火设备。

单位表面功率是指加热零件单位面积上实际接受的电功率，它决定了加热速度、可能达到的加热温度、加热时间和加热层深度。当工件尺寸一定时，单位表面功率越大，加热速度越快，工件表面达到预定的加热温度所需的时间缩短；单位表面功率太低将导致加热不足、加热时间过长、加热层深度增加、过渡区增大，同时降低了生产率，增大了热损失。

（4）高频感应淬火的冷却　高频感应淬火时多数情况下都采用喷射冷却，淬火介质从零件周围喷射器的小孔中喷向零件，使之快速冷却。由于采用这种喷射冷却时淬火介质不存在气膜期，故大大提高了零件的冷速。常用的淬火介质以水为主，其次是油、乳化液或其它介质。

（5）高频感应淬火后的回火　高频感应淬火后应进行适当的回火，以减小内应力，达到所要求的力学性能。回火方法有炉中加热回火、感应加热回火和利用心部余热自回火。

由于高频感应淬火后表层马氏体成分的不均匀性比较大，尽管淬火后硬度较高，但回火时硬度也容易下降，因此采用炉中加热回火时回火温度可以比普通加热淬火后的回火温度略低。但是用感应加热的方法回火，或是利用工件淬火后的余热将工件自行回火（即喷冷不到底，利用心部余热透出而使表面回火）时，由于加热时间很短，在达到同样硬度的条件下采用的回火温度应比普通回火时要高。

6. 表面淬火适用材料

表面淬火的零件常要求表面具有较高的硬度和耐磨性，心部具有良好的塑性和韧性。因此，一般常选用碳的质量分数为 0.4% ~ 0.5% 的中碳钢和球墨铸铁。中碳钢经过适当的预备热处理（正火或调质）后再进行表面淬火，心部（为索氏体或回火索氏体组织）具有较高的综合力学性能，表层具有高硬度（> 50HRC）和高耐磨性，适用于承受交变载荷而表面要求耐磨的零件，例如齿轮、传动轴等。基体相当于中碳成分的珠光体与铁素体的普通灰铸铁、球墨铸铁、可锻铸铁及合金铸铁原则上均可以进行表面淬火，但以球墨铸铁的工艺性最好，而且有较高的综合力学性能，因而应用较广泛。

碳的质量分数低于 0.35% 的钢表面淬火时无法获得高的表面强化效果，因此很少采用。含碳量过高的钢尽管淬火后可使表面硬度和耐磨性提高，但心部的塑性和韧性较低。因此，高碳钢的表面淬火主要用于承受较小的冲击和交变载荷下工作的工具、量具及高冷硬轧辊等。

为了充分发挥感应加热的优越性，使各种不同截面厚度的工件能够获得满意的硬化层深度和分布，还常采用低淬透性钢与限制淬透性用钢。

低淬透性钢的特点是提高钢中的含碳量（$w_C = 0.55\% \sim 0.65\%$），用以提高钢的强度及耐磨性，同时严格控制钢中的含铬量（一般 $w_{Cr} \leq 0.1\%$），锰、镍、铜、铬的总的质量分数不应大于 0.50%，以降低淬透性。钢中还加入阻碍奥氏体晶粒长大的钛（$w_{Ti} = 0.02\% \sim 0.10\%$）。低淬透性钢制造的工件淬火后硬化层深度可以在 1.5～2.5mm 之内。这种钢适合于大、中型齿轮，在感应淬火后得到沿齿廓均匀分布的硬化层，并使齿根很容易硬化，齿顶并不产生过热组织，而心部仍然保持较低的硬度。

限制淬透性钢主要用于尺寸大、要求淬硬层深的重载工件，感应淬火后得到均匀的硬化层分布。这种钢适当提高了增加淬透性元素的含量，并加入了质量分数为 0.06%～0.12% 的钛，以阻碍奥氏体晶粒的长大。如限制淬透性钢 47MnTi 中，锰作为主要提高淬透性的元素，其质量分数为 1.0%～1.2%，并适当提高铬和镍的量（质量分数小于 0.25%）。在尺寸为 40～60mm 的工件上可得到 5～7mm 均匀的硬化层，因此非常适用于重型载重汽车上的某些重要零件，如万向联轴器、十字轴、曲轴、齿轮等。

10.1.2　激光表面处理

激光自 20 世纪 60 年代问世以来，作为一门举世瞩目的高新技术，几乎在各个行业都获得了重要的应用。近年来，激光表面处理技术迅速发展，成为表面工程一个十分活跃的新兴领域。激光表面处理既可以通过激光相变硬化（激光淬火）及表面熔凝来改变基体表层材料的微观结构，也可以通过激光熔覆、激光气相沉淀（激光 PVD、激光 CVD）和激光合金化等处理方法同时改变基体表层的化学成分和微观结构。其中，激光相变硬化由于具有独特的优越性，作为一种新型的热处理方法在工业中逐渐得到应用。

1. 激光热处理特点[2]

激光热处理是应用激光高能量密度的特点，把激光束作为热源对金属材料表面进行局部快速加热，靠金属材料自身的热传导进行冷却，从而实现相变硬化、表面合金化等表面改性处理。激光热处理时允许硬质颗粒加入金属或合金表面，选用合适的处理条件可减小或增加这些颗粒在基体中的熔化或溶解，使强化层获得较广范围的冶金组织及良好的特性，产生用其它表面热处理达不到的表面成分、组织及性能的改变。

激光具有单色性、相干性、方向性和高能量密度四大特点，因此，其穿透能力极强。当把金属表面加热到仅低于熔点的临界转变温度时，其表面迅速奥氏体化，然后急速自冷淬火，可获得硬度高、耐磨性能好的细密组织，淬火部位的残余压应力很大（> 3922MPa），有助于提高疲劳性能。

激光热处理还可以进行局部选择性淬火，通过对多光斑尺寸的控制，可进行大型零件局部表面及复杂零件和管孔、深沟、微区、夹角、刀具刃口等特殊部位的处理。激光热处理变形小，一般无需再加工。

2. 激光热处理的硬化机理[3]

激光相变硬化是局部的急热急冷过程。由于加热时间短，热影响区域小，硬化层较浅，一般只有 0.3～1.0mm。激光热处理得到的马氏体组织非常细小。

激光加热时，表面升温速度可达 $10^4 \sim 10^6 ℃/s$，使材料表面迅速达到奥氏体化温度，原始珠光体组织通过无扩散转化为奥氏体组织。由于激光超快速加热条件下过热度很大，相变驱动力很大，奥氏体形核数目急剧增加，而在快速加热条件下奥氏体晶粒来不及长大，因此晶粒非常细小。随后通过自身热传递以 $10^6 \sim 10^8 ℃/s$ 的冷却速度快速冷却，转变成非常细小的马氏体组织。另一方面，激光快速加热使得扩散均匀化来不及进行，奥氏体内碳及合金元素含量不均匀性增大，奥氏体中含碳量相似的微观区域变小，在随后的快速冷却条件下，不同的微观区域内马氏体形成温度（Ms 点）有很大的差异，碳含量低的微观区域 Ms 点较高先转变，碳含量高的微观区域由于 Ms 点较低后转变，这也导致了细小马氏体组织的形成。

激光淬火后的马氏体组织为板条马氏体组织和孪晶马氏体组织，位错密度极高，可达 $10^{12}/cm^2$。晶粒细化、马氏体中高位错密度及高的碳固溶度是激光淬火后获得超高硬度的主要原因。

3. 激光热处理工艺简介

（1）材料表面预处理　金属材料表面对激光辐射能量的吸收能力主要取决于表面状态。如被加热零件的表面粗糙、无光泽，表面氧化或色深，则反射率较低，吸收的能量就大；反之，如零件表面很光亮，反射率较高，则影响光能的吸收效率。因此，在激光热处理前要进行表面预处理。表面预处理方法很多，包括磷化法、提高表面粗糙度法、氧化法、喷涂涂料法、镀膜法等，其中最常用的是磷化法和喷涂涂料法。在原始表面上覆以吸收激光物质涂层是最有效的一种方法，这些涂料除了能大大提高吸收率外，还必须具有廉价、无毒、无污染、与基体结合牢靠、干燥快、激光扫描时无反喷、激光处理后清除方便等特点。

（2）影响相变硬化层的主要工艺参数　激光热处理的加热时间很短（在千分之几到十分之几秒范围），加热区域也很小，为了不使表面受到损伤（过热、熔化或烧损），一般表面最高温度不应超过 1200℃，并规定最大淬硬深度是从表面到温度为 900℃处。激光热处理的主要工艺参数激光功率密度（激光输出功率除以光斑面积，$F = 4P/\pi D^2$）、扫描速度 v 决定了硬化层的尺寸参数（硬化层宽度、硬化层深度、表面粗糙度）和性能参数（显微硬度、耐磨性、组织变化）。材料的成分、原始组织和表面预处理特性等，以及被处理零件的几何形状、尺寸等也会影响硬化层的尺寸参数和性能参数。在其它工艺因素不变的条件下，主要工艺参数对激光相变硬化层深度的影响关系式为

激光相变硬化层深度 $H \propto$ 激光输出功率 $P/$（光斑尺寸 $D \times$ 扫描速度 v）

由上式可知，激光相变硬化层深正比于激光功率，反比于光斑尺寸和扫描速度，三者可互相补偿，经适当的选择和调整可获得相近的硬化效果。

4. 激光热处理后的组织与硬度

激光热处理主要适用于中碳钢、高碳钢、合金钢以及铸铁。对于低碳钢来说，由于含碳量较低，一般不作激光表面相变硬化处理。

原始组织不同，激光热处理得到的组织也不同。例如，原始组织为调质态的 45 钢，其硬化层的组织以细小板条马氏体为主，过渡区组织为马氏体 + 托氏体的混合组织，表面硬度为 650 ~ 800HV。退火态 45 钢经激光淬火后硬化层组织为细针状马氏体，过渡区组织为隐针马氏体 + 托氏体 + 铁素体。

高碳钢如 T10 钢激光淬火后硬化层表层组织为细针状马氏体 + 残留奥氏体，过渡区组织

为隐针马氏体 + 残留碳化物，含碳量越高，残留碳化物越多，表面硬度为 890 ~ 1150HV。

合金结构钢如 40Cr 退火后进行激光淬火，相变硬化区组织为白亮色的隐晶马氏体，过渡区为马氏体 + 回火索氏体 + 珠光体，基体组织为铁素体 + 珠光体，相变硬化区硬度可达 65 ~ 68HRC，而常规淬火为 50 ~ 53HRC。

各种铸铁经激光淬火后均能大幅度提高其表面硬度和耐磨性。

激光表面硬化的一个显著特点是表层的高硬度和硬化层到基体的急剧过渡，造成硬化层与基体之间硬度值的突降，过渡区狭窄乃至消失，其硬度落差高达 400 ~ 600HV，如图 10-7 所示。

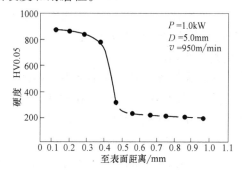

图 10-7　40Cr 激光热处理后的硬度曲线[3]

5. 激光热处理的优点

激光热处理具有很多优点：①过程极快，故大气气氛对表面的影响一般较小；②属于无接触加热，不会发生因接触引起的表面污染；③采用了特制望远镜聚焦，焦深很长，零件表面在焦深范围内上下变动而对光能吸收无影响，对处理凸凹不平的零件非常有利，并可使一台设备适用于多种尺寸、形状及外形的零件，使设备简化，辅助装置减少；④加热区域小且是扫描式，故热处理变形小；⑤可进行局部表面合金化处理；⑥易实现自动化，并可节约能量和改善劳动条件。

激光热处理解决了传统热处理无法解决的技术难题，其应用涉及汽车、冶金、石油、重型机械、农业机械等存在严重磨损的机器行业，以及航空航天等高科技行业。模具的制造工艺复杂，精度要求高，形状各异，用激光对模具表面进行热处理，可成倍地提高模具的寿命，又不受形状和尺寸的限制。

10.1.3　火焰表面处理

火焰淬火是局部淬火法之一，它是用一种可燃气体（如乙炔、煤气、天然气等）和氧气混合，通过特殊燃烧器的喷嘴，在工件表面移动加热，随后快速冷却，从而达到局部淬火的目的。一般火焰加热的温度大大超过 Ac_3 点，工件表面温度比普通淬火要高 50 ~ 70℃，加热速度也比普通淬火法快，通过调节喷嘴位置和移动速度可以获得不同厚度的淬硬层，一般可达 2 ~ 6mm 厚。这种方法使用的设备简单，成本低，灵活性大，适用钢种较广（含碳量一般在 0.35% ~ 0.70%），但质量控制比较困难，主要用于单件、小批量及大型零件的表面淬火。

1. 火焰淬火加热时常用的可燃气体

火焰加热时使用的可燃气体有乙炔、煤气、天然气等。一般常用乙炔气，因为它与其它可燃气体相比发热量最大，燃烧温度最高，火焰对金属的影响最小，使用时也相对比较安全。此外，制造乙炔气很方便，碳化钙（CaC_2，俗称电石）加水便可产生乙炔。

氧与乙炔的比例不同，可得到不同的火焰，有中性焰、碳化焰、氧化焰三种。

（1）中性焰　氧和乙炔的比例为 1:1，焰心是蓝白色，且轮廓清楚，外焰呈淡橘红色，火焰最高温度可达 3000 ~ 3200℃。实际上，由于氧气中含有杂质，所以氧和乙炔混合时，氧要多一些，其混合比是氧：乙炔 = (1.1 ~ 1.3):1。

（2）碳化焰　氧和乙炔的比例小于1:1，焰心也是蓝白色的，外周还包着一层淡蓝色的火焰，轮廓不清楚，外焰呈橘红色。若乙炔过多时，还有黑烟产生。火焰中所含的过剩乙炔可分解为氢和碳（$C_2H_2 \rightarrow 2C + H_2$）。氢使钢产生白点，在受动载荷作用时，易使结构破坏。碳则熔化到金属中去，起到渗碳作用。因此，碳化焰能使金属的含碳量提高，增加钢的强度、硬度、脆性，降低塑性及焊接性。

（3）氧化焰　氧和乙炔的比例大于1.3:1，焰心呈淡蓝色，内焰看不清，焊接时会发出"嗖嗖"的声音。整个火焰具有氧化性，过多的氧将和铁发生作用，生成氧化铁，使钢的性质变脆、变坏。

实际火焰淬火时，火焰呈中性焰最好，乙炔和氧气之比以1:1.15～1:1.25（考虑到氧气不纯），氧气压力为0.2～0.5MPa，乙炔压力为0.003～0.007MPa（浮筒式乙炔发生器的压力为0.006MPa即可）。

2. 火焰淬火工艺简介

（1）淬火前的准备　工件淬火前须经预备热处理，通常对重要的零件采用调质处理，对要求不高的零件采用正火处理。火焰淬火前应对工件表面进行清理，不允许有氧化皮、污垢、油迹等，以免影响淬火质量。若工件表面有严重的脱碳、裂纹、砂眼、气孔等缺陷，则不能进行火焰淬火。

对铸钢、铸铁、合金钢件等导热性较差的材料，淬火前可用喷嘴以较小火焰把工件缓慢加热至300～500℃，防止加热速度过快造成开裂。

（2）火焰淬火方法　火焰淬火时，钢件淬火温度通常取$Ac_3 +$（80～100℃），铸铁件淬火温度通常取730℃$+ 28 \times w_{Si}$℃$- 25 \times w_{Mn}$℃。

根据喷嘴和工件之间的移动方式不同，火焰淬火方法可分为固定法、旋转法、推进法及旋转推进法，如图10-8所示[4]。固定法适合于局部小范围淬火，喷嘴固定在工件需淬火的部位，加热至淬火温度后喷冷却剂快速冷却；旋转法适合于轴对称零件，喷嘴固定，工件以50～200mm/min的线速度旋转加热，随后喷水冷却；推进法适合于较大零件平面上的淬火，零件固定，喷嘴以100～180mm/min的线速度水平移动加热；旋转推进法的零件能转，喷嘴又能上下移动，在加热处下面有水槽，既可喷水冷却，也可全部浸入水中冷却，适用于在较小功率的条件下，对具有较大表面的工件进行表面加热淬火，如细长的轴类零件的淬火。这种方法需要装备一定的淬火机床。

（3）淬火介质及回火　淬火

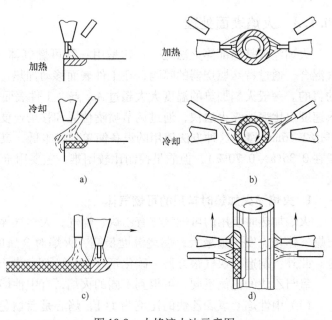

图10-8　火焰淬火法示意图
a）固定法　b）旋转法　c）推进法　d）旋转推进法

介质要根据钢的含碳量及合金成分来决定。碳的质量分数在 0.6% 以下的碳钢可用水淬；碳的质量分数大于 0.6% 的碳钢、合金钢及形状复杂件可用温水或油淬火。淬火后要及时回火，回火温度一般在 180～220℃。保温 1h 以上，要根据具体情况处理。大工件可以自行回火（冷至 300℃ 左右即可）。

3. 影响火焰淬火质量的因素

（1）火焰的影响　火焰的种类、外形与温度会影响加热速度、淬硬层深度、过渡区域的组织及均匀程度。火焰的外形与燃烧器的喷嘴结构有关，为了使工件受热部分温度均匀，通常采用多喷嘴式的喷头。此外，还可以根据零件形状设计各种喷头。部分淬火加热用的喷头外形如图 10-9 所示[4]。同时，必须使燃烧器内的气体压力保持稳定。

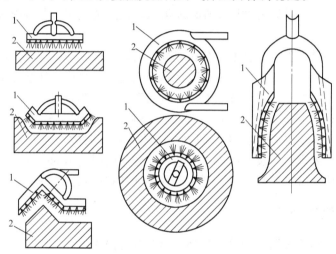

图 10-9　淬火加热用的喷头外形
1—喷头　2—工件

（2）喷嘴与工件加热面的距离　喷嘴与工件加热面的距离一般以 6～8mm 为宜，大件取下限，形状复杂小件取上限。模数小于 8 的齿轮同时加热淬火时喷嘴焰心与齿顶距离以 18mm 为佳；齿轮单齿依次淬火时，焰心距离齿面 2～4mm 为佳。

（3）喷嘴与工件之间的移动速度　喷嘴与工件之间的移动速度影响淬硬层深度，移动速度慢则淬硬层深，移动速度快则淬硬层浅。一般速度为 80～150mm/min，大件可适当放慢。

中碳钢工件的移动速度与淬硬层深度之间的关系见表 10-2。

表 10-2　中碳钢工件的移动速度与淬硬层深度之间的关系

淬硬层深度/mm	2	3	4	5	6	7	8
移动速度/mm·min⁻¹	166	145	125	110	100	90	80

（4）火焰与喷水器间的距离　火焰中心与喷水孔的距离通常保持在 15mm 左右，不大于 20mm。若太近，水易溅到火焰上，影响加热；太远则淬硬层不足或过深。喷水柱应向后倾斜 10°～30°，喷水孔和喷火孔间应有隔板。

冷却水的温度不宜过低，以避免冷却速度过快而产生裂纹，一般在 15～18℃。

4. 火焰淬火的优缺点

优点：①设备简单，成本低，使用方便；②不受工件体积大小限制，灵活性大；③淬火后表面清洁，氧化与脱碳很少且变形小。

缺点：表面容易过热，受热不均，导致淬硬层硬度不均匀，淬火层不容易控制，并且影响淬硬层质量的因素比较复杂。这些都限制了火焰淬火的广泛使用，当采用机械设备和自动控制仪表的火焰淬火装置时，这一缺点可在一定程度上得到克服。

10.2　形变热处理

形变热处理是指将压力加工（锻、轧等）与热处理工艺相结合，同时发挥形变强化与热处理强化的作用，获得由单一强化方法所不能达到的强韧化效果的一种综合强化工艺。形变热处理除了能够获得优异的力学性能外，还可以简化工艺流程，节省能源，具有较大的经济效益。

形变热处理的种类很多，根据形变与相变过程的相互顺序，可把形变热处理分成三种基本类型，即相变前形变、相变中形变及相变后形变热处理。根据形变温度不同，将相变前形变热处理又分为高温形变和低温形变热处理；将相变中形变热处理又分为等温形变、马氏体相变中形变热处理；根据相变类型不同，将相变后形变热处理又分为珠光体的冷变形［派登（Patent）处理］、珠光体的温加工、回火马氏体的形变时效等。近年来还发展了将形变热处理工艺与化学热处理工艺及表面淬火工艺相结合，而派生出的一些复合形变热处理工艺方法。本章主要介绍高温形变热处理、低温形变热处理和控轧控冷热处理。

10.2.1　高温形变热处理

高温形变热处理包括高温形变淬火和高温形变等温淬火。

1. 高温形变淬火

高温形变淬火又称为稳定奥氏体形变淬火，是指将钢材加热至稳定的奥氏体区保温以获得均匀的奥氏体组织，然后在该温度下进行高温塑性变形，改变零件的形状尺寸，随后淬火获得马氏体组织的综合处理工艺，如图10-10a所示。如锻后余热淬火、热轧淬火均属此类热处理。高温形变淬火在提高强度（提高10%～30%）的同时，可大大改善钢件的塑性（提高40%～50%）、韧性，减小脆性，降低脆性转变温度和缺口敏感性，从而增加钢件使用的可靠性。此外，高温形变淬火还能减弱合金钢的第一类回火脆性（不可逆回火脆），消除第二类回火脆性（可逆回火脆），提高钢材的疲劳极限及短期热强性。这种工艺多用于调质钢及加工量不大的锻件或轧材，如连杆、曲轴、弹簧、叶片等。此外，利用锻、轧预热进行淬火，还可简化工序，节约工时，降低成本。

2. 高温形变等温淬火

高温形变等温淬火是在扩散型相变前进行形变的工艺方法中研究最多的一种形变热处理，它也是将钢加热到奥氏体稳定区进行形变，然后在贝氏体转变区等温，以获得贝氏体组织的综合处理工艺，如图10-10b所示。高温形变等温淬火和一般等温淬火相比，在抗拉强度水平相同时，可提高塑性、冲击韧性、低温冲击韧性和疲劳强度，但会使屈服强度略有降低。

3. 高温形变热处理的强韧化机理

形变热处理之所以能获得良好的强韧性是由其显微组织和亚结构的特点所决定的，其强

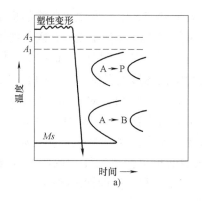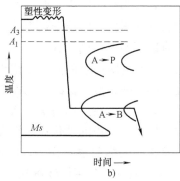

图 10-10　高温形变热处理示意图
a）高温形变淬火　b）高温形变等温淬火

韧化机理可归结为以下几个方面：

（1）显微组织细化　不论高温形变淬火或低温形变淬火均能使马氏体细化，并且其细化程度随形变量增大而增大。高温形变淬火时的形变温度一般都在奥氏体再结晶温度以上，形变奥氏体发生起始再结晶的情况下，奥氏体晶粒显著细化，获得高度细化的马氏体组织；在奥氏体再结晶温度以下的低温形变，由于奥氏体晶粒沿形变方向被拉长，使马氏体片横越细而长的晶粒到达对面晶界的距离缩短，因而限制了马氏体片的长度，但这对马氏体的细化程度是有限的。应当指出，奥氏体的再结晶会严重减小位错密度，从而大大降低强化效果，所以马氏体组织的粗细对钢强度的影响不甚显著，但对钢塑性和韧性的影响较大。

（2）位错密度和亚结构的变化[5]　高温形变淬火所引起的组织结构上的另一个重要特征，是马氏体位错密度与位错结构的变化。这主要是由于奥氏体在形变的过程中精细结构发生了变化：其一是位错密度显著增加；其二是奥氏体会发生多边化。这种变化被保留到了淬火马氏体中。

形变时在奥氏体中会形成大量位错，并大部分为随后形成的马氏体所继承，因而使马氏体的位错密度比普通淬火时高很多，这是形变淬火后钢具有较高强化效果的主要原因。但是与低温形变淬火相比，高温形变淬火时由于形变奥氏体中发生了较强的回复过程，使位错密度有所下降，形变中产生的应力集中消除，故虽强化效果较低，但塑性和韧性却得到较好的改善。

另一种变化是形变奥氏体的多边化。形变奥氏体中存在的大量不规则排列的位错，通过交滑移和攀移等方式重新排列而堆砌成墙，形成亚晶界，即发生多边化。经淬火后，这些亚晶块结构依然保持到马氏体中，结果使马氏体中存在着细微的亚晶块结构，这些亚晶块可视为独立的晶粒。亚晶块的尺寸随形变量的增大而减小，所引起的强化效果也随之增大。

此外，在高温形变奥氏体中，随着形变量的增大，还会形成锯齿状晶界，这种锯齿状晶界能够阻碍滑移向相邻晶粒内的继续进行，并且减慢在晶界上发生的显微裂纹汇合为宏观裂纹的进程，因而能在提高强度、改善塑性、抑制回火脆性及阻碍蠕变破断过程中起到相当良好的作用。

对于高温形变等温淬火来说，由于贝氏体转变的扩散性和共格性的双重性质，形变奥氏体中高密度的位错能部分被贝氏体所继承，因而在形变等温淬火所得的贝氏体中，位错密度的增高仍是一个不容忽视的强化因素。

（3）碳化物的弥散强化　研究表明，在高温形变淬火中会发生碳化物的析出。在高温形变的温度范围内，碳在奥氏体中处于热力学稳定的状态，溶解度较大，碳化物不易沉淀。碳化物之所以析出有以下两个原因：其一，在压应力下（如轧制时），碳在奥氏体中的溶解度将显著下降；其二，形变时产生的高密度位错为碳化物形核提供了大量的有利部位，又加速了碳化物形成元素的置换扩散。而碳化物沿着位错边界析出会对位错产生强烈的钉扎作用，以致在进一步形变时能使位错迅速增殖，从而又为碳化物的析出提供了更多的形核部位，这样便在奥氏体中析出大量细小的碳化物。钢形变淬火后，这种大量细小的碳化物便分布于马氏体基体中，具有很大的弥散强化作用。碳化物的析出使奥氏体中的碳及合金元素含量减少，Ms 点升高，淬火后孪晶马氏体数量减少，因而有利于塑韧性的提高。

4. 影响高温形变热处理强韧化效果的工艺因素

（1）形变温度　一般来说，当形变量一定时，形变温度越低，强化效果越好，但塑性和韧性有所下降。这是由于形变温度越高，越有利于奥氏体回复、再结晶的发生。因此，形变温度应尽量低些，以避免奥氏体再结晶的发生。只要形变终了温度不低于 A_3，就可以排除非马氏体组织出现的可能性，从而获得良好的力学性能组合。

（2）形变量　形变量对高温形变淬火钢力学性能的影响可分为两种类型：一种是力学性能随形变量增大而单调递增或递减；另一种是力学性能与形变量关系曲线上出现一个极值（极大或极小值）。

首先分析第一种类型。形变量对45CrMnSiMoV 钢拉伸性能的影响如图10-11 所示，随着形变量的增加，钢的抗拉强度、硬度、伸长率和断面收缩率都不断提高，这是由于 Cr、Mo、W、V、Mn、Ni、Si 等合金元素有延缓再结晶的作用。所以，当钢中这些元素含量较多时，即使在较大的形变量下，再结晶过程也不易进行。在所研究的形变量范围内，再结晶过程被抑制，而形变强化过程起主导作用，因而性能随形变量而单调地变化。

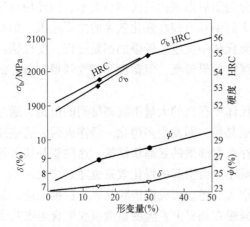

图 10-11　形变量对45CrMnSiMoV 钢拉伸性能的影响

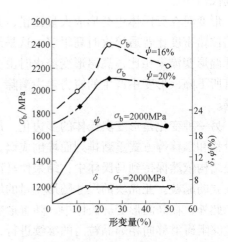

图 10-12　55ХГР 钢延伸性能与形变量之间的关系[5]

再分析第二种类型。图 10-12 所示为高温形变淬火 55ХГР 钢拉伸性能与形变量之间的关系，当形变量为 25% ~35% 时，获得了最佳的力学性能。形变量再增加，强度与塑性都下降，这与形变奥氏体中形变强化与再结晶弱化这两种相互矛盾的过程之间的交互作用有关。

对于一般钢材而言，在形变量与力学性能指标间存在一个极值。高温形变淬火时的最佳形变量约为 25%～40%，继续增大形变量，强化效果不再显著增加，并因再结晶的发生而开始下降。

（3）形变后淬火前的停留时间　一般情况下，高温形变淬火的形变温度高于奥氏体的再结晶温度，因此形变后淬火前的停留必然会影响形变淬火钢的组织与性能。低合金钢和中合金钢的性能随停留时间的变化不是单调变化的，而是随停留时间的延长发生阶段性地变化，如图 10-13 所示。通过对机理研究表明，ab 段为回复阶段；bc 段为多边化阶段；cd 段为再结晶初期阶段。可见，选择停留时间对强韧化效果至关重要。

（4）形变速率　在一定的形变温度及形变量下，对应着最佳强化效果，存在着一个最佳的形变速率。形变速率较小时，随着形变速率的增加，强度不断上升，塑性数值也较高。当形变速率过大时，产生过量的内热，致使再结晶可能发生。当形变速率更大时，因为去强化过程来不及进行，强度将得到提高，而同时塑性下降。

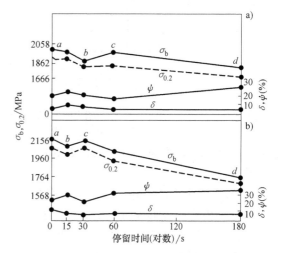

图 10-13　停留时间对 60Si2V 钢高温形变淬火
性能的影响（400℃回火 1h）[5]
a）形变量 20%　b）形变量 50%

10.2.2　低温形变热处理

低温形变热处理包括低温形变淬火和低温形变等温淬火。

1. 低温形变淬火

低温形变淬火是将奥氏体化后的钢速冷至过冷奥氏体孕育期最长的温度 500～600℃进行大量塑性变形（70%～90%），然后淬火的综合处理工艺，如图 10-14a 所示。这种热处理可在保持塑性、韧性不降低的条件下，大幅度提高钢的强度和耐磨性，主要用于要求强度极高的零件，如高速钢刀具、弹簧、飞机起落架、模具、炮弹壳等。

2. 低温形变等温淬火

低温形变等温淬火是将奥氏体化后的钢速冷至过冷奥氏体孕育期最长的温度 500～600℃进行大量塑性变形（70%～90%），然后在贝氏体转变区等温，以获得贝氏体组织的综合处理工艺，如图 10-14b 所示。该工艺所获得的强度比低温形变淬火略低，但塑性却较高，适合于热作模具及高强度钢制造的小型零件。

3. 低温形变热处理的强韧化机理

低温形变热处理的强韧化机理与高温形变热处理类似，也归功于显微组织细化、位错密度增大、奥氏体多边化，以及由于碳化物的析出而产生的弥散强化。但也有不同之处，表现为以下几点：

1）低温形变淬火对马氏体的细化作用要超过高温形变淬火。这是由于亚稳奥氏体形变

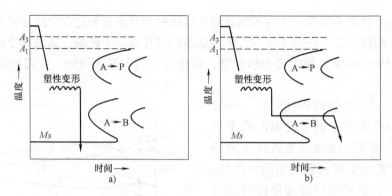

图 10-14　低温形变热处理示意图
a）低温形变淬火　b）低温形变等温淬火

后缺陷密度很大，为马氏体提供了更多的形核部位，并且由形变而造成的各种缺陷和滑移带能阻止马氏体片的长大。

2）和高温形变淬火相比，低温形变淬火马氏体中的位错密度更高，因而强化作用更为显著。这是由于高温形变时形变奥氏体中发生了较强的回复过程，使其位错密度有所下降。

因此，低温形变热处理能大幅度提高钢的强度和耐磨性，其强化效果更优于高温形变热处理。但是在高温下进行塑性变形，形变抗力小，一般压力加工（如轧制、压缩）下即可采用，并极易安插在轧制或锻造生产流程中，同时对材料无特殊要求，低碳钢、低合金钢甚至中、高合金钢均可应用。

4. 影响低温形变热处理强韧化效果的工艺因素

影响低温形变淬火强韧化效果的因素有奥氏体化温度、形变温度、形变量、形变前后的停留及形变后的再加热等。

（1）奥氏体化温度　奥氏体化温度对低温形变淬火效果的影响随钢的成分而大不相同，但总体来说，奥氏体化温度越低，奥氏体的晶粒越细，碳化物溶解扩散越不能充分进行，奥氏体的含量越不均匀，这种组织上的不均匀性为以后形变时碳化物的析出和溶质原子向位错上的集聚提供了有利的条件，因而使强度提高。可见，在可能的条件下尽量采用较低的奥氏体化温度是有益的，这个温度应以合金碳化物刚刚溶解，而奥氏体晶粒又不严重粗化为宜。

（2）形变温度　和高温形变强化类似，当形变量一定时，形变温度越低，强化效果越好，但塑性和韧性有所下降。当形变温度过低，在形变过程或在形变后的冷却过程中形成上贝氏体时，则显著降低强化效果。

（3）形变量　低温形变淬火时，形变量越大，强化效果越明显，而塑性有所下降。因此，为了获得满意的强化效果，通常要求形变量在70%以上。

（4）形变前后的停留及形变后的再加热　在亚稳奥氏体形变后将钢再加热至略高于形变温度，并适当保持数分钟时奥氏体发生多边化过程（称为多边化处理），然后淬火和回火，可显著提高钢的塑性，而强度有所下降。随着多边化处理温度的提高和时间的延长，塑性则不断提高，而强度略有下降。

此外，形变方式及形变速度对低温形变淬火的强化效果也有影响，但目前还未有统一的规律，在此不再详述。

10.2.3　控轧控冷

控制轧制和控制冷却工艺多在钢板及钢材的轧制生产中采用，它是将钢材加热至稳定的奥氏体区保温以获得均匀的奥氏体组织，然后再进行轧制，轧制过程中控制轧制的形变量、形变速度及形变温度，使低碳低合金钢通过细化晶粒来达到高强度及高韧性，然后利用轧后钢材的余热给予一定的冷却速度，控制其相变过程，以获得铁素体 + 珠光体或贝氏体组织。该工艺不用热处理，从而大幅度节约了能耗，其主要优点是可显著改善钢的强韧性，大大降低钢的韧脆转变温度。这对含铌、钒、钛的钢尤为有效，因为铌、钒、钛能与碳、氮强烈结合形成碳化物、氮化物或碳氮化物，在加热时阻止原始奥氏体晶粒长大，在轧制过程中抑制再结晶及再结晶后晶粒的长大，在低温时还可起到析出强化的作用。

下面以板材为例来说明控轧控冷的类型和基本工艺过程。

1. 控制轧制工艺的类型[6-8]

根据轧制过程中再结晶状态和相变机制的不同可分为奥氏体再结晶型控轧、奥氏体未再结晶型控轧及（α + γ）两相区控轧。

（1）奥氏体再结晶型控轧　轧件变形温度较高，一般在 950℃ 以上。在此阶段轧制的目的在于通过反复的轧制—再结晶来细化奥氏体晶粒。由于轧制温度高，将发生加工硬化、晶粒碎化与回复再结晶、性能软化的相互制约过程，也称为动态再结晶阶段。此阶段奥氏体晶粒的大小取决于压下量及压延温度。

（2）奥氏体未再结晶型控轧　主要是在轧制中不发生奥氏体再结晶过程，一般是在 950℃ ~ Ar_3 范围内变化。变形使奥氏体晶粒长大、压扁并在晶粒中形成大量的形变带，增加了随后相变的形核位置，同时被拉长的奥氏体晶粒将阻碍铁素体晶粒长大。随着变形量的加大及形变带数量的增加，奥氏体分布更加均匀，奥氏体晶内形核的有效面积增加，因而相变后的铁素体晶粒更加细小均匀。

（3）（α + γ）两相区控轧　在（α + γ）两相区压延，γ 相由于变形而继续伸长，并在晶内形成大量的形变带和位错，在高温下形成亚晶粒，得到大角度晶粒和亚晶粒的混合组织，同时形成较强的织构，因而强度有所提高，脆性转变温度降低。一般在此阶段钢的强度在压下量大于 10% 以后升高不多，故在此阶段压下量控制在 20% 左右。

通常采用的控轧工艺有奥氏体再结晶区和未再结晶区两阶段控制轧制，以及奥氏体再结晶区、奥氏体未再结晶区和（α + γ）两相区三阶段控制轧制（如含铝的铁素体-珠光体钢）。下面以 Q390 高强度低合金钢（含铌）厚板为例，来说明两阶段控制轧制的工艺流程，如图 10-15 所示。

首先将坯料加热至奥氏体化温度保温，因钢中含铌而加热温度较高，加热到 1180℃，保温 2h，出炉后进行两阶段控制轧制。第一阶段奥氏体再结晶区的轧制，开轧温度设定在 1100℃ 左右，一道次实现，道次变形程度为 25%；第二阶段未再结晶区的轧制，开轧温度设定在 900℃ 左右，终轧温度为 800℃ 左右，总变形程度为 58%。轧后采用空冷工艺。轧后的典型组织形貌如图 10-16 所示，为细小铁素体 + 少量珠光体组织，且表现出带状组织分布，具有较好的综合力学性能和较低的韧脆转变温度[6]。

2. 控制冷却制度的确定[7]

中厚板轧后控制冷却的目的是防止变形奥氏体晶粒的长大，降低奥氏体向铁素体的转变

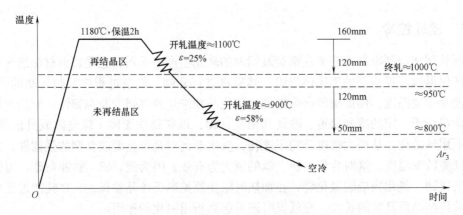

图 10-15　Q390 高强度低合金钢厚板控轧控冷工艺示意图[6]

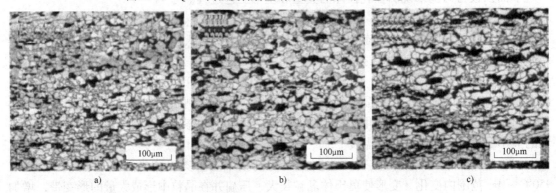

图 10-16　Q390 高强度低合金钢厚板控轧控冷处理后的金相照片[6]

a) 轧件上表面　b) 轧件中部　c) 轧件下表面

温度，减小铁素体晶粒的长大，细化珠光体组织，与控制轧制工艺合理配合，更好地发挥低碳钢、低合金钢和铌钒钛微合金化钢的强韧化效果，使钢板有更好的综合力学性能。

冷却方式有层流喷水冷却、水幕冷却及喷雾冷却，可通过控制水流量来实现冷却速度的控制。轧后冷却速度越大，越有利于消除带状珠光体组织，得到的组织越细小，钢材的强度越高，但最大冷却速度应保证钢材内部不产生裂纹。终冷温度越低，越有利于阻止铁素体晶粒的长大。但终冷温度太低又会产生上贝氏体，使性能变坏。

控制轧制和控制冷却已成为我国轧钢技术改造和发展的方向之一，并已在许多大型或中型钢铁厂应用，取得了很好的效益。

10.3　其它热处理

10.3.1　真空热处理

真空热处理具有其它热处理不可比拟的一系列突出优点，如无氧化、无脱碳、脱气、脱脂、表面质量好、变形微小、热处理后零件综合力学性能优异、无污染无公害、自动化程度高等，因此自 1927 年问世（美国无线电公司研制的 VAC—10 型真空热处理炉，用于真空退火）以来即得到迅速发展。目前，真空热处理工艺的研究和应用已经遍及真空退火、真空淬火、真空渗碳（渗氮、渗金属）、真空清洗及真空喷涂等广阔领域，其应用领域不断发展扩大，工艺水平逐渐提高，真空热处理设备不断完善和智能化。但因真空热处理设备投资大，其应用受到很大限制，目前主要用于工模具、精密零件和某些特殊金属零件的热处理。

1. 真空的基础知识

所谓真空，是指压力小于常压的任何气态空间。将热处理的加热和冷却过程置于真空中进行，就称为真空热处理。

真空度是真空热处理的重要工艺参数之一，是指真空状态下负压的程度。炉内气体分子数目越少，气压越低，则真空度越高；反之，真空度越低。真空度常用的度量单位是 Pa。在工业实际使用中，一般将真空度分为四级：$(10 \sim 10^{-2}) \times 133.3Pa$ 时称为低真空；$(10^{-3} \sim 10^{-4}) \times 133.3Pa$ 时称为中真空；$(10^{-5} \sim 10^{-7}) \times 133.3Pa$ 时称为高真空；真空度高于 $10^{-8} \times 133.3Pa$ 时称为超高真空。

产生真空的过程就是抽气或排气的过程。真空炉中的气体成分十分复杂，除了残存的空气外，还有从炉体材料和工件内释放的气体，以及从密封衬垫和润滑油中放出的气体等。随着温度的升高，工件的排气量增加，因此在真空炉工作过程中就必须不停地排气。真空炉中杂质气体的含量称为相对杂质量，水蒸气的含量用露点表示，真空残存气体内有 70% 为水蒸气。在不同真空度下把相应杂质全部认为是水蒸气时，则得出相对露点，可用相对杂质量或相对露点来表示相应的真空度，其关系见表 10-3[9]。

表 10-3　真空度和相对杂质量、相对露点的关系

真空度/Pa	1.33×10^4	1.33×10^3	1.33×10^2	1.33×10	1.33	1.33×10^{-1}	1.33×10^{-2}	1.33×10^{-3}
相对杂质量（%）	13.2	1.32	0.132	1.32×10^{-2}	1.32×10^{-3}	1.32×10^{-4}	1.32×10^{-5}	1.32×10^{-6}
相对杂质量（10^{-6}）			1320	132	13.2	1.32	0.132	0.0132
相对露点/℃		+11	-18	-40	-59	-74	-88	-101

从表 10-3 中可以看出，1.33Pa 真空气氛下相对杂质含量相当于 13.2×10^{-6}，即相当于纯度为 99.999% 的高纯氮气或氩气。因此，可将真空看成是很纯的气氛，而且是很容易获得的气氛。

2. 真空热处理的特点

（1）表面保护及净化作用　真空加热时，氧化性气氛含量极低，氧的分压很低，可防止钢的氧化和脱碳，处理后可获得光亮的表面。这是由于当真空中氧的分压大于氧化物的分解压时，金属要氧化；相反，当氧化物的分解压力大于真空中的氧分压时，氧化物会分解出金属来，这对表面无氧化物的金属而言，意味着

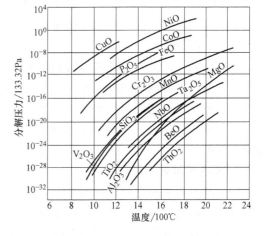

图 10-17　金属氧化物的分解压力与温度的关系

表面不会产生氧化现象。图 10-17 所示为各种金属氧化物的分解压力与温度的关系。一般而言，绝大多数金属在 $13.3 \sim 1.33 \times 10^{-3}Pa$ 范围内进行加热，都可获得光亮的表面，其热处理后的表面光亮度一般可达到处理前的 60% 以上。

（2）脱脂作用　加热前工件表面的油污一般是碳、氢、氧的化合物，蒸气压较高，真空中加热会分解成氧、水蒸气和二氧化碳等气体，被真空泵排走，起到脱脂作用。但在生产实践中一般要预先进行脱脂处理，防止对真空系统造成污染。

（3）脱气作用　真空下气体分压降低，气体在金属中的溶解度将减小，从而向金属表面扩散，逸出表面并被真空泵排出。真空度越高，脱气效果越好。目前广泛使用的钢液经真空脱气处理后，钢液更纯净，钢材更致密，提高了钢的质量。例如，通过真空脱气处理，使钢液中的氢含量大大降低，可避免氢脆断裂，使钢的抗拉强度大为提高。

（4）金属元素的脱出（蒸发）现象
真空加热时，钢或合金中蒸气压高的元素由于炉内的压力低于其蒸气压而向表面脱出，称为蒸发逸去。元素蒸发后使得材料中该元素的含量降低，从而影响材料性能；另一方面，元素蒸发会产生真空蒸镀现象，使工件粘结，并引起以后的再蒸发，对真空热处理不利。

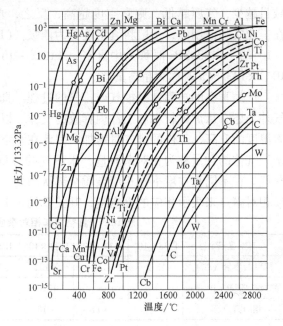

图 10-18　金属蒸气压力与温度的关系
（图中圆圈表示熔点）

金属的蒸气压与温度有关，如图 10-18 所示，温度越高，蒸气压越高，因而在一定真空度下就越易于蒸发。从图 10-18 中可见，常用的合金元素 Zn、Mg、Mn、Al、Cr 等的蒸气压较高，易蒸发。例如，12Cr18Ni9 不锈钢在真空处理时，真空度越高，加热温度越高，保温时间越长，则铬的蒸发越多，表面越粗糙，光亮度下降。因此，真空热处理时真空度应选择恰当，并不是真空度越高越好。

为了防止元素蒸发，通常炉内先抽至一定真空度后再充入高纯度惰性气体（常用氩气）或氮气，这样可降低炉内真空度，防止元素蒸发，同时还可保证工件表面光亮，惰性气体的对流还有利于工件的均匀加热。生产实践证明，在漏气率小于 $133.3 \times 10^{-3} L \cdot Pa/s$ 时，真空度在 $(10^{-2} \sim 10^{-1}) \times 133.3 Pa$ 范围内时，一般钢件加热都不会发生氧化、脱碳和合金元素蒸发现象。

3. 真空热处理的应用

（1）真空退火　对金属材料及工件进行真空退火除了要达到工艺目的以外，还为了发挥真空加热的优势，例如，防止氧化脱碳、除气脱脂、提高表面光亮度和力学性能等。

真空退火时钢件的光亮度与真空度、加热温度和出炉温度有关，真空度是决定工件表面光亮度的最主要因素。一般质量的结构钢产品只要求 60% 以上的光亮度（将经过抛光的标准试样的光亮度作为基准定为 100%，将待测试样与之作对比即为试样的光亮度），在 $1.3 \sim 1.3 \times 10^{-1} Pa$ 的真空度下退火即可达到要求。加热温度对光亮度的影响对不同的钢材而言规律并不相同，图 10-19 所示为几种结构钢的真空度、退火温度与光亮度的关系。由图可见，要达到高的光亮度，主要取决于真空度，但须选择合适的退火温度。

对于含铬的合金工具钢，表面的含铬氧化膜需在 $1.3 \times 10^{-1} \sim 1.3 \times 10^{-2}$Pa 以上的真空中才可蒸发，工件才能得到光洁的表面，退火温度应比常规退火温度略高。而在 1.3×10^{-1}Pa 以下的真空度中退火光亮度较差，一般都在 40% 以下，如图 10-20 所示。高铬钢真空退火后光亮度低的原因，是由于铬和氧的亲和力大于铁，易于在表面形成铬的氧化膜。同样对于各种不锈钢，也只有在高于 1.33×10^{-1}Pa 以上的真空度中才可使光亮度达到 70% 以上。

对于锈蚀表面可于较高温度进行退火，借助于蒸发使表面净化。例如，带氧化皮的轧制轴承钢于 780℃ 退火、高速钢于 840℃ 退火，表面即可净化，但温度太高会导致工件表面脱碳。此外，出炉温度对光亮度的影响也很关键，在 300 ~ 500℃ 以上温度出炉将使退火净化的表面重新氧化。因而，为了获得较高的光亮度，必须

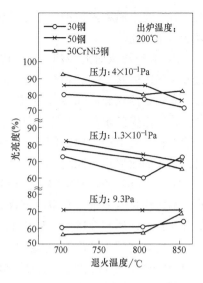

图 10-19　几种结构钢的真空度、
退火温度与光亮度的关系

在 200℃ 以下出炉；为了缩短处理周期和提高炉子利用率，可充入气体循环冷却降温。

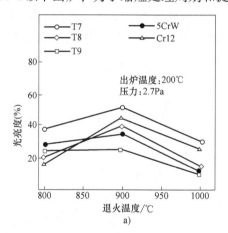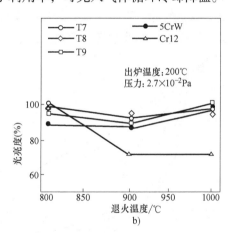

图 10-20　工具钢的真空退火温度、真空度与光亮度的关系

（2）真空淬火　真空淬火有许多优点，如工件表面光亮，不增碳不脱碳，工模具的使用寿命可提高几倍甚至更高，淬火后工件变形小，硬度均匀，工艺稳定性和重复性好等。按采用的冷却介质不同，真空淬火可分为真空油冷淬火、真空气冷淬火、真空水冷淬火和真空硝盐等温淬火等，但工业上应用最多的是真空气冷淬火和真空油冷淬火。

真空淬火工艺的主要工艺参数为加热温度、保温时间、真空度、冷却方式和介质等。

1）真空炉中金属加热的特点。真空状态下的传热是单一辐射传热，升温必然缓慢（尤其在低温阶段），因此工件表面与心部之间的温差小，热应力小，工件变形小。另一方面，真空炉炉胆隔热层的蓄热量小，当真空炉中的测量热电偶升到设定温度时，被加热的工件还远未到温，这就是所谓真空加热时的"滞后现象"，因此真空淬火时保温时间要长于空气炉。真空炉在 850℃ 时的透热时间可取 1.5min/mm，从 850 ~ 1280℃ 的透热时间可取 0.45 ~ 0.52min/mm。工模具钢淬火时，需延长 10 ~ 15min，以保证碳化物溶解，奥氏体完全合金

化。对一些本质粗晶粒钢，一定要慎重地决定其加热时间，以免引起晶粒粗大，降低工件的综合力学性能。

2）真空淬火时的冷却。真空淬火时冷却介质的选择首先要考虑钢件在连续冷却条件下的过冷奥氏体转变图，根据临界淬火冷却速度，同时考虑淬火工件的形状、尺寸和技术要求，来确定淬火介质和冷却方式，主要有油冷淬火和气冷淬火。气冷冷却速度小且价格昂贵，故应用受到限制；水冷冷却速度虽快，但只适用于低碳、低合金钢，且缺点较多，故应用较少；唯有油冷适用范围广，但在真空下油的物理特性及冷却特性和在正常大气压下不同，油淬的效果也不同。

① 真空油淬。真空淬火油应具备以下特性：蒸发量小，不易引起炉内污染；蒸气压要低，不影响真空效果；真空冷却性要好，在较大真空度范围内不受影响；化学稳定性好，使用寿命长；杂质与残碳少；酸值低，淬火后表面光亮度高。

评价真空淬火油冷却性能的好坏，主要根据油的特性温度（蒸气膜破裂温度）和从800℃到400℃区间工件所需的冷却时间等指标来综合考虑。上述指标明显受到真空度的影响。图10-21所示为ZZ—2号真空淬火油在不同真空度下的冷却曲线，从图中曲线可以看出，真空度增大，蒸气膜阶段持续时间加长，沸腾阶段开始温度降低，这是由于在不同真空度下油品的物理特性发生变化所致。

② 真空气淬。真空气淬的冷却速度与气体种类、气体压力、流速、炉子结构及装炉状况有关。可供使用的冷却气体有氢、氦、氮、氩，这四种气体的冷却能力如图10-22所示。

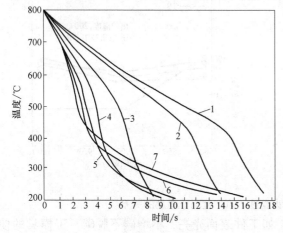

图10-21　ZZ—2号真空淬火油在
不同真空度下的冷却曲线

1—0.013kPa　2—5kPa　3—10kPa　4—26.6kPa
5—50kPa　6—66.6kPa　7—101kPa

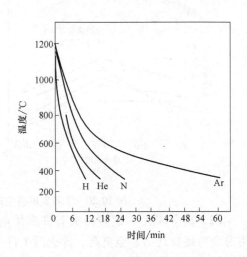

图10-22　氢、氦、氮、氩的
相对冷却性能

在任何压力下，氢气的冷却能力最强。氢气可以应用于装有石墨元件的真空炉，但对于含碳量高的钢种，在冷却过程的高温阶段（1050℃以上）有可能造成轻微脱碳，且对高强度钢有造成氢脆的危险，因此使其应用受到限制。

冷却速度仅次于氢的是惰性气体氦。空气中氦的体积分数仅为0.0005%，一般在天然气中氦的体积分数为1%～2%，高的达7%～8%，液化过程中制取氦气的价格比氮气可高至上百倍，因此只有在某些必须用氦气的情况下才使用。

氩气的冷却能力比空气低，它在大气中的体积分数为 0.93%。氩气成本较高，所以只在必要时作为氮气的代用气体使用。

氮气的资源丰富，成本低，在略低于大气压下进行强制循环，其冷却强度可上升约 20 倍。氮气是使用安全、冶金损害小的中性气体。在 200～1200℃ 范围内，对常用钢材氮气呈惰性状态；在某些特殊条件下，如对易吸气并易与气体反应的钛锆及其合金，以及一些镍基合金、高强钢、不锈钢等氮气易呈现一定活性，需使用其它气体。工业用普氮的纯度一般为 99.9% 左右。

可通过以下措施提高气体的冷却能力：提高冷却气体的压力；提高气体的流速；采用合适的装炉量并保持适当间隔，进一步改善冷却时热交换的条件等。

（3）真空回火　真空回火的目的是将真空淬火的优势（不氧化、不脱碳、表面光亮、无腐蚀污染等）保持下来，如果不采用真空回火，将失去真空淬火的优越性。对热处理后不再进行机加工并需进行多次高温回火的精密工具更是如此。

在进行真空回火操作时，先将清洗过的工件均匀摆放在回火炉中，抽真空至 1.3Pa 后，再充入氮气使压力增大。在风扇驱动的气流中将工件加热至预定温度，经充分保温后进行强制风冷。在没有专用真空回火炉、产品批量不大及质量要求不严时，也可以用淬火炉回火，或在同一炉中真空气淬后进行。

4. 真空热处理后钢的力学性能

由于真空热处理具有脱气、脱氢，防止氧化、脱碳及表面净化等作用，可使材料的强度、硬度有所提高，特别是使疲劳寿命和耐磨性等与钢件表面状态有关的性能提高。对模具而言，真空热处理要比盐浴处理的寿命高 40%～400%；而工具寿命可提高 3～4 倍。

10.3.2　淬火-分配（Q-P）工艺[10]

5.6.1 已经述及，将中碳高硅钢先经淬火至 Ms～Mf 之间一定的温度，形成一定数量的马氏体和残留奥氏体，再在 Ms～Mf 间或在 Ms 以上一定的温度等温，由于钢中含 Si、Al（甚至 P）元素，能阻碍 Fe_3C 的析出，使碳由马氏体向奥氏体中分配，形成富碳残留奥氏体，这种工艺称为马氏体型钢热处理的新工艺——淬火-分配工艺（Quenching and Partitioning Process，"Q-P" 工艺）。该工艺是由美国科罗拉多州矿业学院的 Speer 等人研究提出的。与淬火-回火的传统工艺不同，Q-P 新工艺为了稳定残留奥氏体，利用钢中 Si、Al（甚至 P）等能阻碍 Fe3C 析出的元素，使碳自马氏体分配到奥氏体中，奥氏体因为富碳，在再次冷却时不会转变为马氏体，为高强度钢兼具韧性提供了新的途径。

含 Si、Al 钢的淬火-分配工艺如图 10-23 所示，其中 w_{C_i}、w_{C_A} 和 w_{C_M} 分别表示原始合金、奥氏体和马氏体的碳含量，QT 和 PT 分别表示淬火温度和碳分配温度，即在 QT 温度淬火后再在 PT 温度等温进行碳的分配。QT = PT 的等温称为一步处理，QT ≠ PT 的等温（一般 PT 温度高于 QT 温度）称为两步处理。经 Q-P 处理后，钢能获得较好的强韧性，优于相变诱发塑性钢（TRIP 钢）、双相钢（DP）和一般淬火后的马氏体型钢。Q-P 处理的优越性在于马氏体提供高的强度，残留奥氏体提供良好的韧性。

残留奥氏体量随 Q-P 处理中的淬火温度、分配温度和时间而改变。淬火温度（QT）决定马氏体含量，在较高的 QT 下，形成较少量的马氏体，Q-P 处理后，使稳定奥氏体的碳分配量不够，则奥氏体含碳量较低，冷却后残留奥氏体量较少；而过低的 QT 也使残留奥氏体量较少，Q-P 处理后，残留奥氏体含碳量可能较高，但最终的残留奥氏体量不高。一定成分的 Q-P 钢会有一定的淬火温度，呈现最大量的残留奥氏体量（经分配后，其 Ms 在室温附近）。另一方面，如果分配温度较低，时间较长时，会由马氏体中析出碳化物，先析出过渡型 ε 碳化物，后析出渗碳体 Fe_3C，使奥氏体量减少；当分配温度较高时，奥氏体会分解，形成贝氏体或无碳化物贝氏体，即发生 $\gamma \rightarrow \alpha$，使奥氏体量减少，或发生 $\alpha \rightarrow \gamma$ 逆相变，使奥氏体含量增高。

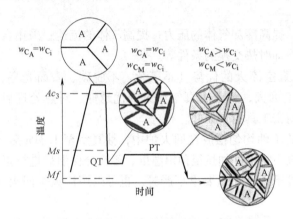

图 10-23　均匀奥氏体经淬火-分配（Q-P）处理示意图（w_{C_i}、w_{C_A} 和 w_{C_M} 分别表示原始合金、奥氏体和马氏体内的碳含量，QT 和 PT 分别表示淬火温度和碳分配温度）[10]

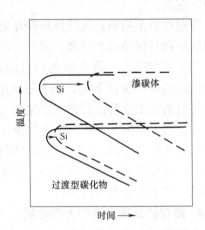

图 10-24　硅对渗碳体和过渡碳化物形成的影响[11]

Q-P 处理用钢必须含抑制渗碳体形成元素 Si、Al（或 P）。硅被认为在渗碳体中的溶解度很小，而在 ε 碳化物中有较高的溶解度，因此它能够稳定 ε 碳化物，但这尚待实验证明。硅对渗碳体和过渡碳化物形成的影响如图 10-24 所示。铝被认为有和硅相似的能延迟钢回火的作用。

10.3.3　亚共析钢的亚温淬火[12-14]

亚共析钢的亚温淬火是将以铁素体、珠光体为主的碳钢和低合金钢在加热到 Ac_3 以上温度淬火后，再在 $Ac_1 \sim Ac_3$ 之间进行再加热淬火（也可直接进行），并在 Ac_1 以下温度（500～600℃）回火。这种热处理工艺可以显著地降低脆性转变温度及回火脆性倾向，改善钢的低温韧性。

关于亚温淬火对淬火回火钢性能影响的主要原因，一般认为有以下三点：①是由于获得了少量细小均匀、塑性较高的残留铁素体；②产生第二类回火脆性的杂质元素（P、Sn、Si、Sb 等）为铁素体形成元素，在 $Ac_1 \sim Ac_3$ 之间两相区加热时在残留铁素体中富集，因而减少了在原奥氏体晶界偏聚的机会（如杂质元素 P 在铁素体中的含量约为奥氏体中的 1.6 倍），从而降低了回火脆性；③两相区再加热淬火获得的晶粒比普通淬火（高于 Ac_3）的要细，晶界面积倍增（达 10～50 倍），不仅不会因钢中存在一定数量较软的铁素体而使强度下降，反而可以使有害的杂质元素沿晶界扩散，分布均匀，单位晶界吸附的有害元素也减少，从而提高了韧性，可改善回火脆性和降低脆性转变温度。

关于亚温淬火温度的选择，看法不完全一致，但过低的淬火温度（临近 Ac_1）反而会使冲击韧性值降低。总之，为了保证足够的强度并使残留铁素体均匀细小，亚温淬火温度以稍低于 Ac_3 为宜。

亚温淬火为 Mn-Mo 系高强度钢低温韧性不足的缺陷提供了改善的途径，这对我国发展自己的低合金高强度钢系统有着很重要的意义。

10.3.4　超细化热处理（循环热处理）[12-15]

细化晶粒可提高钢材的强度、韧性（包括低温韧性）、脆性转变温度，疲劳性能也可获得改善，由此而出现的热处理工艺即为超细化热处理。该工艺是将钢材从室温到 Ac_3 温度反复迅速加热和冷却，通过 α→γ→α 多次循环相变，可使奥氏体晶粒逐步达到超细化（晶粒度高于 10 级），并在奥氏体晶粒内产生高密度的均匀分布的位错，从而使材料的强韧性指标显著提高。因此，超细化热处理也称为循环热处理。T8A 钢经 3～5 次循环处理后，可获得均匀的超细晶粒，力学性能明显提高，其工艺如图 10-25 所示。采用该规范处理的冲裁模具寿命可提高 2 倍以上。

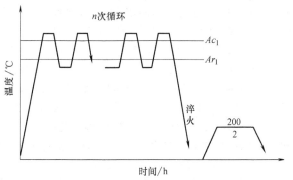

图 10-25　T8A 钢循环热处理工艺曲线[15]

但应注意，循环相变的次数不宜过多，因为当奥氏体晶粒极为细小时晶粒很不稳定，长大倾向会迅速增大，反而会妨碍晶粒的进一步细化。

习　题

1. 简述感应淬火的基本原理及特点。
2. 高频感应加热时的相变有何特点？
3. 简述高频感应淬火后钢的组织。
4. 简述高频感应淬火后钢的性能变化。
5. 影响高频感应淬火后性能的因素有哪些？如何影响？
6. 简述激光热处理的强化机理。
7. 简述激光热处理的优点。
8. 真空热处理有哪些特点？
9. 真空热处理后钢的性能有何改善？
10. 简述高温形变淬火及其强韧化机理。
11. 简述影响高温形变淬火强韧化效果的因素。
12. 何为低温形变淬火？其强韧化机理与高温形变淬火有何不同？
13. 简述影响低温形变淬火强韧化效果的因素。
14. 何为控轧控冷热处理？其工艺分为哪几种类型？
15. 何为淬火-分配工艺？

参考文献

[1] 胡光立，谢希文. 钢的热处理（原理和工艺）[M]. 3版. 西安：西北工业大学出版社，1993.

[2] 丁阳喜，杨柳青，付伟. 激光热处理技术的研究现状及发展 [J]. 机械工程师，2006（1）：19-21.

[3] 谢志余，潘钰娴. 激光热处理相变机理及应用 [J]. 机械制造与自动化，2003（4）：38-42.

[4] 许天已. 钢铁热处理实用技术 [M]. 北京：化学工业出版社，2002.

[5] 雷廷权，姚忠凯，等. 钢的形变热处理 [M]. 北京：机械工业出版社，1979.

[6] 杜海军，赵德文，杜林秀，等. Q390高强低合金厚板控制轧制工艺 [J]. 东北大学学报（自然科学版），2008，29（7）：976-979.

[7] 张鹏，王智祥，宋美娟，等. 控制轧制及控制冷却技术在16MnR钢的应用 [J]. 重庆工业高等专科学校学报，2001，16（10）：84-86.

[8] 陶常印. 控制轧制和控制冷却工艺的研究 [J]. 鞍钢技术，1997（9）：17-20.

[9] 阎承沛. 真空热处理工艺与设备设计 [M]. 北京：机械工业出版社，1998.

[10] 徐祖耀. 钢热处理的新工艺 [J]. 热处理，2007，22（01）：1-11.

[11] Edmonds D V, He K, Rizzo F. C, et al. Quenching and partitioning martensite [J]. A novel steel heat treatment，Invitedpaper-ICOMAT'05，Mater. Sci. Eng. A, 2006, 4382440：25-34.

[12] 张能武. 热处理工入门 [M]. 合肥：安徽科学技术出版社，2005.

[13] 江西省科技情报研究所. 热处理新工艺简介 [M]. 南昌：江西省科技情报研究所，1978.

[14] 万秀颖，田峰，宁欣，等. 亚温淬火在实际生产中的实验研究 [J]. 河南科技学院学报（自科版），2005，33（2）：124-125.

[15] 左传付，李聚群，杨晓红，等. 循环超细化热处理提高精冲模具寿命的研究 [J]. 金属热处理，2008，33（4）：47-49.

第11章 化学热处理

机器零件、工具和模具在使用过程中除了少数因脆断损坏外，大多数皆因疲劳或磨损而失效，或因高温氧化以及介质腐蚀而不能继续使用。这些损坏大多起源于零部件表面或接近表面的地方，因此，要提高机器零件及工模具的使用寿命，必须在整体强化的基础上，采取进一步表面强化的措施。化学热处理和其它表面强化处理，正是为此目的而发展起来的金属材料学科的一个分支。

化学热处理是将钢铁零件、工具或模具置于含有某种化学元素的介质中加热保温，通过钢铁表面与介质的物理、化学作用，使某种或几种元素渗入钢铁表面，然后以适当方式冷却，从而改变钢铁表面的化学成分与组织结构，赋予钢铁表面以新的物理、化学及力学性能。由于它能成倍地增加机器零件和工模具的使用寿命，因此成为当前热处理行业中十分活跃的一个分支。目前，生产上已经采用的化学热处理方法很多，按其作用来分，可以归纳为两大基本类别，即以提高表面力学性能（强度、硬度、耐磨性及疲劳强度）为目的的化学热处理和以提高表面化学稳定性（抗氧化和耐腐蚀）为目的的化学热处理。属于前者的有渗碳、碳氮共渗、渗氮、软氮化以及渗硼、渗铬等；属于后者的有渗铝、渗硅、渗锌等。有些则两者兼而有之。

11.1 化学热处理分类及基本过程

进行化学热处理时可采用固体、液体或气体状态的介质以提供欲渗元素的原子。因此，从工艺方法上可根据介质物理状态的不同，化学热处理分为固体法、液体法和气体法三种类型，如图 11-1 所示。

一般来说，化学热处理由三个基本过程组成，即化学介质（溶剂）的分解，活性原子被金属表面吸收，以及渗入元素向金属内部扩散形成一定的分布，即分解、吸收和扩散，这三个过程是相继进行、相互制约的。

分解是指渗剂（化学介质）发生分解反应，在反应产物中提供欲渗元素的活性原子的过程。渗剂在高温下分解，提供活性原子。例如，$CH_4 \rightarrow 2H_2 + [C]$，$2NH_3 \rightarrow 3H_2 + 2[N]$，其中 $[C]$、$[N]$ 分别为活性的碳、氮原子。所谓活性原子，是指初生的、原子态（即未结合成分子）的原子，只有这种原子才易于溶于钢中。

吸收是指活性原子被金属表面所吸收的过程。活性原子能被金属表面吸收，必须满足渗入元素的活性原子可溶入基体金属中，或可与之形成化合物。例如，碳不能溶于铜中，因此在进行局部渗碳时，往往在工件不需要渗碳的部位镀上一定厚度的铜层，便可阻断对碳的吸收。

扩散是指渗入原子在基体金属中的扩散。钢表面吸收活性原子后，渗入元素的浓度大大

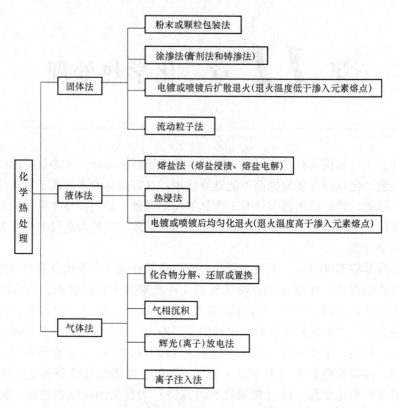

图 11-1　化学热处理的分类[1]

提高，这样就形成了表面与内部显著的浓度差（浓度梯度）。在一定的温度条件下，原子就能沿着浓度梯度下降的方向往工件内部扩散，结果得到一定厚度的扩散层。扩散层的特点是渗入元素在表面层的浓度最高，离开表层越远，浓度越低。

11.2　表面渗碳[2,3]

我们知道，高碳钢通过淬火和低温回火可以得到高的硬度和高的耐磨性，但脆性大、冲击韧性低；低碳钢通过淬火和低温回火可以得到很好的强度、塑性和韧性，但硬度不高、耐磨性能低。如果一个工件表层有高的含碳量，而心部的含碳量又较低，则通过淬火加低温回火，就可以获得具有高硬度和高耐磨性的表面，而心部又具有强而韧的性能，使它可以适应承受复杂应力所提出的要求。渗碳处理是目前常用而高效的一种工艺方法。一般来说，钢件渗碳后，表层变为高碳，而内部仍为低碳，经淬火及低温回火后，高碳的表层可以得到高的硬度和耐磨性，而低碳的心部则塑性好、韧性高。渗碳可使同一材料制作的零件兼具有高碳钢和低碳钢的优点，从而满足那些工作时受磨损及较高的表面接触应力，同时又受弯曲力矩及冲击负荷作用的零件，如汽车及拖拉机齿轮，凸轮轴、活塞销，风动工具中的活塞等。渗碳一般选用碳的质量分数为 0.1% ~ 0.3% 的低碳钢和低碳合金钢。

11.2.1　渗碳的目的、分类及应用

钢的渗碳就是将钢件在渗碳介质中加热和保温，使碳原子渗入表面，获得一定的表面含

碳量和一定碳浓度梯度的工艺。这是机器制造中应用最广泛的一种化学热处理工艺。其目的是使机器零件获得高的表面硬度、耐磨性及高的接触疲劳强度和弯曲疲劳强度。

根据所用渗碳剂在渗碳过程中聚集状态的不同，渗碳方法可以分为固体渗碳法、液体渗碳法和气体渗碳法三种。

（1）固体渗碳法　固体渗碳法是把渗碳工件装入有固体渗剂的密封箱内（一般采用黄泥或耐火粘土密封），在渗碳温度加热渗碳。固体渗碳剂主要由一定大小的固体炭粒和起催渗作用的碳酸盐组成。常用固体渗碳温度为 900～930℃。因为根据铁碳相图，只有在奥氏体区域，碳的溶解度大大高于在铁素体中的溶解度，碳在 γ-Fe 中的溶解度才可能在很大范围内变动，易于建立大的浓度梯度，碳的扩散才能在单相奥氏体中较快地进行。900～930℃这个温度恰好较渗碳钢的 Ac_3 点稍高，保证了上述条件的实现。扩散温度越高，扩散速度越快。但温度过高，奥氏体晶粒要发生长大，将降低渗碳件的力学性能；同时温度过高，将降低加热炉及渗碳箱的寿命，也将增加工件的过度变形。

（2）液体渗碳法　液体渗碳是在能析出活性碳原子的盐浴中进行的渗碳方法。渗碳盐浴一般由三类物质组成：一是加热介质，通常采用 NaCl 和 $BaCl_2$ 或 NaCl 和 KCl 混合盐；二是活性碳原子的供给物质，常用的是剧毒的 NaCN 或 KCN；三是催渗剂，常用的是占盐浴总量 5%～30% 的碳酸盐（Na_2CO_3 或 $BaCO_3$）。液体渗碳的优点是加热速度快、加热均匀、便于渗碳后直接淬火，缺点是多数盐浴有毒，因此这种方法运用逐渐减少。

（3）气体渗碳法　气体渗碳是工件在气体介质中进行渗碳的方法。渗碳气体可以采用碳氢化合物有机液体，如煤油、丙酮等直接滴入炉内汽化而得。气体在渗碳温度下热分解，析出活性碳原子，渗入工件表面。也可以将一定成分的混合气体通入炉内，在渗碳温度下混合气体分解出活性碳原子，渗入工件表面来进行渗碳。

对比上述三类渗碳方法，固体渗碳虽然是一种较古老的渗碳方法，但由于操作简单、原料易得、不需要专门设备等优点，仍在小规模使用。气体渗碳是近年来发展最快的一种渗碳方法，目前不仅实现了渗碳的可控性，而且实现了生产过程的计算机群控。另外相继开发的真空渗碳、辉光离子渗碳及真空离子渗碳工艺引起各国的重视，正在迅速地发展。

11.2.2　渗碳剂及渗碳化学反应

渗碳剂是提供活性碳原子的化学介质。常用的气体渗碳剂有两大类：一类是碳氢化合物有机液体，如煤油、苯和丙酮等，在渗碳炉内的高温下发生热分解，析出活性碳原子；另一类是气态的，如吸热式保护气、城市煤气等。

用作渗碳剂的化学介质必须具有较高的渗碳活性，含硫及其它杂质尽可能少，不易形成炭黑或结焦（工业上称为积炭），便于使用并且不致造成公害，价格便宜。各种渗碳剂（碳氢化合物）裂化而产生的渗碳气体，其主要组成是 CO、C_nH_{2n+2}（烷类饱和碳氢化合物）、C_nH_{2n}（烯类不饱和碳氢化合物）、H_2、CO_2、H_2O 及 N_2。其中除了中性气氛 N_2 外，CO、C_nH_{2n+2}、C_nH_{2n} 都有渗碳能力，而 CO_2 和 H_2O 则是脱碳的，干燥氢的脱碳作用不大。下面分别说明各种气体的作用。

CO 是渗碳气氛中的主要组成物，在渗碳温度下，它在零件表面分解出活性碳原子，即

$$2CO \rightleftharpoons CO_2 + [C] + 1.7 \times 10^5 J \tag{11-1}$$

这是放热反应，因而随着温度升高，它分解产生活性碳原子的能力降低，是一种弱的渗碳气

氛。

饱和碳氢化合物，包括甲烷（CH_4）、乙烷（C_2H_6）、丙烷（C_3H_8）等，它们在渗碳温度下也会发生分解，析出活性碳原子。例如，甲烷的分解为

$$CH_4 \rightleftharpoons 2H_2 + [C] - 7.6 \times 10^4 J \tag{11-2}$$

这是吸热反应，所以升高温度会提高甲烷的渗碳活性。在可控气氛渗碳时，甲烷的体积分数一般控制在 1.5% 以下，若含量过高，分解出的活性碳原子不能及时被零件表面吸收，将结合成分子碳，呈炭黑状沉积在工件表面，影响渗碳正常进行。

不饱和碳氢化合物，如乙烯（C_2H_4）、丙烯（C_3H_6）等，它们在渗碳温度下同样会发生分解，析出活性碳原子和氢气，同样会由于分解出的活性碳原子含量过高而产生炭黑现象；另外由于该物质性质比较活泼，加热时易于聚合，如丙烯在高温下发生的聚合反应为

$$2C_3H_6 \longrightarrow C_6H_{12} \tag{11-3}$$

其产物为焦油，沉积在零件表面，阻碍渗碳进行。所以渗碳气氛中不饱和碳氢化合物的含量应减少到最低限度，其体积分数一般控制在 0.5% 以下。

H_2 虽然也使钢脱碳，但在高温下作用并不强烈。相反，当炉内的 H_2 含量较高时，可以延缓碳氢化合物的分解过程，阻止不饱和碳氢化合物的形成和炭黑的产生，即

$$2H_2 + C \rightleftharpoons CH_4 \tag{11-4}$$

$$H_2 + C_3H_6 \rightleftharpoons C_3H_8 \tag{11-5}$$

同时，氢还是强烈的还原性气体，能保护钢件表面不被氧化，是渗碳气氛中的重要组成物之一。

渗碳气氛中还有少量 CO_2、H_2O 和 O_2 等脱碳气体，它们的含量必须严加控制，通常体积分数控制在 0.5% 以下。

渗碳剂中含硫是十分有害的，一方面，硫渗入零件表面会降低渗层碳浓度；另一方面，在含镍的钢中，硫易与镍形成低熔点的 NiS，以网状形式存在于晶界上，引起热脆，显著缩短炉罐、工夹具及电热体的使用寿命。一般规定渗碳用的煤油中硫的质量分数应低于 0.04%。

11.2.3 典型的气体渗碳方法简介

1. 滴注式可控气氛渗碳[2]

可控气氛渗碳是通过控制渗碳气体的成分来控制钢件渗碳层的碳浓度。滴注式可控气氛渗碳的主要特点是把两种有机液体直接滴入渗碳炉内进行热分解，使其中一种滴液形成稀释气（载气），另一种滴液形成富化气（渗碳气）。前者多用甲醇，后者多用乙醇、醋酸甲酯、醋酸乙酯、异丙醇、丙酮等。甲醇滴剂量恒定，用自动控制的方法来调节富化气的滴量，以达到控制炉内碳势，也保持炉内有一定的压力。所谓碳势，是指纯铁在一定温度下于加热炉气中加热时达到既不增碳也不脱碳，并与炉气保持平衡时表面的含碳量，它表示炉气对纯铁饱和碳的能力。

图 11-2 所示为不同渗碳剂与甲醇混合时，对炉气中 CO 含量的影响。从图中可知，作为滴注式可控气氛的滴剂，以甲醇为稀释剂时，以醋酸乙酯，或用醋酸甲酯＋丙酮（1:1）作为渗碳滴剂最为理想（图中曲线 2）；以异丙醇＋水（10:3）的混合物为渗碳剂，对炉气基本成分 CO、H_2 的影响也很小（图中曲线 3）。

2. 吸热式渗碳气氛渗碳

吸热式气氛是将可燃性原料气，如丙烷、丁烷、天然气等碳氢化合物与较少的空气混合后，通入装有触媒剂的炉膛中，在触媒剂的作用下，并借助外加热，使混合气在 950～1050℃ 的条件下进行反应，用这种方法制备的气氛称为吸热式气氛。以丙烷气为例，空气与丙烷气之比为 7.2:1。吸热式气氛成分稳定，主要成分为 CO、H_2 和 N_2，具有强的还原性和渗碳能力，是强渗碳气氛。

吸热式气氛多用于连续式炉气体渗碳。连续式炉气体渗碳的炉膛分为四个区域，即加热区、渗碳区、扩散区和预冷区。各区的加热温度和供气制度有所不同。

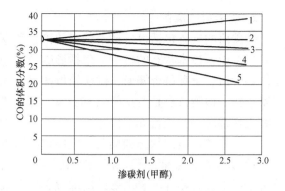

图 11-2 甲醇与各种渗碳剂的混合比对炉气 CO 含量的影响
1—甲醇 + 醋酸甲酯 2—甲醇 + 醋酸乙酯或甲醇 + 醋酸甲酯 + 丙酮 3—甲醇 + 异丙醇 + 水（异丙醇：水 = 10:3） 4—甲醇 + 丙酮 5—甲醇 + 异丙醇

11.2.4 渗碳工艺过程

渗碳零件的工艺过程主要包括渗碳前的热处理、渗碳前的准备、渗碳过程的工艺操作、渗碳后的热处理及渗碳件的质量检查。

1. 渗碳前的热处理

因渗碳钢含碳量低，为了改善其切削加工性能和为渗碳时准备较合理的原始组织，保证渗碳层的质量和心部的性能，应对不同加工工艺、不同材料和不同形状及尺寸的零部件，进行不同的预备热处理。常见渗碳钢件的预备热处理工艺见表 11-1[3]。

表 11-1 常见渗碳钢件的预备热处理工艺

牌号举例	预备热处理		显微组织	硬度 HBW
	工序	工艺规范		
10、20、20Cr	正火	900～960℃空冷	均匀分布的片状珠光体和铁素体	156～179
	调质	900～960℃淬火 600～650℃回火	回火索氏体	179～217
20CrMnTi、20CrMo、20Mn2TiB、20MnV 等	正火	950～970℃空冷	均匀分布的片状珠光体和铁素体	179～217
20CrMnMo、20CrNi3、20Cr2Ni4A、18Cr2Ni4WA	正火 + 回火	880～940℃空冷 + 650～700℃回火	粒状或细片状珠光体及少量铁素体	20CrMnMo 为 171～229；其余 207～269
20Cr2Ni4A、18Cr2Ni4WA 当锻造后晶粒粗大时	回火 + 正火 + 回火	640℃保温 6～24h 空冷 + 以大于 20℃/min 的速度加热到 880～940℃ 空冷 + 850～700℃回火	粒状或细片状珠光体及少量铁素体	207～269

2. 渗碳前的准备

渗碳前的准备包括设备技术状态的检查和渗碳件表面状态的准备两个方面。

（1）设备技术状态的检查　包括渗碳炉罐的密封性，电风扇转动是否正常，渗碳剂供应系统如管道、滴嘴是否畅通，供应箱里的渗碳剂数量能否满足渗碳过程之用，冷却系统能否正常工作，检测仪表是否正常（包括炉气、炉温、炉压仪表），炉子是否定期进行清扫等，这些工作都应一一进行详细检查。

（2）渗碳件表面状态的准备　主要包括以下几个方面：

1）关于非渗碳面问题。在生产中，由于工件的特殊要求，有的部位不能进行渗碳。在这种情况下，对零件不要求渗碳的部位必须采取相应的措施防止渗碳，常用的有：①增大加工余量；②镀铜法；③涂料覆盖法。

2）渗碳件的表面检查。渗碳件表面质量检查主要包括表面粗糙度和尺寸精度，表面有无油污、锈斑、水迹、裂纹、划痕和碰伤等各项。

3. 渗碳过程的工艺操作

气体、液体、固体渗碳工艺不同，其渗碳的工艺操作也有不同，但其基本过程是类似的。在此，以气体渗碳为例加以介绍。渗碳工艺的全过程可以分为排气期、强渗期、扩散期、降温期和等温期五个不同的阶段来分别加以控制。图 11-3 所示为 20CrMnTi 钢制造的汽车变速箱齿轮所采用的滴注式可控气氛渗碳工艺曲线，图中的 $A + A'$ 阶段为排气期，B 段为强渗期，C 段为扩散期，D 段为降温期，E 段为等温期。

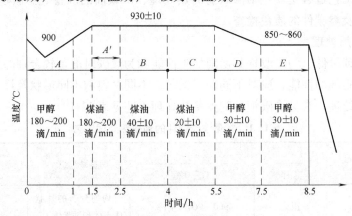

图 11-3　20CrMnTi 钢滴注式可控气氛渗碳工艺曲线

4. 渗碳后的热处理[2]

（1）渗碳后热处理的目的　渗碳只能改变零件表面的化学成分，使表层具有高碳钢（对碳钢而言）或高碳合金钢（对合金钢而言）在正火或退火后所得的组织和性能，因而其硬度、耐磨及抗疲劳等性能都很低。只有通过渗碳后的淬火、回火等热处理，才能使表层和心部的组织和性能发生根本的变化，使其具有表层高硬度、高耐磨，而心部强而韧的性能特点。

渗碳后热处理的目的是：①获得高硬度（58～63HRC）和高耐磨的表面层；②消除网状渗碳体和调整残留奥氏体的数量和分布；③ 细化晶粒，提高强度和韧性；④ 消除内应力，稳定尺寸。

（2）渗碳后的热处理工艺

1）直接淬火法。这种方法是在渗碳后，直接将工件放入油或水中淬火。为了减小淬火时的变形，往往采取如图 11-4 所示的冷却方式。图中曲线 1 表示预冷至淬火温度后直接淬火，如油淬（合金钢）、水淬（碳钢）；曲线 2 表示预冷双液淬火，如水-油淬火等；曲线 3 表示分级淬火；曲线 4 表示预冷至淬火温度、等温后直接淬火，等温的目的是使渗碳件表里温度趋向一致，使淬火变形减小到最低程度。

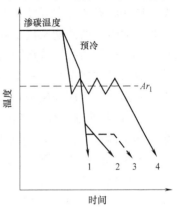

预冷的温度范围和淬火方法的选择对产品质量和变形的影响极大。预冷温度通常确定在稍高于由心部成分决定的 Ar_3 点，避免淬火后因心部出现铁素体而使心部强度下降；或确定在表层成分的 $Ar_{cm} \sim Ar_1$ 点之间，避免析出网状碳化物。至于淬火方法的选择，应从淬硬层深度和操作的可靠性等多种因素来考虑。

图 11-4　渗碳后直接淬火工艺曲线

直接淬火的优点为：可减少加热及冷却次数，简化操作，生产率高，变形小及氧化脱碳少。缺点为：由于渗碳时在较高的渗碳温度停留较长的时间，容易发生奥氏体晶粒长大，直接淬火后力学性能较低。因此，在渗碳时不发生奥氏体晶粒显著长大的钢，才能采用直接淬火。

2）一次淬火法。一次淬火是把渗碳后零件按不同的方式冷到需要的温度后，再加热，进行一次淬火。一次加热淬火可以使晶粒获得一次细化的机会，同时根据对渗碳件不同的性能要求，选择不同的淬火温度。一次淬火温度的选择可以用图 11-5 来说明。图 11-5 所示为 Fe-C 相图的一部分，图中标明渗层表面与心部较为适宜的淬火温度。从图中可知，渗碳件要使心部具有强而韧的性能，必须采用 $Ac_3 + 30 \sim 50℃$ 的温度进行淬火。要使渗碳件具有表层硬而耐磨的性能，必须采用 $Ac_1 + 30 \sim 50℃$ 的温度进行淬火。由此可知，当淬火温度选择在适合表层的 $Ac_1 + 30 \sim 50℃$ 时，则表层淬火温度与表层成分完全适应，而心部却处在两相区，只能部分淬火。所以，按此原则选择的淬火温度，只有当零件要求表面具有高的耐磨性及高的强度和硬度，而心部性能要求较低且淬火前渗层表面不存在严重网状碳化物时采用。当淬火温度选择在心部的 $Ac_3 + 30 \sim 50℃$ 的温度范围时，则心部全部发生重结晶，使粗晶细化，淬火后心部可以得到细晶粒的低碳马氏体或索氏体组织。而对表面高碳渗层的加热，因为超过了 Ac_{cm} 线，淬火后残留奥氏体量较多，且晶粒粗大，但可以消除网状碳化物组织。图 11-6

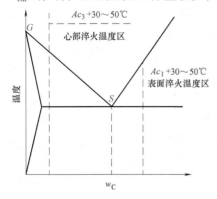

图 11-5　Fe-C 相图一部分，渗层和心部淬火温度

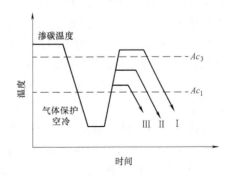

图 11-6　渗碳后一次淬火的工艺曲线

所示为渗碳后一次淬火的工艺曲线。

在生产实践中往往还选用这样的一种淬火温度，即高于 $Ac_1 + 30 \sim 50℃$、低于 $Ac_3 + 30 \sim 50℃$ 的中间状态的淬火温度，如图 11-6 中的曲线 Ⅱ 所示。这种淬火温度使心部的性能优于曲线 Ⅲ，而表层的性能又优于曲线 Ⅰ，对于那些要求心部强而韧、表面允许有较高含量的残留奥氏体、表面耐磨、抗点蚀疲劳性能良好的机器零件尤为适用。淬火的方式可采用单液、双液、分级等方式进行。一次淬火法可以提高心部或者改善表面的性能，但却无法使两者同时都得到提高。要使表层和心部同时获得满意的改善，一般采用渗碳后二次淬火。

3）二次淬火法。所谓二次淬火，就是渗碳缓冷后再进行两次淬火，其工艺曲线如图 11-7 所示。第一次淬火温度为 $Ac_3 + 30 \sim 50℃$，其目的是细化心部组织，改善心部的强韧性，并消除表面的网状碳化物。第二次淬火温度为 $Ac_1 + 30 \sim 50℃$，淬火后表面得到细针状马氏体、细小颗粒状分布的碳化物和适量的残留奥氏体。两次淬火后，无论是心部还是渗层表面都能获得较为满意的组织和性能，但因经过多次加热和冷却，工艺较复杂，费用高，耗能多，工件变形大，并会产生氧化脱碳等缺陷。因此，只有当直接淬火无法满足性能要求时，才能考虑使用繁杂的多次淬火工艺。应尽量考虑用一次淬火，而后考虑用二次淬火工艺。目前在生产中，二次淬火已很少采用。

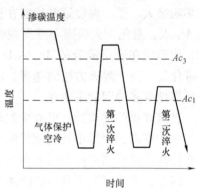

图 11-7　渗碳后两次淬火工艺曲线

不论采用哪种淬火方法，渗碳件在最终淬火后均要经 $180 \sim 200℃$ 的低温回火。

5. 渗碳件的质量检查

渗碳件的质量检查一般包括：①渗碳钢原材料检查；②渗层质量检查，包括渗层深度、渗层碳含量，碳化物、残留奥氏体及马氏体级别的评定；③渗碳件心部游离铁素体级别的评定；④渗层和心部硬度的检查；⑤渗碳件变形量的检查和表面氧化、脱碳以及软点检查。

11. 2. 5　渗碳后钢的组织与性能[2]

1. 渗碳层的组织

碳素钢渗碳时，当渗碳剂的碳势一定时，在渗碳温度下只可能存在单相奥氏体，其碳含量分布曲线自表面向心部逐渐降低，如图 11-8 所示。自渗碳温度直接淬火后，渗层组织中无过剩碳化物，仅为针状马氏体加残留奥氏体，残留奥氏体量自表面向内部逐渐减少。渗层硬度符合淬火钢硬度与含碳量的关系，在高于或接近于 $w_C = 0.6\%$ 处硬度最高；而在表面处，由于残留奥氏体较多，硬度稍低。图 11-9 所示为低碳钢渗碳后缓冷的组织，从表层的过共析组织逐渐过渡到心部的亚共析组织。图 11-10 所示为 10 钢 930℃ ±10℃ 渗碳 3h，罐中冷却后重新加热至 860℃ 油冷，180℃ 回火后的组织形貌。其表层为回火马氏体和少量残留奥氏体；过渡区为回火马氏体和少量托氏

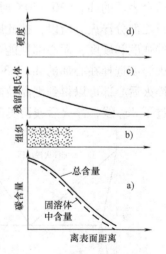

图 11-8　碳素钢渗碳后渗层的碳含量分布及渗层组织示意图

a）碳含量分布曲线　b）淬火组织示意图　c）渗层中残留奥氏体量　d）渗层硬度

体；心部为铁素体和低碳马氏体。

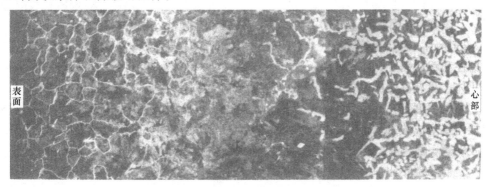

图 11-9　低碳钢渗碳缓冷后从表层到心部的组织[3]　500 ×

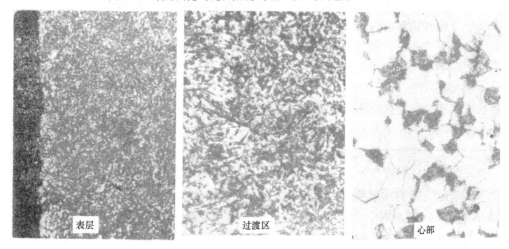

图 11-10　10 钢经渗碳、淬火、回火后表层、过渡区及心部的组织形貌（500 ×）[3]

合金钢渗碳时，渗层组织应考虑合金元素的扩散重分配过程。图 11-11 所示为 18CrMnTi 钢和 20 钢在 920℃渗碳 6h 直接淬火后的渗层碳含量、残留奥氏体量及硬度沿截面的变化。这里看到一个特殊现象，即在离表面 0.2mm 处奥氏体中含碳量最高、残留奥氏体量最多、硬度最低，除此以外，越靠近表面，奥氏体中含碳量越低，相应地残留奥氏体量减少，硬度提高。出现这一现象同渗碳过程中剧烈形成碳化物有关。这种钢中含有 Ti、Cr 强碳化物形成元素，但含量比较少，而且合金元素的扩散又极缓慢，在时间较短的渗碳过程中，很难看出它们的扩散及重新分布，但由于它们的存在，在渗碳过程中，一旦碳的含量达到奥氏体的饱和极限含量，就会强烈地析出合金渗碳体，其剧烈程度甚至由表面渗剂提供碳原子都来不及，因而出现了奥氏体中碳含量低于该温度下平衡含量的现象。

在正常情况下，淬火后渗碳层的组织从表面到心部依次为：马氏体 + 残留奥氏体 + 碳化物→马氏体 + 残留奥氏体→马氏体→心部组织。心部组织在完全淬火情况下为低碳马氏体；淬火温度较低时为马氏体 + 游离铁素体；在淬透性较差的钢中，心部组织为托氏体或索氏体 + 铁素体。

2. 渗碳件组织对性能的影响

零件经渗碳热处理后，得到具有高硬度和高强度的表层，使耐磨性、拉伸及静弯曲强度

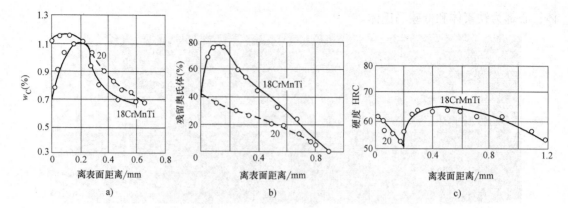

图 11-11　18CrMnTi 钢和 20 钢 920℃渗碳 6h 直接淬火后的渗层成分、组织及硬度
a）渗层奥氏体中碳含量的分布　b）渗层中残留奥氏体量　c）渗层硬度分布

以及在循环弯曲和接触应力作用下的疲劳极限均有显著提高。渗碳层塑性及韧性虽然较低，但心部组织具有高韧性，使零件能够承受一定的冲击负荷。为了使零件具有最佳的力学性能，必须把影响零件性能的各种组织结构因素控制在合适的范围之内。

（1）渗层碳化物　渗层中的碳化物可以显著提高零件的耐磨性和抗咬合能力。但是，粗大块状或网状碳化物的存在，因破坏基体组织的连续性而引起脆性，使零件承受冲击及弯曲疲劳的性能降低，在周期性接触应力作用下易形成疲劳麻点和表面剥落，并使磨裂倾向增大。因此，对于像传动齿轮这种在工作时经受磨损和较大接触应力，并有一定冲击力作用的零件，较好的组织应是在细小马氏体组织的基体上分布有适量的细小粒状碳化物。研究证明，钢中形成碳化物的元素越多，渗碳时间越长，碳势越高，形成的碳化物越多。

（2）残留奥氏体　钢中的碳及大多数合金元素均显著降低其马氏体转变温度，因而渗碳层，尤其是合金钢零件的渗碳层，淬火后往往有较多的残留奥氏体。与马氏体相比，残留奥氏体的强度、硬度较低，塑性、韧性较高，因而组织中有一定数量的残留奥氏体，能起到减缓冲击外力和减少应力集中的作用，增加疲劳裂纹形成和扩展的阻力，提高钢的断裂韧性，但残留奥氏体数量过多会降低钢的硬度和强度。

（3）心部组织对渗碳件性能的影响　渗碳零件的心部组织对渗碳件性能有着重大影响。合适的心部组织应为低碳马氏体，但在零件尺寸较大、钢的淬透性较差时，也允许心部组织为托氏体或索氏体，视零件要求而定，但不允许有大块状或过多量的铁素体。

（4）渗碳层与心部的匹配对渗碳件性能的影响　渗碳层与心部的匹配，主要考虑渗碳层的深度与工件截面尺寸对渗碳件性能的影响，以及渗碳件心部硬度对渗碳件性能的影响。

渗碳层深度对渗碳件性能的影响首先表现在对表面残余应力状态的影响。在工件截面尺寸不变的情况下，随着渗碳层的减薄，表面残余压应力增大，有一极值。过薄时由于表面层马氏体的体积效应有限，表面压应力反而减小。渗碳层深度对齿轮齿根弯曲疲劳强度的影响如图 11-12 所示。

渗碳层的深度越深，可以承载的接触应力越大。因为由接触应力引起的最大切应力发生于表面下的一定深度处，若渗碳层过浅，最大切应力发生于强度较低的非渗碳层（即心部）组织上，将使渗碳层塌陷剥落。但渗碳层深度的增加会使渗碳件的冲击韧性降低。

由最终组织决定的渗碳件心部的硬度，不仅影响渗碳件的静强度，同时也影响表面残余应力的分布，从而影响弯曲疲劳强度。在一定渗碳层深度的情况下，心部硬度增高，表面残余压应力减小。一般渗碳件心部硬度较高者，渗碳层深度应较浅。渗碳件心部硬度过高，会降低渗碳件的冲击韧性；心部硬度过低，则承载时易于出现心部屈服和渗层剥落。

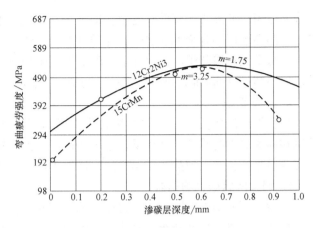

图 11-12　渗碳层深度对齿轮齿根弯曲疲劳强度的影响

目前，汽车及拖拉机齿轮的渗碳层深度一般是按齿轮模数的 15% ~ 30% 的比例来确定的。心部硬度在齿高的 1/3 或 2/3 处测定，合格的硬度值为 33 ~ 48HRC。

3. 钢中合金元素对渗碳组织和性能的影响

钢中的合金元素一般分为两种类型，一类是不能形成碳化物的元素，如 Si、Ni、Al、Cu 等；一类是能形成碳化物的元素，其强弱顺序大致如下：Ti、Nb、V、W、Mo、Cr、Mn、Fe。前面讲到，低碳钢渗碳时即使渗碳介质的碳势足够高、时间足够长，钢表面的含碳量一般也不会超过 $Fe-Fe_3C$ 相图上与渗碳温度下奥氏体饱和含碳量相对应的数值，即保持单相奥氏体状态。而当加入碳化物形成元素时，由于其与碳的亲和力比较强，因而在渗碳过程中能够形成合金碳化物，表面碳含量可以更高一些。反映在金相组织上，在渗碳后的合金钢表面存在或多或少的粒状或块状碳化物，其数量及分布深度与碳化物形成元素的含量、渗碳温度和炉气碳势有关。

例如，合金钢 30CrMnTi 渗碳后缓冷的渗碳层金相组织和碳钢一样，也是由过共析区、共析区及亚共析区三部分组成。不同的是，在合金钢表层存在着渗碳过程中即已形成的粒状碳化物，而碳钢过共析层中的网状碳化物是在渗碳后缓冷时析出的。

由于在相同渗碳条件下，合金钢渗碳层中碳的含量比碳钢要高，且合金钢在渗碳过程中即可形成碳化物，因此合金钢渗碳层含碳量的分布及淬火后的组织和硬度与碳钢有所不同。由于合金元素降低 Ms 点并增加奥氏体的稳定性，合金钢渗碳层中残留奥氏体数量较多。但在最表层，由于形成了碳化物，使固溶体中含碳量及合金元素含量减少，因而残留奥氏体量可能反而比次层少，即在次表层出现残留奥氏体量的最大值，该处出现硬度低谷（图 11-11c）。但在表层碳化物数量不多的情况下，残留奥氏体量的最大值可能在表面，此时的渗碳层硬度曲线出现所谓的"低头现象"。

11.2.6　渗碳缺陷及控制

渗碳经常出现的缺陷种类很多，其原因与渗碳前的原始组织、渗碳过程以及渗碳后的热处理等很多因素有关。下面仅就渗碳过程中出现的组织缺陷进行介绍[2]。

1. 黑色组织

在含 Cr、Mn 及 Si 等合金元素的渗碳钢渗碳淬火后，在渗碳层表面组织中出现沿晶界呈断续网状的黑色组织。出现这种黑色组织的原因，可能是由于渗碳介质中的氧向晶界扩散，形成 Cr、Mn 和 Si 等元素的氧化物，即"内氧化"；也可能是由于合金元素的优先氧化使晶界上及晶界附近的合金元素贫化，淬透性降低，致使淬火后出现非马氏体组织。预防黑色组织的办法是注意渗碳炉的密封性能，降低炉气中的含氧量。一旦工件上出现黑色组织时，若其深度不超过 0.02mm，可以增加一道磨削工序，将其磨去，或进行表面喷丸处理。

2. 反常组织

这种组织的特征是在先共析渗碳体周围出现铁素体层，常在含氧量较高（如沸腾钢）的钢在固体渗碳时看到。具有反常组织的钢经淬火后易出现软点。补救办法是适当提高淬火温度或适当延长淬火加热的保温时间，使奥氏体均匀化，并采用较快的淬火冷却速度。

3. 粗大网状碳化物组织

这种情况如图 11-13 所示。其形成原因可能是由于渗碳剂活性太大、渗碳阶段温度过高、扩散阶段温度过低及渗碳时间过长引起的。预防补救的办法是分析其原因，采取相应措施。对已出现粗大网状碳化物的零件，可以进行温度高于 Ac_{cm} 的高温淬火或正火。

4. 渗碳层深度不均匀

渗碳层深度不均匀的形成原因很多，可能是由于原材料中带状组织严重，也可能是由于渗碳件表面局部结焦或沉积炭黑、炉气循环不均匀、零件表面有氧化膜或不干净、炉温不均匀、零件在炉内放置不当等原因所造成。应分析其具体原因，采取相应的预防措施。

5. 表层贫碳或脱碳

图 11-14 所示为渗碳后表面形成了一层全脱碳层，其形成原因是扩散期炉内气氛碳势过低，或高温出炉后在空气中缓冷时氧化脱碳。补救办法是在碳势较高的渗碳介质中进行补渗。在脱碳层小于 0.02mm 的情况下，可以采用将其磨去或喷丸等办法进行补救。

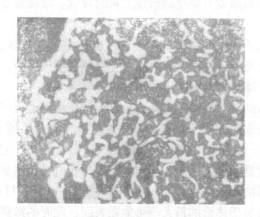 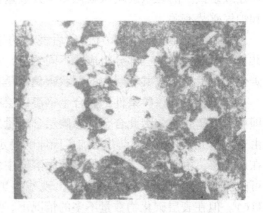

图 11-13　渗碳后齿轮表面和齿尖　　　　图 11-14　渗碳后表面形成一层全脱碳层[3]
　　　　处的粗大网状碳化物[3]

6. 表面腐蚀和氧化

渗碳剂不纯，含杂质多，如硫或硫酸盐的含量高，液体渗碳后零件表面粘有残盐，均会引起腐蚀。渗碳后零件出炉温度过高，等温盐浴或淬火加热盐浴脱氧不良，都可引起表面氧化，应仔细控制渗碳剂的盐浴成分，并对零件表面及时清洗。

11. 3　表面渗氮[2,5,6]

11. 3. 1　渗氮的特点

渗氮（氮化）是将氮渗入钢件表面，从而提高其硬度、耐磨性和疲劳强度的一种化学热处理方法。渗氮的发展虽比渗碳晚，但却得到了广泛应用，这是因为它具有以下优点：渗氮可以获得比渗碳更高的表面硬度和耐磨性，钢渗氮后的表面硬度可以高达 950～1200HV（相当于 65～72HRC），而且到 600℃仍可维持相当高的硬度（即热硬性）；渗氮还可获得比渗碳更高的弯曲疲劳强度；由于渗氮温度较低（500～570℃之间），故变形很小；渗氮也可以提高工件的耐蚀性能。但是，渗氮的缺点是工艺过程较长，渗层也较薄，不能承受太大的接触应力。目前除了钢以外，其它如钛、钼等难熔金属及其合金也广泛地采用渗氮工艺。

11. 3. 2　钢的渗氮原理

1. Fe-N 相图

Fe-N 相图如图 11-15 所示，它是研究钢渗氮的基础。在 Fe-N 系中可以形成以下五种相：

（1）α 相　氮在 α-Fe 中的间隙固溶体相当于 Fe-Fe$_3$C 相图中的铁素体，也叫含氮铁素体，为体心立方结构。氮在 α-Fe 中的最大溶解度在 590℃为 0.1%，随着温度的下降，其溶解度也下降，至 100℃时，仅能溶解 0.001% 的氮。由于 α 相中溶解氮的能力较低，强化作用有限，故 α 相的性能与 α-Fe 基本相同。

（2）γ 相　氮在 γ-Fe 中的间隙固溶体为面心立方结构，存在于共析温度 590℃以上。共析成分氮的质量分数为 2.35%，相当于 Fe-C 相图中的奥氏体，也叫含氮奥氏体。氮在 γ-Fe 中的溶解能力远大于在 α-Fe 中的溶解能力，也比奥氏体中溶解碳的能力强，其最大溶解度在 650℃时为 2.8%。

（3）γ′相　以氮化物 Fe$_4$N 为基的固溶体存在于（680±5）℃以下，氮的质量分数为 5.7%～6.1%。γ′相是有序面心立方点阵的间隙相，它在（680±5）℃以上时转变为 ε 相。γ′相也有较高的硬度（约为 550HV）和韧性。氮化时，外层表面如能获得单一的 γ′相，则表面渗层具有较为理想的力学性能。

（4）ε 相　含氮范围很宽的化合物。在 500℃以下，ε 相的成分大致在 Fe$_3$N（w_N = 8.1%）与 Fe$_2$N（w_N = 11.0%）之间变化。当温度下降时，从 ε 相中析出含氮量较低的 γ′相，从而使 ε 相的含氮量不断提高，而趋向

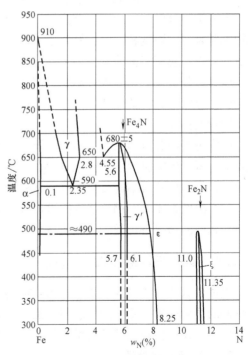

图 11-15　Fe-N 相图

ξ相成分的可能，因而易在渗氮层表面出现比 ε 相含氮量更高、脆性更大的 ξ 相。ε 相是有序密排六方点阵的间隙相，它有较高的硬度。

（5）ξ相　是以 Fe_2N 化合物为基的固溶体，氮的质量分数在 11.00% ~ 11.35% 之间变化，是目前已经知道的含氮量最高的铁氮化合物。它具有正交菱形点阵的间隙相，性脆、耐腐蚀。ξ 相在含氮较高时且在缓慢冷却过程中易于形成。由于 ξ 相与 ε 相一样，都有很好的耐蚀性，故腐蚀后在金相显微镜下很难分辨出来。

2. 渗氮介质的分解反应

渗氮与渗碳一样，也分为三个过程——分解、吸收和扩散，即渗氮介质的分解、活性氮原子被工件表面所吸收和氮原子向钢件内部的扩散。在自然界，特别是空气中存在大量的氮气，这种分子态的氮很稳定，不易分解。在渗氮温度范围内几乎不会分解成活性氮原子，故不能被钢件所吸收。而氨与分子态的氮气完全不同，是一种很不稳定的气体，在一定的条件下易于分解，它的分解率随温度的升高而增大。在 400 ~ 600℃ 的氮化温度范围内，氨的自然分解率极高。由此可知，氨是较为理想的供氮化学介质，其分解化学式如下

$$2NH_3 \rightarrow 2[N] + 6[H] \rightarrow N_2 + 3H_2 \tag{11-6}$$

氨气分解为活性氮、氢原子，瞬间就会转变成为极稳定的氮分子和氢分子而失去活性，即

$$2NH_3 \rightarrow 2N_2 + 3H_2 \tag{11-7}$$

1kg 的液氨在 20℃、1atm⊖ 压力时，大约挥发出 1.4m³ 的氨气，在 300℃ 以上氨气立即分解成活性氮原子和氢原子。如不及时为工件表面所吸收，就迅速地转变为极稳定的氮分子和氢分子，而失去活性，即变成 0.7m³ 的氮气和 2.1m³ 的氢气。渗氮处理过程就是利用刚分解而未结合成分子的活性原子态氮渗入工件中，以达到渗氮的目的。

影响氨气分解反应的因素有温度、压力和触媒（催化剂）等。温度对分解反应速度的影响特别显著。在温度较低时，氨几乎不能分解；当温度提高到350℃以上时，几乎全部都能分解，即提高温度能促使其分解反应的进行。

压力对分解反应速度也有影响，因氨的分解是体积发生膨胀的过程。提高压力，阻止氨的分解；降低压力，就促使氨的分解。但是在渗氮过程中，压力变化很小，故对氨分解反应的速度影响不大。

触媒对氨的分解影响特别显著。镍和某些镍的化合物都是很好的触媒剂，如果没有这些触媒剂，氨在渗氮温度下就很难分解。由于钢铁工件本身就是氨分解的触媒剂，所以在渗氮过程中，氨的分解可不需要使用其它触媒剂。

除了温度、压力、触媒剂等因素以外，氨气的分解速度与氨气的流量有很大关系。在其它条件相同的情况下，随着氨气流量的增大，氨的分解率减小。

11.3.3　钢的气体渗氮工艺过程

气体渗氮的工艺过程主要包括渗氮前的热处理、渗氮前的准备、渗氮过程的工艺操作及渗氮件的质量检查。渗氮后一般不再加工，有时为了消除渗氮缺陷，附加一道研磨工序。对精密零件，在渗氮与几道精密机械加工工序之间应进行一两次消除应力处理。

1. 渗氮前的热处理

⊖　1atm = 101325Pa。

为了使渗氮获得良好的效果，对于不同用途、不同材料的渗氮件，必须进行不同的预备热处理工艺。下面介绍几种常用类型钢的预备热处理工艺。

（1）结构钢渗氮前的调质处理　常用钢渗氮前的调质规范见表 11-2。按照表 11-2，调质处理后在渗氮时均能得到较为理想的渗氮层。但如果调质硬度过高，机械加工将有困难，可适当地提高回火温度使硬度降低。表中的 38CrMoAlA 等钢由于是按照渗氮要求而设计的，因此常称为渗氮钢。对于渗氮钢，通常要求调质后获得索氏体组织，组织中（至少渗层以内）不得有块状铁素体，否则将引起渗氮后渗层脱落，产生严重脆性、变形等缺陷。对于形状复杂、尺寸稳定性及形变量要求很严的零件，在机械加工及粗磨后，要酌情进行稳定化处理，这样可以更好地消除由于机加工引起的内应力，以保证渗氮处理时变形量最小。

表 11-2　常用钢渗氮前的调质规范

牌号	淬火		回火		调质后硬度		备注
	温度/℃	冷却剂	温度/℃	冷却剂	HBW	HRC	
38CrMoAlA	940 ± 10	油或水	640 ± 30	空	241 ~ 321	—	大件水淬
40Cr	840 ~ 860	油或水	560 ~ 600	油	197 ~ 229	—	大件水淬
40CrNiMoA	840 ~ 860	油	540 ~ 590	空	311 ~ 363	—	
40CrNiMoVA	850 ~ 870	油	660 ~ 700	空	269 ~ 277	—	
30CrMnSi	890 ~ 1000	油	500 ~ 540	水	—	37 ~ 41	
30Cr3WA	870 ~ 890	油	550 ~ 575	空	—	33 ~ 38	
35CrNiMo	850 ~ 870	油	520 ~ 560	油	285 ~ 321	—	
50CrVA	850 ~ 870	油	440 ~ 480	油	—	43 ~ 49	
25CrNi4WA	860 ~ 880	油	540 ~ 580	空	302 ~ 321	—	
18Cr2Ni4WA	860 ~ 880	油	560 ± 20	空	—	30 ~ 35	
12Cr2Ni4A	850 ~ 870	油	520 ~ 580	空	—	27 ~ 36	
35CrMoV	840 ~ 860	油	600 ± 20	空或油	197 ~ 229	—	

（2）模具、量具及刃具渗氮前的预备热处理　近年来，模具、量具及刃具渗氮处理应用得越来越广泛。渗氮的目的是为了提高这些工具的表面质量，即提高表面硬度、耐磨性及热稳定性，特别是耐蚀性能等。常用模具、量具及刃具钢渗氮前的热处理规范见表 11-3[6]。

表 11-3　常用模具、量具及刃具钢渗氮前的热处理规范

牌号	正火或退火			调质处理		
	加热温度/℃	时间/h	冷却方式	淬火温度/℃	回火温度/℃	硬度 HRC
3Cr2W8	840 ~ 860	2 ~ 4	随炉冷至 550℃ 以下空冷	1050 ~ 1080	710 ~ 750	29 ~ 33
			随炉冷至 730℃ 保温 3 ~ 4h 冷至 550℃ 空冷	1050 ~ 1080	600 ~ 630	30 ~ 48
				980 ~ 1000	700 ~ 740	28 ~ 33
CrWMn	760 ~ 780	3 ~ 6	随炉冷至 600℃ 以下空冷	800 ~ 840	580 ~ 650	27 ~ 32
Cr12MoV	840 ~ 860	2 ~ 4	①随炉冷至 550℃ 以下空冷 ②随炉冷至 730℃ 保温 3 ~ 4h 冷至 550℃ 空冷	980 ~ 1000	680 ~ 700	31 ~ 35

（续）

牌号	正火或退火			调质处理		
	加热温度/℃	时间/h	冷却方式	淬火温度/℃	回火温度/℃	硬度HRC
40Cr	850～870（电炉）	1.5～2 min/mm	空冷	840～860	530～560	27～33
	760～780	2～4	随炉冷至600℃以下空冷			
38CrMoAlA	800～840	3～5	随炉冷至600℃以下空冷	940～960	600～650	29～34
W18Cr4V	870～880（油炉）	4～5	20～30℃/h至550℃出炉	1265～1285	550～570回火三次，每次1.5h	60～64
	870～880（电炉）	4～5	打开炉门冷至740～750℃保温5～6h冷至550℃后出炉			
W6Mo5Cr4V2	870～880（油炉）	4～5	20～30℃/h至550℃出炉	1215～1235	550～570回火三次，每次1～1.5h	60～64
	870～880（电炉）	4～5	打开炉门冷至740～750℃保温5～6h冷至550℃后出炉			
GCr9	780～800（球化退火）	2～3	炉冷至690～700℃保温4～6h冷至500℃出炉	840～850	580～650	29～35

（3）铸铁件渗氮前的热处理　渗氮铸铁件宜选用合金铸铁制造，常用的有铜铬钼合金铸铁，以保证渗氮层的高硬度、耐磨性和抗咬合性能。铸铁件渗氮前的热处理有两类：其一是铸铁的组织为珠光体或索氏体时，渗氮前仅进行消除应力退火，常用加热温度为 560～620℃，以减小零件在渗氮时的变形；其二是铸铁组织中存在块状铁素体时，宜采用正火处理，消除块状铁素体，获得索氏体基体组织，常用正火加热温度为 900～950℃，保温后在空气中冷却。若铸铁组织中存在局部白口或麻口组织，即组织中有过量的碳化物时，宜采用消除白口的退火处理，其加热温度略高于正火处理温度（950～1000℃），保温时间也较长，因为它要保证碳化物分解为石墨和奥氏体，随炉或在空气中冷却后组织为石墨＋索氏体，以利机械加工和得到高性能的渗氮层。

2. 渗氮前的准备

零件的非渗氮面应采用镀层（镀铜、镀锡等）或涂层加以保护。镀层或涂层必须达到要求的厚度才能获得好的保护效果。保护涂层可选用水玻璃或水玻璃＋石墨混合物（石墨的质量分数约为 20%）。渗氮零件表面应清洗干净，用喷砂方法清除锈斑，用汽油和四氯化碳清除油污。清理干净的零件应尽快装炉渗氮，以防零件表面重新生锈或污染。

3. 渗氮过程的工艺操作

渗氮过程包括升温、保温渗氮和冷却三个阶段。升温阶段通常采用先通氨排气（空气）后升温，以防止零件升温时发生氧化。变形要求不严的零件可以不控制升温速度，否则应采用较慢的加热速度，或者采用分段加热的方法，以减小零件加热时因热应力而引起的变形。

在保温渗氮阶段，应按工艺要求正确地调节和控制渗氮温度、氨气流量或氨的分解率，以及炉内压力的正确和稳定，保证炉内的氮势（与炉内气氛化学平衡的钢中氮的活度）符合要求，使渗氮过程正常进行。

渗氮结束开始降温时，仍应保持一定的氨流量并维持炉内正压，以预防零件氧化。较快冷却有利于防止渗氮层的脆性，但对于容易变形零件如复杂形状或细长及薄壁零件，为了减小热应力引起的变形，宜采用随炉缓慢冷却的方式。

4. 渗氮件的质量检查

渗氮零件的质量检查包括渗氮层深

等级	维氏硬度压痕完整情况	评定
Ⅰ		不脆
Ⅱ		略脆
Ⅲ		脆
Ⅳ		极脆

图 11-16　渗氮层脆性评级图

度、表面硬度、脆性、显微组织、变形及表面状态等。

渗氮层的脆性检测一般采用维氏硬度计，在渗氮层的抛光表面压出压痕，通过观察压痕的完整性对渗氮层脆性进行评定。脆性等级共分Ⅰ、Ⅱ、Ⅲ、Ⅳ四级，图 11-16 所示为渗氮层的脆性等级标准。

渗氮层的硬度在试样表面的垂直方向测量，通常采用维氏硬度计检测。金相组织的检查内容包括 ε 相的形态和厚度、氮化物形态和分布、异常组织及心部组织等。

11.3.4　渗氮工艺方法

根据渗氮目的不同，渗氮工艺方法分成两大类：一类是以提高工件表面硬度、耐磨性及疲劳强度等为主要目的而进行的渗氮，称为强化渗氮；另一类是以提高工件表面耐腐蚀性能为目的的渗氮，称为耐腐蚀渗氮，也称为防腐渗氮。

1. 强化渗氮[2]

强化渗氮的目的是提高表面硬度，下面介绍几种典型的强化渗氮工艺。

（1）等温渗氮　图 11-17 所示为 38CrMoAlA 钢制磨床主轴等温渗氮工艺。这种工艺的特点是渗氮温度低、变形小、硬度高，适用于对变形要求严格的工件。图中渗氮温度及渗氮时间根据主轴技术要求而定，其要求是渗氮层深度 0.45 ~ 0.60mm，表面硬度 ≥ 900HV。对氨分解率的考虑，传统工艺是欲使气氛氮势高，应选择低分解率；反之，则选择高分解率。具体操作为前 20h 用较低的氨分解率，以建立较高的氮表面浓度，为以后氮原子向内扩散提供高的浓度梯度，加速扩散，并且使工件表面形成高弥散度的氮化物，

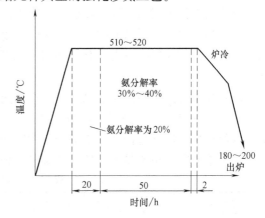

图 11-17　38CrMoAlA 钢制磨床主轴等温渗氮工艺

提高工件表面硬度；第二阶段应提高氨分解率，目的是适当降低渗氮层的表面氮浓度，以降低渗氮层的脆性；最后 2h 的退氮处理是为了降低最表面的氮浓度，从而进一步降低渗氮层的脆性，此时的氮分解率可以提高到大于 80%。经上述工艺等温渗氮后，表面硬度为 966 ~

1034HV，渗氮层厚度为 0.51 ~ 0.56mm，脆性级别为 1 级。

（2）两段渗氮　等温渗氮最大的缺点是需要很长时间，生产率低。它也不能单纯靠提高温度来缩短时间，否则将降低硬度。为了缩短渗氮时间，同时又要保证渗氮层硬度，综合考虑温度、时间、氨分解率对渗氮层深度和硬度的影响规律，拟制了两段渗氮工艺，如图 11-18 所示。图中渗氮过程分两段进行：第一段的渗氮温度和氨分解率与等温渗氮相同，目的是使工件表面形成弥散度大的氮化物；第二阶段的温度较高，氨分解率也较高，目的在于加速氮在钢中的扩散，增加渗氮层的厚度，从而缩短总的渗氮时间，并使渗氮层的硬度分布曲线趋于平缓。两段渗氮后表面硬度为 856 ~ 1025HV，层深为 0.49 ~ 0.53mm，脆性为 1 级。两段渗氮后，渗氮层硬度稍有下降，变形有所增加。

（3）三段渗氮　为了使两段渗氮后表面氮浓度有所提高，以提高其表面硬度，在两段渗氮后期再次降低渗氮温度和氨分解率，出现了所谓的三段渗氮法，如图 11-19 所示。

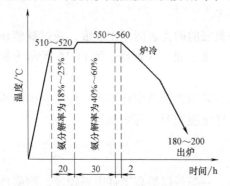

图 11-18　38CrMoAlA 钢两段渗氮工艺

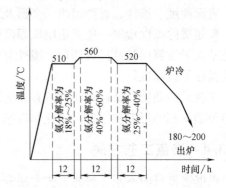

图 11-19　38CrMoAlA 钢三段渗氮工艺

2. 耐腐蚀渗氮

耐腐蚀渗氮是为了使工件表面获得 0.015 ~ 0.060mm 厚的致密的化学稳定性高的 ε 相层，以提高工件的耐腐蚀性。经过耐腐蚀渗氮的碳钢、低合金钢及铸铁零件，在自来水、湿空气、过热蒸汽以及弱碱液中，具有良好的耐腐蚀性能，因此已用来制造自来水龙头、锅炉汽管、水管阀门及门把手等，代替铜件和镀铬件。但是，渗氮层在酸溶液中不具有耐腐蚀性。

耐腐蚀渗氮过程与强化渗氮过程基本相同，只是前者的渗氮温度较高，以利于致密的 ε 相的形成，并可缩短渗氮时间。但温度过高，表面含氮量降低，孔隙度增大，使耐蚀性降低。渗氮后如果冷速过慢，由于部分 ε 相转变为 γ′ 相，渗氮层孔隙度增加，降低了耐蚀性。所以，对于形状简单不易变形的工件应尽量采用快冷。一些钢的耐腐蚀渗氮工艺见表 11-4。

表 11-4　耐腐蚀渗氮工艺

牌号	渗氮零件	渗氮温度/℃	保温时间/min	氨分解率（%）
08、10、15、20、25、40、45、40Cr 等	拉杆、销、螺栓、蒸汽管道、阀以及其它仪器和机器零件	600	60 ~ 120	35 ~ 55
		650	45 ~ 90	45 ~ 65
		700	15 ~ 30	55 ~ 75

11.3.5 渗氮层的组织和性能[2]

由 Fe-N 相图可知，在氮势很高的条件下进行氮化处理，随后缓慢冷却（即按相图进行转变），则在渗氮层上由表至里依次由高氮相 ξ 相过渡到 α 相，即 ξ→ε→γ′→α 相，中间还

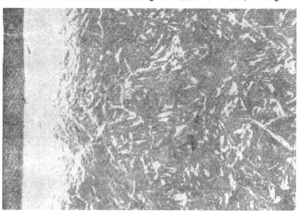

图 11-20　38CrMoAl 钢调质后气体
渗氮的截面组织（400×）[3]

有两相或三相组织。这说明渗氮层的组织是极为复杂的。图 11-20 所示为 38CrMoAl 钢调质后，在 550~560℃进行气体渗氮 24h 后的截面组织形貌。下面分析在渗氮时，以不同速度冷却时可能形成的组织。

渗氮温度为 500~590℃。当氮原子被钢件表面所吸收时，氮首先溶入 α-Fe 中形成 α 固溶体相。如不考虑合金元素的影响，当 α 相含氮量达到饱和时便转变成 γ′相，浓度进一步提高，形成 ε 相。在充分供氮的过程中，通过表层不断吸收氮和氮原子不断向内部扩散这两个过程，由表至里，渗氮层的组织依次为 ε→γ′→α 相，其渗氮层组织分布如图 11-21a 所示。相应的氮浓度的变化如图 11-21b 曲线所示。渗氮冷却后渗氮层的组织有很大的差异，大体可分为两种情况。快冷时，由于 γ′相和 ξ 相不能从 α 相和 ε 相中析出，则快冷后所得的组织仍为原来渗氮温度的组织，如图 11-21a 所示。缓慢冷却时，如随炉冷却，γ′相从 α 相和 ε 相中充分析出，这时有两种情况：一是当从 ε 相中析出 γ′相时，当 ε 相中的氮浓度起伏还不足以超过 11.0%时，则缓冷所得组织如图 11-21c 所示，从表至里依次为 ε→ε+γ′→γ′→α+γ′→心部；二是当从 ε 相中析出 γ′相时，在 ε 相中的氮浓度起伏局部区域有可能超过 11.0%时，则缓冷可得组织如图 11-21d 所示，

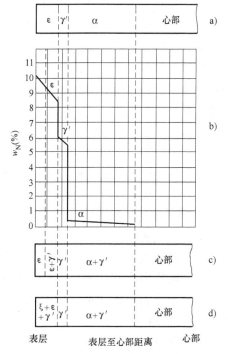

图 11-21　在 500~590℃温度范围内进行氮化时氮化层组织和浓度变化示意图
a）氮化后快冷所得的组织（氮化温度时组织）
b）氮化层氮浓度梯度曲线　c）氮化后缓冷后的组织（ε 相中氮浓度较低时）　d）氮化后缓冷后的组织（ε 相中氮浓度很高时）

即 ξ 相有可能析出。渗氮时，ε 相的氮浓度在较高的情况下而又极其缓慢冷却时可能出现如此情况，而且 ε 相中的氮浓度越高，冷却速度越慢时，ξ 相析出的可能性也就越大，数量也就越多，因而表层的脆性也就越来越大。

由以上分析可知，在渗氮温度、材料及表面氮浓度均相同的条件下，冷却速度对渗层组织影响很大。一般来说，快冷时各层组织形成单相的可能性大，且不易在表面形成极脆的 ξ 相。而慢冷则易形成多相的渗层组织，并在表面有极脆的 ξ 相析出。特别是当渗层表面氮浓度很高的情况下更是如此[5]。

11.3.6 合金元素对渗氮层组织和性能的影响

合金元素对渗氮层组织的影响，通过下列几方面产生作用。

（1）溶解于铁素体并改变氮在 α 相中的溶解度 过渡族元素钨、钼、铬、钛、钒及少量的锆和铌，可溶于铁素体中，提高氮在 α 相中的溶解度。例如，550℃时，铁素体中钼的质量分数为 1%～2% 时，氮在 α 相中的溶解度达 0.62%；钼的质量分数为 6.54% 时，氮的溶解度达 0.73%。

（2）与基体铁形成铁和合金元素的氮化物 $(Fe，M)_3N$、$(Fe，M)_4N$ 等 例如，含钛量较高的铁素体进行渗氮时，在扩散层中可形成大量的 γ' 相 $(Fe，Ti)_4N$。它沿着滑移面和晶界呈针状（片状）分布，并延展较深，常引起扩散层的脆性。

（3）形成合金氮化物 在钢中，只有部分合金元素能形成氮化物，这些元素为过渡族金属，它们的次外层 d 亚层的电子充填程度低于铁。一般来说，过渡族金属的 d 亚层充填得越不满，这些元素形成氮化物的活性越大，稳定性越高。镍和钴具有电子充填得较满的 d 亚层，虽然它们在单独存在时能形成氮化物，但是钢在渗氮时实际上形不成氮化物。氮化物的稳定性依以下顺序而增加：$Ni→Co→Fe→Mn→C→Mo→W→Nb→V→Ti→Zr$，这也是获得氮化物难易的顺序。

11.3.7 离子渗氮

利用辉光放电现象，将含氮气体介质电离后渗入工件表面，从而获得表面渗氮层的工艺，叫做辉光离子渗氮，简称离子渗氮（或离子氮化）。

1. 离子渗氮的原理

离子渗氮装置如图 11-22 所示。在进行离子渗氮时，工件被置于充有氮、氢混合气体的真空容器中，气体的压力为 13.3～1333Pa。当以零件作为阴极，容器壁作为阳极（或另设合适的阳极），并在其间加以 500V 左右的直流电压时，容器中稀薄的气体便会被电离，并在零件上产生辉光放电现象。

产生辉光放电时，电子向阳极运动，并在运动过程中不断使气体分子电离，而电离所产生的 N^+、H^+ 等正离子则在电场的加速下射向阴极，在这个过程中还可能与未电离的中性粒子相碰撞，也使其高速冲向阴极。当这样一个综合的运动过程达到稳

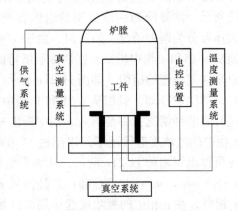

图 11-22　离子渗氮装置示意图

态时，就可以在零件表面获得稳定的辉光。

2. 离子渗氮的特点

离子渗氮的优点有：①离子渗氮时间短，能缩短到气体渗氮时间的 2/3 ~ 1/3。例如对 38CrMoAlA 钢，如要求渗氮层硬度大于 835HV、渗层深度 0.5mm 时，则气体渗氮需要 60h，而离子渗氮只需要 30 ~ 40h；②表面形成的白色脆性层很薄，甚至可以不出现；③引起的变形小，特别适宜于形状复杂的精密零件，可以适用于各种材料，包括要求渗氮温度高的不锈钢、耐热钢和氮化温度很低的工模具及精密零件；④可节约电能和氨气的消耗，电能的消耗为气体渗氮的 1/2 ~ 1/5，氨气的消耗为气体渗氮的 1/5 ~ 1/20。图 11-23 所示为 38CrMoAl 钢调质后在 510℃进行离子渗氮 6.5h 的截面组织形貌。

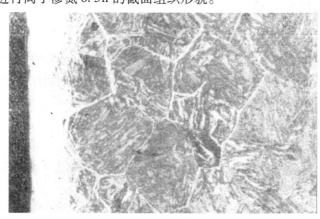

图 11-23　38CrMoAl 钢调质后离子
渗氮的截面组织（400 ×）[3]

离子渗氮的缺点主要是设备复杂、投资大，对于大型炉及各类零件混合装炉时，难以保证各处工件的温度一致。

11.4　表面碳氮共渗

在钢的表面同时渗入碳和氮的化学热处理工艺称为碳氮共渗。碳氮共渗可以在气体介质中进行，也可以在液体介质中进行。因为液体介质的主要成分是氰盐，故液体碳氮共渗又称为氰化。碳氮共渗根据共渗温度不同，又可把它分为低温（520 ~ 580℃）、中温（700 ~ 880℃）和高温（900 ~ 950℃）三种碳氮共渗工艺。由于在 520 ~ 580℃范围内进行的碳氮共渗是以渗氮为主，最初在中碳钢中应用，主要是提高其耐磨性及疲劳强度，而硬度提高不多（在碳素钢中），故又称为氮碳共渗或软氮化。目前应用较广泛的是中温气体碳氮共渗和低温气体碳氮共渗（气体软氮化）。

11.4.1　碳氮共渗介质的热分解反应及相互作用

液体碳氢化合物热分解的产物以及各种气态渗碳剂，其中都包含有一氧化碳和甲烷两种成分，当它们在高温下与钢件表面接触时，分解析出活性碳原子

$$CO \longrightarrow [C] + CO_2 \tag{11-8}$$

$$CH_4 \longrightarrow [C] + 2H_2 \tag{11-9}$$

氨气分解析出活性氮原子

$$2NH_3 \longrightarrow 2[N] + 3H_2 \tag{11-10}$$

在碳氮共渗炉中，氨气还同渗碳气体相互作用产生氢氰酸

$$NH_3 + CO \longrightarrow HCN + H_2O \tag{11-11}$$

$$NH_3 + CH_4 \longrightarrow HCN + 3H_2 \tag{11-12}$$

氢氰酸是一种化学性质较活泼的物质，进一步分解析出碳、氮活性原子，促进渗入过程

$$2HCN \longrightarrow H_2 + 2[C] + 2[N] \tag{11-13}$$

11.4.2　中温气体碳氮共渗

1. 共渗介质

目前常用的共渗介质有两大类：①含 2% ~10%（体积分数）氨气的渗碳气体；②含碳氮的有机液体。第一种介质可用于连续式作业炉，也可用于周期式作业炉。在用周期式作业炉进行碳氮共渗时，除了可引入普通渗碳气体外，也可像滴注式气体渗碳一样滴入液体渗碳剂，如煤油、苯，丙酮等。第二种介质主要用于滴注法气体碳氮共渗。

2. 共渗温度

中温气体碳氮共渗温度一般选在该种钢的 Ac_3 点以上且接近于 Ac_3 点的温度。若温度过高，渗层中氮含量急剧降低，其渗层与渗碳相近，且温度提高，工件变形增大，因此失去碳氮共渗的意义。一般碳氮共渗温度根据钢种及使用性能不同，选在 820 ~880℃之间。

3. 碳氮共渗后的热处理

中温碳氮共渗比渗碳温度低，一般共渗后都采用直接淬火。因为氮的渗入，使过冷奥氏体稳定性提高，故可采用冷却能力较弱的淬火介质，但同时应考虑心部材料的淬透性。碳氮共渗淬火后采用低温回火。

4. 碳氮共渗层的组织与性能

碳氮共渗层的组织取决于共渗层中的碳和氮浓度，以及钢种和共渗温度等因素。一般中温碳氮共渗层淬火组织的表面为马氏体基底上弥散分布的碳氮化合物，向里为马氏体加残留奥氏体，残留奥氏体量较多，马氏体为高碳马氏体；再往里残留奥氏体量减少，马氏体也逐渐由高碳马氏体过渡到低碳马氏体。图 11-24 所示为 45 钢碳氮共渗的组织照片。共渗层中碳氮含量强烈地影响渗层组织，碳氮含量过高时，渗层表面会出现密集粗大的条块状碳氮化合物，使渗层变脆。

图 11-24　45 钢碳氮共渗的组织照片（500 ×）[3]

出现空洞的原因是由于渗层中含氮量过高所致。在碳氮共渗时间较长时，由于碳浓度增高，发生氮化物分解及退氮过程，原子氮变成分子氮而形成空洞。一般渗层中氮的质量分数超过 50% 时，容易出现这种现象。如果渗层中含碳量过低，会使渗层过冷奥氏体稳定性降低，淬火后在渗层中会出现托氏体网，因此，渗层碳的质量分数不应低于 0.1% 。

11.4.3　氮碳共渗（软氮化）

在相变温度（A_1）以下碳和氮同时渗入钢件表面的工艺叫做低温碳氮共渗，即钢的软氮化。软氮化最早是以氰化盐为主体的低温盐浴法，这种处理方法具有普通气体渗氮的优点，但处理时间短，而且表面形成的 ε 相（含碳）层韧性好，适用于碳素钢、合金钢、铸铁及粉末冶金材料，因而获得迅速发展。但是，由于氰盐有毒，对操作者很不安全，为了克服这一缺点，气体软氮化技术逐渐应用和发展起来。目前该种方法已广泛地用于模具、量具、刀具以及耐磨、承受弯曲疲劳的零件中。

1. 氮碳共渗的组织和性能

一般情况下，软氮化渗层表面碳的质量分数为 2% 左右，氮的质量分数为 6% ~ 8%。随着渗层碳、氮浓度的变化，从钢件表面到心部，可能出现 ε、γ′、Fe_3C、α-Fe 等相。由于渗层表面氮浓度梯度很陡，因而，以 ε 相为主的化合物层仅出现于表面下深度约 20μm 的范围内（对于碳钢），在金相组织中表现为不受侵蚀的白亮层。图 11-25 所示为 45 钢软氮化后的组织照片。性能试验表明，单一的 ε 相具有最佳的韧性。在化合物层以内则为扩散层，这一层组织和普通渗氮相同，主要是氮的扩散层。因此，扩散层的性能也和普通气体渗氮相同，若为含有氮化物形成元素的钢，则软氮化后可以显著提高硬度。

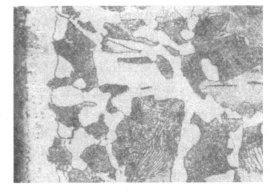

图 11-25　45 钢软氮化后的组织照片（500 ×）[3]

化合物层的性能与碳氮含量有很大关系，含碳量过高，虽然硬度较高，但接近于渗碳体性能，脆性增加；含碳量低、含氮量高，则趋向于纯含氮相的性能，不仅硬度降低，脆性也反而提高。因此，应该根据钢种及使用性能要求，控制合适的碳、氮含量。氮碳共渗后应该快冷，以获得过饱和的 α 固溶体，造成表面残余压应力，可显著提高疲劳强度。氮碳共渗后，表面形成的化合物层也可显著提高耐磨性、抗咬合性和耐腐蚀性能。

2. 氮碳共渗工件常见缺陷及防止措施

工件在软氮化处理时，由于工艺参数选择不当或操作方法不对，可能造成以下某种质量缺陷：

（1）软氮化层深度不够　软氮化处理温度过低或时间不足，介质浓度低或供应量少，以及盐浴老化等，均可能导致层深不够或化合物层不连续。此外，工件装炉时相互重叠或与炉底、炉壁接触，也会导致层深不均匀。层深不够的工件可按正常工艺重新处理。

（2）表面疏松　软氮化气氛或盐浴浓度过高，软氮化温度高或时间过长，均易导致在化合物层中出现疏松，其特征是在表面附近出现空洞。因此，控制好氮化工艺参数可避免出现表面疏松。

（3）表面花斑　如果处理前表面质量不佳（有锈斑、氧化皮、严重油污等），或处理时工件相互重叠，以及与炉壁接触等，都能导致表面产生花斑。盐浴软氮化的零件如处理后快速冷却，则外观颜色较好，空冷则表面易呈黑色或心部呈现黑色斑点。零件只能在清水中清洗。硫酸亚铁水溶液会严重损害工件的外观颜色。

（4）表面锈蚀　盐浴软氮化的零件如清洗不净，会很快出现表面锈蚀。因此，盐浴软氮化的零件冷却后应在冷、热水中清洗 20min 左右，将残盐除尽。如果再经防锈油浸一下，表面会具有良好的耐蚀性。

11.5　渗硼[2,5-7]

将硼元素渗入钢的表面以获得铁的硼化物的工艺称为渗硼。渗硼能显著提高钢件表面硬度（1300~2000HV）和耐磨性，并使钢具有良好的热硬性及耐蚀性，故获得了很快的发展。

11.5.1　渗硼层的组织

从 Fe-B 合金相图（图 11-26）可以看出，铁表面渗入硼后，例如在 1000℃ 渗硼，由于硼在 γ-Fe 中的溶解度很小，因此立即形成 Fe_2B。当进一步提高浓度时，则形成 FeB。渗硼的渗层组织从表至里一般依次为 $FeB \rightarrow Fe_2B \rightarrow$ 过渡层→心部基体组织，即由化合物层、过渡层和基体组织三部分组成。图 11-27 所示为 45 钢在 950℃ 进行 4h 渗硼后空冷，然后 850℃ 加热淬火、160℃ 回火 2h 获得的渗硼组织。渗硼的工艺不同，渗硼层的组织也就不同，从而出现了

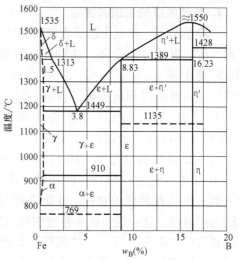

图 11-26　Fe-B 合金相图

渗层为单相硼化物或两相硼化物的组织。当渗硼层由 FeB 和 Fe_2B 两相组成时，在它们之间将产生应力，在外力（特别是冲击载荷）作用下，极易产生裂纹而剥落。

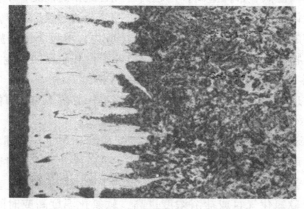

图 11-27　45 钢渗硼组织照片（500×）[3]

11.5.2　渗硼层的性能

钢铁渗硼后，由于在表层形成了 FeB、Fe_2B 或 $FeB + Fe_2B$ 组织和硼在铁中的固溶体以及碳及合金元素富集而重新分布的扩散层组织，使渗硼层具有以下性能：

（1）高的硬度　碳钢渗硼后表面硬度可达 1400 ~ 2300HV，因而耐磨性极高，是一般化学热处理难以达到的。

（2）高的热硬性　由于渗硼层稳定性好，在 800℃ 以下能保持高的硬度。

（3）良好的耐蚀性　硼化物层在 600℃ 以下抗氧化性好，对盐酸、硫酸、磷酸及碱具有良好的耐蚀性，但不耐硝酸腐蚀。

11.5.3　常用渗硼方法

渗硼法有固体渗硼法、液体渗硼法及气体渗硼法。但由于气体渗硼法采用乙硼烷或三氯化硼气体，前者不稳定易爆炸，后者有毒，又难分解，因此未被采用。现在生产上采用的是粉末渗硼法和盐浴渗硼法。

1. 固体渗硼法

目前最常用的是采用下列配方的粉末渗硼法：5% KBF$_4$ + 5% B$_4$C + 90% SiC + Mn-Fe。把这些物质的粉末和匀，装入耐热钢板焊成的箱内，工件以一定的间隔（20 ~ 30mm）埋入渗剂内，盖上箱盖，在 900 ~ 1000℃ 保温 1 ~ 5h 后，出炉随箱冷却。

渗硼的反应式为

$$B_4C + 3SiC + 3O_2 \rightarrow 4B + 2Si + SiO_2 + 4CO \tag{11-14}$$

由于固体渗硼法无需特殊设备，操作简单，工件表面清洁，已逐渐成为最有前途的渗硼方法。

2. 盐浴渗硼

常用硼砂作为渗硼剂和加热剂，再加入一定的还原剂，如 SiC，以分解出活性硼原子。为了增加熔融硼砂浴的流动性，还可加入氯化钠、氯化钡或盐酸盐等助熔盐类。常用盐浴成分有三种：① 60% 硼砂 + 40% 碳化硼或硼铁；② 50% ~ 60% 硼砂 + 40% ~ 50% SiC；③ 45% BaCl + 45% NaCl + 10% B$_4$C 或硼铁。前两种成分中硼砂是活性硼原子的提供者，而 SiC 和 B$_4$C 是还原剂，其反应式为

$$Na_2B_4O_7 + 6B_4C \rightarrow 28[B] + 6CO + Na_2O \tag{11-15}$$

$$Na_2B_4O_7 + SiC \rightarrow Na_2O \cdot SiO_2 + CO_2 + O_2 + 4[B] \tag{11-16}$$

由于 SiC 的加入，使硼砂浴流动性变差。因此，一般都要在 1000℃ 左右的温度进行渗硼。第三种成分中的 B$_4$C 则是活性硼原子的提供者，其反应式为

$$2B_4C + 2MCl \rightarrow 8[B] + Cl_2 + 2MC \tag{11-17}$$

式中，M 代表 Na、NH$_4$、Ca、Ba 等正离子。

盐浴渗硼同样具有设备简单、渗层结构易于控制等优点，但盐浴流动性差，工件粘盐难以清理。一般盐浴渗硼温度采用 950 ~ 1000℃，渗硼时间根据渗层深度要求而定，一般不超过 6h。因为时间过长，不仅渗层增深缓慢，而且使渗硼层脆性增加。

11.5.4　渗硼前处理和渗硼后热处理

工件渗硼前应进行精加工和消除应力处理，以避免渗层不匀和渗硼后工件变形。此外，还应对工件进行清洗。

工件渗硼后往往还要进行调质处理，以获得足够的心部强度。调质处理时，淬火加热和回火均应在保护气氛或中性盐浴中进行。因为渗硼层容易出现裂纹和崩落，这就要求尽可能

采用缓和的冷却方法，如淬火冷却最好在不同温度的油中、空气中或盐浴中进行，而且淬火后应及时进行回火。由于硼化物不发生相变，因此调质对渗硼化合物层的性能没有影响。

11.6 表面渗金属[7-9]

虽然工业产品对某些机械零件的性能提出越来越高的要求，但是不少零件只是要求更高的表层性能。为了节约贵重的优质合金或特殊钢材，只需在一般钢材制成的零件表面采取相应的处理措施以提高其性能，即可解决技术要求与经济效益之间的矛盾。钢的渗金属工艺就是通过化学热处理手段，将某些金属元素渗入钢的表面，使其表层具有某种特殊钢的成分组织和性能，而基体则仍保持不变。

渗入金属通过热扩散在渗层与基体之间形成一定的过渡层，使表面高合金层和心部基体成为一个整体，而零件尺寸变化却很小。这种工艺可使某些零件在制造时利用一般钢材代替不锈钢、耐热钢或某些其它优质合金钢，是一种保证零件性能、节约合金钢材的有效措施。常用的渗入金属有 Cr、Al、Ti、Nb、V、W、Ni、Zn、Si 等。其中 Si 为非金属元素，在渗层形成的机理上和金属元素很相似，和铁不形成化合物。

渗金属同样是由分解→吸收→扩散三个过程组成，但一般金属原子半径较大，在 α-Fe 和 γ-Fe 中的扩散均属于置换扩散，所需要的激活能远比间隙扩散大。即使在更高温度中进行，渗速也是很小的，渗层厚度也远低于渗碳和渗氮。近年来，一些工艺难题的逐步解决，才使渗金属在工业生产中得到应用，取得了良好的效果。

渗金属可以是单一元素渗入零件，如钢铁渗铬、钛、钒等，称为单元渗，也可以是多种元素同时渗入钢铁零件，如铬铝、铬钒等两种或两种以上元素同时渗入的工艺。根据所用渗剂的聚集状态不同，可分为固体法、液体法及气体法。

11.6.1 固体法渗金属

固体法最常用的是粉末包装法，即把工件、粉末状的渗剂、催渗剂和烧结防止剂共同装箱、密封，加热扩散而得。这种方法的优点是操作简单，无需特殊设备，小批生产应用较多，如渗铬、渗钒等；缺点是产量低，劳动条件差，渗层有时不均匀，质量不易控制等。

例如固体渗铬，渗剂为 100 ～ 200 号筛（目）铬铁粉和 NH_4Cl，其余为 Al_2O_3。渗铬过程为：当加热至 1050℃ 的渗铬温度时，NH_4Cl 分解形成 HCl，HCl 与铬铁粉作用形成 $CrCl_2$，在 $CrCl_2$ 迁移到工件表面时，分解出活性铬原子 ［Cr］渗入工件表面。

11.6.2 液体法渗金属

液体法一般可分为两种，即盐浴法和热浸法。目前最常用的盐浴法渗金属是日本丰田汽车公司发明的 TD 法，其设备结构如图 11-28 所示。它是在熔融的硼砂浴中加入欲渗金属粉末，工件在盐浴中被加热，实现渗金属的过程。以渗钒为例，将欲渗工件放入 80% ～ 85% $Na_2B_4O_7$ + 20% ～ 15% 钒铁粉盐浴中，在 950℃ 保温 3 ～ 5h，即可得到一定厚度（几个微米到 20 μm）的渗钒层。

该方法的优点是操作简单，渗后可以直接淬火；缺点是盐浴有密度偏析，必须在渗入过程中不断搅动盐浴。另外，硼砂的 pH 值为 9，有腐蚀作用，必须及时清洗工件。

热浸法渗金属是较早应用的渗金属工艺，典型的例子是渗铝。其方法是：把渗铝零件经过除油去锈后，浸入（780±10）℃熔融的铝液中经 15~60min 后取出，此时在零件表面附着一层近似纯铝的覆盖层，然后在 950~1050℃ 温度下保温 4~5h 进行扩散处理。为了防止零件在渗铝时铁的溶解，在铝液中应加 10% 左右的铁。铝液温度之所以如此选择，主要考虑温度过低时，铝液流动性不好，且带走铝液过多。但温度过高，铝液表面氧化剧烈。

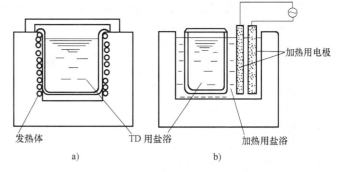

图 11-28　TD 处理设备结构示意图

a）直接加热　b）间接加热

11.6.3　气体法渗金属

气体法一般在密封的罐中进行，把反应罐加热至渗金属温度，被渗金属的卤化物气体流过工件表面时发生热分解、还原、与钢件表面的铁发生置换等反应，使待渗金属原子渗入工件表面形成表面合金层。

以气体渗铬为例，其过程是：把干燥氢气通过浓盐酸得到 HCl 气体后引入渗铬罐，在罐的进气口处放置铬铁粉。当 HCl 气体通过高温的铬铁粉时，反应生成了氯化亚铬气体。当氯化亚铬气体流过零件表面时，通过置换、还原、热分解等反应，在零件表面形成富铬的合金层，获得了渗铬层。气体渗铬速度较快，但氢气具有爆炸危险性，HCl 气体具有腐蚀性，故应注意安全。

渗金属法的进一步发展是多元共渗，即在金属表面同时渗入两种或两种以上的金属元素，如铬铝共渗、铝硅共渗等。与此同时，还出现金属元素与非金属元素两种元素的共渗，如硼钒共渗、硼铝共渗等。进行多元共渗的目的是兼取单一渗的长处，克服单一渗的不足。例如硼钒共渗，可以兼取单一渗钒层的硬度高、韧性好和单一渗硼层层深较厚的优点，克服了渗钒层较薄及渗硼层较脆的缺点，获得了较好的综合性能。其它二元共渗也与此类似。

当前，化学热处理的发展方向主要有以下几种：

1）强化工艺过程，缩短生产周期。例如，气体渗碳大约需要 10h，渗氮则用 40~60h，解决办法主要是提高处理温度（如高温真空渗碳）和采取催渗措施。

2）改善操作条件和减少污染。以机械化、自动化代替人工操作；去掉有毒介质，以防止污染。

3）发展低温化学热处理方法。在较低温度下进行化学热处理，可在保持零件原来整体强化的基础上进一步改善和提高表面质量，产生的变形也较小。

4）不断改进和创制新的工艺方法。例如，利用感应加热、辉光放电、熔盐电解、真空及流动粒子炉、化学气相沉积、离子注入、声能及电磁能等进行化学热处理，以及采用复合工艺，如镀-渗、浸-渗、喷-渗、电泳沉积-渗等。

5）发展多元共渗及复合强化。多元共渗可以充分发挥渗单一元素的优点，抑制其缺点，进一步提高零件表层的力学性能及化学稳定性；复合强化就是在一个零件上同时采用两种或两种以上的强化方法，例如，表面渗入与淬火、回火的复合强化，化学热处理与喷丸、滚压结合的形变强化相复合等。

习　题

1. 渗碳气氛组成及化学反应有哪些？

2. 解释吸热式气氛和放热式气氛。

3. 简述渗碳的工艺过程。

4. 简述渗碳后热处理工艺方法。

5. 渗碳件组织是如何影响其性能的？

6. 渗碳缺陷有哪些？如何防控？

7. 简述渗氮的工艺过程。

8. 简述等温渗氮、两段渗氮和三段渗氮工艺及特点。

9. 常见渗氮缺陷及防止方法有哪些？

10. 离子渗氮的特点是什么？

11. 碳氮共渗和氮碳共渗的各自特点是什么？

12. 简述 TD 法原理。

13. 现有一种 45 钢齿轮，约 1 万件，其所承受接触应力不大，但要求齿部耐磨性好，同时要求热处理变形小。试问对这种齿轮应选用何种表面处理？为什么？

14. 现有分别经过普通整体淬火、渗碳淬火及高频感应淬火的三个形状、尺寸完全相同的齿轮，试用最简单迅速的办法将它们区分出来。

15. 现有低碳钢齿轮和中碳钢齿轮各一个，要求齿面具有高的硬度和耐磨性，问各应怎样热处理？并比较热处理后它们在组织和性能上的差别。

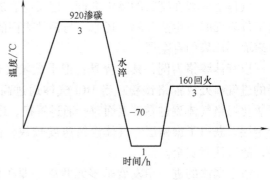

图 11-29　题 16 图

16. 某厂用 20 钢制成的塞尺，其热处理工艺曲线如图 11-29 所示。试问：

1）渗碳后为什么可直接淬火？渗碳淬火后塞尺的表层及心部应是什么组织？

2）冷处理的目的是什么？

3）160℃回火 3h 起什么作用？

参 考 文 献

［1］　洪班德. 化学热处理［M］. 哈尔滨：黑龙江人民出版社，1981.

［2］　夏立芳. 金属热处理工艺学［M］. 哈尔滨：哈尔滨工业大学出版社，1996.

［3］　武汉材料保护研究所. 钢铁化学热处理金相图谱［M］. 北京：机械工业出版社，1980.

［4］　王万智，唐弄娣. 钢的渗碳［M］. 北京：机械工业出版社，1985.

［5］　胡立光，谢希文. 钢的热处理（原理和工艺）［M］. 西安：西北工业大学出版，1996.

［6］　王国佐，王万智. 钢的化学热处理［M］. 北京：中国铁道出版社，1980.

［7］　郦振声，高湾振. 表面工程新技术和成功应用［C］//第二届表面工程国际会议论文集. 武汉：材料保护杂志社，1999.

［8］　ASM Handbookb. Heat Treating［M］. VO4. Printed in the United States of America，1994.

［9］　齐宝森. 化学热处理技术［M］. 北京：化学工业出版社，2006.

第 *12* 章　常用热处理炉简介

热处理炉是实现金属热处理的主要设备。工业发展对零件质量提出了更高的要求，从而推动热处理炉不断地发展与更新。新型热处理炉的出现将热处理工艺水平发展到一个更高的阶段，可以说，金属热处理工艺的现代化，实质是热处理设备（主要是热处理炉）的现代化。

热处理炉的设计涉及炉内传热学、流体力学、电工学及微电子学和机械学等学科的理论基础与应用技术，以及热处理和加工制造的基本知识，是一门综合性的技术科学。

热处理炉的研究和发展主要是围绕提高炉内传热和加热均匀性、真空和可控气氛的应用以及设计的自动化等方面的工程应用。热处理过程一般都包括加热、保温和冷却等工序，它们都与传热过程密切相关。增强炉内传热效率和提高炉温均匀性是保证热处理产品质量、减少能耗的关键。而真空炉和可控气氛炉的应用，可实现工件少氧化、无氧化加热，无脱碳、无增碳加热以及各种化学热处理的表面质量控制。同时，随着数字化、自动化和集成化技术的发展，现代化热处理炉的设计也在不断地向着提高自动化水平、计算机控制与智能化管理等方向发展。

热处理炉的种类很多。按炉温不同可分为低温炉（650℃以下）、中温炉（650～1000℃）及高温炉（1000℃以上）；按热能供应和发热方式可分为电阻炉、燃料炉及电磁感应加热装置；按加热介质可分为在氧化介质下加热的热处理炉、可控气氛热处理炉、真空热处理炉、浴炉和流动粒子炉等。另外，工业应用中按工艺方法可分为退火炉、淬火炉、回火炉、渗碳炉、渗氮炉和实验炉；按炉膛形式又可分为箱式炉、管式炉、井式炉、罩式炉等。

综合以上分类方法，下面着重按照热源方式介绍几种常见的热处理炉。

12.1　热处理电阻炉

热处理电阻炉是以电能为热源，电流通过电热元件而发出热量，借助辐射和对流的传热方式将热量传给工件，使工件加热到所要求的温度。

热处理电阻炉的应用极为广泛，具有很多突出的优点：①工作范围很宽，炉温可以从60℃到1600℃，能实现自动控制炉温，控温精度可达±（3～8）℃，若采用计算机控制炉温，其精度可达±1℃；②炉膛温度分布比较均匀，能够满足多种热处理工艺要求；③热效率高，一般为40%～80%。此外，热处理电阻炉结构紧凑，便于车间布置安装，容易实现机械化和自动化操作，劳动条件好，对环境没有污染，也便于通入可控气氛，实现光亮保护加热和化学热处理。

热处理电阻炉存在的主要缺点是：炉子造价高，耗电量大，工件加热速度较慢，无保护气氛加热时工件容易氧化脱碳。

12.1.1 热处理电阻炉的基本类型

热处理电阻炉的种类很多，一般可分为周期作业式电阻炉和连续作业式电阻炉两大类。

1. 周期作业式电阻炉

周期作业式电阻炉的主要特点是：工件整批入炉，在炉中完成加热、保温等工序，因此要求炉子的升温要快，蓄热量要小。常用的周期作业式电阻炉炉型有箱式炉、井式炉、台车式炉等。

2. 连续作业式电阻炉

加热工件是连续地（或脉动地）进入炉膛，并不断向前移动，工件在经过炉膛过程中完成整个加热、保温等工序后出炉。这类炉子的特点是生产连续进行，生产能力强，炉子机械化、自动化程度较高，适用于大批量生产。连续作业式电阻炉的炉膛常分为加热、保温及冷却区段，各区配备不同功率，分区供电和控温。常用的连续作业式电阻炉有：输送带式炉、网带式炉、推杆式炉、振底式炉、转底式炉、滚筒式炉等。连续作业式电阻炉的形式和用途见表 12-1。

表 12-1　连续作业式电阻炉的形式和用途[2]

形式	炉型示意图	用途	说明
输送带式 网带式		中小型工件的淬火、正火、回火、碳氮共渗	工件放在传送带（或网带）上连续向前输送
推杆式	推送机构	中小型工件的淬火、正火、回火、渗碳	工件放在料盘上，料盘在炉底导轨上向前移动
振底式		螺栓、垫圈等中小型工件的淬火、正火、退火、	工件直接放在炉底上，靠炉底的往复振动使工件前进
辊底式		板材、棒材、管材的淬火、回火、正火、退火	作为炉底的辊子由电动机驱动，工件在炉辊上输送
步进式		板簧、长轴、管材、棒材的正火和淬火	由炉底步进梁的升、进、降、退动作，一步步输送工件
转底式		中型工件、形状复杂的大型齿轮的淬火和正火	工件放在转动炉底上，炉底转一周后工件加热完毕

（续）

形式	炉型示意图	用途	说明
牵引式		钢丝、钢带的退火、淬火	带或丝悬挂在炉内，两端用辊子支撑，由出料端的牵引机构牵引工作
滚筒式		轴承滚柱、滚珠等小零件的淬火	滚筒内壁有螺旋片，滚筒的旋转使工件沿螺旋片前进

下面介绍最常用的周期作业箱式电阻炉、井式电阻炉、台车式炉、罩式炉的结构、性能和系列型号及技术规格。

12.1.2　箱式电阻炉

箱式电阻炉广泛用于中小型工件的小批量热处理生产，如淬火、正火、退火等，也可进行回火和固体渗碳。按工作温度可分为高温、中温和低温箱式电阻炉。以中温箱式电阻炉应用最为广泛，其型号的表示方式为：

$$RX\ A—B—C$$

其中，R 表示电阻加热；X 表示箱式炉，井式炉用"J"、台车式炉用"T"表示；A 代表设计序号；B 代表功率（kW）；C 代表百分之最高工作温度（取整数）。

例如：型号为 RX3—20—12 的热处理炉，表示这是箱式电阻炉，功率为 20kW，最高工作温度为 1200℃。

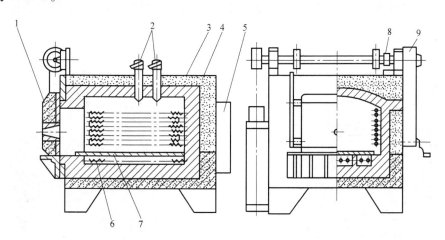

图 12-1　RX3 系列中温（950℃）箱式电阻炉结构图[2]

1—炉门　2—热电偶　3—炉壳　4—炉衬　5—炉罩　6—加热元件　7—炉底板

8—炉门行程开关压紧凸轮　9—炉门升降机构

RX3 系列中温（950℃）箱式电阻炉的结构如图 12-1 所示，实物如图 12-2 所示。用该类炉子进行热处理时，工件在空气介质中加热，容易氧化脱碳；在 RX 系列型号末尾加 Q 符号的，如 RX—18—9Q，则为无罐滴注式中温箱式电阻炉。这种炉子设有滴注系统，炉门密封性好，向炉内滴入甲醛或煤油等有机液体，直接在炉内高温裂解后，产生还原性保护气氛，可以有效减轻工件加热时的氧化脱碳。

中温箱式电阻炉最高工作温度为950℃，主要由炉壳、炉衬、加热元件以及配套电气控制系统组成。电热元件常用铁铬铝电阻丝绕成螺旋体，安置在炉膛两侧和炉底板下。炉衬耐火层一般为轻质耐火粘土砖。保温层采用珍珠岩保温砖，并填以蛭石粉、膨胀珍珠岩等，也有的在耐火层和保温层之间夹一层硅酸铝耐火纤维，这

图 12-2　RX3 系列炉实物照片

种新结构的炉衬保温性能好，可使炉衬变薄、重量减轻，有效地减少了炉衬的蓄热和散热损失，降低了炉子空载功率，缩短了空炉升温时间。

12.1.3　井式电阻炉

井式电阻炉一般适用于细长工件的加热，以减少加热过程中工件的变形。井式电阻炉占地面积小，便于布置。为了方便操作，井式电阻炉一般均置于地坑中，炉口一般只露出地面或操作平台 500 ~ 600mm。

井式电阻炉按其工作温度可分为低温、中温及高温三种。一般通用井式电阻炉我国已有 RJ 系列定型产品，此外还有很多非标准的井式电阻炉，我国自己设计建造的大型井式电阻炉深度可达 30m。

中温井式电阻炉适用于轴类等长形零件的退火、正火、淬火及预热等。与箱式炉相比，井式炉装炉量少，生产效率低，常用于质量要求较高的零件。其结构由炉壳、炉衬、加热元件、炉盖及启闭机构组成，如图 12-3 所示。图 12-4 所示为 RQ3 系列井式气体渗碳炉实物照片。

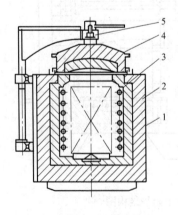

图 12-3　中温井式电阻炉结构示意图[2]
1—炉壳　2—炉衬　3—电热元件
4—炉盖　5—炉盖升降机构

图 12-4　RQ3 系列井式气体渗碳炉实物照片

高温井式电阻炉有 RJ2—□—12 系列和 RJ—□—13 系列两种。RJ2—□—12 系列供合金钢长杆件 1200℃范围内加热，电热元件用 0Cr27Al7Mo2 电热合金丝；RJ—□—13 系列供高合金钢长杆件热处理用，电热元件用 SiC 棒。

低温井式电阻炉最高工作温度为 650℃，广泛用于零件的回火。其结构与中温井式炉相似，由炉壳、炉衬、电热元件、导风筒、风扇以及炉盖启闭机构组成。

12.1.4 台车式炉及罩式炉

1. 台车式炉

台车式炉适用于大型和大批量铸、锻件的退火、正火和回火处理，其结构特点是炉子由固定的加热室和在台车上的活动炉底两大部分组成。加热室一般为长方箱式形状，在其一端（有时在两端）设有炉门，活动炉底的台车可沿地面上的轨道出入加热室。与箱式炉相比，台车式炉增加了台车电热元件通电装置、台车与炉体间密封装置及台车行走驱动装置，如图 12-5 所示。台车式炉实物照片如图 12-6 所示。

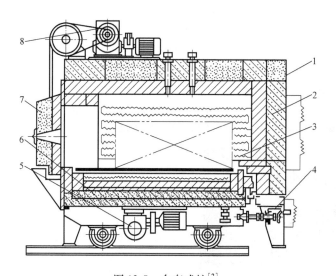

图 12-5 台车式炉[2]

1—炉壳 2—炉衬 3—电热元件 4—电
接头 5—台车驱动装置 6—台车
7—炉门 8—炉门升降机构

图 12-6 台车式炉实物照片

2. 罩式炉

罩式炉多用于冶金行业的钢丝、钢管、铜带、铜线以及硅钢片等的退火处理。它有圆形及长方形结构，如图 12-7 所示，图 12-8 所示为实物照片。

罩式炉由罩壳及底座组成，罩壳由钢板及型钢焊接而成。内部为炉衬，电热元件布置在炉膛周围墙壁上。炉台上设有两个导向立柱，便于罩壳安装。根据热处理工艺要求不同，可通入不同气氛进行保护。为了提高产品质量和缩短退火周期，一般罩式炉由两个加热罩、多个冷却罩、多个炉台及相应的冷却、抽真空系统组成。

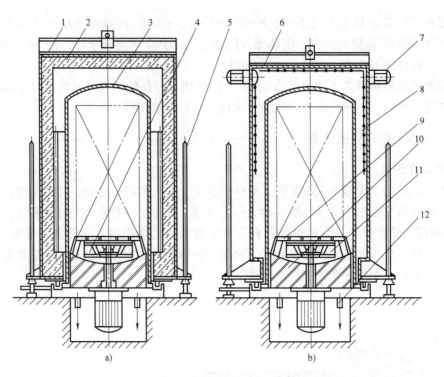

图 12-7　罩式退火炉结构示意图[2]

a）加热罩　b）冷却罩

1—加热罩外壳　2—炉衬　3—内罩　4—风扇　5—导向装置　6—冷却装置　7—鼓风装置

8—喷水装置　9—底栅　10—底座　11—抽真空系统　12—充气系统

图 12-8　罩式炉实物照片

12.2　热处理浴炉

热处理浴炉是利用液体介质加热或冷却工件的一种热处理炉。液体介质为熔盐、熔融金属或合金、熔碱、油等。

12.2.1　热处理浴炉的特点

热处理浴炉具有以下优点：

1）工作温度范围较宽（60～1350℃），可完成多种工艺，如淬火、正火、回火、局部加热、化学热处理、等温淬火、分级淬火等，只有退火不能进行。

2）加热速度快，温度均匀，不易氧化、脱碳。

3）炉体结构简单，高温下使用寿命较长。

4）能满足特殊工艺要求，对尺寸不大、形状复杂、表面质量要求高的工件，如刃具、模具、量具及一些精密零件特别适用。

5）炉口敞开，便于吊挂，工件变形小。

与电阻炉相比浴炉具有以下缺点：

1）装料少，只适用于中小零件加热。

2）介质消耗多，热处理成本高。

3）炉口经常敞开，盐浴面散热多，降低热效率。

4）介质蒸发，恶化劳动条件，污染环境。

5）操作技术要求高，需防止带入水分，引起飞溅或爆炸等安全问题。

12.2.2　热处理浴炉的分类

浴炉按介质不同可分为盐浴炉、碱浴炉、铅浴炉、油浴炉等。按热源供给方式的不同可分为外热式和内热式两种。外热式浴炉主要由炉体和坩埚组成，将液体介质放入坩埚中，热源放在坩埚外部。热量通过坩埚壁传入介质中进行加热，其结构如图 12-9 所示。

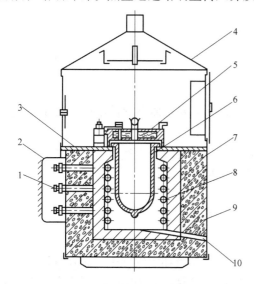

图 12-9　外热式坩埚浴炉[2]

1—接线柱　2—保护罩　3—炉面板
4—排气罩　5—炉盖　6—坩埚　7—炉衬
8—电热元件　9—炉壳　10—流出孔

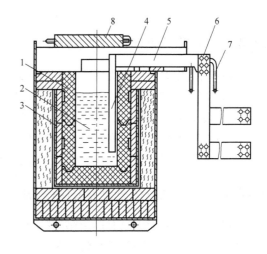

图 12-10　插入式电极盐浴炉结构示意图[2]

1—坩埚　2—炉膛　3—炉胆　4—电极
5—电极柄　6—汇流板　7—冷却水管
8—炉盖

内热式浴炉是将热源放在介质内部，直接将介质熔化，并加热到工作温度。按工作原理分为电极式和辐射管式，其中电极式又分为插入式和埋入式两种。

插入式电极盐浴炉的电极从坩埚上方垂直插入熔盐，熔盐中插入一对电极，通入低电压（6~17.5V）大电流（几千安培）的交流电，由熔盐电阻热效应将熔盐加热到工作温度，其结构如图 12-10 所示。埋入式电极盐浴炉将电极埋入浴槽砌体，只让电极的工作面接触熔盐，在浴面之上无电极。根据电极位置不同分为侧埋式和顶埋式两种，其结构如图 12-11 所示[2]。

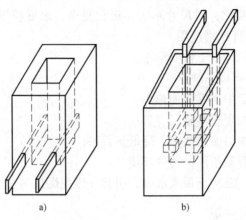

图 12-11　埋入式浴炉电极的埋入方式[2]
a）侧埋式　b）顶埋式

12.3　可控气氛热处理炉

12.3.1　可控气氛热处理炉的分类

可控气氛热处理炉种类很多，有周期式和连续式之分。

周期炉有井式炉和密封箱式炉（又称多用炉），适用于多品种小批量生产，可用于光亮淬火、光亮退火、渗碳、碳氮共渗等热处理。

连续炉有推杆式、转底式及各种形式的连续式可控气氛渗碳生产线等，适用于大批量生产，可以进行光亮淬火、回火、渗碳及碳氮共渗等热处理。

12.3.2　可控气氛热处理炉的结构特点

可控气氛热处理炉具有以下结构特点：

（1）炉子要具备高的密封性　为了防止炉子吸入空气而破坏炉内气氛，必须维持几个至几十个毫米水柱的正压。为此，除应供给足够数量的可控气氛外，关键是炉子要有可靠的密封性。

（2）设有前室或者前后室　密封箱式炉的炉子前端设有一个前室，内充有可控气氛，它是作为工件进出炉的过渡区，防止工件出炉淬火前的氧化。淬火槽设在前室底部。前室也可作为正火的缓冷室，防止炉门打开时空气直接流入炉内，影响炉气成分。

（3）炉内气氛要均匀　炉内气氛均匀可以保证渗碳件碳浓度一致，在光亮淬火时可以避免工件局部脱碳或者局部增碳。因此，炉膛顶部常设置风扇循环装置。

（4）采用高铝质耐火砖（抗渗砖）作内衬　可控气氛炉大多数不设马弗罐，因而炉气直接与炉内衬接触，因此应使耐火材料具有抗还原性和抗渗碳性的能力。

（5）设有火帘与防爆装置　在炉子前后室都应装设火帘管，其作用是当前后室打开时，从火帘管中喷出可燃气体，经燃烧形成气幕封住炉门孔，以减少空气的吸入，这对炉内气氛的稳定和防止前后室发生爆炸都有一定的作用。

12.3.3　密封箱式炉

1. 密封箱式炉的基本结构

密封箱式炉根据推料机数量分为单推拉料式和双推拉料式两种；根据出料方式分为经过前室出料和油下出料两种。图 12-12 所示为单推拉料式密封箱式炉结构简图，由前室、加热室、淬火装置、前推拉料机构和炉前辅助机构组成。图 12-13 所示为 RM 系列密封箱式炉（多用炉）照片。

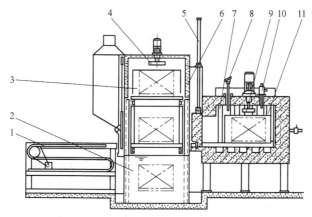

图 12-12　单推拉料式密封箱式炉结构简图

1—辅助推拉料机构　2—淬火装置　3—前室　4—风扇　5—中间门升降机构　6—缓冷水泵
7—辐射管　8—热电偶　9—加热室风扇　10—可控气氛装置　11—加热室

图 12-13　RM 系列密封箱式炉（多用炉）照片

2. 密封箱式炉组成的生产线

密封箱式炉由于其工艺的灵活性，可将一台或几台密封箱式炉辅以装卸料输送机构、清洗机、回火炉及压力淬火机等装置，按生产工艺过程组成中小型批量零件热处理生产线。图 12-14 所示为日本某专业热处理厂密封箱式炉生产线。这种生产线特别适用于小批量、多品种、多工艺联合生产，可以完成无氧化淬火、渗碳、碳氮共渗、退火、回火等工艺。其工艺参数包括温度、时间、气氛、流量、压力等，完全实现了自动化。工件的输送只需人工操作输送料车，将装好的料送至按程序排好的炉前；工件的进出炉及其在炉内的运动，均靠程序驱动执行元件完成。

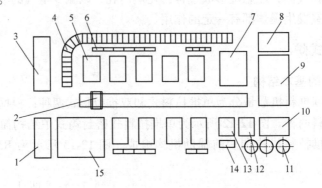

图 12-14　密封箱式炉生产线示例

1—待处理区　2—轨道送料车　3—工夹具区　4—夹具运送滚道　5—密封式箱式炉　6—控制柜
7—卸料场　8—质量检查室　9—处理后成品架　10—校直及清理设备　11—井式回火炉
12—箱式回火炉　13—清洗设备　14—发生炉　15—装夹及准备区

12.3.4　推杆式光亮淬火连续炉

可控气氛连续炉适用于大批量工件生产。常用连续炉类型有推杆式、输送带式（包括网带式和铸造链板式）、转底式、步进式、辊底式及振底式等。

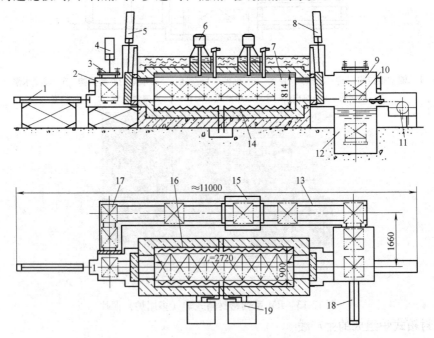

图 12-15　推杆式光亮淬火连续炉

1—前推料液压缸　2—前室　3—防爆装置　4—前室门液压缸　5—前炉门液压缸　6—炉体风扇装置
7—炉体　8—后炉门液压缸　9—后室　10—升降台　11—后拉料机构　12—淬火油槽
13—纵向运输机构　14—炉底电阻板　15—清洗机　16—炉墙电阻板　17—前
侧进料机构　18—油下平推液压缸　19—变压器

推杆式光亮淬火连续炉生产线由前室、炉体、后室、清洗机、炉外运输机构和各种动作的液压缸组成，如图 12-15 所示。图 12-16 所示为推杆炉的实物照片，主要用来进行碳钢和低合金结构钢的光亮或光洁加热淬火。

图 12-16　推杆炉实物照片

12.4　真空热处理炉

真空热处理是指热处理工艺过程的全部或部分在真空状态下进行。人工制成的真空含有极少量的气体，能有效地防止工件在高温下发生氧化脱碳反应，提高工件热处理的表面质量或改进化学热处理的效果。大多数真空热处理炉所用的真空度为 $133 \sim 1.33 \times 10^{-3}$ Pa。目前，真空热处理已用于淬火、退火、回火、渗碳、渗氮、渗金属以及其它表面硬化、表面合金化等工艺中。在淬火方面已实现了气淬、油淬、硝盐淬及水淬等处理。

真空系统由真空容器、真空泵、真空阀、连接件及真空测量仪表等部分组成。

由于在真空热处理炉内所处理的产品特点（材料成分、尺寸、形状及重量等）、技术要求（组织、性能等）、采用的热处理工艺规程及组织生产方式等的不同，真空热处理炉的结构也是多种多样的。一般可以将真空热处理炉分成两大类，即外热式真空热处理炉与内热式真空热处理炉。

1. 外热式真空热处理炉

图 12-17 所示为几种外热式真空热处理炉的结构示意图。从图中可以看出，它们的加热体（电阻加热体、烧嘴、喷嘴）及耐火绝热材料等都位于金属马弗室外，而被处理的零件则放在金属马弗室内；同时，金属马弗室又是真空容器，接在金属马弗室的真空系统保证热处理时所要求的真空度。

这类真空热处理炉的突出优点是结构简单、抽气量较小、易得到所要求的真空度；另外，耐火绝热材料及电阻加热体等在加热过程中所释放的气体对所处理工件的质量影响较小，同时还能消除因真空放电所引起的产品质量事故和设备事故。

图 12-17a 所示为一种钟罩式真空热处理炉，它的外罩多是固定不动的，而炉底是可升降的，这样既可保证产品的冷却速度，又可使炉温下降较少，且便于装出料；图 12-17b 所示为井式真空热处理炉，金属马弗室相当于可移动的坩埚。以上两种外热式热处理炉在工作时，马弗室外侧受到大气压的作用，而室内压强较低，在高温时很容易使金属马弗室变形，严重时甚至会开裂漏气而报废。另外，金属马弗室是暴露在空气中加热的，因此氧化也比较严重，使用寿命也短。

为了克服上述缺陷，可将真空热处理炉的结构改成图 12-17c 所示的式样，即成为双层

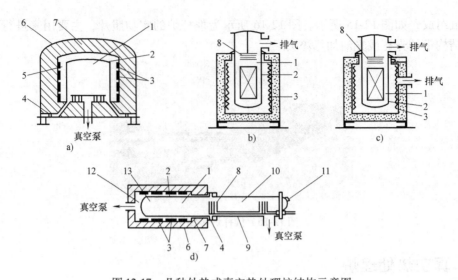

图 12-17　几种外热式真空热处理炉结构示意图

a）钟罩式　b）井式　c）双层式　d）二室式

1—加热室　2—真空容器　3—电热元件　4—密封垫　5—大气　6—外罩　7—耐火材料

8—挡板　9—水套　10—冷却室　11—窥视孔　12—粗真空室　13—微真空室

外热式真空热处理炉。由于金属马弗室内外同时减压，这样，马弗室变形的可能性减少了，而且氧化程度也能有所减轻，增加了马弗室的使用寿命。这种结构的真空热处理炉虽具有一定的优点，但结构复杂，热利用率降低，而且加热和冷却速度都较低，因此使用受到限制。

图 12-17d 所示为一种卧式双室外热真空热处理炉，其加热与冷却是在金属马弗室内的不同位置完成的，在这两个位置之间安装有挡板或阀门，产品在处理过程中靠移位机构来完成加热或冷却工序。因此，马弗室内的真空度不会因工件的移动而破坏。

外热式真空热处理炉是不能进行快冷的，因此它多用于光亮退火，使用范围较窄。金属马弗室的材料应当具有较好的焊接性能，以及一定的热强性（高温强度）、热稳定性（主要指的是抗氧化性能）和较小的热膨胀系数。[2]

2. 内热式真空热处理炉

内热式真空热处理炉是将整个加热装置（加热元件、耐火材料）及欲处理的工件均放在真空容器内，而不用炉罐的炉子。

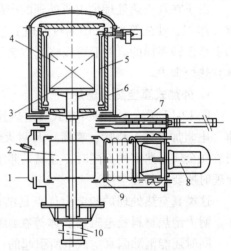

图 12-18　立式双室真空气淬炉[2]

1—工件取出门　2—冷却室　3—工作台

4—加热室　5—石墨电热元件　6—保温材料

7—闸板阀　8—风扇　9—散热器

10—工件升降用油缸

这类炉子的优点是：①可以制造大型高温炉，而不受炉罐的限制；②加热和冷却速度快，生产效率高。其缺点是：①炉内结构复杂，电器绝缘性要求高；②与外热式真空炉相比，炉内容积大，各种构件表面均吸附大量气体，需配大功率抽气系统；③考虑真空放电和电器绝缘性，要低电压大电流供电，需配套系统。

现代真空电阻热处理炉都是内热式的，没有炉罐，整个炉壳就是一个真空容器，外壳是密封的，某些部位用水冷却。按其外形及结构分为立式、卧式、单室、双室和三室等。工件冷却方式分为自冷、负压气冷、负压油冷和加压气冷（$2 \times 10^5 Pa$）、高压气冷（$5 \times 10^5 Pa$）及超高压气冷（$20 \times 10^5 Pa$）等炉型。按热处理工艺可分为淬火炉和回火炉。

（1）负压气冷炉（气淬炉）　图 12-18 所示为立式双室真空气淬炉的结构示意图，由加热室、中间闸板阀、冷却室和炉料升降机构组成。这类真空炉在加热室和冷却室之间设有闸板，其工作程序是：工件加热完毕后，打开闸板，由升降机构将料迅速送入冷却室，闸板立即关闭，马上通入保护性气体，使室内压力升到 1atm 时，冷却风机开始转动，气体循环使工件冷却。冷却气体通常采用氢、氦、氩、氮，高纯氮应用最为普遍。图 12-19 所示为立式底装料真空气淬炉的实物照片。

图 12-19　立式底装料真空气淬炉照片

（2）负压油冷炉（油淬炉）　负压油冷炉与负压气冷炉的结构基本相同，图 12-20 所示为卧式负压油冷炉结构示意图，由炉体、加热室、冷却室、工件传送机构和真空系统等组成。炉体制成圆筒形水冷套结构，内外壁分别由耐热钢和碳素结构钢制造。图 12-21 所示为卧式双室油淬炉的实物照片。

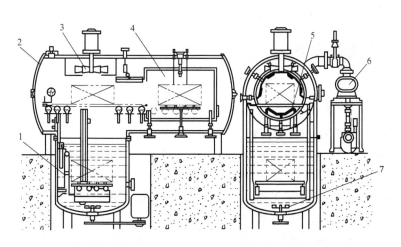

图 12-20　卧式负压油冷炉结构示意图[2]

1—工件传送机构　2—炉门　3—风扇　4—加热室　5—石墨带电热元件
6—真空系统　7—搅拌器

（3）三室真空淬火炉　图 12-22 所示为日本中外炉公司 CF-Q 型三室真空淬火炉的结构示意图，由加热室、气冷室、油冷室三大部分组成。这种炉型具有许多优点：①温度、气氛、生产周期全部自动化；②油冷、气冷两种冷却方式扩大了适用范围；③气冷加压系统的设置使冷却速度加快，提高了产品质量；④油槽设有加热器和循环装置，减少了工件变形量。

图 12-21　卧式双室油淬炉照片

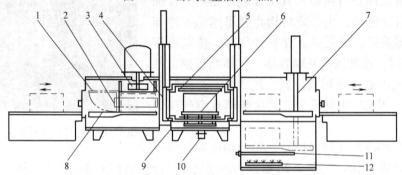

图 12-22　CF-Q 型三室真空炉结构示意图[2]

1—冷却挡板　2—内冷却器　3—压力淬火风扇　4—隔门　5—电热元件　6—炉底板
7—油淬升降机构　8—底盘　9—内室　10—炉底板升降机构　11—油加热器　12—油喷嘴

12.5　表面热处理设备

12.5.1　感应加热设备

1. 感应热处理原理及设备的分类和特点

电磁感应加热是利用电磁感应原理，将金属坯料置于交变磁场中，使其内部产生感应电流，因存在电阻而产生焦耳热来加热坯料自身的方法。

根据感应加热设备所用电流工作频率的不同，可分为高频、超音频、中频、工频感应加热设备，此外还有变频方式的感应加热设备，分为电子管变频设备、机式变频设备、半导体（晶闸管）变频设备和工频变频感应加热设备。感应加热设备的电流频率范围及主要特征见表 12-2。

表 12-2　感应加热设备的电流频率范围及主要特征

加热装置类别	频率范围/Hz	功率范围/kW	设备效率（％）	应用范围	特　点
电子管变频装置	高频：$10^5 \sim 10^6$ 超音频：$10^4 \sim 10^5$	$5 \sim 500$	$50 \sim 75$	齿轮轴等中小零件表面淬火，深度 0.1～0.3mm	电流透入工件薄，发热量集中，加热速度快，淬硬层深

（续）

加热装置类别	频率范围/Hz	功率范围/kW	设备效率（%）	应用范围	特　点
中频发电机组晶闸管变频装置	中频：$5 \times (10^2 \sim 10^4)$	15～1000 100～1000	70～85 90～95	中小毛坯锻前加热，曲轴、凸轮等零件表面淬火，深度在 3mm 以上	淬硬层小于工频、大于高频
工频加热装置	工频：5×10	50～4000	70～90	大型毛坯锻前加热，冷轧辊及车轮表面淬火，深度在 10mm 以上	频率低，淬硬层深，加热速度低，温度均匀，变形小；电网供电，不需特殊设备，投资小

2. 感应器的设计

感应器由施感导体（感应圈）和汇流板两部分组成。感应圈常用壁厚 1.0～1.5mm 的纯铜管制成，多为矩形，内通冷却水。汇流板用厚 2～3mm 的纯铜板制成，一端焊在感应圈上，另一端接到变压器次级线圈上，以向感应圈输入电流，如图 12-23 所示。感应器的设计需根据工件的形状、尺寸及热处理技术要求来进行，主要包括感应圈的形状、尺寸、圈数，感应圈与工件的间隙，汇流板的尺寸与连接方法，以及冷却方式等的设计。其结构尺寸主要根据中、高频电流的特点以及感应线圈的使用寿命等来综合考虑。感应器的形状除闭合的筒状感应器外，还有平板式感应器、异型感应器等。

感应器与工件的间隙大小直接影响到感应器的功率因数。间隙大则功率因数低；间隙小则功率因数高，电流透入深度浅，加热速度快。但间隙过小会使操作不便，易产生短路，降低使用寿命。同时，间隙大小还受到设备功率和淬硬层深度的影响，设备功率大则间隙应大，功率小则间隙应小。中频加热间隙应比高频的大，连续加热因要考虑移动间隙也应大一些。

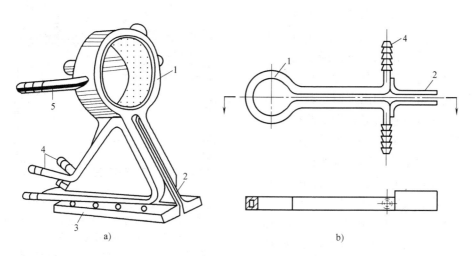

图 12-23　中、高频感应器结构示意图
a）中频感应器　b）高频感应器
1—施感导体　2—汇流排　3—接线座　4—冷却水管　5—喷水管

感应器与工件间隙尺寸推荐范围见表 12-3。

表 12-3　感应器与工件间隙尺寸

工件直径/mm	间隙尺寸/mm	备　　注
<30	1.5~2.5	内孔工件间隙 1~2.5mm
>30	2.5~5.0	平面工件间隙 1~4mm

采用感应淬火的多数都是需要局部淬火的工件。当需要加热的部位和不需要加热的部位靠得很近或存在尖角时，就会将不需淬火的部位淬硬或使尖角处变形开裂。为了避免这种现象，常采用"电磁屏蔽"的方法，即在凸台或尖角处加上铜环或铁磁材料环，在环中因漏磁而产生涡流，涡流所产生的磁场方向与感应加热的磁场方向相反，使磁力线不能穿过那些不需加热部位而起到屏蔽作用。对键槽、油孔等可打入铜钉、铜楔等进行屏蔽，避免工件加热时产生过热或产生裂纹。

12.5.2　离子渗氮炉

离子渗氮炉主要由炉体、供电系统、抽气系统和供气系统等部分组成。下面以钟罩式离子渗氮炉为例进行说明。

1. 炉体结构特点

钟罩式炉的炉体主要由钟罩（上炉体）、炉底和炉膛内构件三部分组成，如图 12-24 所示。

（1）上炉体　钟罩式炉的炉顶和炉壁合为一体，构成上炉体，外形酷似钟罩，故而得名。离子轰击加热装置的炉壁多为双层水冷的圆筒结构。由于内壁承受外压力最大，故其厚度比外壁厚。通常，内壁为6mm，外壁为3mm，采用碳钢板或不锈钢板卷焊而成。水套厚度约为10mm，进水口设在最下边，出水口设在最上边。为了使冷却更充分，还可分别对炉顶、炉体和炉底设置三套进水和出水口。为了观察炉内情况，应在炉壁适当处装设观察窗。

离子轰击加热装置的炉顶结构通常为圆拱形，因圆拱形有较高的承压能力，故厚度可稍薄些。井式炉和组合式炉的炉顶常加装阴极吊挂装置，以处理长杆件。

（2）炉底　炉底一般用 8~20mm 厚钢板制成，冷却水套厚 10~20mm。炉底上固定有阴极托盘，工件放置在阴极托盘上，阴极引线由托盘下部引出。设计阴极

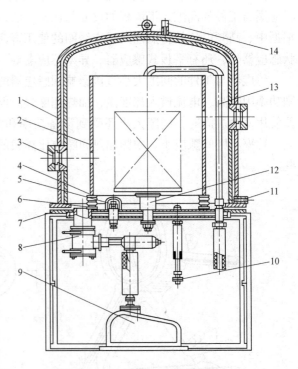

图 12-24　钟罩式离子渗氮炉的结构[2]

1—双层炉体　2—内阳极　3—观察窗　4—瓷绝缘子　5—屏蔽罩　6—阳极接线柱　7—底盘　8—抽气系统　9—真空泵　10—电阻真空计规管　11—进水管　12—阴极托盘装置　13—进氨气管　14—出水管

托盘或阴极吊挂装置时必须考虑绝缘、密封、耐温和使用方便。在绝缘材料与阴极辉光接触的部位，应采用间隙屏蔽装置，以避免产生弧光，这一点十分重要。通常，炉底上还装设有出气口（直径 10 ~ 20mm）、阳极接线柱、真空计接头、热电偶引线装置以及各种炉内构件的引出装置等。

（3）炉膛　炉膛的容积主要根据放置工件的要求以及必要的炉内构件尺寸和位置来决定，要保证使炉内气体有自由流动的空间。炉内构件通常包括进气管、内阳极、隔热屏、辅助阴极、辅助加热器及热电偶等。进气管大多由炉底引入至炉膛顶部开口，其直径约为 10 ~ 12mm，根据需要，可以设置一根或多根进气管。炉膛内加装的内阳极还可以起隔热屏的作用，内阳极通过炉底的阳极接线柱引出炉外。炉内设置隔热屏是为了节能和使工件温度更均匀。设置辅助热源和辅助阴极的主要目的，是为了使炉膛内的温度更加均匀。

（4）密封　离子轰击加热装置的炉体一定要密封，密封的主要部分包括炉体与炉底的接触面，阴、阳极接线柱等各种炉内构件在炉底的引出部位，以及送气与抽气管路同炉体的连接处等。密封炉内的极限真空度应能达到 6.7Pa。炉罩与炉底之间密封的面积最大，通常采用棒径为 10 ~ 16mm 的真空橡皮圈，靠真空负压和自重密封；其它部位一般要用螺钉将真空橡皮圈压紧才能达到密封要求。炉罩与炉底的密封槽最好加工成燕尾槽，或采用矩形槽。

2. 供电系统

（1）电源　要求电源能输出 0 ~ 1000V 连续可调的直流电。常用的电源线路为晶闸管调压，整流线路可根据晶闸管的耐压程度设计。

（2）功率　电源功率取决于炉内工件总的起辉面积，通常按 2 ~ 5W/cm^2 确定。由于炉内部分构件和工夹具在工作时也会被辉光加热，因此，在设计电源总功率时要计入这一部分。

（3）灭弧装置　在离子轰击加热装置的供电系统中必须设有灭弧装置，这是为了能及时而有效地防止和熄灭弧光，以保证炉子正常工作和工件的质量。采用的灭弧线路有：脉动控制、LC 振荡灭弧、电流截止负反馈等。

3. 抽气系统和供气系统

在使用离子轰击加热装置进行离子渗氮时，必须先将炉内空气抽到 1 ~ 6.7Pa，然后才起辉。起辉后，继续向炉外抽出废气，同时通入工作气体（氨气或氮气和氢气），炉内压强保持在 1 ~ 13Pa。

图 12-25　钟罩式离子
渗氮炉实物照片

抽气系统主要由真空泵、真空管道、真空阀门和真空计组成。离子渗氮炉多选用旋片式机械真空泵（ZX 系列），可根据炉体容积大小和生产要求选一台或两台泵。

供气系统主要由气源、阀、流量计和过滤器等组成。离子渗氮时可供采用的气体有氨气、热分解氨气、氮和氢混合气体等。供气管路系统根据所采用的气源进行设计。图 12-25 所示为钟罩式离子渗氮炉的实物照片。

12.5.3　激光表面改性设备

激光热处理是利用高功率密度的激光束对金属进行表面处理的方法，它可以对金属实现相变硬化、表面合金化等表面改性处理，产生用其它表面淬火所达不到的表面成分、组织及性能的改变，从而提高工件的耐磨损、抗疲劳、耐腐蚀及抗氧化等性能，延长其使用寿命。

激光表面处理设备包括激光器、功率计、导光聚焦系统、工作台、数控系统和软件编程系统。下面就主要部分作简要介绍[5]。

1. 激光器

激光是波长大于 X 射线而小于无线电波的电磁波，是原子从高能级向低能级跃迁时辐射出来的。相对于普通光源发射过程的自发辐射，激光工作物质中发射出的激光则是受激辐射，即处于高能级上的原子（激发态）在某一频率的光子激发下，从高能级迁移到低能级（最低的能级称为基态），发射出相同频率的光子，利用某种激励方式（光激或电激励），使这种受激辐射占据主导地位，从而实现了激光的发射。

为了获得稳定的激光束，还需要利用光学谐振腔对激光进行振荡。最简单的光学谐振腔由放置在工作物质两侧的平面反射镜组成，如图 12-26 所示。图中左边为反射率为 100% 的全反射镜，右边为反射率为 50% ~ 90% 的部分反射镜（又称为耦合输出窗口），两个反射镜须严格平行，激光工作物质位于两个反射镜之间。当工作物质受到外界激发

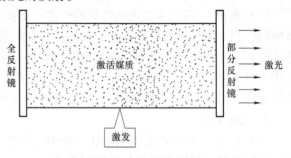

图 12-26　光学谐振腔示意图[5]

产生辐射时，其传播方向与腔体轴向相同的光子将引起其它激发态的工作物质产生连锁性的受激辐射，到达耦合输出窗口时，除了部分光子放出谐振腔外，其它大部分光子仍反射回来，形成光振荡，而连续从谐振腔发出的光子则形成激光束。

基于上述激光产生的原理，目前已制造出多种类型的激光器，用于激光加工的激光器主要有快速轴流 CO_2 激光器、横向流动 CO_2 激光器、掺钕钇铝石榴石（YAG）激光器、准分子激光器及高功率 CO 激光器等。

2. 导光聚焦系统

导光聚焦系统是激光束从激光窗口输出至被传输到工件之间所必须配套的一系列元器件，在这个过程中，激光束将根据工件的形状、尺寸及加工要求而被测量（并反馈控制）、传输、放大、整形、聚焦及瞄准，最终实现激光加工。导光聚焦系统包括光束质量监控设备、光闸系统、扩束望远镜系统、分光系统、可见光同轴瞄准系统、光传输转向系统和聚焦或整形系统，其主要部件有：转向反射镜、聚焦镜、光束整形和激光功率监控仪。

3. 激光加工机及控制系统

激光加工机分为通用加工机和专用加工机，通用加工机又包括龙门式、铣床式和机器人等几种类型。激光加工控制系统主要包括工作台数控系统、功率检测系统、观察处理过程的电视接收系统、激光功率控制、气压测量及补偿控制冷却系统控制、光闸控制、安全机构及其它功能控制，其目的是保证激光加工过程能可靠、稳定地进行。

习　题

1. 热处理炉是如何分类的？

2. 试对比周期作业式电阻炉与连续作业式电阻炉的特点。

3. 试对比低温、中温及高温井式电阻炉的特点和应用。

4. 简述热处理浴炉的特点和分类。

5. 简述可控气氛热处理炉的分类和结构特点。

6. 简述密封箱式炉的结构及发展。

7. 内热式真空热处理炉的优缺点各有哪些？

8. 试说明各类感应加热设备的频率及用途。

9. 感应器的设计都包括哪些内容？其设计依据是什么？

10. 试说明离子渗氮炉的结构特点。

参 考 文 献

［1］　孟繁杰，黄国靖. 热处理设备［M］. 北京：机械工业出版社，1988.

［2］　吉泽升，张雪龙，等. 热处理炉［M］. 哈尔滨：哈尔滨工程大学出版社，1999.

［3］　曾祥模. 热处理炉［M］. 西安：西北工业大学出版社，1989.

［4］　吴光英. 现代热处理炉［M］. 北京：机械工业出版社，1991.

［5］　郦振声，杨明安. 现代表面工程技术［M］. 北京：机械工业出版社，2007.

［6］　钱苗根. 现代表面技术［M］. 北京：机械工业出版社，1999.

［7］　《新编金属热处理技术及热处理炉设计实用手册》编委会. 新编金属热处理技术及热处理炉设计实用手册［M］. 北京：中国科技知识出版社，2009.